高等院校旅游管理专业系列教材

酒文化与酒吧管理

第二版

吴克祥　姜毅　编著

U0362522

南开大学出版社

天　津

图书在版编目(CIP)数据

酒文化与酒吧管理 / 吴克祥,姜毅编著.—2 版.
—天津:南开大学出版社,2014.6(2020.10 重印)
高等院校旅游管理专业系列教材
ISBN 978-7-310-04488-7

Ⅰ.①酒⋯　Ⅱ.①吴⋯②姜⋯　Ⅲ.①酒－文化－
高等学校－教材②酒吧－商业管理－高等学校－教材
Ⅳ.①TS971②F719.3

中国版本图书馆 CIP 数据核字(2014)第 095016 号

酒文化与酒吧管理(第 2 版)
JIUWENHUA YU JIUBA GUANLI (DI-ER BAN)

南开大学出版社出版发行
出版人:陈　敬
地址:天津市南开区卫津路 94 号　邮政编码:300071
营销部电话:(022)23508339　营销部传真:(022)23508542
http://www.nkup.com.cn

天津泰宇印务有限公司印刷　全国各地新华书店经销
2014 年 6 月第 2 版　2020 年 10 月第 5 次印刷
230×170 毫米　16 开本　21.25 印张　401 千字
定价:50.00 元

如遇图书印装质量问题,请与本社营销部联系调换,电话:(022)23508339

前　言

　　进入 21 世纪，随着我国经济的快速发展和物质资料的极大丰富，人们越来越关注生活质量，特别是精神文化生活质量。酒作为人们精神生活和物质生活的载体之一，不仅存在于形式多样的传统节庆活动或仪式中，而且与人们日常生活密切相关，在迎送宾客、聚朋会友、彼此沟通、传递友情等方面发挥了独到的作用。现代人们不仅关注酒品质量，而且更重视饮酒的习俗和礼仪，特别是在借鉴西方的饮酒礼仪中，使传统文化不断得到提升和发扬光大。

　　咖啡厅、酒吧等一些西方的生活元素逐渐渗入到我们的生活中，成为人们娱乐、休息的场所，西方一些生活模式与理念也不断影响着人们。只有深入理解酒文化的精神内涵与特质并积极融合与吸收其精华，去其糟粕，才能真正建立起对我国居民具有价值的中国现代酒文化。基于这样的目的，我们在大量借鉴国内外已有的研究成果基础上，撰写了《酒文化与酒吧管理》一书。

　　首先，本书全面系统地阐述了中西酒文化和酒吧文化，并对中西酒文化进行了比较分析，便于人们把握酒文化与所处文化环境之间的关系。

　　其次，系统介绍了各类酒水知识和品酒礼仪。酒水知识内容极为广泛和丰富，本书的着眼点在于简单明了地将各类酒水知识介绍给读者。

　　第三，从我国酒吧现状出发详细介绍了酒吧管理的要求。

　　第四，本书配有大量的案例，让人们更生动地了解酒文化，以提高认识水平和认知能力。

　　本书在撰写过程中，我们尽可能全面地阅读了相关资料，但因时间和自身水平的限制，书中仍存在一些疏漏和不尽如人意之处，敬请读者谅解和指正。

　　本书参阅了大量国内外已有的研究成果，这些成果给了我们很大的启示和帮助，最初我们将相关的引用部分在每章节标有出处，但限于本书的体例格式要求，最后改为全部排列在参考文献中，在此谨对这些成果的作者们致以诚挚的谢意。在本书的编写过程中，曾婷婷、全玉婷、肖鹏娜等参与了本书的资料整理和撰写工作。最后，还要感谢出版社的老朋友孙淑兰老师给予的关注和邱静编辑的支持。

吴克祥

再版前言

酒，并非人人都喜好，但在人们日常的交际生活中却又不可缺少。自古就有"无酒不成礼，无酒不成席"的说法。无论是祭祀天地、祖宗，还是庆功祝捷、结婚祝寿、签字立约、团圆接风等场合，酒都是重要的媒介和交际的手段。

现在越来越多的本科院校开设了葡萄酒文化、酒水管理等与酒文化相关的课程。《酒文化与酒吧管理》一书的出版将帮助人们了解酒的知识、习俗、价值及酒文化的特性；帮助人们树立适量饮酒的观念，有效利用酒在人际交往中的媒介作用。

本书加入"专家讲课"系列教材后，对各章节按照"专家讲课"的体例，增加了学习导引、教学目的和学习重点，使教与学都目的明确，增强学习效果。

时下，葡萄酒在我国正在成为时尚酒品，本次对葡萄酒章节做了大量的补充和完善，以帮助读者更好地了解葡萄酒文化，掌握正确的品酒、鉴赏酒和饮酒的方法。

另外，根据现代酒文化的发展，对各章节内容作了必要的修改和补充，使内容更加充实。但酒文化内涵丰富且厚重，很多内容需要在以后的研究基础上进一步完善。

全书除第 6、7、8、9、10、11 章由天津商业大学姜毅老师撰写外，其余均由吴克祥编著。

本书在编写和修改过程中得到朋友们的大力支持，周浦、蒙小育、陈玄宇、邹永娟等从资料收集到文字整理付出了大量劳动，在此对他们表示深深的谢意。

吴克祥
2013 年 1 月于深圳

目　录

第一章　酒文化

【学习导引】

　　酒文化是学习和了解酒知识的前提，无论是哪类酒或饮品，都有其形成的地域背景和发展文化。酒在人类漫长的发展过程中，成为人们生活的一部分，也成为人类文化和文明的重要组成部分。本章概述性地介绍酒的起源、酒的类型、饮酒的习俗等，让学生对酒的类型及酒文化有一个总体的认识，从而能全面了解酒自身的物质特征和酒文化的内涵。

【教学目标】

　　1. 了解酒的起源，饮酒习俗。

　　2. 了解酒的风格与酒的类型。

　　3. 了解酒在现代社会应酬中的作用。

【学习重点】

　　酒的类型；饮酒习俗；应酬中的酒文化。

第一节　酒的起源

一、神造酒说

　　酒神狄奥尼苏斯（Dionysus）代表沉醉的世界，是奥林匹克诸神中专与酒打交道的圣仙，是葡萄酒与狂欢之神，也是古希腊的艺术之神。所以，酒的本质是翱翔的精神。据传说，他是宙斯（Zeus）和西姆莱公主（Semele）所生的儿子。忒拜王卡德摩斯的女儿西姆莱公主与宙斯相爱怀孕后，在宙斯的妻子赫拉的劝诱下，求宙斯以本来的面目和她相会。宙斯不得已答应了她的请求，结果使她在雷电中被烧死。宙斯从母腹中取出胎儿，缝进自己的大腿，因而变成瘸腿。婴儿足月后出生，取名狄奥尼苏斯，意为"宙斯瘸腿"。宙斯开始把他交给西姆莱公主的姊妹伊诺哺养，后来，为避免赫拉发怒，又将他托付给尼萨山上的山林女神。狄奥尼苏斯在牧神潘的儿子西勒诺斯那里接受教育后返回希腊。途中，他从伊卡里亚岛去纳克索斯岛时，船上的海盗把他捆起来，准备将他卖作奴隶。他让绳索自动地从手上脱落，还让常春藤盘绕船桅、葡萄藤爬满风帆。海盗惊恐跳海，变成了海豚。在纳克索斯岛，被雅典英雄忒修斯留下的阿里阿德涅与他相遇，做了他的妻子。狄奥尼苏斯是个勤奋好学的人，他到处拜师学艺，后来，经过一番努力，发现了酿造葡萄酒的技艺。从此后，狄奥尼苏斯走到哪里，就把葡萄酒的酿制技术带到哪里。无数人在他的帮助下掌握了酿酒技艺，从而摆脱了贫困，更多的人享用到了他酿制的琼浆玉液。狄奥尼苏斯赢得了普天下人民的景仰，被人们尊为"酒神"。

在荷马时代，狄奥尼苏斯只是平民所崇奉的神，并不在希腊的主神之列，即使在稍晚的时代，对他的崇拜在贵族中间也不太流行。据说他曾遍游希腊、叙利亚，直抵印度，然后经色雷斯返回。他到处建立对自己的崇拜，用的方法是教人们造酒，制造各种各样的奇迹，或变作山羊、牛、狮、豹等动物的形状，或使酒、牛奶、蜂蜜不断地涌出地面。对他的崇拜在希腊曾遇到顽强的抵抗。传说他的姨表兄弟忒拜王彭透斯，不仅迫害他的崇拜者，甚至把他也绑缚起来，投进监牢。追随狄奥尼苏斯的疯女被称为巴卡、迈娜得斯或巴萨里得斯。她们头戴常春藤编的花环，身披兽皮，手持节杖，抛弃自己的家宅，跟着他在山间漫游。对他的崇拜与古代的化装仪式有密切的联系，纪念他的庆典具有秘密仪式的特点，往往会变成狂欢暴饮，使参加者忘记平常的禁忌。一般认为，古希腊的悲剧和喜剧即起源于纪念他的仪式。在雅典，从庇士特拉妥当政时起，崇拜狄奥尼苏斯成为全国性的宗教。因为他与植物的关系密切，又被尊为经常死而复苏的大自然之神。后来，对他和对弗里吉亚的大自然之神萨巴齐奥斯的崇拜融为一体，萨巴齐奥斯的名字便成了他的别号。

狄奥尼苏斯的生死神奇传说以及他同美女阿里阿德涅的婚姻，在有些地方，使得人们几乎把他和太阳神阿波罗（Apollo）同等对待。酒神的象征是一个由常春藤、葡萄蔓和葡萄果穗缠绕而成的花环，一支杖端有松果形物的图尔索斯杖和一只叫坎撒洛斯的双柄大酒杯。在早期的绘画艺术中，他被描绘成一个蓄须男子，但后来又变成了一个有女性味道的青年男子，并常由女祭司们陪伴和长笛演奏者们簇拥着。

早在公元前 7 世纪，古希腊就有了"大酒神节"（Great Dionysia）。每年 3 月为表示对酒神狄奥尼苏斯的崇拜和敬意，都要在雅典举行这项活动。人们在筵席上为祭祝酒神狄奥尼苏斯所唱的即兴歌，称为"酒神赞歌"（Dithyramb）。酒神赞歌以抒情合唱诗为特点，并有芦笛伴奏。到公元前 6 世纪左右，酒神赞歌发展成由 50 名成年男子和男孩组成的合唱队，在科林斯的狄奥尼苏斯大赛会上表演竞赛的综合艺术形式。酒神赞歌象征着狂欢，象征着自由精神的飞扬。人类在酒神精神的鼓舞下，自由发泄原始的本能，沉溺在狂欢、酗歌、舞蹈之中，人类与神明同在，人与人之间的一切藩篱都被打破。人类又与自然合一，沉入神秘的原始的一致中，达到一种完全忘我的境界。在西方，酒成为人们获得快乐的一种方式。

二、人造酒说

关于中国酒的起源，晋代文人江统的《酒诰》中有所介绍："酒之所兴，肇自上皇；或云仪狄，一曰杜康。有饭不尽，委之空桑，积郁成味，久蓄气芳，本出于此，不由奇方。"

（一）仪狄酿酒

上皇是指远古神话传说中的伏羲氏、燧人氏、神农氏。仪狄是夏禹的一个属下，《世本》相传"仪狄始作酒醪"。公元前2世纪《吕氏春秋》云："仪狄作酒"。汉代刘向的《战国策》说："昔者，帝女令仪狄作酒而美，进之禹，禹饮而甘之，曰：'后世必有饮酒而亡国者。'遂疏仪狄而绝旨酒。"

（二）杜康酿酒

《说文解字》中解释"酒"字的条目中有："杜康作秫酒"。《世本》也有同样的说法。认为酿酒始于杜康，杜康也是夏朝时代的人。

《说文解字》说他是夏朝第五世君主，张华《博物志》说他是汉朝的酒泉太守，民间传说他是周王朝王宫的酿酒师。现在学术界的看法是：杜康可能是周秦之间的一个著名的酿酒家。清乾隆十九年重修的《白水县志》中，对杜康也有过记载，陕西白水县康家卫村，传说是杜康的出生地；河南汝阳县的杜康矶、杜康河，传说是杜康酿酒处；河南伊川县皇得地村的上皇古泉，传说是杜康汲水酿酒之泉。

（三）酿酒始于黄帝时期

汉代成书的《黄帝内经·素问》中有黄帝与医家歧伯讨论"汤液醪醴"的记载，《黄帝内经》中还提到一种古老的酒——醴酪，即用动物的乳汁酿成的甜酒；《神农本草》又肯定神农时代就有了酒，都早于仪狄的夏禹时代。这表明在黄帝时代人们就已开始酿酒。

三、宗教与酒的发展

宗教对人们的行为有一定的约束作用，在饮酒方面，宗教使人们的饮酒习惯更趋理性。下面介绍不同宗教对饮酒的规定。

（一）基督教把酒作为圣血

在中世纪，基督教会促进了葡萄酒的发展，许多教会人员进行葡萄种植和葡萄酒酿造的工作。耶稣所创造的第一个奇迹是在迦南的婚礼上，把水变成酒。对犹太人来说，没有一个团体、宗教活动或家庭生活能离开酒。在《圣经》中至少500多次提及葡萄酒，耶稣曾在最后的晚餐上说"面包是我的肉，葡萄酒是我的血"，因而葡萄酒也被基督教视为圣血。直到现在，基督徒在做礼拜时，领圣体时同领圣血，就是将祝圣后的面饼（圣体）沾祝圣后的酒（圣血）一同领受。

《圣经》中多次提到"酒"，而且大多数情况都是因为喝酒而得罪神，甚至自取灭亡，但同时《圣经》中也出现很多次相反的例子，比如《约翰福音》中提到迦南的婚宴上耶稣变水为酒的神迹。

（二）道教认为酒有助于修炼、羽化成仙

道教是现存的中国宗教中唯一的本土宗教，是在继承了中国先秦诸子百家学说（主要是道家学说）、殷商以降的鬼神崇拜和神仙方术的基础上发展形成的。它的历史非常悠久，从东汉顺帝时（公元126～144年）正式创立教团算起，至今已有近两千年的历史。道教的思想文化，在漫长的历史发展过程中，一直是中华传统文化的主要支柱之一。道教中的神、仙、妖、鬼等在中华民族文化中有着深远和广泛的影响。道教的许多思想和观念，经千百年的延续，已融入中国人的日常思维方式、生活方式和行为方式之中。道教与中国酒文化的关系，也大致如此。

早在道教形成之前，中国远古酒文化就已经非常发达了，我国远古神祇宗教深深浸染了浓厚的酒文化特色。远古神祇宗教不但不禁酒，而且把酒作为祭奠神祇的重要供品，甚至还设有专门掌管宗教活动中敬酒事项的官职，称为"酒人"。据《周礼·天官·酒人》记载："酒人掌为五齐三酒，祭祀则共（供）奉之。"现在出土的殷代古墓随葬品中多有酒具。早期道教受这种文化氛围的影响。

道教戒律是约束道士的言行，不使其陷入邪恶。早期的道教戒律并无不饮酒的条规。现存最早的道教戒律五斗米道《老君想尔戒》，分上中下三行，每行三条，共九条皆无戒酒之条。金代全真道丘处机始创传戒制度，入道者必须受戒才能成道士。明末清初王常月创全真丛林，全真道龙门派声势大振，该教的《初真戒律》、《中极戒》、《天仙大戒》等合称"三堂大戒"，多达数百条，其中大量吸收了佛教五戒（不杀生、不偷盗、不邪淫、不妄语、不饮酒）和儒家的名教纲常思想，对生活各方面均作出规定。这些教规中有明确的不许饮酒的戒律。此时的一些教内文献，还明确了违犯这些教规的惩罚办法，例如《教主重阳帝君责罚榜》便作出"酒色财气食荤，但犯一者，罚出"的规定。

道教历代仙真多与酒有不解之缘。广为流传的八仙故事即与酒有关。至于今天最流行的八仙说法，是明朝才确定下来的。明代吴元泰《八仙出处东游记》的八仙是指李铁拐、钟离权、张果老、何仙姑、蓝采和、吕洞宾、韩湘子、曹国舅，即是现在人们所谓的八仙。在道教仙真中甚至有因酒而得度者。

道教对教徒虽然并不严格戒酒，但是坚决反对酗酒。道教《太平轻·丁部》

专门论述酒的害处：其一是酿酒浪费粮食，"盖无故发民令作酒，损废五谷"，"念四海之内，有几何市，一月之间，消五谷数亿万斗制"；其二是损害身体健康，"凡人一饮酒令醉，狂脉便作"，"伤损阳精"；其三是影响正常工作，酒醉之后"买卖失职"，"或早到市，反宜乃归"；其四是危害家庭，因酗酒"或孤独因以绝嗣，或结怨父母置害，或流灾子孙"；其五是影响社会，酒醉之后，"或为奸人所得"。鉴于酒的害处之多，该经还规定了对酗酒者的惩罚办法是鞭笞和贬降："但使有德之君，有教敕明令，谓吏民言：从今已往，敢有市无故饮一斗者，笞三十，谪三日；饮二斗者，笞六十，谪六日；饮三斗者，笞九十，谪九日。各随其酒斛为谪。对作酒、卖酒者，则罚以修城郭道路官舍。"当然，对远行的"千里之客"，或家有老人、病人"药、酒可通"者，或"祠祀神灵"者用酒是不在受罚之列的。

（三）佛教反对饮酒

佛教是反对饮酒的，无论在家、出家，戒律上都一律禁止饮用。戒酒为大、小乘共同的律制，出家、在家四众皆须恪守。原始佛教之根本经典《阿含经》记载佛陀所宣说五戒，即不饮酒、不杀生、不偷盗、不邪淫、不妄语，是为佛教徒所要遵守的五种基本行为准则，由此断除恶因，进求佛果。依律藏诸典，如《优婆塞五戒相经》、《十诵律》所载，佛陀本人对"不酒"戒进行详明的阐说和严格的规范，是在当时印度的支提国跋陀罗婆提邑。酒既为残贤毁圣、败乱道德的恶源，亦能令一切众生心生颠倒，失慧致罪，所以戒律不仅禁止自己饮酒，而且禁止教人饮酒，不得操持、沾染任何酒业、酒缘。如《大爱道比丘尼经》云，不得饮酒，不得尝酒，不得嗅酒，不得卖酒，不得以酒饮人，不得谎称有病欺饮药酒，不得至酒家，不得和酒客共语。虽然随着对象、时域的差别流迁，"不饮酒"戒的某些具体细微的规定有所不同，或宽或松，但作为行为指导规范的戒律本身却从未动摇，反对饮酒、禁止信徒饮酒的主旨始终一以贯之。这种鲜明、坚决的立场，大概是佛教基于以无明欲求为生死苦本业缘观，以清净离染为解脱正道的修行观，以及将建设一个清明、健康、和谐、美满的理想人类全景作为自身使命的终极价值关注的必然表现。

（四）伊斯兰教禁酒

在伊斯兰教初期，阿拉伯人嗜酒、赌博。他们给酒创造了一百多个名称，并在诗歌里大加赞誉，吟咏得淋漓尽致。大贤欧麦尔及部分圣门弟子，就去请教穆圣说："真主的使者啊！你给我们定出关于酒的法令吧！饮酒丧失理智又消耗资财。"《古兰经》中最早关于饮酒的规定是在麦加时期（早期）下降的启示："你们用椰枣和葡萄酿制醇酒和佳美的给养。"伊斯兰社会形成后，真主向坚定的穆斯林民众颁降了严厉的限酒令："他们问你饮酒和赌博的律例，你说：'这两件事都包含着大罪，对于世人都有许多利益，而其罪过比利益还大'。"从这以后，人们开始认识到酒的危害。直到一天，阿卜杜·来哈曼·本·奥夫宴请宾客（当时允许喝酒），他们喝酒直到昏礼时间，他们便推举一人，带领大家礼拜，结果他将《古兰经》章节念错。《古兰经》中第三次出现真主禁酒启示是麦地那穆斯林公社最兴旺发达的时期，真主说："信道的人们啊！你们在醉酒的时候不要礼拜，直到你们知道自己所说的是什么话。"这样，有些人开始戒酒，但绝大多数人仍然喝酒，到吴候份战役之后，一些迁士、辅士们聚在一起喝酒，他们都以自己的宗族为荣，竭力地吹捧自己而贬低对方，最后发生了斗殴事件。接着真主便降下禁酒的启示："信道的人们啊！饮酒、赌博、拜像、求签，只是一种秽行，只是恶魔的行为，故当远离，以便你们成功。恶魔惟愿你们因饮酒和赌博而互相仇恨，并且阻止你们记念真主，和谨守拜功，你们将（饮酒和赌博）戒除吗？"这是一次来自真主的严厉命令，把饮酒和赌博相提并论定为魔鬼的行为，凡是信士，必须远离之，以求真主的恩典，从此穆斯林开始严厉禁酒。

伊斯兰教严禁饮酒，因为酒对人的身体健康、家庭幸福、道德修养及社会安定、民族团结、个人功修等方面造成极大危害。

四、酒器文化

饮酒须持器。古人云，"非酒器无以饮酒，饮酒之器大小有度"。中国人历来讲究美食美器，饮酒之时更是讲究酒器的精美与适宜，所以酒器作为酒文化的一部分同样历史悠久，千姿百态。

酒器随着材料、制作技术的发展，经过了早期的天然材料酒器（木、竹制品及兽角、海螺、葫芦）、后来的陶制酒器、青铜制酒器、漆制酒器、瓷制酒器、玉器、水晶制品、金银酒器、锡制酒器、景泰蓝酒器、玻璃酒器、铝制罐，到近代的不锈钢饮酒器、塑料杯、纸杯等变化。

1. 远古时代的酒器

远古时期的人们，茹毛饮血。火的使用，使人们结束了这种原始的生活方式。农业的兴起，人们不仅有了赖以生存的粮食，还可以用谷物作酿酒原料酿酒。陶器的出现，人们开始有了炊具，从炊具开始，又分化出了专门的饮酒器具。远古时期的酒，是未经过滤的酒醪（这种酒醪在现在仍很流行），呈糊状和半流质，这种酒，适于食用。故食用的酒具应是一般的食具，如碗、钵等大口器皿。远古时代的酒器制作材料主要是陶器、角器、竹木制品等。

酿酒业的发展和饮酒者身份的高贵等原因，使酒具从一般的饮食器具中分化出来。酒具质量的好坏，往往成为饮酒者身份高低的象征之一，专职的酒具制作者也就应运而生。在现今山东发现的大汶口文化时期的一个墓穴中，出土了大量的酒器（酿酒器具和饮酒器具），酒器的类型多、用途明确，与后世的酒器有较大的相似性。这些酒器有罐、瓮、盂、碗、杯等。酒杯的种类繁多，有平底杯、圈足杯、高圈足杯、高柄杯、斜壁杯、曲腹杯、觚形杯等。

2. 商周的青铜酒器

青铜器起于夏，现已发现的最早的铜制酒器为夏二里头文化时期的爵。在商代，由于青铜器制作技术提高，中国的酒器制作达到前所未有的繁荣。商周的酒器的用途基本上是专一的。据《殷周青铜器通论》，商周的青铜器共分为食器、酒器、水器和乐器四大部，共五十类，其中酒器占二十四类。按用途分为煮酒器、盛酒器、饮酒器、贮酒器，此外还有礼器。形制丰富，变化多样。

盛酒器具是一种盛酒备饮的容器。其类型主要有：尊、壶、区、卮、皿、鉴、斛、觥、瓮、瓿、彝。每一种酒器又有多种式样，多以动物造型为主。以尊为例，有象尊、犀尊、牛尊、羊尊、虎尊等。

饮酒器的种类主要有：觚、觯、角、爵、杯、舟。不同身份的人使用不同的饮酒器，如《礼记·礼器》明文规定："宗庙之祭，尊者举觯，卑者举角。"青铜酒器是贵族之具，多用于皇室贵族间的宴飨、朝聘、会盟等礼仪交际场合。青铜器在商周达到鼎盛，于春秋没落。

3. 汉代的漆制酒器

秦汉之际，青铜酒器逐渐衰落，在中国的南方，漆制酒具流行。漆器成为两汉至魏晋时期的主要酒具。漆制酒具，其形制基本上继承了青铜酒器的风格。有盛酒器具、饮酒器具。饮酒器具中，漆制耳杯是常见的一种。耳杯，又称"羽觞"、"羽杯"等，可用来饮酒，也可盛羹。耳杯通常的形状为椭圆形，平底，两侧各有一个弧形的耳。"羽觞"名称的来由，主要是因为它的形状像爵，两耳像鸟的双翼，所以称为"羽觞"。此外，还有两耳上鎏金铜饰或者用陶、玉、铜等材质制作的耳杯。由于在古代漆器还是财富和地位的象征，因此，能够用漆器耳杯饮酒的多是贵族阶层。

汉代，人们饮酒一般是席地而坐，酒樽置放席地中间，里面放着勺，饮酒器具也置于地上，故形体较矮胖。魏晋时期开始流行坐床，酒具变得较为瘦长。温酒器，饮酒前用于将酒加热，配以勺，便于取酒。温酒器有的称为樽，汉代流行。

4. 瓷制酒器

瓷器大致出现于东汉前后，与陶器相比，不管是酿造酒具还是盛酒或饮酒器具，瓷器的性能都超越陶器。唐代的酒杯形体比过去的要小得多，故有人认为唐代出现了蒸馏酒。唐代出现了桌子，也出现了一些适于在桌上使用的酒具，如注子，唐人称为"偏提"，其形状似今日的酒壶，有喙，有柄，既能盛酒，又可注酒于酒杯中，因而取代了以前的樽、勺。宋代是陶瓷生产鼎盛时期，有不少精美的酒器。宋代人喜欢将黄酒温热后饮用，故发明了注子和注碗配套组合。使用时，将盛有酒的注子置于注碗中，往注碗中注入热水，可以温酒。瓷制酒器一直沿用至今。明代的瓷制品酒器以青花、斗彩、祭红酒器最有特色，清代瓷制酒器具有清代特色的有法琅彩、素三彩、青花玲珑瓷及各种仿古瓷。

5. 其他特制酒器

在我国历史上还有一些独特材料或独特造型的酒器或酒杯，如金、银、象牙、玉石、景泰蓝等材料制成的酒器。

夜光杯。唐代诗人王翰有一句名诗曰，"葡萄美酒夜光杯"，夜光杯为玉石所制的酒杯。

倒流壶。在陕西省博物馆有一件北宋耀州窑出品的倒流瓷壶。壶高 19cm，腹径 14.3cm，它的壶盖是虚设的，不能打开。在壶底中央有一小孔，壶底向上，酒从小孔注入。小孔与中心隔水管相通，而中心隔水管上孔高于最高酒面，当正置酒壶时，下孔不漏酒。壶嘴下也是隔水管，入酒时酒可不溢出，设计颇为巧妙。

鸳鸯转香壶。宋朝皇宫中所使用的壶，它能在一壶中倒出两种酒来。

九龙公道杯。产于宋代，上面是一只杯，杯中有一条雕刻而成的昂首向上的龙，酒具上绘有八条龙，故称九龙杯。下面是一块圆盘和空心的底座，斟酒时，如适度，滴酒不漏；如超过一定的限量，酒就会通过"龙身"的虹吸作用，将酒全部吸入底座，故称公道杯。

6. 当代酒器

洋酒从清末开始引入中国，饮酒方式和饮酒器具也随之传入我国。西方人在不同场合下，饮用不同的酒，则要选用适宜的酒杯。酒具材质主要是以透明的玻璃或水晶为主。常见的酒杯有：雪利杯和波特杯（Sherry & Port）、甜酒杯（Liqueur）、白兰地杯（Brandy Snifter）、鸡尾酒杯（Cocktail）、酸酒杯（Sour Cocktail Glass）、香槟鸡尾酒杯（Champagen Cocktail Glass）、古典杯（Old Fashioned）、哥连士杯（Collins Glass）、海波杯（Highball）、啤酒杯（Beer）、生啤酒杯（Mug）等。

第二节　酒的风格与类型

一、酒的定义

（一）酒的定义

酒是人们日常生活饮食中的一部分。《释名》认为："酒，酉也，酿之米曲。酉，怿而味美也。"《汉书》中描述："酒者，天之美禄，帝王所以颐养天下，享祀祈福，扶衰养疾，百福之会。"《春秋纬》也有类似的说法："酒者，乳也。王者法酒旗以布政，施天乳以哺人。"《说文解字》道："酒，就也，所以就人性之善恶……一曰造也，吉凶所造也。"这是说酒在人们生活中的不同环境里所起的作用不同，或者说造成的结果不同。酒，千百年来，不仅是人们的生活必需品，而且是人与人交往、沟通的载体。酒，作为人类文明结晶，形成了灿烂的酒文化。

对于酒的定义和分类，1999 年版的《辞海》对酒的定义是："酒，用高粱、大麦、米、葡萄或其他水果发酵制成的饮料。如白酒、黄酒、啤酒、葡萄酒。"1992年版的《汉语大词典》则作如下解释："酒，用粮食、水果等含淀粉或糖的物质发酵制成的含乙醇的饮料。"酒是一种含有酒精的饮料，根据规定其酒精含量在 0.5%～75.5%之间。酒精的学名为"乙醇（Ethyl Alcohol）"，化学式为 C_2H_5OH。酒精在常温、常压下为无色透明的液体。标准状态下，乙醇的沸点为 78.3℃，冰点为-114℃。

（二）酒的度数

酒度的概念是指酒液温度为 20℃时，每 100 毫升中含有多少毫克的乙醇，则称该酒为多少度（符号为"%"、"GL"、"°"）。一般酒的度数指的是体积百分比，但啤酒指的是重量百分比，即啤酒酒标上的"度"指的是麦芽汁浓度百分比。

国际上酒度表示法有三种。

1. 标准酒度

标准酒度（Alcohol % by Volume）指温度为 20℃的条件下，每 100 毫升酒液中含有多少毫克的乙醇。它是由法国著名化学家盖·吕萨克（Gay Lusaka）发明的，又称为盖·吕萨克法。酒度通常用符号"%Vol"、"GL"表示，酒精所占液体容量的百分比为度数。我国酒的酒度表示方法采用标准酒度法。

2. 英制酒度（Degrees of proof UK）

英制酒度是 18 世纪由英国人克拉克（Clark）创造的一种酒度计算方法。

3. 美制酒度（Degrees of proof US）

美制酒度用酒精纯度（Proof）表示，一个酒精纯度相当于 0.5%的酒精含量。美国、加拿大仍用 Proof 来表示。Proof 之值等于百分比之两倍，如 80proof=40%。标准酒度与英美酒度之间的换算关系为：1 标准酒度=2 Proof=1.75Sikes。

英制酒度和美制酒度的发明都早于标准酒度的出现，早期人们检测酒精含量的方法是用火，他们把酒与火药混合，然后用火点燃。如果火药不起火，证明酒精含量很低；如果火焰很明亮，证明酒精含量很高；如果火焰中等且呈蓝色，证明酒精含量中等。这种方法称为验证（Proved）法，由此演化酒精含量多少，用酒精纯度"Proof"来表示。

二、酒的风格

酒品的风格是对酒品的色、香、味、体的全面品质的评价或整体印象。同一类酒中的每个品种之间都存在差别，每种酒的独特风格应是稳定的、定型的。世界知名的酒品无一不具有独特的风格。

（一）色

酒液中的自然色泽主要来源于酿制酒品的原料，发酵过程生产出来的酒会保持原料的本色。自然的色彩会给人以新鲜、纯美、朴实、自然的感觉，在语言描述上称之为正色。因为酒品一般在正常光线下观察带有亮光，所以色和泽是同时感观于人的视觉的。好的酒液像水晶体一样高度透明，优良的酒品都具有澄清透明的液相。不同的酒品色泽，表现出不同的风格情调。酒色能充分表现出酒品的内在品质和特性，给人以美好的感觉。酒无论是鹅雏般嫩黄、竹叶般青绿，还是金黄色、琥珀色、碧绿色、咖啡色等，色泽都应纯正，这样的酒品才是上乘佳品。

酒品颜色形成的主要途径如下：

第一，来自酿酒原料。

大多数发酵酒，由于其酿造原料中含有色素，酿出的酒带有其自身的自然颜色。如红葡萄酒，在葡萄经过压榨发酵过程中，果皮和果肉里的色素不断析出，并进入酿成的酒液里，因而使得酿成的红葡萄酒大多成棕红色。酒原料的自然本色能给人以纯朴清新之感。

第二，陈酿过程中自然生色。

蒸馏酒在经过加温、汽化、冷却、凝结之后，改变了原来的颜色而呈无色透明状。当把酒液，如白兰地酒、威士忌酒，装入橡木桶进行陈酿，一方面慢慢地与空气中的氧气作用，使酒更趋成熟；另一方面在陈酿过程中不断吸收橡木桶木质的颜色，就会使酒液呈令人悦目的琥珀色。

第三，人工或非人工增色。

人工增色是生产者为了取悦顾客而在酒液中添加一定的色素或调色剂，以此来改善酒品的风格。大多数利口酒都会根据酒品的味道，适当增色，如薄荷酒增添绿色、咖啡酒增咖啡色。另外，还可以通过浸泡植物的根茎叶来使酒品增色。

酒品的颜色能起到增添饮酒气氛的作用，使人充分品味到饮酒的快乐与满足感。酒的色泽各具特色，只要能充分表现酒品的独特风格，达到使人赏心悦目的效果，一般都会受到欢迎。从感官出发，无论酒是哪种颜色，都应清澈透明，光泽明亮，无悬浮物，无浑浊。

（二）香

酒品的香气是继酒色之后代表酒品风格的主要要素之一。香气是由嗅觉来决定的。嗅觉部分位于鼻粘膜的最上部。最好的方法是把头部低下，把酒杯放于鼻下。酒中香气自下而上进入鼻子，使香气在闻的过程中容易在鼻中产生气流，使香味分子接触鼻膜后，溶解于嗅腺分泌液中而刺激嗅神经、嗅球及嗅束延至大脑中枢，从而产生嗅觉。一般都以香气浓郁清雅为佳品。

酒品的香气非常复杂，不同的酒品香气各不相同。同一种酒品的香气也会出现各种变化。

描述酒品香气程度有无香气（香气淡弱无法嗅出）、似无香气、微有香气（有微弱的香气）、香气不足（香气清淡，未达到应有香气的浓度）、浮香（香气短促，一哄而散，缺少正常香气的持久性，有人工加工香的感觉）、清雅（香气浓度恰当，令人愉快又不粗俗）、细腻（香气纯净而细致柔和）、纯正（有正常应有香气，纯净无杂气）、浓郁（香气浓烈馥郁）、谐调（酒中各种香气成分协调、和谐，没有不愉快的刺激感）、完满（香气丰满完善）、芳香（香气芬芳悦人）等词语。

描写酒香释放情况的词语有暴香（香气浓烈但过于强烈粗猛）、放香（从酒中释放的香气）、喷香（香气扑鼻，尤如从酒中喷涌而出）、入口香（酒液入口后感到的香气）、回香（酒液咽下后才感到的香气）、余香（饮后齿颊间留有的香气）、醇香（酒经长期贮存老熟而特有的一种醇厚、柔和的香气）、焦香（令人愉快的焦糊的香气）等。

描述有不正常气味用异香（不是该类酒应该有的香气）、臭气（各种令人不愉快的气味，如腐败气味、霉气、酸气等）。

每种酒都有自己特有的香气，仅葡萄酒的香气就有上千种之多。

（三）味

酒的味感是关系酒品优劣的最重要的指标，古今中外的名酒佳酿都具备优美的味道，令饮者赞叹不已，长饮不厌，甚至产生偏爱。一般说来，酒品的味道有酸、甜、苦、辣、涩（微涩）等。

1. 酸

酸味是针对甜味而言，是指酒中含糖量低，英语里常用"Dry（干）"表示，因此酸型通常又称为干型，如干白葡萄酒、半干型葡萄酒等。酸度源于葡萄中的酒石酸和苹果酸以及发酵产生的琥珀酸、乳酸和醋酸。酸度赋予葡萄酒清新、清脆的品尝感。酸有洁净嘴巴和让上颚焕然一新的效果。酸味型酒常给人们醇厚、干洌、清爽、爽快等感觉，要求酸而不涩、酸而不苦，入口爽净。酸还具有开胃作用。目前，酸型酒尤其是葡萄酒越来越受消费者的喜爱。

2. 甜

糖分发酵产生酒精，甜味源于酒品中含有的残糖。酒品中甜味主要来自酿酒原料中的麦芽糖和葡萄糖，特别是果酒含糖量较大。甜味能给人以滋润圆正、纯美丰满、浓郁绵柔的感觉。无论葡萄酒、啤酒，还是黄酒，酒中都存在一定比例的糖分。以葡萄酒和果酒为例，干葡萄酒的酒体中的残糖含量不超过 4 克/升，品尝起来不甜。半干葡萄酒的酒体中的残糖含量在 4 克/升以上且不超过 12 克/升。半甜白葡萄酒残糖的含量超过 12 克/升，不超过 45 克/升。甜白葡萄酒酒中的残糖含量要超过 45 克/升，而且没有上限。糖的成分增加葡萄酒的黏度和酒体的重量，赋予充实、丰腴、顺滑、醇厚和饱满的感觉。甜度可掩盖苦味、酸度和涩度。但如果葡萄酒中的甜度过大，而变得粘稠会令人生厌。

3. 苦

苦味是一种独特的酒品风格，在酒类中苦味并不常见，比较著名的必达士酒（Bitters）就是以苦味为主。此外，啤酒中也保留了其独特的苦香味道，适量的苦味给人以净口、止渴、生津、开胃等作用。

4. 辣

辣也称为辛。辛辣口味使人有冲头、刺鼻等感觉，尤以高浓度的酒精饮料给人的辛辣感最为强烈。人们常说，吃香的，喝辣的，源于此。辛辣味主要来自酒液中的醛类物质。

5. 涩

涩味给人以麻舌、收敛、烦恼、粗糙等感觉。常因生产中工艺处理不当而使过量的单宁、乳酸等物质融入酒液，产生涩味。

怪味也称异味，是酒品中不应出现的气味，产生原因很复杂，一般表现为油味、糠味、糟味等。

只有酒中的各种味感的相互配合，酒味协调，酒体柔美的酒品才能称得上是美味佳酿。

（四）体

酒体是对酒品的色泽、香气、口味的综合评价。酒品的色、香、味溶解在水和酒精中，并和挥发物质、固态物质混合在一起构成了酒品的整体。人们对酒品风格的概括性感受，常用精美醇良、酒体完满、酒体优雅、酒体甘温、酒体娇嫩、酒体瘦弱、酒体粗劣等词语进行评述。酒体讲究的应是协调完美，色香味缺一不可。酒品的风格千变万化，各不相同，这都是由于酒中所含的各种物质决定的。最关键的物质是水，它构成了酒品的主要因素之一，优良的水质不仅能提高酒的质量，还赋予酒以特殊的风味，"名酒所在，必有佳泉"；其次是酸类物质、酯类物质、醛类物质、醇类物质等，它们是构成酒的芳香的主要成分。

三、酒的类型

（一）按照酿造工艺的主要特征分类

1. 酿造酒

酿造酒是指以水果、谷物等为原料，经发酵后过滤或压榨而得的酒。一般都在 20 度以下，刺激性较弱，如葡萄酒、啤酒、黄酒等。

2. 蒸馏酒

蒸馏酒是指以水果、谷物等为原料先进行发酵，然后将含有酒精的发酵液进行蒸馏而得的酒。蒸馏酒酒度较高，一般均在 20 度以上，刺激性较强。如白兰地、威士忌、金酒、伏特加、朗姆酒和中国白酒等。

用特制的蒸馏器将酒液加热，由于酒中所含的物质挥发性不同，在加热蒸馏时，酒精（乙醇）较易挥发，则加热后产生的蒸汽中含有的酒精浓度增加，而酒液中酒精浓度就下降。收集酒汽并经过冷却，其酒度比原酒液的酒度要高得多，一般的蒸馏酒可高达 60%以上，也称为烈性酒。

3. 配制酒

配制酒是以发酵酒、蒸馏酒或食用酒精为酒基，加入可食用的花、果、动植物或中草药，或以食品添加剂为呈色、呈香及呈味物质，采用浸泡、煮沸、复蒸等不同工艺加工而成的改变了其原酒基风格的酒，其酒度界于发酵酒和蒸馏酒之间，如杨梅烧酒、竹叶青、三蛇酒、人参酒、利口酒、味美思等。配制酒分为植物类配制酒、动物类配制酒、动植物配制酒及其他配制酒。

配制酒主要有两种配制工艺：一种是在酒和酒之间进行勾兑配制，另一种是以酒与非酒精物质（包括液体、固体和气体）进行勾调配制。

配制酒的酒基可以是原汁酒，也可以是蒸馏酒，还可以两者兼而用之。配制酒较有名的国家也是欧洲主要产酒国，其中以法国、意大利、匈牙利、希腊、瑞士、英国、德国、荷兰等国的产品最为有名。

（二）按酒精含量分类

1. 高度酒

高度酒是指酒精含量在 40 度以上的酒，如白兰地、朗姆酒、茅台酒、五粮液等。

2. 中度酒

中度酒是指酒精含量在 20 度~40 度之间的酒，如孔府家酒、五加皮等。

3. 低度酒

低度酒是指酒精含量在 20 度以下的酒，如黄酒、葡萄酒、日本清酒等。

第三节　饮酒习俗

一、节庆与酒

中华文化历史悠久，长期积淀凝聚形成了形式多样的传统节日。汉代是中国统一后第一个大发展时期，政治经济稳定，科学文化也有了很大发展，我国主要的传统节日在这个时期已经定型。到唐代，很多节日已经从祭拜等仪式中解放出来，转变为娱乐礼仪型的佳节良辰。节日内容丰富多彩，节日喜庆气氛浓烈。节庆中的娱乐活动内容有很强的内聚力和广泛的包容性，逐渐成为特有的风俗，一直延续发展，经久不衰。

1. 除夕夜与"年酒"

古时，正月初一为春节，也称为元旦。春节是个欢乐祥和的节日，也是亲人团聚的日子。旧年的腊月三十夜，也叫除夕，又叫团圆夜，俗称过年。过年，最令人激动的是除夕。离家在外的孩子都要回家欢聚过春节。在这新旧交替的时候——除夕晚上，守岁是最重要的年俗活动之一，全家老小都一起熬年守岁，欢聚酣饮，共享天伦之乐。

除夕夜通宵不寝，回顾过去，展望未来，始于南北朝时期。梁代徐君倩在《共内人夜坐守岁》一诗中写道："欢多情未及，赏至莫停杯。酒中喜桃子，粽里觅杨梅。帘开风入帐，烛尽炭成灰，勿疑鬓钗重，为待晓光催。"除夕守岁都是要饮酒的，唐代白居易在《客中守岁》一诗中写道："守岁樽无酒，思乡泪满巾。"孟浩然的诗句："续明催画烛，守岁接长宴。"宋代苏轼在《岁晚三首序》中写道："岁晚相馈问为'馈岁'，酒食相邀呼为'别岁'。"除夕饮用的酒品有"屠苏酒"、"椒柏酒"。宋代苏轼在《除日》一诗中写道："年年最后饮屠苏，不觉来年七十岁。"明代袁凯在《客中除夕》一诗中写道："一杯柏叶酒，未敌泪千行。"唐代杜甫在《杜位宅守岁》一诗中写道："守岁阿戎家，椒盘已颂花。"

每年除夕夜里，合家欢饮屠苏酒，使全家人一年中都不会染上瘟疫。饮屠苏酒始于东汉。明代李时珍的《本草纲目》中也有这样的记载。"椒花酒"是用椒花浸泡制成的酒。梁宗懔在《荆楚岁时记》中有这样的记载，"俗有岁首用椒酒，椒花芬香，故采花以贡樽。"宋代王安石在《元旦》一诗中写道："爆竹声中一岁除，春风送暖入屠苏。千门万户曈曈日，总把新桃换旧符。"北周庾信在诗中写道："正朝辟恶酒，新年长命杯。柏吐随铭主，椒花逐颂来。"

每年初一之后，隔壁邻居、三亲六戚便开始互相走亲串户喝年酒。过年喝年酒，也是一项礼仪。酒桌上凝聚了深情厚谊，寄托了美好情怀。

2. 端午节与菖蒲酒

农历五月初五日为"端午节"。"端午"本名"端五"，端是初的意思。"五"与"午"互为谐音而通用。端午节大约形成于春秋战国之际，是为了纪念我国古代爱国诗人屈原。人们为了辟邪、除恶、解毒，有饮菖蒲酒、雄黄酒的习俗。同时还有为了壮阳增寿而饮蟾蜍酒和为镇静安眠而饮夜合欢花酒的习俗。唐代殷尧藩在诗中写道："少年佳节倍多情，老去谁知感慨生，不效艾符趋习俗，但祈蒲酒话升平。"

菖蒲酒是我国传统的时令饮料，而且历代帝王也将它列为御膳时令香醪。明代刘若愚在《明宫史》中记载："初五日午时，饮朱砂、雄黄、菖蒲酒、吃粽子。"清代顾铁卿在《清嘉录》中也有记载："研雄黄末、屑蒲根，和酒以饮，谓之雄黄酒。"由于雄黄有毒，现在人们不再用雄黄兑制酒饮用了。菖蒲酒是一种配制酒，色橙黄微翠绿，清亮透明，气味芳香，酒香酿厚，药香协调，而不失中草药之天然特色，入口甜香，甜而不腻，略带药味，使人不厌，酿和爽口，辣不呛喉，饮后令人神气清爽。历代文献都有所记载，如唐代《外台秘要》、《千金方》，宋代《太平圣惠方》，元代《元稗类钞》，明代《本草纲目》、《普济方》及清代《清稗类钞》等古籍书中，均载有此酒的配方及服法。对饮蟾蜍酒、夜合欢花酒，在《女红余志》、清代南沙三余氏撰的《南明野史》中有所记载。

3. 中秋节与桂花酒

农历八月十五日为中秋节，又称仲秋节、团圆节。在这个节日里，无论家人团聚，还是挚友相会，人们都离不开赏月饮酒。我国用桂花酿制露酒已有悠久历史，二千三百年前的战国时期，已酿有"桂酒"，在《楚辞》中有"奠桂酒兮椒浆"的记载。汉代郭宪的《别国洞冥记》有"桂醪"及"黄桂之酒"的记载。唐代酿桂酒较为流行，有些文人也善酿此酒，宋代叶梦得在《避暑录话》中有"刘禹锡传信方有桂浆法，善造者暑月极美、凡酒用药，未有不夺其味、沉桂之烈，楚人所谓桂酒椒浆者，要知其为美酒"的记载。金代，北京在酿制"百花露名酒"中就酿制有桂花酒。文献诗词中对中秋节饮酒的描述比较多，《说林》记载："八月黍成，可为酎酒。"五代王仁裕著的《天宝遗事》记载，唐玄宗在宫中举行中秋夜文酒宴，并熄灭灯烛，月下进行"月饮"。韩愈在诗中写道："一年明月今宵多，人生由命非由他，有酒不饮奈明何？"到了清代，中秋节以饮桂花酒为习俗。据清代潘荣陛著的《帝京岁时记胜》记载，八月中秋，"时品"饮"桂花东酒"。直至今日，在中秋节还有饮桂花陈酒的习俗。

4. 重阳节与菊花酒

我国古代以九为阳，农历九月九日正是阳月阳日，故名"重阳"。相传东汉时汝南人桓景，听到费长房对他说，九月九日汝南将有大灾难，赶快叫家里人缝制小袋，内装茱萸，缚在臂上，登上高山，饮菊花酒，借以避难。从此，民间就有在重阳节做茱萸袋、饮菊花酒、举行庙会、登高等风俗。菊花酒，在古代被看作祛灾祈福的"吉祥酒"。古时，菊花酒是头年重阳节时专为第二年重阳节酿的。九月九日这天，采下初开的菊花和一点青翠的枝叶，掺和在准备酿酒的粮食中，然后一起用来酿酒，放至第二年九月九日饮用。传说喝了这种酒，可以延年益寿。从医学角度看，菊花酒可以明目、治头昏、降血压，有减肥、轻身、补肝气、安肠胃、利血之效。时逢佳节，清秋气爽，菊花盛开，窗前篱下，片片金黄。除登高插茱萸外，亲友们三五相邀，同饮菊酒，共赏黄花，确实别有一番情趣。唐代诗人王维有《九月九日忆山东兄弟》一诗："独在异乡为异客，每逢佳节倍思亲。遥知兄弟登高处，遍插茱萸少一人。"记载了当时的风俗习惯。

二、习俗与酒

1. 订婚时喝"会亲酒"，表示婚事已成定局；婚礼喝"喜酒"、"交杯酒"。这是我国婚礼程序中的一个传统仪节，在唐代即有"交杯酒"这一名称。到了宋代，在礼仪上，盛行用彩丝将两只酒杯相联，并编成同心结之类的彩结，夫妻互饮一盏，或夫妻传饮。这种风俗在我国非常普遍。婚礼上的交臂酒，为表示夫妻相爱，在婚礼上夫妻各执一杯酒，手臂相交各饮一口。结婚的第二天，新婚夫妇要"回门"，即回到娘家探望长辈，娘家要置宴款待，俗称"回门酒"。

2. 其他饮酒习俗

"满月酒"或"百日酒"。生了孩子，满月时，摆上几桌酒席，邀请亲朋好友共贺，亲朋好友一般都要带有礼物，也有的送上红包，是中华各民族普遍的风俗之一。

"寿酒"。中国人有给老人祝寿的习俗，一般在50、60、70岁等生日，称为大寿，一般由儿女或者孙子、孙女出面举办，邀请亲朋好友参加酒宴。

"上梁酒"和"进屋酒"。在中国农村，盖房是件大事，盖房过程中，上梁又是最重要的一道工序，故在上梁这天，要办上梁酒，有的地方还流行用酒浇梁的习俗。房子造好，举家迁入新居时，又要办进屋酒，一是庆贺新屋落成，乔迁之喜；一是祭祀神仙祖宗，以求保佑。

"开业酒"和"分红酒"。这是店铺作坊置办的喜庆酒。店铺开张，作坊开工之时，老板要置办酒席，以志喜庆贺；店铺或作坊年终按股份分配红利时，要办"分红酒"。

"壮行酒"，也叫"送行酒"。有朋友远行，为其举办酒宴，表达惜别之情。在战争年代，勇士们上战场执行重大且有很大生命危险的任务时，指挥官们都会为他们斟上一杯酒，用酒为勇士们壮胆送行。

三、应酬与酒

酒是人们交际的载体，中国人酒桌上的礼仪具体体现在敬酒的过程中。主人要向客人敬酒（叫"酬"）。主人敬第一杯酒，将杯中的酒一饮而尽，以示对客人的尊重。敬酒时，敬酒的人和被敬酒的人都要"避席"，起立。普通敬酒以三杯为度。客人要回敬主人（叫"酢"），敬酒时还要说上几句敬酒辞。敬酒者会找出种种敬酒理由，让对方接受而喝酒。在这种敬酒过程中，人与人的感情交流得到升华。客人之间也相互敬酒（叫"旅酬"），以加强彼此间的相互沟通和了解。有时还要依次向人敬酒（叫"行酒"）。

"代饮"。既不失风度，又不使宾主扫兴的躲避敬酒的方式。如在婚礼上，男方和女方的伴郎和伴娘往往是代饮酒的首选人物。

"罚酒"。这是中国人"敬酒"的一种独特方式。"罚酒"的理由也是五花八门。

酒令是中国特有的一种酒文化，是喝酒时助兴的一种娱乐方式。大约从唐代开始酒令开始在社会上盛行，此后经由宋、元、明、清几代得以发展。形成了形式多样的酒令，一类为游戏令（传花、拍七、猜谜、说笑话），二类为赌赛令（掷骰、猜拳），还有一类是文字令（字词、诗语令）等。酒令可以即兴创造和自由发挥。

酒，在人类文化的历史长河中，已是一种文化象征。酒桌上"好办事"的社会风气盛行于每个角落。酒在迎宾送客、聚朋会友、彼此沟通、传递友情等方面，发挥了独到的作用。朋友之谊、思乡之情、心头之恋，尽在浅醉，尽在酒杯之中。

四、饮酒的境界

1. 品酒

饮酒要细品慢饮，注重过程。一个懂得品酒的人是懂得品味生活的。

首先，观酒。观酒的颜色。不同的酒，颜色有所差异。通常用没有花纹、无色的玻璃杯，可让我们正确判断酒的颜色。

然后，摇酒。选用高脚酒杯，这样可以缓缓将杯中的酒摇醒，以展露它的特性。避免用手去持拿杯身，否则，会因为手的温度而影响酒温。

第三，闻酒。在没有摇动酒的情形下闻酒，所感知的气味是酒的"第一气味"；将酒杯旋转晃动后再闻酒（旋转晃动时酒与空气接触后释放出挥发性的香气和香味），此时所感知的气味是酒的"第二气味"，它比较真实地反映出酒的内在质量。

第四，品酒。入口品尝。轻吸一口酒，使它均匀地在口腔内分布，先不要吞下去。让它在口中打滚，使它充分接触口腔内味觉部分，以便品尝和评判它的细微差别口味。不同种类的酒需要分别鉴赏，以葡萄酒为例，就应遵循以下程序：从白葡萄酒到红葡萄酒；从较新的葡萄酒到陈年葡萄酒；由干葡萄酒到甜葡萄酒；在鉴赏每种酒之间应用新的酒杯和用清水漱口，以便准确地品尝下一款美酒。

最后，享用。一定要把酒从舌尖慢慢滑到喉头，因为酒一落食道，再好的味道就尝不出了，所以愈是好酒愈要慢饮。

品酒者所追求的是过程中所带来的感官享受。品酒者通常应花时间增加酒的相关知识，以提升品酒时的额外乐趣。品酒如同欣赏音乐、名画一样，是一种艺术，只不过品酒可以带给人更多的欢愉及享受。

品酒犹如品位人生。持一杯美酒，舍弃所有的杂念，轻嗅它的芳香，细细品尝杯中的琼浆，等到你的血液中流淌着这种神奇的液体时，你的发梢，你的眼神，你的气息，你的举手投足亦充满了宝石般的无穷魅力。中国人饮酒讲究边品边啜、浅斟低唱，一小口一小口地啜，慢慢地从牙缝舌尖滑进咽喉，每啜一口，吃一点东西。饮一点酒，夹一点菜，回想如烟往事，品评山川人物。

2. 酒至微醺

中国人的感情很含蓄，"花看半开，酒饮微醺"。酒至微醺，在微醺的醉意中，以一份微醉之心去品读流水人生，能够把握好美酒那水样的柔情和火样的性格，无疑是令人回味无穷的最佳境界。在我国最早的一部诗歌总集《诗经》中，提出的"醉酒饱德"观点，认为君子当醉而不失态，当醉而不损德，这可谓我国酒文化的起源。酒性人性都发挥得恰到好处，既能令人领略到酒的扑朔情韵，又能尝试醉眼看人生的奇妙感觉，是一种无法用言语表达的朦胧之美、淡泊恬静之心。正如李白"举杯邀明月，对影成三人"，欧阳修"遥知湖上一樽酒，能忆天涯万里人"，陆游"花好如故人，一笑杯自空"，体会酒中乾坤大，杯中日月长。

人之所以发明酒，不过是为我们的欢乐人生增添几多色彩，几多乐趣。中国人醉酒都是不得不醉。酒本是一种意境，为了在一瞬间超越自己，为了那缥缈、奇妙的感觉。一杯一杯复一杯，只为了醉的滋味。酒把人释放出来，靠的是一种醉意。宋代欧阳修，自称"醉翁"。他的"花间置酒清香发，争换长条落香雪"、"东堂醉卧呼不起，啼鸟花落春寂寂"，都传为佳话。宋代著名女词人李清照在她的名篇《如梦令》、《醉花阴》等词中有"常记溪亭日暮，沉醉不知归路""昨夜雨疏风骤，浓睡不消残酒""东篱把酒黄昏后，有暗香盈袖"等等，显示一个封建贵族闺秀休闲、风雅、多愁善感的生活。

酒，取自于水之精、物之髓，是至情至性之物。醉之妙处在于微醺——那是人的理智终结与神的意境开始的起点，饮者随心所欲地高谈阔论，神游八境而意蹈四海，万众昏昏唯吾独醒。李白的生活有酒诗同乐的情趣。譬如："看花饮美酒，听鸟鸣晴川""且就洞庭赊月色，将船买酒白云边"。真可谓诗酒风流。

3. 嗜酒酗酒

酒是精神，不少民族的语言中，还保留着这种痕迹，英语把烈酒写作 Spirits，法语把高度酒写成 Spiritueux，这些词都跟"精神"词根相同。为了让心灵展翅高飞，致使人们嗜酒如命。在西方人眼中，性被视为人类的"第一次堕落"，葡萄酒为"第二次堕落"。亚当夏娃的故事人人皆知，诺亚醉酒的故事少人叙述。饮者所追求的是结果，即酒精对人体所产生的影响，使自己喝得醉醺醺的。志士仁人不得志，他们往往借酒消愁，表现出风流倜傥、狂放不羁的性格。为了忘却愁思而旦夕饮酒，以酒浇愁。唐代的女道士兼女诗人鱼玄机往往借酒消愁："旦夕醉吟身，相思又此春。雨中寄书使，窗下断肠人。山卷珠帘看，愁随芳草新。别来清宴上，几度落梁尘。"

过多饮酒则有害。孟子见梁惠王时说过一句话："乐酒无厌谓之亡。"李时珍《本草纲目》有云："饮酒不节，杀人倾刻。"据现代科学分析，酒精能抑制人大脑的高级机能活动，对人体危害极大。当 100 克血液中酒精浓度达 200～800 毫克时，能使大脑出现轻度溢血，情绪亢奋，失去理智；过量时可置人于死地。所以有人把酗酒比作"穿肠毒药"，把酗酒喻为"慢性自杀"。

"斗酒诗百篇"的李白，因长期过量饮酒，思想情绪癫狂，以致投水而死。唐代诗人白居易时常一醉方休，即使出门远游也是"马背仰天酒裹腹"，结果染上了眼疾，40 岁时已有"书魔昏两眼，酒病沉四肢"之感。清代小说家曹雪芹"晚年嗜酒，终日沉醉于酒乡，卒以上致殒"，终年才 40 岁，其妻挽诗说"不怨糟糠怨杜康"。在外国，英国剧作家莎士比亚与诗友本·琼生经常豪饮，终致染疾而逝。苏格兰诗人彭斯醉卧雪野，导致风湿心脏病复发而亡，年仅 37 岁。德国诗人席勒早逝，歌德沉痛地指出，席勒"借酒提神，这就损害了他的健康，对他的作品也有害"。

在现代，酗酒中毒而身亡者以及司机酗酒后酿成车祸者更是屡见不鲜。酗酒问题成为现代的社会问题。政府自然要对饮酒加以限制甚至禁止，对饮酒的数量、时间、地点，都有相关的规定和限制。

【思考题】

1. 从东西方酒的起源不同，分析酒对人们生活的影响差异。
2. 以白酒为例说明中国酒的风格特征。
3. 我国传统节日与饮酒习俗的关系。
4. 分析应酬中酒文化的影响。
5. 从酒具的演变分析科学技术的发展对酒文化的影响。
6. 为什么说"花看半开，酒饮微醺"是饮酒的最佳境界。
7. 讨论"醉驾入刑"对规范人们的饮酒行为有什么影响。

第二章 葡萄酒

【学习导引】

　　葡萄酒是西方国家最常用的佐餐酒，目前，在我国也成为最为时尚的酒品。葡萄酒历史悠久，酿造工艺讲究，对质量严格控制，有规范的品鉴程序、饮用礼仪，讲究与食物的搭配。

【教学目标】

　　1. 了解葡萄酒的起源与发展。

　　2. 掌握红、白葡萄酒的酿造品种。

　　3. 葡萄酒的分类、特征及知名葡萄酒。

　　4. 掌握葡萄酒品鉴程序和品鉴术语。

　　5. 了解葡萄酒与其他食物的搭配原则。

　　6. 葡萄酒服务流程。

【学习重点】

　　了解葡萄酒的起源文化；掌握葡萄酒的分类方法与分类特征；学会葡萄酒的酿造、贮藏、器皿、品评、服务等过程；认识葡萄酒行业的发展趋势。

第一节　葡萄酒起源与发展

一、葡萄酒的起源

　　众所周知，葡萄酒是自然发酵的产物。在葡萄果粒成熟后落到地上，果皮破裂，渗出的果汁与空气中的酵母菌接触后，自然发酵的野葡萄汁形成葡萄酒。

　　据考古资料，最早栽培葡萄是 1 万年前新石器时期在濒临黑海的外高加索地区，即现在的安纳托利亚（古称小亚细亚）、格鲁吉亚和亚美尼亚地区。大约在7000 年以前，南高加索、中亚细亚、叙利亚、伊拉克等地区开始栽培葡萄。在这些地区，葡萄栽培经历了三个阶段，即采集野生葡萄果实阶段、野生葡萄的驯化阶段以及葡萄栽培随着旅行者和移民传播到其他地区阶段。

多数历史学家认为波斯（今伊朗）是最早酿造葡萄酒的国家。考古学家在伊朗北部扎格罗斯山脉的一个石器时代晚期的村庄里，挖掘出了一个罐子，这个罐子产于公元前 5415 年，其中有残余的葡萄酒和防止葡萄酒变成醋的树脂。在埃及的古墓中所发现的大量珍贵文物清楚地描绘了当时古埃及人栽培、采收葡萄和酿造葡萄酒的情景。最著名的是 Phtah-Hotep 墓址，据今已有 6000 年的历史。

欧洲最早开始种植葡萄并进行葡萄酒酿造的国家是希腊。据考证，古希腊爱琴海盆地农业发达，人们以种植小麦、大麦、油橄榄和葡萄为主。大部分葡萄果实用于做酒，剩余的制干。在希腊荷马的史诗中就有很多关于葡萄酒的描述，《伊利亚特》中葡萄酒常被描绘成为黑色。酿制的葡萄酒被装在一种特殊形状的陶罐里，用于储存和贸易运输。地中海沿岸发掘的大量容器足以说明当时的葡萄酒贸易规模和路线，显示出葡萄酒是当时重要的贸易货品之一。在美锡人时期（公元前 1600～公元前 1100 年），希腊的葡萄种植已经很兴盛，葡萄酒的贸易范围到达埃及、叙利亚、黑海地区、西西里和意大利南部地区。葡萄酒不仅是他们璀璨文化的基石，同时还是日常生活中不可缺少的一部分。公元前 6 世纪，希腊人通过马赛港将葡萄栽培和葡萄酒酿造技术传入高卢（今法国）。

古罗马帝国的军队征服欧洲大陆的同时也推广了葡萄种植和葡萄酒酿造。罗马人从希腊人那里学会了葡萄栽培和葡萄酒酿造技术后，在意大利半岛全面推广葡萄酒，很快就传到了罗马，并经由罗马人之手传遍了全欧洲。公元 1 世纪时，古罗马帝国征服高卢，法国葡萄酒就此起源，最初的葡萄种植在法国南部罗讷河谷，2 世纪时到达波尔多地区，3 世纪时已括抵卢瓦尔河谷，最后在 4 世纪时出现在香槟区和摩泽尔河谷，原本非常喜爱大麦啤酒和蜂蜜酒的高卢人很快地爱上葡萄酒并且成为杰出的葡萄果农。

4 世纪初罗马皇帝君士坦丁正式公开承认基督教，在弥撒典礼中需要用到葡萄酒，助长了葡萄树的栽种。当罗马帝国于 5 世纪灭亡以后，分裂出来的西罗马帝国（法国、意大利北部和部分德国地区）里的基督教修道院详细记载了关于葡萄的收成和酿酒的过程。这些记录有助于培植出在特定农作区最适合栽种的葡萄品种。公元 768 年至 814 年统治西罗马帝国的查理曼大帝，其权势也影响了葡萄酒的发展。这位伟大的皇帝预见了法国南部到德国北边葡萄园遍布的远景。

到 15、16 世纪，欧洲最好的葡萄酒被认为就出产在这些修道院中，而勃艮第地区出产的红酒，则被认为是最上等的佳酿。17、18 世纪前后，法国便开始雄霸了整个葡萄酒王国，波尔多和勃艮第两大产区的葡萄酒始终是两大梁柱，代表了两个主要不同类型的高级葡萄酒：波尔多的厚实和勃艮第的优雅，成为酿制葡萄酒的基本准绳。

　　哥伦布发现新大陆后，西班牙和葡萄牙的殖民者、传教士在 16 世纪将欧洲的葡萄品种带到中南美洲，在墨西哥、加利福尼亚半岛和亚利山那等地栽种。

　　在美国独立战争的同时，法国被公认是最伟大的葡萄酒盛产国家。汤玛斯·杰佛逊（美国独立宣言起草人）曾热心地在写给朋友的信中论及葡萄酒等级，并且也鼓吹将欧陆的葡萄品种移植到新大陆来。这些早期在美国殖民地栽种、采收葡萄的尝试大部分都失败了。

　　到 19 世纪中期，法国人把葡萄枝嫁接在抗虫害的美国葡萄根上，利用美洲葡萄的免疫力来抵抗根瘤蚜的病虫害。不仅使葡萄种植绝处逢生，同时也重新分配了酿制葡萄酒的版图。至此，美洲的葡萄酒业才又逐渐发展起来，现在南北美洲都有葡萄酒生产，著名的葡萄酒产区有阿根廷、美国加利福尼亚州与墨西哥等地。

　　自 20 世纪开始，农耕技术上的利多发展使得各地酿制葡萄酒的业者，都可以保护作物免于遭到像霉菌、动物虫害等常见的侵害。葡萄的培育和酿制过程逐渐变得科学化。同时，各国家或地区广泛立法来鼓励制造信用好、品质佳的葡萄酒。第二次世界大战后的六七十年代开始，一些酒厂和酿酒师便开始在全世界找寻适合的土壤、相似的气候来种植优质的葡萄品种，研发及改进酿造技术，使整个世界葡萄酒事业兴旺起来。尤以美国、澳大利亚采用现代科技、市场开发技巧，开创了今天丰富多彩的葡萄酒世界潮流。今天，葡萄酒在全世界气候温和的地区都有生产，并且有数量可观的不同葡萄酒类可供消费者选择。从早期的农业社会一直到现在，葡萄酒酿造的历程反映了葡萄酒文化在整个西方文化中的地位。

二、宗教与葡萄酒的发展

　　古希腊人和古罗马人把葡萄酒和宗教联系在一起，这对葡萄酒发展具有重要意义。古希腊诸神之一的狄奥尼苏斯（Dionysus），作为大地之神、葡萄之神，他与季节的循回相联系，代表着秩序、劳作和文明。在传说中是酒神狄奥尼苏斯把葡萄秧从小亚细亚（今土耳其）带到古希腊的。酒神狄奥尼苏斯是宙斯的儿子，他出生过两次，而第二次降生来自一个将死的处女。狄奥尼苏斯就是葡萄秧，而他的血液就是葡萄酒。古罗马的酒神巴克斯（Bacchus），其名字发源于小亚细亚的希腊古城（Lydia），后来演变成了救世主（Savior）。事实上，基督教的传播与成长离不开罗马帝国的扩张，其中也套用了很多酒神的标志和礼仪，也吸引了同样的信众。

　　在基督教的《圣经》中，神的使者如亚当、诺亚、亚伯拉罕、耶稣等都对葡萄酒情有独钟。《圣经》中至少有 521 次提到葡萄园及葡萄酒。耶稣创造的有关酒的第一个奇迹是在迦南的婚礼上，他把水变成了美酒。耶稣在最后的晚餐上说："面包是我的肉，葡萄酒是我的血。"对耶稣的门徒来说，葡萄酒是上帝之子的鲜血。基督教在举行宗教仪式的时候，必然要用到葡萄酒，信徒们通过品尝葡萄酒来纪念与回味耶稣基督为人类流血担罪。在基督教徒的视野里，圣餐仪式上葡萄酒具有很重要的意义。宗教仪式延续了葡萄酒文化，并促进了葡萄的种植和酿酒技术的发展。

随着罗马帝国的灭亡，欧洲的黑暗时代来临，这一时期，修道士和修道院在保存文明的火种以及葡萄栽培方面扮演了决定性的角色。随着基督教在欧洲的传播，基督教传到的地方就会有修道院，而有修道院的地方，就有葡萄园。整个中世纪，基督教会对葡萄园的建立和维护发挥了重要的作用。欧洲国家许多有名的葡萄酒，都是修道院所拥有或秘制的，如德国莱茵河流域的本笃修道院和法国西多会修道院。由于宗教仪式中要用到葡萄酒，一些懂酿造技术的信徒投身教会时，自然尽全力做到最好，再加上人们有向神赎罪、还愿的想法，于是有钱人出钱、无钱人出力，有地人出地、无地人出酿制佳酿的秘方，全都奉献到教会。

西多会（Cistercians）的修道士们可以说是中世纪的葡萄酒酿制专家。法国勃艮第产区的葡萄酒酿造就归功于修道士们的精心栽培及从罗马迁居于阿维农的教皇们的喜好。当时，一个名叫伯纳·杜方丹的信奉禁欲主义的修道士带领304个信徒从克吕尼修道院叛逃到勃艮第的葡萄产区的科尔多省，位于博恩北部，在西托境内新建一个小寺院，建立起西多会。西多会的修士把葡萄种植和葡萄酒酿造作为工作，沉迷于对葡萄品种的研究与改良。西多会修士对土壤进行研究，选择最适合的葡萄秧品种种植，并逐步完善了剪枝和御寒等方法。修道士不仅培育了欧洲最好的葡萄品种，而且在葡萄酒的酿造技术上，成为欧洲传统酿酒灵性的源泉。大约13世纪，随着西多会的兴旺，遍及欧洲各地的西多会修道院的葡萄酒赢得了越来越高的声誉。14世纪阿维翁的主教们特别偏爱勃艮第酒，1360年在布鲁日的天主教会议上，豪爽的勃艮第菲利普公爵还为他的葡萄酒公关。在多次战火中，葡萄种植受到了威胁，只有教堂出于宗教仪式和权利的需要，继续保持种植葡萄的传统。当欧洲重新进入大一统的进程之后，人们发现只有在寺院和教堂附近才会有葡萄的种植。僧侣们不仅酿造了葡萄酒，还完善了葡萄酒的酿造工艺，而且使法国勃艮第地区的葡萄酒，成为法国传统葡萄酒的典范。

修道士中对酿酒工艺作出贡献最著名的就是修道士 Dom Perigon。他发现了香槟的酿造工艺，并被一直沿用至今。然而，在长达千年对酿酒行业的统治之后，修道院开始走向衰亡。第一波打击来自英国的亨利八世，他将修道院的财富据为己有并控制了修道院的产业。法国大革命以后，原来一直被贵族和教会控制的葡萄园被重新分配给人民，这也是为何今天勃艮第会存在那么多小酿酒园的原因了。拿破仑很快在德国推行同样的政策，而后不久，政客和权贵得到了葡萄园的所有权。从那时起，葡萄酒就开始变得世俗化了。

中世纪的葡萄酒贸易大多是由僧人们来完成的。即便是在最黑暗的中世纪，最遥远的隐士也需要在宗教圣餐仪式上饮用葡萄酒。随着葡萄酒贸易增加，来往于伦敦和德国港口的船队开始大量贩运葡萄酒，水路也就成为运输橡木桶的最好方式。对于中世纪的人们来说，葡萄酒和啤酒并不是奢侈品，而是生活必需品。

14 世纪时期，从法国波都出口到英国的葡萄酒数量非常之大，仅在 1308 年英格兰国王爱德华二世为庆祝他与法国王后伊莎贝拉的婚礼就进口了一百万瓶葡萄酒。

传教士的传教活动，将欧洲葡萄酒带向世界各地，中国也不例外，修士们通过葡萄美酒，把自己的信仰之心表达出来。葡萄酒在中世纪的发展得益于基督教会，葡萄酒随传教士的足迹传播世界。

三、我国葡萄酒的起源与发展

我国最早有关葡萄的文字记载见于《诗经》。《诗·周南·蓼木》："南有蓼木，葛藟累之；乐只君子，福履绥之。"《诗·王风·葛藟》："绵绵葛藟，在河之浒。终远兄弟，谓他人父。谓他人父，亦莫我顾。"《诗·豳风·七月》："六月食郁及薁，七月亨葵及菽。八月剥枣，十月获稻，为此春酒，以介眉寿。"（葛藟、蘡薁等，都是野葡萄）从以上三首诗，可以了解到在《诗经》所反映的殷商时代，人们就已经知道采集并食用各种野葡萄了。

两千年间，我国的葡萄酒业和葡萄酒文化的发展大致上经历了以下五个阶段：汉武帝时期，葡萄酒业的开始和发展；魏晋南北朝时期，葡萄酒业的恢复、发展与葡萄酒文化的兴起；唐太宗和盛唐时期，灿烂的葡萄酒文化；元世祖时期至元朝末期，葡萄酒业和葡萄酒文化的繁荣；清末民国初期，萄萄酒业的转折期。因此，葡萄酒在中国经历了一个漫长而缓慢的发展过程。

在汉武帝时期（公元前 140～公元前 88 年）。张骞从西域引进欧亚葡萄种植及酿酒技术。司马迁著名的《史记》中首次记载了葡萄酒。公元前 138 年，外交家张骞奉汉武帝之命出使西域，看到"宛左右以蒲陶为酒，富人藏酒至万余石，久者数十岁不败。俗嗜酒，马嗜苜蓿。汉使取其实来，于是天子始种苜蓿，蒲陶肥饶地。及天马多，外国使来众，则离宫别馆旁尽种蒲陶，苜蓿极望"（《史记·大宛列传》第六十三）。这一例史料充分说明在西汉时期，我国已从邻国学习并掌握了葡萄种植和葡萄酿酒技术。《吐鲁番出土文书》中有不少史料记载了公元 4～8 世纪期间吐鲁番地区葡萄园种植、经营、租让及葡萄酒买卖的情况。我国的栽培葡萄从西域引入后，先至新疆，经甘肃河西走廊至陕西西安，其后传至华北、东北及其他地区。

魏晋南北朝时期，在种植张骞引进的欧亚种葡萄的同时，也人工种植我国原产的葡萄，这可从当时的诗文中反映出来。曹操的小儿子曹植在《种葛篇》中有"种葛南山下，葛藟自成阴。与君初婚时，结发恩义深"的诗句。

东汉以至盛唐，葡萄酒一直为达官贵人的奢侈品。唐朝是我国葡萄酒酿造史上很辉煌的时期，葡萄酒的酿造已经从宫廷走向民间。酒仙李白在《对酒》中写道："蒲萄酒，金叵罗，吴姬十五细马驮。黛画眉红锦靴，道字不正娇唱歌。玳瑁筵中怀里醉，芙蓉帐底奈君何。"（《全唐诗·李白卷二十四》）记载了葡萄酒可以作为少女出嫁的陪嫁，可见葡萄酒普及到了民间。唐朝时，葡萄酒在内地有较大的影响力，从高昌学来的葡萄栽培法及葡萄酒酿法在唐代可能延续了较长的历史时期，以致葡萄酒在唐代的许多诗句中屡屡出现。如脍炙人口的著名诗句："葡萄美酒夜光杯，欲饮琵琶马上催。醉卧沙场君莫笑，古来征战几人回。"（王翰《凉州词》）刘禹锡也曾作诗赞美葡萄酒，诗云："我本是晋人，种此如种玉，酿之成美酒，尽日饮不足。"这说明当时山西早已种植葡萄，并酿造葡萄酒。白居易、李白等都有吟葡萄酒的诗。当时的胡人在长安还开设酒店，销售西域的葡萄酒。

葡萄酒的酿造过程比黄酒酿造要简化，但是由于葡萄原料的生产有季节性，终究不如谷物原料那么方便，因此葡萄酒的酿造技术并未大面积推广。在历史上，内地的葡萄酒，一直是断断续续维持下来的。从外地将葡萄酿酒方法引入内地，以元朝时期规模最大，其生产主要集中在新疆一带，在山西太原一带也有过大规模的葡萄种植和葡萄酒酿造的历史。元朝《农桑辑要》的官修农书中，有指导地方官员和百姓发展葡萄生产的记载，达到了相当高的栽培水平，并已经有大量的产品在市场销售。元朝统治者对葡萄酒非常喜爱，规定祭祀太庙必须用葡萄酒，并在山西的太原、江苏的南京开辟葡萄园。至元二十八年在宫中建造红酒室。马可·波罗在《中国游记》一书中记载，在山西太原府有许多好葡萄园，制造很多的葡萄酒，贩运到各地去销售。

明代徐光启的《农政全书》卷三十中曾记载了我国栽培的葡萄品种有：水晶葡萄，晕色带白，如着粉形大而长，味甘；紫葡萄，黑色，有大小两种，酸甜两味；绿葡萄，出蜀中，熟时色绿，至若西番之绿葡萄，名兔睛，味胜甜蜜，无核则异品也；琐琐葡萄，出西番，实小如胡椒……云南者，大如枣，味尤长。李时珍在《本草纲目》中，多处提到葡萄酒的酿造方法及葡萄酒的药用价值，"葡萄酒……驻颜色，耐寒"，就是说葡萄酒能增进健康，养颜悦色。

西方葡萄酒在17世纪由传教士传入中国。清朝后期，爱国华侨张弼士先生于1892年投资300万两白银，在山东烟台建立张裕葡萄酿酒公司，引进120多个酿酒葡萄品种，在东山葡萄园和西山葡萄园栽培。聘请奥地利人拔保担任酒师，并引进国外的酿酒工艺和酿酒设备，使我国的葡萄酒生产走上工业化大生产的道路。1915年，张弼士率领"中国实业考察团"赴美国考察，适逢旧金山各界盛会，庆祝巴拿马运河开通,举办国际商品大赛。张先生就把随身携带的"可雅白兰地"、"玫瑰香红葡萄酒"、"琼瑶浆"等送去展览和评比,均获得优胜。后来,"可雅白兰地"改为"金奖白兰地",一直沿用到现在。在张裕公司之后,青岛、北京、通化等地相继建立了葡萄酒厂,这些工厂规模虽然不大,但我国葡萄酒工业已初步形成。

第二节　葡萄品种

一、葡萄品种与葡萄酒质量

葡萄酒是以新鲜葡萄或葡萄汁为原料经酵母菌发酵而成的酒。在这个酿造过程中,葡萄浆果里的糖,经酵母菌的作用,分解为酒精及其副产物,而葡萄浆果里的其他成分,如单宁、色素、芳香物质、矿物质及部分有机酸,以不变化的形式转移到葡萄酒中,因而葡萄酒是一种营养丰富的酿造酒。

葡萄酒的酿造,首先要有好的葡萄原料。葡萄酒的质量,七成取决于葡萄原料,三成取决于酿造工艺。葡萄原料奠定了葡萄酒质量的物质基础。葡萄酒质量的好坏,主要取决于葡萄原料的质量。所谓葡萄原料的质量,主要是指酿酒葡萄的品种、葡萄的成熟度及葡萄的新鲜度,这些对酿成的葡萄酒具有决定性的影响。葡萄酒的色香味皆来源于葡萄。成熟的葡萄含糖量的高低决定其能发酵的酒精度数,品种不同,所含的芳香物质成分和数量也不同。葡萄颗粒越小,其风味就越集中、浓烈。而果皮的颜色和厚度就决定葡萄酒的颜色及其主要的香味。葡萄酒的甜度和酒精度则是原料的酸糖比率来决定。葡萄酒的香气来源于葡萄中所含的芳香物质,不同的品种,其所含的单宁、色素、有机酸等成分也不相同,这些成分对葡萄酒的色香味具有重要的影响。

不同的葡萄品种达到生理成熟以后,具有不同的香型、不同的糖酸比,适合酿造不同风格的葡萄酒。世界上著名的葡萄酒,都是选用固定葡萄品种酿造的。高档的葡萄酒首先要有名贵的葡萄品种来支撑。欧美大多数葡萄酒是以葡萄命名。尽管酿造葡萄酒可能是多种葡萄混合,但商标上的葡萄有一个法定的最低含量,如在美国加利福尼亚州和华盛顿是75%,在俄勒冈是90%。

二、红葡萄品种

葡萄的种类有几百种,用来造酒的主要只有几十种。常见的红葡萄品种见

表 2-1。

表 2-1　常见的红葡萄品种

红葡萄品种	外文名称	主要产地	特点
赤霞珠	Cabernet Sauvignon	法国波尔多地区、法国南部、美国加利福尼亚州、智利、阿根延	颗粒小、单宁结构牢固、色泽深暗，酒体丰厚强劲
梅乐	Merlot	法国波尔多地区、法国南部、美国加利福尼亚州、智利、阿根延	粒大汁多，可酿造色深、柔和、低单宁、高酒精的酒
黑品诺	Pinot Noir	法国勃艮第地区、德国南部、瑞士、美国加利福尼亚州	色泽不太暗、有明显的水果味，酒体清雅、成熟后温柔雅致
席拉	Syrah	法国罗纳地区、澳大利亚、瑞士、南非、美国加利福尼亚州	色泽幽暗、单宁高、有果味，酒体柔滑，浓度适中
仙粉黛	Zinfandel	意大利、美国加利福尼亚州	颜色美好、特点辛辣，陈年后会有各种香料味
佳美	Gamay	法国博若莱地区、法国卢瓦河谷地区	有葡萄香味、酒清含量低、酒体较轻
桑乔威斯	Sangiovese	意大利、美国加利福尼亚州、阿根廷	酸度较高、单宁偏低、色泽适中
奈比奥罗	Nebbiolo	意大利、美国加利福尼亚州	有薄荷、焦油味和一些复合香味，可以陈酿较长时间
巴贝拉	Barbera	意大利西北部、美国加利福尼亚州、阿根廷、巴西	色泽幽暗、单宁适中、酸度偏低
坦普拉尼罗	Tempranillo	西班牙、葡萄牙、阿根廷	色泽深暗、单宁适中、酸度偏低
格伦纳什	Grenache	西班牙、法国的罗纳河谷、美国加利福尼亚州和澳大利亚	较高的糖分酿出较高的酒度

1. 赤霞珠（Cabernet Sauvignon）

赤霞珠，别名解百纳·索维浓。解百纳赤霞珠是解百纳家族中最著名的一个品种。该品种适应性较强。它不仅是法国传统波尔多红葡萄酒的主要酿造品种，而且在许多新兴葡萄产区栽培，用以酿造最优雅高贵的红葡萄酒。赤霞珠葡萄酒富含单宁酸，酒体适中或丰满，稳定澄清，单独使用时会给酒中带来一股轻柔的"生青"味和清新的芳香气息，酒的"骨架"感很清晰。酒经陈酿以后更加柔和细致，香气浓郁悠长。

2. 品丽珠（Cabernet Franc）

品丽珠，别名卡门耐特，原种解百纳。该品种是世界著名的酿红酒品种，原产法国，为法国古老的酿酒品种，世界各地均有栽培，是赤霞珠、蛇龙珠的姊妹品种。中国最早是 1892 年由西欧引入山东烟台，目前主要产区均有栽培。近年新引入的"品丽珠"在栽培性状方面有很大提高。

3. 蛇龙珠（Cabernet Gemischet）

蛇龙珠原产法国，为法国古老的酿酒品种之一，与赤霞珠、品丽珠是姊妹品种。蛇龙珠是酿制红葡萄酒的世界名种，由它酿成的酒，宝石红色，澄清发亮，柔和爽口，具解百纳的典型性，酒质上等。

4. 梅乐（Merlot）

Merlot 常译成梅鹿、梅鹿特，原产法国。该品种为法国古老的酿酒品种。果穗单歧肩，圆锥型，它能赋予葡萄酒轻柔感、精纯感和透人肺腑的香气；一种淡淡的水果香气，整体上非常吸引人。梅鹿特典型的香气和圆润的口感，使酒有一种温文尔雅的风格。在法国波尔多（Bordeaux）与其他品种（如赤霞珠等）配合生产出极佳的干红葡萄酒，作为调配原料可以提高酒的果香和色泽。世界各地正尝试着种植这个有着动人魅力的品种。中国最早是 1892 年引入山东烟台，20 世纪 70 年代后，又多次从法国、美国、澳大利亚等引入，目前各主要产区均有栽培。

5. 黑品诺（Pinot Noir）

黑品诺原产法国勃艮第（Bourgogne），栽培历史悠久，栽培最早的记载为公元 1 世纪。生长势中等，结实力强，结果早，产量中等。果粒小，紫黑色，圆形，整齐，果肉多汁。含糖量 173 克/升，含酸量 8.2 克/升，出汁率 74%。适宜温凉气候和排水良好的山地栽培。黑品诺在欧洲种植比较广泛，中国 20 世纪 80 年代开始引进，分布在甘肃、山东、新疆、云南等地区。

6. 佳美（Gamay）

佳美的果粒呈黑色，近圆形，单果重 1.9 克，出汁率 78.1%，可溶性固形物含量 16.5%。该品种用于酿造法国勃艮第的保祖利（Beaujolais）红酒。用它酿的酒丰盈爽口，在清淡细致中有一点热感。不是很精美，但使人赏心悦目。一般在标签上注明"佳美"，即表明是像保祖利酒一样爽口的果香型红酒。

7. 席拉（Syrah）

Syrah 或译成西拉。起源于法国罗纳河流域的一种葡萄，Syrah 是一种优良的葡萄品种。喜好温和和稳定的气候。当地用于酿造 A.O.C 红酒，具有丰满、芳香色深的特点。席拉赋予酒独特诱人的香气、复杂且有筋骨的口感，使酒不很浓郁但很丰满，质量稳定能进行很好的陈酿。

8. 奈比奥罗（Nebbiolo）

奈比奥罗起源于意大利，它能够生产出最令人恒久不忘、品质保持年限最长的佳酿。优秀的奈比奥罗葡萄酒风味饱满，香气复杂，从而能够和较高的酸度和单宁含量相平衡。奈比奥罗只在西北部的皮埃蒙特地区栽培，由于难于栽培和并不丰产，奈比奥罗的产量只占皮埃蒙特地区的30%。今天奈比奥罗是意大利最优品质的 DOCG 级葡萄酒的首选。尽管世界各地的葡萄酒产区都进行了奈比奥罗的试种，但很少能够获得完美的成功，目前只有很少的奈比奥罗葡萄栽培在北美洲和南美洲。

9. 桑乔威斯（Sangiovese）

桑乔威斯，原产意大利，是意大利栽培最多的红葡萄品种。桑乔威斯红葡萄酒是典型的意大利之子，它的香料味中带有肉桂、黑胡椒、炖李子和黑樱桃的气息，以及新鲜饱满的泥土芬芳。较新的酒有时还散发一丝花的香气。它是意大利一些最知名葡萄酒的原料。比如 Brunello Di Montalcino 葡萄酒的唯一原料，也是驰安酬（Chianti）葡萄酒的主要原料。桑乔威斯一旦远离故土经常会出现水土不服，所以在意大利之外种植非常少。

10. 佳丽酿（Carignane）

佳丽酿，别名康百耐、佳酿。原产西班牙，是西欧各国的古老酿酒优良品种之一。该品种是世界古老酿红酒的品种之一，所酿之酒宝石红色，味正，香气好，宜与其他品种调配，去皮可酿成白或桃红葡萄酒。世界各地均有栽培。

11. 巴贝拉（Barbera）

巴贝拉来源于意大利，是意大利的第二大栽培品种。皮埃蒙特地区红酒总产量的一半是用巴贝拉酿造的。优质巴贝拉葡萄酒的风格非常多样。总体上，葡萄酒呈深沉的宝石红色，体量饱满，单宁含量低、酸含量高。巴贝拉的优质品种可耐受很长时间的陈酿。巴贝拉的果实即使在成熟很充分时仍然有较高的酸度，使它在炎热的气候条件下有一定的优势。

在意大利南部，当巴贝拉葡萄结果量过大时，生产出的葡萄酒可能体量单薄而酸度高。近年来通过限制葡萄的产量和增加在橡木桶中的陈酿，巴贝拉的总体品质得到提高，既能生产年轻活跃的新酒，又能酿造浓郁而充满力量型的葡萄酒。美洲出产的巴贝拉主要用于勾兑葡萄酒，以补充其他品种所缺乏的酸度。

12. 神索（Cinsaut）

神索主要用于与佳丽酿等葡萄酒勾兑，但有时也用于生产单品种红葡萄酒。神索的果实比其他红葡萄酒品种要大，甚至有时被当作鲜食葡萄，果皮与果汁比值低，所以葡萄酒的色泽有时会显得浅淡，可以用来生产桃红葡萄酒。神索葡萄酒具有柔软、成熟的浆果气息，单宁含量低，略带草莓酱和煮李子的风味。神索葡萄酒年份短时会散发一种湿毛巾味，但这种味道会随通气而迅速消失。神索主要用于勾兑葡萄酒，今天仍然是罗纳河谷（Vallee du Rhone）产区著名的 Chateauneuf du Pape 葡萄酒的成分。

13. 格伦纳什（Grenache）

格伦纳什来源于西班牙东北部的阿拉贡（Aragon）地区，也是西班牙栽培最多的红葡萄酒品种，在法国的栽培面积较大。它在炎热、多风、干燥的条件下能生产出优质的葡萄酒。格伦纳什可以酿造单品种的红葡萄酒和桃红葡萄酒，但更多地是用于和佳丽酿、神索和席拉相勾兑。格伦纳什是勾兑西班牙著名的VegaSiciliaa葡萄酒的原料之一。格伦纳什的颜色与其他红葡萄酒品种相比要浅，特别是在产量比较高的条件下表现明显，酿出的葡萄酒成熟迅速。如果产量控制得好，格伦纳什能够酿造出浓郁的红酒，可以陈酿几十年。

14. 玛尔贝克（Malbec）

玛尔贝克起源于法国，是波尔多地区允许进行红葡萄酒勾兑的 5 个品种之一。玛尔贝克红葡萄酒果香浓郁，酒体平衡，具有黑醋栗、桑葚、李子的芳香，偶尔还表现出桃子的风味。口感比解百纳类的葡萄酒柔软。此外，玛尔贝克还用于勾兑葡萄酒，使葡萄酒具有早饮性。所酿出的葡萄酒柔和、特征饱满、色泽美丽，而且含有相当数量的单宁，适合勾兑解百纳葡萄酒。历史上玛尔贝克曾经在法国的很多地区生长，但由于它容易染病，抗霜冻能力不强，现在主要集中于西南部地区。玛尔贝克在阿根廷被大量种植，并生产一些品质非常优异的单品种酒，在智利和澳大利亚也有比较多的种植。

15. 仙粉黛（Zinfandel）

仙粉黛在 19 世纪由意大利传入美国加利福尼亚州，目前为当地种植面积最大的品种，种植于较凉爽的砾石坡地，小产量及较长的泡皮过程也能生产高品质耐储存的红酒，具有丰富的花果香，陈年后常有各类的香料味。干溪谷（Dry Creek Valley）、亚历山大谷（AlexandraValley）、加西维（Geyserville）、亚玛多（Amador）、丝雅拉小山（Sierra Foothill）和帕索罗布（Paso Robles）是最佳产区。

16. 坦普拉尼罗（Tempranillo）

坦普拉尼罗原产于西班牙北部，贫瘠坡地的石灰黏土是最佳的种植条件，不同于其他西班牙品种，适合较凉爽温和的气候。坦普拉尼罗是利奥哈最重要的品种，主要种植于上利奥哈（Rioja Alta）和阿拉瓦利奥哈（Rioja Alavesa）。坦普拉尼罗的品质不差，酸度不足是其常有的缺点，酿酒时常与其他葡萄品种相混合。

17. 法国兰（Blue French）

法国兰又名蓝法兰西，欧亚种，原产奥地利。对土壤要求不严格，瘠薄地、旱地均能生长良好。抗病力中等，不裂果，稍有日烧。适于篱架栽培，中梢修剪。近圆形，蓝黑色，果汁颜色淡红，出汁率78%。由它酿成的酒，宝石红色，澄清发亮，具典型的红葡萄酒香气，柔和爽口，酸涩恰当，回味良好，品质上等。法国兰是酿制干红和甜红葡萄酒的优良品种，在我国华北、辽宁南部、西北中部一带有栽培。

三、白葡萄品种

酿造白葡萄酒的品种在酒标的任何地方都不会标出，以下是较为常见的酿造白葡萄酒的葡萄品种（见表 2-2）。

1. 霞多丽（Chardonnay）

Chardonnay 也译成莎当妮、夏当尼，是世界最知名的葡萄品种。霞多丽葡萄的适应性很强，对气候的要求不高。在法国最北部寒冷、阴暗、潮湿的气候中，贫瘠而呈微酸性的土壤中生长，能酿出香槟（Champagne）和沙布利（Chablis）酒。它在澳大利亚最炎热的地区灌溉充分的葡萄园中也生长良好，酿造出充满热带水果香味、似黄油的东西，酒精含量常达 15 度。霞多丽葡萄在未成熟时果味酸涩寡淡，但藏酿成熟后，香味惊人地增加。霞多丽的味道与橡木的味道很容易融合在一起——因为勃艮第白葡萄酒（绝妙的典范）是一种带有橡木味的葡萄酒。所以大多数的霞多丽葡萄酒在发酵过程中或在发酵之后都要进行一些增加橡木味的处理。霞多丽葡萄酒也许会有淡淡的泥土的气味，如蘑菇或矿物质的气味。

霞多丽葡萄可以单独酿制葡萄酒，最高级的霞多丽葡萄酒是 100%由霞多丽葡萄酿制的。无论它生长于何地、无论它价值几何，只要酒的标签上有"Chardonnay"的字样，一定会受消费者欢迎。

2. 雷司令（Riesling）

雷司令葡萄对于栽种的地点是非常挑剔的，最好是日照充足的地方。在漫长而干燥的秋季，如果有足够的日照时间，它会酿出最优质的白葡萄酒。除德国外，只在少数一些地方如法国的阿尔萨斯地区、奥地利和纽约的芬格湖地区才能生产真正的优秀品质。如果雷司令葡萄在温暖的地方生长，成熟过快会使香味减少。德国雷司令葡萄酒使雷司令葡萄成为无可争议的贵族品种。雷司令葡萄酒酒体清新淡爽，高酸度，低于中等酒精度，从洋溢的水果味到鲜花的味道再到矿物质的味道，都是雷司令的特征。雷司令通常是干性的。在德国雷司令的酒标上用 trocken（意为干性的）表示，而在美国的酒标上用 dry 表示。

3. 白索维翁（Sauvignon Blanc）

白索维翁，也称长相思。白索维翁的特征，一是酸度很高，二是它的气味和味道可能是草本的味道。白索维翁葡萄酒还具有矿物质的味道和气味、蔬菜的味道。这样的味道对某些葡萄酒爱好者来说是非常美味的、具有诱惑力的。白索维翁葡萄酒的酒体清淡或适中，而且通常是干性的。法国有两个白索维翁葡萄的产区：波尔多和卢瓦尔河谷地区。波尔多葡萄酒被称为白波尔多，卢瓦尔河地区的葡萄酒被称为桑塞尔白葡萄酒或普宜汽泡葡萄酒。在波尔多，白索维翁葡萄酒有时与塞米翁混合在一起，由各占 50%的两种酒混合而成的葡萄酒是这个世界上的葡萄酒中的绝品。白索维翁葡萄酒在新西兰、意大利东北部、南非和美国加利福尼亚州的一些地区也是很重要的。

4. 赛美蓉（semillon）

世界上大多数的赛美蓉葡萄是淡而无味的，但少数地区，如新南威尔士的猎人谷、波尔多等地是例外。在波尔多，无论甜味和无甜味白葡萄酒，它通常与长相思（Sauvignon Blanc）酒混合，这主要是由于后者具有特殊的芳香和显著的酸性。它的无甜味葡萄酒的一个特征是有奇特的蜡质的香，伴有柠檬味。赛美蓉葡萄能酿出从普通到极好的不同品质的酒。赛美蓉葡萄无异香，能酿出低酸度、高酒精含量的酒，极适于用酒桶发酵和藏酿。

5. 白诗南（Chenin Blanc）

白诗南葡萄又名百诗难、白肖楠、白翠柠。原产自法国卢瓦尔河谷的安茹（Anjou）。适合温和的海洋性气候及石灰和硅石土质，所产葡萄酒常有蜂蜜和花香，口味浓，酸度强。白诗南葡萄酒是一种具有果味的葡萄酒，有的呈极度干性，有的稍甜，还有的甜度较高。品质最好的白诗南酸度高、质地圆润，经陈酿色泽呈深深的金黄色，可存放 50 年甚至更长的时间。其酒香特别容易让人联想起鲜桃的香味，早摘葡萄酿制的白诗南有一种淡淡的青草和药草的芳香。另外，白诗南也适合酿制迟摘和贵腐甜葡萄酒，名酒 Quarts de Chaume 和 Bonnezeaux，在好的葡萄年里，还能酿造出名号酒 Coteaux du Layon，可耐久存。这种上等葡萄最早在法国的卢瓦尔谷地广泛栽种，目前在美国加利福尼亚州、澳大利亚、南非和南美栽培得都很普遍。

表 2-2 常见的白葡萄品种

白葡萄品种	外文名称	主要产地	特点
霞多丽	Chardonnay	世界各地	果香味如蜜瓜味很浓，可酿制酒精度较高的葡萄酒
雷司令	Riesling	德国，法国的阿尔萨斯	口感非常出众
赛美蓉	Semillon	世界各地	有点柠檬味，可以生产出极品甜酒
白索维翁	Sauvignon Blanc	世界各地	口感活跃，色淡，有辛辣的异草香
白诗南	Chenin Blanc	法国、澳大利亚、南非、美国加利福尼亚州	常有蜂蜜和花香，口味浓，酸度高

四、葡萄的种植

世界上现有的葡萄品种有七八千种，但大面积栽培的酿酒葡萄品种只有 30 多种。每一个品种都有自己的特征。葡萄酒之所以存在不同的特色，在很大程度上是由于酿酒原料葡萄品种之间的差异造成的。优质的酿酒葡萄品种，必须种植在适宜的土壤和气候条件下，才能表现出优良的特性，才能酿造出高档的葡萄酒。

1. 葡萄的产地环境

（1）温度

葡萄的生长对温度有着严格的要求。不同的葡萄品种对温度也有不同的要求，但总的来说，温度的要求，会随葡萄生长期的不同而存在差异。在浆果成熟期需要较高的温度，在超过 20℃ 的情况下，成熟过程加速；成熟期的最适温度是 30℃ 左右；低于 14℃～16℃ 时，成熟会变慢。昼夜温差的大小对果实也有影响，成熟期昼夜温差 10℃ 以上，果实品质良好。

（2）光照

由于葡萄是喜光植物，所以它对光的要求很高，光照时间的长短对葡萄生长发育、产量和品质有很大影响。光照不足时，新梢生长细弱、叶片薄、叶色淡、果穗小、产量低、品质差。所以，葡萄园一般都选择光照时间长的地方，并注意改善架面的风、光条件。

（3）土壤

酒体完整性、细腻度、香味等取决于土壤。对葡萄生长最适宜的土壤是含有大量小块石砾的粘质土壤及沙质土壤。纯沙土不适合栽培酿酒葡萄，这种葡萄酿成的酒，浸出物低、味淡薄。这是因为葡萄树的生长需要排水良好的土壤，这种土壤保持一定的湿度但又不能含有太多的水分。

（4）水分、湿度、风速等

每年的气候条件不同所生产的葡萄酒质量也不同，不是每年的气候对葡萄都有利。葡萄在生长初期时水分要求最高，开花时降低，果实生长期对水分的要求又增高，果实成熟期对水分的要求最低。果实成熟期多雨，造成糖含量低、酸度高，还易招致病害。旱涝均对葡萄生长发育及浆果成熟不利。微风对葡萄是有利的，大风对葡萄不利。世界各国产名酒的葡萄都栽培在丘陵或山坡地，斜坡上通风透光好，果实着色好，含糖量高、香味浓。

2. 葡萄的产量和质量与葡萄酒的质量

一棵葡萄树光合作用的叶面积和从土壤中吸收的营养成分是一定的，如果它的负载量过大，把有限的营养成分分散了，势必造成葡萄的糖度降低，质量下降，从而影响葡萄酒的质量。首先，必须合理限产，提高葡萄质量。种植密度是指每公顷面积葡萄树的数量，过高的密度（10000 株/公顷以上）会影响葡萄的品质，同样，太低的密度（2000 株/公顷以下）不可能生产高品质的葡萄。欧美国家严格控制葡萄的产量，有的品种如赤霞珠、品丽珠等，亩产量限定在 600 公斤左右，有的品种亩产量限定在 1000 公斤左右。推行高宽垂栽培模式，此架式有利于限产，架面通风透光好，葡萄糖度高。其次，平衡施肥，增施有机肥，辅之以复合肥、硫酸钾肥，根外追施磷酸二氢钾肥，增大树体营养面积，提高糖度。加强病虫害综合防治，推广使用高效低毒、低残留农药。

第三节　葡萄酒生产工艺

一、葡萄的成熟与采摘

1. 采摘时间

选择成熟度较好的果穗，剔除病穗、烂穗。白天过高的气温，会使葡萄的糖分比例发生变化，影响之后的发酵过程；太高的温度也不适合葡萄的压榨，如果在白天采摘，就需要先使用水冷或者热交换器等方式降温。晚间采摘就可以避免这些问题。因此，优质的葡萄酒通常都采用晚间采摘的葡萄来酿造。

2. 采摘方式

机械采摘葡萄的效率非常高，短时间就可以把葡萄全部收获，但机械手过大的力量，很容易损伤葡萄和葡萄藤，精品的老藤葡萄就只能采用人工方式来收获。利用机械采摘很容易将藤枝和树叶混在采摘下的果实中，破坏酒的纯净。对于昂贵的贵腐葡萄，由于只采摘贵腐最严重的果实，不满足要求的需要等待进一步的贵腐化以后再采摘，用机械手就无法像人工采摘那样精准。

3. 装运

装运时，应降低容器的高度，防止葡萄果实的相互挤压，并减少转倒的次数和高度，保证果实的良好清洁状态。

二、葡萄酒酿造工艺

葡萄酒生产工艺的目的是在原料质量好的情况下尽可能地把存在于葡萄原料中的所有的潜在质量，在葡萄酒中经济、完美地表现出来。在原料质量较差的情况下，则应尽量掩盖和除去其缺陷，生产出质量相对良好的葡萄酒。好的葡萄酒香气协调，酒体丰满，滋味纯正，风格独特；但任何单一品种的葡萄都很难使酒达到预期的风味。因为纵使是优质的葡萄，其优点再突出，也有欠缺的一面。酿酒工艺师为了弥补葡萄的某些缺陷，在新品葡萄开发之初就对拟用葡萄品种作了精心的研究，将不同品种的葡萄进行最合理的搭配、调和，才有品格高雅的葡萄酒奉献给世人。科学地控制酿造工艺的每一个环节，就一定能把葡萄酿造成一种艺术品。葡萄酒的生产工艺总的来说可分为三个过程：原酒的发酵工艺、储藏管理工艺、灌装生产工艺。葡萄酒生产工艺流程见图2-1。

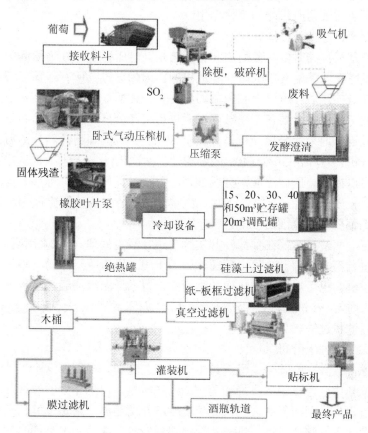

图 2-1　葡萄酒生产工艺流程图

1. 原酒的发酵工艺

原酒的生产工艺因所酿造的葡萄酒品种不同而不同，常见的有红葡萄酒、白葡萄酒、起泡酒、冰酒、脱醇酒等。一般而言，葡萄酒的发酵需要经过破碎、榨汁、发酵、添加二氧化硫等步骤。

（1）葡萄破碎

根据葡萄破碎机的能力，均匀地把新鲜的葡萄输入破碎机里，注意捡出异杂物。无论是做红葡萄酒还是做白葡萄酒，在葡萄破碎的同时，要均匀地加入 60mg/l 的二氧化硫（SO_2）处理。根据葡萄质量的好坏，SO_2 的加入量可酌情增减。葡萄破碎时，可以通过亚硫酸的形式，均匀地加入 SO_2，也可以使用偏重亚硫酸钾，用软化水化开，根据计算的量均匀地加入。SO_2 能有效地抑制有害微生物的活动，防止葡萄破碎以后在输送、分离、压榨过程及起发酵以前的氧化。要想保持葡萄酒的果味和鲜度，就必须在发酵过程后立刻添加二氧化硫处理。二氧化硫可以阻止由空气中氧对葡萄酒引起的氧化作用。

（2）分离、压榨、澄清处理

酿制红葡萄酒的时候，葡萄皮和葡萄肉是同时压榨的，红葡萄酒中所含的红色色素，就是在压榨葡萄皮的时候释放出的。因为这样，所有红葡萄酒的色泽才是红的。经过榨汁后，就可得到酿酒的原料——葡萄汁。

酿造白葡萄酒时，要在葡萄破碎以后进行果汁分离、皮渣压榨和果汁的澄清处理。经过连续地果汁分离，可以分离出 40%～50%的葡萄汁。分离后的皮渣进入连续压榨机，可榨出 30%～40%的葡萄汁。两次出汁率合计在 80%左右。压榨后的皮渣可以抛弃。压榨汁应该分段处理：一段二段压榨汁，可并入自流汁中做白葡萄酒；三段压榨汁占 10%～15%，因单宁色素含量高，不宜做白葡萄酒，可单独发酵做葡萄酒或蒸馏白兰地。

白葡萄酒酿造时最好在葡萄汁起发酵前进行澄清处理。可以采用高速离心机，对葡萄汁进行离心处理，分离出葡萄汁中的果肉、果渣等悬浮物，将离心得到的清汁进行发酵。也可以把分离压榨的葡萄汁，置于低温澄清罐，加入 5 万 g/l 的皂土，搅拌均匀，冷冻降温，使酒温降到 10℃以下，静置三天，分离上面的清液，用硅藻土过滤机过滤。

（3）添加活性干酵母

葡萄原酒发酵，是葡萄酒酿造最主要的工艺过程。控制好这个工艺过程，就能使葡萄原料中已存在的形成好葡萄酒的潜在质量，得到充分的发挥和表现。葡萄酒是透过发酵作用而得的产物。无论是发酵红葡萄酒，还是发酵白葡萄酒，葡萄浆或葡萄汁入发酵罐以后，都要尽快地促使发酵，缩短预发酵的时间。因为葡萄浆或葡萄汁在起发酵以前，一方面很容易受到氧化，另一方面也很容易遭受野生酵母或其他杂菌的污染。所以在澄清的葡萄汁或葡萄浆中应及时添加活性干酵母。要注意的是，活性干酵母的种类并不相同，有的适合于红葡萄酒的发酵，有的适合于白葡萄酒的发酵，有的适合于香槟酒的发酵。同样是适合白葡萄酒发酵的活性干酵母，不同的活性干酵母产酒风味也有差异。因此，应该根据所酿葡萄酒的种类和特点，来选购活性干酵母。

活性干酵母的添加量，按每万公升葡萄汁或葡萄浆，添加 1 公斤活性干酵母。做白葡萄酒，澄清汁入发酵罐以后，立即添加活性干酵母。添加的方法是，将 1公斤活性干酵母与 10 公升葡萄汁和软化水的混合液（其中 5 公升葡萄汁，5 公升软化水）混合搅拌 1 小时，加入盛 10 吨白葡萄汁的发酵罐里，循环均匀即可。

红葡萄酒发酵，添加活性干酵母的数量及添加方法与白葡萄酒相同。只是红葡萄酒是带皮发酵，刚入罐的葡萄浆，皮渣和汁不能马上分开，无法取汁，应该在葡萄入罐 12 小时以后，自罐的下部取葡萄汁，与 1:1 的软化水混合。取 1 份重量的活性干酵母与 10 份重的葡萄汁和软化水的混合物混合搅拌 1 小时后，自发酵罐的顶部加入，然后用泵循环，使活性干酵母在罐里尽量达到均匀分布状态。

（4）发酵过程的控制

在葡萄酒发酵的过程里，酵母菌把葡萄果汁中的还原糖发酵成酒精和二氧化碳，这是葡萄酒发酵的主要过程。在形成酒精的发酵过程中，由于酵母菌的作用及其他微生物如醋酸菌、乳酸菌的活动，在葡萄酒中形成其他的副产物，如挥发酸、高级醇、脂肪酸、酯类等，这类成分是葡萄酒二类香气的主要构成物。控制葡萄酒的发酵过程平稳地进行，就能保证构成葡萄酒二类香气的成分在葡萄酒中处于最佳的协调和平衡状态，从而提高葡萄酒的感官质量。如果发酵速度过慢，一些细菌和劣质酵母的活动，可形成具有怪味的副产物，同时提高了葡萄酒中挥发酸的含量。如果发酵温度高，发酵速度过快，CO_2 的急剧释放会带走大量的果香，因而所形成的发酵香气比较粗糙，质量下降。

首先，葡萄酒发酵的温度的控制。白葡萄酒的最佳发酵温度在 14℃～18℃ 范围内，温度过低，起发酵困难，加重浆液的氧化；温度过高，发酵速度太快，损失部分果香，降低了葡萄酒的感官质量。白葡萄酒的发酵罐，罐体外面应该有冷却带，或者在罐的里面安装冷擦板，因为在酒精发酵过程中产生热量，使品温升高，所以要通过冷却控制发酵温度。

红葡萄酒发酵最适宜的温度范围在 26℃～30℃，最低不低于 25℃，最高不高于 32℃。温度过低，红葡萄皮中的单宁、色素不能充分浸渍到酒里，影响成品酒的颜色和口味。发酵温度过高，使葡萄的果香遭受损失，影响成品酒香气。红葡萄酒的发酵罐，最好也能有冷却带或冷擦板，这样能够有效地控制发酵温度。

新酒在发酵后大约 3 周左右，必须进行第一次沉淀与换桶。第二次沉淀要 4 至 6 周。沉淀的次数和时间上的顺序，完全就是所要达到的口味。

经过发酵，葡萄中所含的糖分会逐渐转成酒精和二氧化碳。因此，在发酵过程中，糖分越来越少，而酒精度则越来越高。通过缓慢的发酵过程，可酿出口味芳香细致的葡萄酒。在葡萄酒发酵的过程中，葡萄汁的比重不断下降，按时测定发酵醪液的比重变化，可以掌握发酵的速度或断定是否停止发酵，从而为控制发酵过程提供依据。当通过比重计测葡萄醪液的含糖量接近零时，可以再通过分析滴定，测定葡萄酒的含糖量，当残糖降到 0.2g/l 以下时，意味着葡萄酒的酒精发酵过程已经完成。

第二，二氧化硫（SO_2）的控制。SO_2 具有抗氧和杀菌作用。在葡萄酒酿造的不同阶段，合理地使用 SO_2，是酿造优质葡萄酒的重要保证。

白葡萄酒酒精发酵刚结束，立即加入 SO_2，其中有部分的 SO_2 是以游离态存在的。随着贮藏时间的延长，游离 SO_2 逐渐消耗，再补加一定的 SO_2。控制白葡萄酒在装瓶时游离 SO_2 在 50mg/l。

红葡萄酒在酒精发酵结束以后加入 120mg/l 的 SO_2。在贮藏过程中，游离 SO_2 逐渐消耗。当游离 SO_2 降到 20mg/l 时，补加 40mg/l 的 SO_2。控制红葡萄酒在装瓶时游离 SO_2 在 40mg/l。

第三，酸度的控制。当葡萄原酒中总酸的含量高于每升 7.5 克，就需要进行降酸处理；当葡萄原酒中总酸的含量低于每升 5 克就需要进行增酸处理。葡萄原酒增酸和降酸处理，都应该在原酒转入贮藏以后冬季自然冷冻以前进行处理。

降酸处理可以采用物理撤离法进行冷冻，促进酒石酸盐沉淀。当物理方法达不到降酸的要求时，需要进行化学方法降酸。即在葡萄原酒中加入强碱弱酸盐，中和其中过量的有机酸，从而降低酸度。最常用的降酸剂有碳酸钙、碳酸氢钾和酒石酸钾，其中以碳酸钙最有效，而且最便宜。每升 1 克的碳酸钙，可降低总酸每升 1 克（以硫酸计），可降低总酸每升 1.5 克（以酒石酸计）。

如果葡萄原酒需要增酸，最好加入酒石酸。由于葡萄酒中柠檬酸的总量不得超过每升 1 克，所以用柠檬酸增酸有很大的局限性，且其易被乳酸菌分解导致细菌性病害。通常柠檬酸增酸添加量一般不能超过每升 0.5 克。

2. 原酒的贮藏管理工艺

这一过程从葡萄发酵结束进入储罐后开始，直到葡萄灌装前。不同葡萄酒种在时间上有很大的差异，具体又可分为以下几步：不锈钢罐的贮藏、橡木桶的贮藏、冷冻处理、过滤处理。①原酒澄清及下胶过滤：在发酵结束后，温度已经降得很低，原酒在经过冬天低温作用下可以自然澄清。同时结合下胶过滤工艺可以加速葡萄酒澄清的质量和速度。对于一些要求果香较好的新酒，经过澄清和过滤工艺后即可进行葡萄酒的酒石稳定性处理。对于需要橡木桶陈酿的葡萄酒，此时可以装入橡木桶进行储藏（浑浊的葡萄酒容易堵塞橡木桶细孔，从而降低橡木桶的使用寿命）。此过程可能需要几个月、几年甚至更长的时间。②原酒冷稳定性处理。

发酵刚结束而获得的葡萄原酒质量粗糙，需要经过贮藏才能变得口味柔和。所以，严格控制贮藏过程的工艺措施，使原酒在最佳的成熟条件下发生一系列的物理化学变化，才能逐渐达到最佳的饮用质量。

（1）乳酸发酵

在窖藏陈化期间，很多红葡萄酒还会进行二次发酵，又称为苹果酸乳酸发酵，是提高红葡萄酒质量的必须工序。这个过程将把口感生硬、酸性较强的苹果酸变成比较柔和的乳酸。乳酸发酵可以让葡萄酒入口更加柔滑，丰富其酒体和口感。乳酸发酵的原理是：苹果酸+乳酸菌=乳酸+二氧化碳，红酒经过软化可以减低酸度，而且更耐久存。发酵过程完全完成之后，便依需要进行橡木桶的陈酿。

（2）橡木桶中的培养

新的橡木桶有清新的木头香气和烤木头的烟熏味，酒厂可依需要决定橡木桶陈酿的时间，大约是几个月到两年的时间，在这段时期中必须时常做换桶的工作（Soutirage），为的是避免酒与木桶长期浸泡，而生成腐败的味道，同时让酒得以透气，并且除去下部的沉淀渣滓。

（3）澄清处理

红酒是否清澈跟酒的品质没有太大的关系，除非是因为细菌感染使酒浑浊。但为了美观，或使酒结构更稳定，通常还是会进行澄清的程序。酿酒师可依所需选择适当的澄清法。葡萄酒中含有的蛋白质分子，是葡萄酒不稳定、早期混浊沉淀的主要因素之一。因此除去葡萄酒中的蛋白质分子，是提高葡萄酒稳定性的重要措施。

葡萄原酒中添加皂土是除蛋白的有效方法。由于葡萄品种、葡萄产地不同，皂土的用量也不同。皂土用于葡萄酒澄清的具体用量，可通过试验确定。按计算比例，把皂土浆均匀地加入葡萄酒中。

一般白葡萄原酒，只强调澄清和除去多余蛋白质为目的，单纯加入皂土即可。红葡萄酒还要除去多余的单宁，减小苦涩味。所以在进行澄清处理时，要先加入明胶，除去多余的单宁，再加入皂土，除去多余的蛋白。

3. 原酒的灌装生产工艺

葡萄酒的灌装就是将葡萄酒装入玻璃瓶中，以保持其现有的质量，便于销售。在灌装前必须对葡萄酒的质量进行检验。确定葡萄酒符合葡萄酒质量、卫生标准。

（1）成分调整

好的葡萄酒，在发酵和贮藏的过程中，其各项理化指标就应该达到该产品技术标准的要求。如果原酒的理化指标达不到产品的技术标准，就应该在进入冷冻以前调整成分，如调酸、调糖、调酒度等。

为了保持质量的稳定性和一致性，一些品种的酒还需要进行调配。

①调配。颜色：增加或降低葡萄酒的颜色；香气：通过勾兑新酒可以增加葡萄酒的果香。而相应地调配经过陈酿的酒则可以增加陈酿香气。口感：使口感更加地平衡协调。理化指标：使之符合相关的标准。

②稳定性试验。装到瓶子里再出现浑浊，显然是非常糟糕的。这个过程正是要避免这样的事情的发生。只有在葡萄酒通过稳定性试验后，才可能进行下一步工序——灌装。包括：酒石稳定性、色素稳定性（红色）、蛋白稳定性（白色）、金属离子稳定性、生物稳定性等。其中生物稳定性检验可以延续到除菌过滤后进行。

（2）冷冻

葡萄酒在装瓶以前，要进行冷冻处理，除去多余的酒石酸盐，增加装瓶以后的稳定性。冷冻的温度，应该在葡萄酒的结冰点以上 1 度，如 12 度的葡萄酒结冰点在 -5.5℃，这样的葡萄酒冷冻温度应控制在 -4.5℃。冷冻温度达到工艺要求的温度后应该维持这个温度，保温 96 小时。

（3）过滤

达到冷冻保温时间后，要趁冷进行过滤。冷冻过滤的目的，一方面是要澄清，另一方面是要除菌。所以可把硅藻土过滤机和板框式除菌板过滤机连用，使冷冻的酒，先经过硅藻土过滤机进行澄清过滤，接着经过板框过滤机除菌过滤，就可以达到装瓶前的成品酒的要求。

（4）无菌灌装

采用无菌灌装的工艺。这种工艺要求空瓶洗净以后，要经过 SO_2 杀菌、无菌水冲洗，保证空瓶无菌。输酒的管路、盛成品酒的空压桶、连接高压桶和装酒机的管路及装酒机等，都要经过严格的蒸汽灭菌，保证输酒管路和装酒机无菌。

成品酒在进入装酒机以前，还要经过膜式过滤器或者除菌板过滤，再进行一次除菌过滤，防止有漏网的细菌或酵母菌装到瓶中。除菌过滤一般为二次过滤，先进行澄清过滤，再进行除菌过滤，过滤出的酒直接进行灌装。主要有以下几个环节：送瓶、传送、洗瓶、干燥、灌装、压塞、套胶帽、贴标、喷码、装箱、码垛。

葡萄酒在桶中存了 3～9 个月以后，就要装瓶了。以前，葡萄酒瓶以软木塞来封口，现在（2001 年以后）很多科技革新的装瓶厂都采用新式的真空密封的旋转式酒瓶。早期饮用的酒在采摘 2～6 个月后装瓶，陈酿的在转桶 2 年后装瓶。

三、葡萄酒的主要营养成分

葡萄酒的营养成分大部分来自葡萄汁，其成分现已知的有 250 种以上。葡萄酒除去酒和水以外（水约占 80%～90%），还含有糖、有机酸、蛋白质、微量元素、果胶、多种维生素，另外葡萄酒中还含有类黄酮、酚类、黄酮醇、植物抗生素、白藜芦醇、花青素类、聚合苯酚、鞣酸、多酚等活性物质。这些物质都是人体生长发育所需要的。

1. 糖

绝大部分是葡萄糖和果糖（蔗糖仅占 1% 以下），葡萄酒中的果糖，每升中含量为 40～220 克，戊糖含量 0.5～1.5 克，红酒中所含糖类占 0.5%～20%，能直接被人体吸收，成为人体能量的直接来源。

2. 有机酸

葡萄本身含有天然的酒石酸、苹果酸、柠檬酸等有益人体健康的元素，发酵过程中更增添了乳酸和蜜蜡酸。每升葡萄酒内，含酒石酸 2～7 克，苹果酸 0.1～0.8 克，柠檬酸 0.1～0.75 克，这些酸类是维持体内酸碱平衡的重要物质，同时也可以促进消化液的分泌，促进食欲，帮助食物消化吸收，有利于维生素 C 的稳定，有效调节神经中枢，舒筋活血，对脑力和体力劳动者来说，也是不可缺少的营养物质。

3. 氨基酸

葡萄酒中最重要的是它含 25 种氨基酸。每升葡萄酒中，含蛋白质 1 克，氨基酸 0.13～0.6 克，在这 25 种氨基酸中，含有 8 种人体不能合成的必需氨基酸，苏氨酸含量 16.4 毫克、缬氨酸含量 21.7 毫克、蛋氨酸含量 6.2 毫克、色氨酸含量 14.6 毫克、苯丙氨酸含量 25.5 毫克、异亮氨酸含量 32.4 毫克、赖氨酸含量 51.7 毫克、亮氨酸含量 1.7 毫克。因此，适量饮用红酒，可以补充机体所必需的氨基酸，维持代谢平衡。

4. 单宁酸

单宁酸（Tannins）亦称单宁、鞣酸，是植物界常见的成分。单宁是红酒一切特征的关键，就象啤酒花造就了啤酒的特殊味道。单宁是酒到了口里较涩的感觉。单宁为葡萄酒建立了"骨架"，使酒体结构稳定、坚实丰满。单宁酸是一种多元酚。多元酚是一种自由基捕捉剂，进入人体后能和细胞内的化学物质发生化学反应，有抗氧化的作用。

单宁酸可以有效避免葡萄酒因为被氧化而变酸，使长期储存的葡萄酒能够保持最佳状态。单宁来自葡萄的皮和梗以及橡木桶，因而又分成熟果皮上的好的单宁和葡萄梗上青涩的不好的单宁。好的单宁非常细腻，差的单宁粗糙。而单宁不足的葡萄酒犹如发育不良，通常表现为质地轻薄、柔弱无力、索然无味。通常红葡萄酒的单宁要比白葡萄酒高，因为红葡萄酒是带皮发酵的。

5. 原花色素

原花色素是一种生物类黄酮，是有效的断链抗氧化剂，其抗氧化作用是维生素 C 的 20 倍，维生素 E 的 50 倍，可以防止自由基的破坏。科学家认为，原花色素是清扫自由基最强的抗氧化剂，起因于自由基对细胞的伤害是引发大量疾病的首要因素，这些疾病包括癌症、心血管疾病、关节炎、糖尿病、中风、白内障等。另外，原花色素还能保护大脑与神经组织，因为它有跨越血脑屏障的独特能力，能改善血液循环，减少癌症；它与胶原蛋白结合，助长细胞健全，使人有灵活的关节和年轻的皮肤。

6. 槲皮酮

红葡萄酒中有一种被称为槲皮酮的植物色素成分，此种物质以抗氧化剂与血小板抑制剂的双重"身份"，保护血管弹性和畅通。它能够抵抗阳光辐射、化学反应，以及日常生活压力所造成的化学损伤。代谢物黏附在动脉管上会堵塞动脉，使之变窄，从而引发心脏病。槲皮酮能够通过阻止胆固醇的吸收来预防心脏病。

7. 白藜芦醇

（1）抗菌作用。研究表明，白藜芦醇是天然的抗氧化物和自由基廓清剂，是一种酚类植物抗生素，能有效抑制真菌病害感染、坏死区的扩展。

（2）白藜芦醇能降低高血脂及冠心病的发病率，对心血管系统起保护作用。白藜芦醇可以提高外周血液中高密度脂蛋白的含量，调节低密度脂蛋白的比例，降低血小板的凝集活动性，防止血栓的形成和动脉粥样硬化的发生。

（3）抗癌、抗诱变作用。美国一项研究表明，白藜芦醇能有效抑制与癌症相关的细胞活动，也就是说，在癌症发生的起始、增进和扩展三个阶段，白藜芦醇都有防癌活性，并对癌症发生的三个阶段全部抑制。白藜芦醇在阻止细胞癌变和恶意扩散的同时，也能防止关节炎和其他疾病的细胞发炎。

（4）抗衰老、抗疲劳作用。白藜芦醇可能是研发抗衰老药物的关键。有关研究表明，白藜芦醇能激活许多抗衰老基因，提高某些抗衰老酶的活性，从而延长机体的寿命。

这些物质在葡萄酒的保健作用中扮演着重要角色，主要功能有：清除自由基；预防脂肪过氧化，保护脂肪不被氧化；抑制一些水解酶和氧化酶类（如磷脂酶 A 和脂肪氧化酶）及消炎作用等。

8. 维生素

葡萄酒含丰富的维生素。每升葡萄酒中，硫胺素含量为 0.008～0.086 克、核黄素为 0.086 毫克、尼克酸 0.65～2.10 毫克、维生素 B6 为 0.6～0.8 毫克、叶酸为 0.4～0.45 微克、维生素 B12 为 12～15 毫克。此外，肌醇含量也较多。

硫胺素能预防脚气病，促进糖代谢，防治神经炎。核黄素能促进细胞的氧化还原作用，促进生长，防止口角溃疡及白内障。尼克酸能维持皮肤和神经的健康，防止糙皮病。维生素 B6 对于蛋白质的代谢很重要，能促进生长，治疗湿疹和癫痫，防治肾结石。叶酸能刺激红细胞再生及白细胞和血小板的生成，可治疗恶性贫血。维生素 C 能增强肌体的免疫力和促进伤口愈合，防止头发脱落，促进食欲，加强肠的吸收能力，帮助消化的作用。

9. 矿物质

葡萄酒中，还含有丰富的矿物质。每升葡萄酒中，氧化钾含量为 0.45～1.35 克、氧化镁 0.1～0.25 克，它们对人体都有益；磷的含量也相当高，每升葡萄酒中，含五氧化二磷 0.4～0.9 克。葡萄酒中钙的含量虽然不高，但可被人体直接吸收。

葡萄酒中所含的钙、钾、锰、锌等元素在促进骨骼、肌肉的生长和发育，防止血管硬化等方面发挥着重要作用。

四、葡萄酒的分类

19 世纪中叶，法国政府以法律形式规定葡萄酒的定义：新鲜葡萄或新鲜葡萄的汁经过全部或部分发酵后所得到的产品。国际葡萄与葡萄酒组织（O.I.V）将葡萄酒分为两大类（1978），即葡萄酒和特殊葡萄酒。

（一）葡萄酒

根据葡萄酒属性的不同，细分如下：

1. 按葡萄酒的颜色分类

（1）红葡萄酒

红葡萄酒是选择皮红肉白或皮肉皆红的酿酒葡萄，采用皮汁混合发酵，然后进行陈酿而成的葡萄酒，红葡萄酒的色泽呈自然宝石红色、紫红色、石榴红等。酒的红色均来自葡萄皮中的红色素，绝不可使用人工合成的色素。酒体丰满醇厚，略带涩味。

（2）桃红葡萄酒

桃红葡萄酒用呈色较浅的原料或皮渣，浸泡的时间较短，酿造方法基本与红葡萄酒的方法相同，其发酵汁与皮渣分离后的发酵过程则完全同于白葡萄酒。这种酒的颜色呈淡淡的玫瑰红色和粉红色，晶莹悦目。它既有白葡萄酒的芳香，又有红葡萄酒的和谐丰满。

（3）白葡萄酒

白葡萄酒是由不含皮的葡萄汁酿成的酒，不是白色的，而是不带红色的酒，其实往往有一点浅黄或者浅绿。从化学上讲，白葡萄酒的结构比红酒要简单。它缺少红酒的单宁酸，因此没有很多人不习惯的红酒的"涩"。大多数的白葡萄酒不含糖，属于"干白"，给人酸的感觉，越不甜，档次越高。

白葡萄酒是将葡萄原汁与皮渣分离后，单独发酵制成的葡萄酒。酒的颜色从深金黄色、浅禾杆色至近无色不等。外观清澈透明，果香芬芳，幽雅细腻，微酸，爽口。

2. 按葡萄酒的含糖量分类

（1）干葡萄酒

酒中含糖（以葡萄糖计，下同）小于或等于 4 克/升，一般尝不出甜味。原料（葡萄汁）中糖分完全转化成酒精，残糖量在 0.4% 以下，口评时已感觉不到甜味，只有酸味和清怡爽口的感觉。干酒是世界市场主要消费的葡萄酒品种，也是我国旅游和外贸中需要量较大的种类。干酒由于糖分极少，所以葡萄品种风味体现最为充分，通过对干酒的品评是鉴定葡萄酿造品种优劣的主要依据。另外，干酒由于糖分低，从而不会引起酵母的再发酵，也不易引起细菌生长。

（2）半干葡萄酒

酒中糖含量为 4.1 克/升～12 克/升，品尝时能辨别出微弱的甜味，欧洲与美洲消费较多。

（3）半甜葡萄酒

酒中含糖量为 12.1 克/升～50 克/升，有明显的甜味，是日本和美国消费较多的品种。

（4）甜葡萄酒

酒中含糖量在 50 克/升以上，由于含有较多的糖分，使酒有特别浓厚的甜味。质量高的甜酒是用含糖量高的葡萄为原料，在发酵尚未完成时即停止发酵，使糖分保留在 4%左右，但一般甜酒多是在发酵后另行添加糖分。我国及亚洲一些国家甜酒消费较多。

（二）特殊葡萄酒

根据国际葡萄与葡萄酒组织的规定，特殊葡萄酒的原料为新鲜葡萄、葡萄汁或葡萄酒，其特性不仅来源于葡萄本身，而且决定于所采用的生产技术。

1. 起泡葡萄酒

起泡葡萄酒是葡萄酒的一种，有丰富的起泡。用部分白葡萄压汁后，在发酵过程中先装瓶，使其在瓶中完成第二次发酵，而将其自然产生的二氧化碳保留在瓶中。其气压在 20℃的条件下≥0.35MPa，酒精度 8%～14%，如法国香槟酒。香槟（Champagne）与快乐、欢笑和高兴同义。因为它是一种庆祝佳节用的酒，它具有奢侈、诱惑和浪漫的色彩，也是葡萄酒中之王。在历史上没有任何酒可比美香槟的神秘性，它给人一种纵酒高歌的豪放气氛。香槟酒的味道醇美，适合任何时刻饮用，配任何食物都好；如举行大的宴会，用香槟比其他混合酒还恰当。在婚礼和受洗仪式上，也适合用来干杯。它也是第一流的调酒配料，而且价格也不太贵。香槟在罗马凯撒大帝征服高卢时代就有了。早期的香槟是无泡的，现在仍有无泡的香槟酒。不过全世界的人对有泡的香槟是比较熟悉的，其发泡的原因，是由于酒在密封的瓶中产生了第二次发酵之故。

2. 加香葡萄酒

加香葡萄酒是以葡萄原酒为酒基，经浸泡芳香植物或加入芳香植物的浸出液（或蒸馏液）而制成的葡萄酒。

3. 加强葡萄酒

在葡萄酒发酵之前或发酵中加入部分白兰地或酒精，以提高酒度并抑止发酵，留下某种程度的自然糖分。这种酒不易变质，分干、甜两种，酒精度 17%～22%。雪利酒、波特酒、玛德拉酒、玛尔萨拉是典型代表。

第四节 葡萄酒产地与酒庄

一、旧世界葡萄酒产地

"旧世界"主要指法国、意大利、西班牙等历史悠久的传统葡萄酒酿造国家，其生产酒庄有的甚至可以达到几百上千年的历史。旧世界亩产限量比较严格，讲究精耕细作，以人工为主，讲究小产区，注重酿造前葡萄质量，让葡萄自己去展现其风华，最重要的是葡萄出生地的土质、向阳度与气温。旧世界葡萄酒讲究"血统"，突出传统酿造工艺，越是手工酿造的酒越珍贵，还注重葡萄酒的本味，更具有酸涩的口感。旧世界有严格的等级标准，以法国为例，每一瓶葡萄酒的正标上都标注等级，一目了然。旧世界的酒标信息复杂，包含各项元素，便于消费者认知。

1. 法国

法国是名列第一的葡萄酒大国，它的酒包罗万象，应有尽有，其种类最为丰富。它拥有世界最好、价值最高的绝世名酿，因此是公认的"葡萄酒王国"。法国葡萄酒的等级制度是世界葡萄酒品质控制规范体系的奠基者，它按产地控制原则，把葡萄酒划分为 AOC、VDQS、VDP 和 VDT 等四个大类，从而使葡萄酒的品质和价值体系形成。法国葡萄酒产地中，最有名的有波尔多（Bordeaux）、勃艮第（Bourgogne）、香槟（Champagne）以及阿尔萨斯（Alsace）、卢瓦尔河谷（Loire Valley）、罗纳河谷（Vallee du Rhone）。法国出口的酒，通常以 AOC 顶级葡萄酒为主，而一般法国人饮用的却是普通餐酒级的葡萄酒，或欧盟其他国家生产的酒。

（1）波尔多

波尔多位于法国西南部，加龙河、多尔多涅河和吉龙德河谷地区。该区地域广大，东西长 85 英里，南北 70 多英里。有葡萄园近 11 万公顷，年均产酒 5 亿瓶左右，是举世公认的世界最大的葡萄酒产地。波尔多由于地广土肥，葡萄品种齐全，几乎所有种类的葡萄酒都有生产。从高级佳酿到普通佐餐酒，应有尽有。波尔多生产三分之一以上的 AOC 葡萄酒。波尔多的葡萄酒以种类丰富而闻名，波尔多的红酒一般要在成熟后才适合饮用，酒质的特色是风味浓郁，结构平衡。在波尔多，梅多克（Medoc）、格拉夫斯（Graves）、圣·艾米利翁（St. Emilion）、波默洛尔（Pomerol）构成了这个地域的最知名的四大产区，此外还有生产甜酒而闻名的苏太尼斯（Sauternes）。梅多克（Medoc）是最有代表性的波尔多红酒产地，波亚克村及玛歌村生产了世界上最多的高级优质葡萄酒，有的高价位葡萄酒一瓶甚至高达数千美元。此区大约拥有 61 个特级酒庄和 70 个村庄，除了上述两个村庄之外，还有圣利安村及圣爱斯泰夫村最值得葡萄酒爱好者们记取。

①梅多克

梅多克地区位于吉龙德河左岸，波尔多地区的西北部。梅多克地区葡萄种植园很多，较好的葡萄酒来自奥·梅多克村等八个地区，并以村名作葡萄酒名。在这个产区中有着整个法国最著名的城堡以及葡萄庄园。圣·艾斯特芬村（St.Estephe）所产的葡萄酒呈鲜艳的深红色，经长期陈酿后，形成浓郁甘美的风味。世界知名的拉斐酒庄（Ch. Lafite Rothschild）、拉图酒庄（Ch. Latour）等即在此区。圣·朱利安村（St.Julien）是一扇形的冲积河谷带，所产葡萄呈稍带紫色的浓红色。因为涩味与酸度控制调和得很圆满，且该地产的葡萄酒产量不多，所以价格较贵。玛高村（Margaux）生产的葡萄酒呈红宝石色。因涩和酸味调配恰当，所以口味芳醇可口。此村拥有原产地地名监制法规，所有产品商标上都有注明，如头苑中的玛高堡（Ch.Margaux）。莫丽斯村（Moulis）则是属于上游地区靠森林一带的产酒村庄，所产葡萄酒品质优良。另外，利斯柴克村（Listrac）、波雅克村（Pauillac）等也是精品葡萄酒的产地。

②格拉夫斯

格拉夫斯地区位于加龙河左岸，北起波尔多城及周围地区，南到苏太尼城，几乎遍布了整个河左岸地区。该地区生产红葡萄酒。较为有名的村庄有奥·伯里翁堡（Ch. Haut-Brion）和帕佩·克勒芒特（Pape-Clement）。

③苏太尼斯

苏太尼斯地区位于格拉夫斯地区南部并为之所包围，共有波米斯（Bommes）、巴萨克（Bareac）、普雷格纳克（Preignac）、法尔居士（Fargues）和圣·派里·德·蒙斯（St. Pierre de Mons）等五个村庄。巴萨克村是苏太尼斯五个村庄中唯一具有 AOC 系统的种植园，葡萄酒甜味较少而香味则较浓。

④圣·艾米利翁

圣·艾米利翁地区与梅多克都以盛产波尔多红葡萄酒而知名。梅多克采用的是卡白乃和索毕尼奥葡萄为原料；而圣·艾米利翁则以麦尔卢、马尔贝克和纯卡白乃为原料，所以色调是淡红宝石色，涩味少，成熟快，酒体也很匀称。

⑤波默洛尔

波默洛尔是位于圣·艾米利翁西北部的一个小葡萄种植园。该地生产的著名红葡萄酒色泽深红，柔软芳醇，耐力强，能长久贮藏而不变质。

由于地理区位与河流的相对位置的划分，梅多克地区与格拉夫斯地区构成了我们常说的左岸，圣·艾米利翁地区与波默洛尔构成了右岸区。

（2）勃艮第

勃艮第地区是位于法国的中部科尔多省，其总面积只有波尔多地区的五分之一。勃艮第有五个代表产区：夏布利（Chablis）、夜丘（Cote de Nuits）、伯恩丘（Cote de Beaune）、马孔内（Maconnais）和夏隆内丘（cote chalonnaise）。夜丘和伯恩丘构成了勃艮第最著名的黄金产区。红葡萄品种为黑皮诺（Pinot Noir），白葡萄品种为霞多丽（Chardonnay）。勃艮第的霞多丽干白举世闻名。在特定产区和特定年份之中，黑皮诺葡萄酒的口味比世界上其他葡萄品种更具芳香的口感。

（3）隆河谷地（又称"罗纳谷"）

隆河谷位于法国的南部，一条隆河，把隆河谷地划分成南北两个隆河大区。这里地势南北狭长，大部分产区生产红葡萄酒。整个地区划分为只种植红葡萄品种的北部以及种植着超过 13 种不同红葡萄品种的南部，以阿维尼翁（Chateauneuf du Page）红葡萄酒最为著名。

（4）香槟

香槟区位于巴黎市西北面 90 公里处。这里的凉爽气候和白垩土质是其汽化葡萄酒出类拔萃的主要原因，出产"起泡酒之王"——香槟。香槟酒主要由三种优质的葡萄品种酿制而成：酿制白葡萄酒（Blanc de Blanc）的白葡萄品种霞多丽；酿制白葡萄酒（Blanc de Noir）的黑皮葡萄皮诺美努妮（Pinot Meunier）和黑皮诺葡萄（Pinot Noir）。红葡萄品种占种植比例的 80%左右。酿制香槟的方法是在葡萄酒装瓶时进行第二次发酵，产生二氧化碳，形成小气泡。但只有这个地方酿制的起泡酒才能称得上是真正的香槟酒，其他地区的只能叫做起泡葡萄酒。法国人为成就香槟之名，在全世界打了一千多场官司，最终取得了"香槟"的专有权。

（5）卢瓦尔河谷

卢瓦尔河谷是法国白葡萄酒之乡。卢瓦尔河流域随处可见过去法国国王的王宫和法国贵族的别墅，这里还遍布着中世纪古城堡，地形东西绵延，生产红、白、玫瑰红及起泡酒等各式各样的葡萄酒。除了一些桃红酒、红葡萄酒以及起泡酒之外，其出产的略甜或全干的白葡萄酒约占 60%，且酒体都比较清新淡雅。卢瓦尔河谷便是由此类白葡萄酒而闻名。横跨法国的卢瓦尔河的是桑榭尔（Sancerre）和波梅（Pouilly-Fume）两个临近产区，白索维翁是产区中主要的葡萄品种。尽管在波尔多地区白索维翁葡萄的种植面更为广泛，它的口味却不如卢瓦尔河谷的同类葡萄那么富有特色。

2. 德国

德国葡萄酒的生产量大约只有法国的十分之一，约占全世界生产量的 3%。德国生产的葡萄酒 85%是白葡萄酒，其余的 15%是玫瑰红葡萄酒、红葡萄酒及起泡酒。德国白酒拥有芬芳的果香及清爽的甜味，而且酒精度低。而其生产的红葡萄酒则较少出口，口感比较单薄。

莱茵河北侧的莱茵高是德国最知名的葡萄酒产区，以生产优质高级葡萄酒出名，而其对岸的莱茵黑森，则是德国重要的次产区，生产相对便宜、性价比高的葡萄酒。这个区域的葡萄酒都称为莱茵酒，其口味比其他地区的葡萄酒要浓郁一些。

法兰克福有一种装在羊皮袋型酒瓶里的干型葡萄酒，这里是德国最古老的葡萄酒产地，这里生产的葡萄酒通称为"修塔因酒"。传说在玻璃出现之前，人们都是用牧羊人用的羊皮袋水壶来装酒，这一传统被保持至今。这里的产量虽然不多，但却以生产全德国最干的葡萄酒而享有盛誉。其中，西万尼葡萄酿造的葡萄酒风味清新，充满男性魅力。

3. 意大利

意大利葡萄酒历史可以追溯到罗马帝国时代。随着罗马帝国政治势力的扩张，意大利葡萄酒也被推广到整个欧洲，所以意大利对欧洲葡萄酒贡献极大。每年意大利都要和法国竞争世界葡萄酒产量之最，而在出口量方面，意大利则保持世界第一。意大利南北狭长的地形导致气候差异大，因此生产的葡萄酒种类繁多，风味各异。

（1）皮埃蒙特

皮埃蒙特在意大利文中是"山脚"的意思，它位于阿尔卑斯山脚下，邻近法国。这里是意大利高级葡萄酒产地。内比奥罗是意大利葡萄之王，可以酿造出与法国波尔多高级优质红酒媲美的适合陈年以及窖藏的世界顶级好酒。

（2）托斯卡纳

托斯卡纳是意大利最大的红酒产地，佛罗伦萨是其中心城市。这里用稻草包扎的"康帝酒"也广为人们熟悉，特色在于酸味突出而口感清新。康帝酒曾是意大利葡萄酒的典范。而圣娇维斯葡萄则是与内比奥罗媲美的品种，同样能酿出世界级的佳酿。

（3）威尼托

闻名于世的"水都"威尼斯就位于威尼托，此地区是意大利最有名的白葡萄酒"苏阿维"的故乡。

4. 西班牙

西班牙的葡萄酒产量仅次于意大利和法国。西班牙各地几乎都生产葡萄酒，以里奥哈、安达鲁西亚、加泰罗尼亚三地最为有名。西班牙葡萄酒中，人们对有气泡的雪莉酒及桑格里酒较为熟悉，而以制造香槟的方式酿成的"卡瓦"则是法国香槟的头号劲敌，有"穷人香槟"之称。西班牙境内优质葡萄酒也大都是红酒。特别是里奥哈的红酒，不比法国葡萄酒逊色，但价格却比较便宜。

5. 葡萄牙

葡萄牙的葡萄酒几乎可以与西班牙齐名，主要集中在中部以北的地方，最有名的产地是达欧，以及温侯贝尔德。达欧主要生产红酒，口感干、后劲强，适合男士饮用。和达欧相反，温侯贝尔德生产许多年份轻即饮的葡萄酒，其最大特色是酒质新鲜，给人以清凉的印象。葡萄牙的马特斯玫瑰红 "Mateus Rose" 称得上是世界级名品。另外，还包括波特酒、马地露酒以及常被用做料理的马地拉酒。

二、新世界的葡萄酒产地

"新世界" 则指种植酿酒葡萄和酿制葡萄酒的历史较短，大都在三百年以内，如美国、加拿大、阿根廷、澳大利亚、中国等新兴的葡萄酒酿造国家。新世界的葡萄种植以机械化为主，酿造技术大胆地对酿酒工艺进行创新，加入了更多科技成分，使用更新的技术来使葡萄酒达到更好的平衡。他们的酿酒哲学是每年都保持恒定的品质。新世界的葡萄酒庄一般种植规模都很大，以工业化大规模生产为主。新世界葡萄酒一般分级不是很严格，但标注了著名优质产区的名称，一般会有较高的品质。

1. 澳大利亚

澳大利亚为新世界葡萄酒的典型代表。澳大利亚阳光充足，土壤矿物质丰富，拥有不受污染的天然环境。澳大利亚的优质产区主要分布在南澳大利亚（South Australia）、西澳大利亚（Western Australia）、维多利亚（Victoria）、新南威尔士（New South Wales）四个省份。其中南澳大利亚最有名的四个产区，分别是巴罗莎谷（Barossa Valley）、麦罗伦谷（Mclaren Valley）、古纳华拉（Coonawarra）、加拉谷（Clare Valley）。澳大利亚最有特色的葡萄品种要数席拉（Syrah）了，澳大利亚的席拉葡萄引种自波尔多，但它到了澳大利亚却有了完全不同的风味。

2. 美国

美国的产区集中在华盛顿州和加利福尼亚州。其中加利福尼亚州葡萄酒在产量上和知名度上都占有绝对优势。加利福尼亚州的纳帕谷（Napa Valley）是美国葡萄酒重要产区，另外，索诺玛产区同样享有盛名。这两个地方都是美国最早命名 AVA 产区的地方。纳帕谷拥有众多世界顶级名庄。加利福尼亚州的葡萄酒产量占美国的 90%，大约有 850 家酒庄。

3. 智利

智利白天的日照时间很长，夜间温度又足够低，具备葡萄成熟的最理想条件。加上夏天干燥，很少虫害，拥有全世界少有的种植环境。智利出产大量价廉物美的餐酒，20 世纪 80 年代以后，随着拉菲家族（Lafite）、木桐家族（Mouton）的入驻以及大量投资，智利已经开始出产世界级的葡萄酒。智利最主要的产地是中央山谷（Central Valley），其他优秀的产区有迈波谷（Maipo Valley）和兰佩谷（Rapel Valley）。

4. 新西兰

新西兰的气候干爽清凉，日照时间长，很适合皮薄娇嫩的葡萄生长，白葡萄酒占其产量的 90%。新西兰最著名的产区是南岛的万宝龙产区（Marlborough），该产区的白索维翁世界闻名。万宝龙产区有充沛的日照、适度的雨量、布满卵石的砂土，能出产香味丰富、口味清新的顶级白索维翁。

5. 南非

南非是世界第八大葡萄酒生产国。在南非，葡萄栽培主要集中在南纬 34° 的地中海气候区域，该区域内西部气候凉爽，有着理想的大规模种植优良葡萄品种的条件。高低不平的地势以及山谷坡地的多样性，再加上两大洋交汇，尤其是大西洋上来自南极洲水域寒冷的班格拉洋流向北流经西海岸，减缓了夏季的暑热。白天，有海上吹来凉风习习，晚间则有富含湿气的微风和雾气。适度的光照也发挥了很大作用。这样，地形差异和区域性气候条件创造了葡萄品种和品质的多样性。

开普敦葡萄酒的产区被分为官方划定的大区域、地方区域和小区。包括四个主要区域：布利德河谷、克林克鲁、沿海区及奥勒芬兹河。其中包含了 17 个不同的地方区域和 51 个更小的区。大约有 73 个栽培品种被批准用于葡萄酒的生产。每个品种都具有长期以来对不同土壤和气候适应而产生的不同特点，能够满足酿造特定品质、特定口味葡萄酒的要求。这就是栽培品种、产地以及酒本身之间的一种密切关系。

6. 阿根廷

阿根廷的产量在世界排名第五，但是阿根廷红酒的口碑一般，大家认为阿根廷的葡萄酒不够细致。超市里有大量低端阿根廷葡萄酒，该国的玛碧葡萄（Malbac）十分有特色，产自阿根廷的这种葡萄酿造的葡萄酒还是值得一试。

7. 中国

（1）渤海湾产区。在我国北纬 25°～45° 广阔的地域里，沿渤海湾，分布着各具特色的葡萄、葡萄酒产地。该地区土壤类型复杂，有砂壤、海滨盐碱土和棕壤。优越的自然条件使这里成为我国最著名的酿酒葡萄产地。其中河北昌黎，天津蓟县、汉沽，山东半岛，都在国内负有盛名。渤海湾产地是我国目前酿酒葡萄种植面积最大、品种最优良的产地。葡萄酒的产量占全国总产量的 1/2。

（2）沙城产地。包括河北的宣化、涿鹿、怀来。这里地处长城以北，光照充足，热量适中，昼夜温差大，夏季凉爽，气候干燥，雨量偏少，年降水量 413mm，土壤为褐土，质地偏砂，多丘陵山地，十分适于葡萄的生长。

（3）清徐产地。包括汾阳、榆次和清徐的西北山区。这里气候温凉，光照充足，降水量 445mm，土壤为壤土、砂壤土，含砾石。葡萄栽培在山区，着色极深。

（4）银川产地。包括贺兰山东麓广阔的冲积平原。这里气候干旱，昼夜温差大，年活动积温 3298℃～3351℃，年降水量为 180～200mm，土壤为砂壤土，含砾石，土层有 30～100mm。

（5）武威产地。包括武威、民勤、古浪、张掖等位于腾格里大沙漠边缘的县市，也是中国丝绸之路上的一个新兴的葡萄酒产地。这里气候冷凉干燥，年活动积温 2800℃～3000℃，年降水量 110mm。由于热量不足，冬季寒冷，适于早中熟葡萄品种的生长，近年来已发展了梅乐、黑品诺、霞多丽等品种。

（6）吐鲁番产地。包括低于海平面 300 米的吐鲁番盆地的鄯善、红柳河。这里四面环山，热风频繁，夏季温度极高，达 45℃以上，年活动积温 5319℃；雨量稀少，全年仅有 16.4mm。这里是我国无核白葡萄生产和制干基地。虽然葡萄糖度高，但酸度低，香味不足，干酒品质欠佳，而生产的甜葡萄酒具有西域特色，品质尚好。

（7）云南产区。包括云南高原海拔 1500 米的弥勒、东川、永仁和川滇交界处金沙江畔的攀枝花，土壤多为红壤和棕壤。这里的气候特点是光照充足，热量丰富，降水适时，适合酿酒葡萄的生长和成熟。利用旱季这一独特小气候的自然优势栽培欧亚种葡萄已成为西南葡萄栽培的一大特色。

三、葡萄酒原产地制度

原产地制度是为了防止高品质葡萄酒产区的酒被仿冒，保护葡萄酒产区声誉的行动。原产地是其产品特性与地域关联性合乎逻辑的结果，它构成了相应产品的生产条件，同时也决定了原产地制度的使用必须具有地方性、合法性和稳定性。原产地制度规定了区域内所有生产同一产品的生产者可共同享有，并强调必须对原产地产品的各个生产环节进行控制，遵守所有的卫生和质量标准；同时，强调稳定性。它必须已经存在数年，而且不间断地被重复使用，并一直保持产品声誉。

1. 法国

法国第一次试探建立原产地保护是在 1905 年 8 月，当时对一些葡萄酒产区，包括波尔多予以保护地位，却因除规定产区地理界线外没有其他任何特定规定而不起作用。葡萄酒质量依然高低不同，假冒伪劣依然猖獗。1919 年 6 月的法规使葡萄果农（而不是行政机构）可以根据法官决定申明产区的可能性。这时，法国葡萄酒法规的一个重要概念诞生了——产地（appellation）的名字属于整个社区的生产商。1927 年 7 月的法规第一次规定了酿造方式是一个产区信誉的一个部分，虽然这需要法官对产区和酿造方式进行判断。这一次，原产区（appellation d'origine）的概念加强了。

1935 年 7 月 30 日，法国政府再次试探，将原产地变为控制（Appellation d'Origine Controlee），并且建立相应监督机构以便实施，这个机构即"国家原产地控制院"（INAO）。AOC 原产地控制制度成为一个法规。原产地控制制度将法国所有葡萄酒分为四等：日常葡萄酒（Vins de Table）、地区葡萄酒（Vins de Pays）、优良地区葡萄酒（Vins Delimités de Qualite Superieure, VDQS 或 delimited wines of superior quality）和法定产地葡萄酒（Vins d' Appellation d'Origine Contrólée）即 AOC（产地命名制）或产地葡萄酒。

2. 意大利

除法国外，意大利是世界上葡萄酒最大的产区，意大利人学习法国的 AOC 制度，1963 年颁布了他们的 DOC（Denominazione d'Origine Controllata）法，同时严格控制所谓 DOC 和 DOCG 葡萄酒的生产。其中 DOC 法已经很严格地要求厂商生产符合原产地命名法的标准，DOCG 更是加上了 Garantita（意即保证）字样，要求通过 DOC 法验证五年的原产地葡萄酒，才能申请升级为 DOCG 葡萄酒，且需要通过意大利政府派出的专家小组验证，才能真正通过审核，成为 DOCG 葡萄酒，一旦原产地验证不合格，该品种（产地）葡萄酒甚至有被降级的危险。相对而言，和德国（1971 年正式发布葡萄酒法）、奥地利（1961 年）、西班牙（1972年）不同，意大利 DOC 法严格禁止向葡萄酒中加入糖分以调节酒精度和甜度。

3. 西班牙

西班牙有类似法国和意大利的原产地制度，且专门设立了 INDO（国家原产地命名中心）来管理葡萄酒和其他原产地产品的生产和命名。他们的原产地命名被称为 DO（Denominación de Origen）认证。

4. 美国

美国也将葡萄酒分级和施行原产地控制。

美国的分级是非正式的，由美国著名加利福尼亚州葡萄酒评家詹姆斯·劳比（James Lube）在所著的《加州的顶级赤霞珠》（*California's Great Cabernets*）和《加州的顶级霞多丽》（*California's Great Chardonnays*）书中提出。这个分级也使消费者对加利福尼亚州葡萄酒的认知加深，树立了能与法国波尔多相提并论的产地形象。美国的葡萄酒产地制度（American Viticultural Areas，AVA），主要根据地理和气候规定产区，对葡萄品种种植、产量和酿造方式没有限制。

美国政府除了在葡萄种植和酿酒方面协助葡萄酒生产商外，还在法律层面及时吸取法国等老牌葡萄酒大国的经验。负责管理酿酒业的 BATF，在 1978 年制定出了美国葡萄酒产地（American Viticultural Areas）制度。经过几年的过渡期，于 1983 年生效。作为规范葡萄酒产地的法律，AVA 制度与法国的"原产地名称管制"相似，但它主要对被命名地域的地理位置和范围进行定义，AVA 制度对葡萄品种、种植、产量和酿造方式没有限制，这是它与法国 AOC 制度最根本的区别。

BAFT 规定，在酒标上标明命名的产区需达到两个要求：85%的葡萄必须来自标明的产地；品种葡萄酒必须是 75%标明的品种葡萄酿成，即品种纯度必须超过 75%。如果葡萄酒业者在酒标上增加信息，必须遵守基本规则的精确性。标注单一葡萄园的酒必须是 95%的酒酿自标明葡萄园的葡萄。若使用"Estate Bottled"这个词，酒园和葡萄园必须在标明的 AVA 产区内，业者"必须拥有或控制"所有的葡萄园。凡在酒标中标有收获年限的，则所用葡萄的 95%应是这一年收获的。

四、分级制度与酒庄

1. 分级制度

国际上顶级的葡萄酒无不来自酒庄。随着人们对葡萄酒产地的认识越来越细化，细化到村庄后，再细化到酒庄。以葡萄酒庄为基础对葡萄酒的等级划分，提升葡萄酒品质，扩大酒庄知名度。在分级中，等级的单位用的是 Cru，本义是种植，特指一块非常特别的土地。分级制度中的等级级别是 Cru——葡萄园，仅将葡萄园划为等级；而原产地控制制度中的等级级别是 Vin——葡萄酒，对葡萄种植品种、单位产量等进行规定。这些等级的产生有的比 AOC 制度还要早，开始只是为了商业目的，作为标定价格的尺度，后来则更多的是一种对于酒庄质量的肯定。分级明确了最顶级葡萄园及其酿出顶级质量葡萄酒的酒庄。

1855 年 4 月 18 日，葡萄酒批发商的组织（Syndicat of Courtiers）根据当时波尔多各个酒庄的声望和各酒庄葡萄酒的价格，确定了 58 个酒庄，命名为顶级酒庄（Grand Cru Classe）。他们将所有酒庄分为 5 级，其中有 4 个一等酒庄，分别为拉斐酒庄（Chateau Lafite Rothschild）、拉图酒庄（Chateau Latour）、奥比安酒庄（Chateau Haut-Brion）、玛高酒庄（Chateau Margaux）。12 个二等酒庄（Second Growths 或 Deuxiemes Crus），14 个三等酒庄（Third Growths 或 Troisiemes Crus），11 个四等酒庄（Fourth Growths 或 Quatriemes Crus）和 17 个五等酒庄（Fifth Growths 或 Cinquiemes Crus）。

自从 1855 年后，酒庄的名称、所有者、葡萄园甚至葡萄酒的质量都有很多变化，有的酒庄被分割，有的酒庄被合并，而定级从来没有做过相应的修订。1973 年，终于对等级酒庄进行了一次修订，无论酒庄是否更名易主、分割或合并，均保持最初评定的等级，唯一的例外是茂桐酒庄（Chateau Mouton-Rothschild），在主人菲利浦男爵几十年的努力下，从原来的二等酒庄晋升为一等酒庄。此时，一等酒庄的数量增加到 5 个，这 5 个一等酒庄就是人们常说的"波尔多五大酒庄"。很多酒庄由于遗产造成产权分割，此时的等级酒庄已经增加到 61 个，其中一等 5 个，二等 14 个，三等 14 个，四等 10 个，五等 18 个。后又增加了白马庄、奥松庄和翠柏庄，组成现在法国八大赫赫有名的酒庄。

至今波尔多顶级酒庄的品种、风格仍是衡量世界顶级葡萄酒的标准；分级制度的最大特点是仅仅将葡萄园划为等级，而没有对葡萄种植品种、单位产量等进行规定，甚至没有对产区的地理界线进行划定。这是分级制度与原产地控制制度的最大区别。

为了提升国内葡萄酒酿造品质，我国一些有条件的地区开始建立酒庄，强化葡萄种植、酿酒、陈酿于一体。河北的朗格斯酒庄，昌黎长城华夏庄园，怀来中法庄园、德尚庄园、哈尔酒庄，北京的波龙堡酒庄，山西怡园酒庄，宁夏玉泉葡萄庄园、巴格斯酒庄；另外，还有张裕的卡斯特酒庄、长城桑干酒庄等。

2. 知名酒庄介绍

（1）拉斐酒庄

拉斐酒庄位于波尔多酒区的梅多克分产区，已经有数百年的历史，面积达到了 100 公顷，在列级酒庄中是最大的。自 17 世纪西格家族入主后，酒品得到大幅提升。拉斐酒庄早在 1855 年万国博览会上，就已是排名第一的酒庄。酒庄红酒年产量 25000 箱，酿酒主要采用 70% 的赤霞珠、12% 的品丽珠、15% 的梅乐和 2% 的小维尔多葡萄，适当存放可达 25～50 年。目前在我国市场上 Ch.Lafite Rothschild 红酒，有 1982、1988、1994、1998、1999 几个年份的，特性是平衡、柔顺，入口有浓烈的橡木味道，十分独特。

（2）拉图酒庄

在法文中，Latour 的意思是指"塔"，因酒庄之中有一座历史久远的塔而得名。拉图酒庄是 1855 年波尔多葡萄酒评级时的顶级葡萄酒庄之一。因为 Latuor 酒的风格雄浑刚劲，被誉为酒中的"酒皇"。酒庄红酒年产量 16000 箱，酿酒葡萄为 80% 的赤霞珠、10% 的品丽珠、10% 的梅乐，适当存放可达 30～60 年。

（3）奥比安酒庄

奥比安酒庄建于 14 世纪。每一位管理奥比安酒庄之人，都是政治经济领域的名人。他们经营创新并延续祖先前辈们传承下来得天独厚的土地、技术，才拥有今天的辉煌成就。奥比安庄园现在为美国人所拥有。庄园出产的红酒有特殊泥土及矿石香气，口感稠密，浓郁丰盈。除红酒知名外，其出产的 Haut-BrionBlanc 白酒也是被公认的最顶级的白酒之一。酒庄红酒年产量 12000 箱，白酒 800 箱。红酒选用 55% 的赤霞珠、20% 的品丽珠、25% 的梅乐，适当存放可达 10～40 年。

（4）玛高酒庄

玛高酒庄是波尔多红酒产区的酒庄之一，已有数百年历史。Lestonnac 家族长期拥有玛高酒庄，到 1978 年，经营连锁店的 Mentzelopoulos 家族购买了酒庄，大量的人力和财力投入使玛高酒庄的酒质更上层楼，达到巅峰。玛高红酒（Chateau

Margaux）是法国国宴指定用酒。成熟的玛高红酒口感比较柔顺，有特殊的香味。如果碰到上佳年份，会有紫罗兰的花香。玛高红酒有"酒后"之称。酒庄红酒年产量 25000 箱。红酒选用 75%的赤霞珠、5%的品丽珠、20%的梅乐和小维尔多，适当存放可达 15～50 年。

（5）茂桐酒庄

"茂桐"又叫"武当"、"莫顿"，是法文 Mouton 的音译，它的原意是指"羊"，酒庄所在地原来是给牧羊人放羊的山坡。1593 年 12 月 8 日，Sauvage 家族协议受让了当时属于王室财产的伊甘酒庄。18 世纪末，家族与 Lur Saluces 家族联姻，后者延续至今，酒庄总经理现在就依然由 A. de Lur Saluces 伯爵担任。在 1973 年，法国才破例让茂桐酒庄升格为一级酒庄。茂桐酒庄庄主非常有商业头脑，不但普通餐酒 Mouton Cadet 的年出产量达数百万瓶，酒庄每年还会邀请一位世界知名的艺术家，设计当年招牌酒 Mouton-Rothschild 的标签。茂桐酒庄贵腐甜酒堪称世界第一。茂桐红酒开瓶之后，酒质与香味变化多端，通常带有咖啡及朱古力香，口感均匀调和，甜度恰到好处。酒庄红酒年产量 20000 箱。红酒选用 85%的赤霞珠、10%的品丽珠、5%的梅乐，适当存放 20～60 年。

（6）白马酒庄

白马酒庄的葡萄酒 Cheval Blanc 标签是白底金，十分优雅，与酒的品质非常相符。它在幼年的时候，会带点草表青的味道，但当它成熟以后，便会散发独特的花香，酒质平衡而优雅。很多专业品酒家认为，1947 年份的 Cheval Blanc 是近 100 年来波尔多最好的酒。在 1996 年的 Saint Emilion 区的等级排名表之中，Cheval Blanc 位列"超特级一级酒"。

（7）奥松酒庄

在 1996 年的 Saint Emilion 酒庄排名之中，与白马庄同级的只有奥松庄一个。而奥松庄也是八大酒庄里最少人认识的酒庄。因新任酒庄主人在 20 世纪 90 年代中后期，对酒庄进行大幅革新，从严要求酒的品质。凡是不符合规格的葡萄都用来酿造副牌酒（Second Labet），或都卖给其他酿造商酿造低级餐酒。因此，近年招牌酒奥松（Ausone）的年产量都在 2000 箱以下，变得异常珍贵。奥松酒的特性就是耐藏，要陈放很长一段时间才能饮用，酒质浑厚，带有咖啡与木桶香味。

（8）柏图斯酒庄

在波尔多八大酒庄之中，只有柏图斯庄没有冠以 Chateau 的前缀。而酒庄也没有漂亮大屋或古堡，只有小屋，红酒的产量也少得可怜，因此其售价也是八大酒庄之中最贵的。Petrus 红酒是用 100%的梅乐葡萄酿制而成，这种红酒通常适合早饮但不耐储藏。虽然柏图斯酒庄没有排名，但因柏图斯庄的地质特别优越，蕴藏大量矿物质等特色，它在消费者心目中，是红酒王中王。

第五节　葡萄酒器皿

一、葡萄酒常用器皿

1. 醒酒器

醒酒器也称为滗酒器（Decanter），有时也称过酒器，通常以玻璃或水晶材质制成，醒酒器长长的脖颈，主要用来让葡萄酒流过脖颈时有更多的时间进行氧化；有一个很粗大的底盘，较大的空间用以盛放葡萄酒；一般醒酒器还会配备一个塞子，用来延缓葡萄酒的醒酒过程。醒酒器保留足够空间让葡萄酒与空气接触，进行所谓的"醒酒"或"呼吸"（见图2-2）。

图 2-2　醒酒器

葡萄酒的大部分生命都在沉睡中度过。葡萄酒新酒被封存到橡木桶中，放入酒窖陈酿，一般的酒都需要两三年的陈酿期才能出售，而品质出众的名庄酒更是需要储存十来年才会达到最佳饮用的状态。由此可见，葡萄酒越沉睡越有魅力。而醒酒就是把沉睡中的酒唤醒的过程。如果没有醒酒就不能欣赏酒的芳香和味道，只是微弱的香气和酸涩的味道。

通过醒酒，一是让葡萄酒中因为陈年而积累的沉淀物质可以被分离，使酒质更纯净。二是可以让酒体苏醒，让口感的层次更丰富。三是可以去掉因为放置太久而产生的腥味，可以通过红酒与空气的全面接触，陈年的葡萄酒经过醒酒器可以助于香气释出，使红酒的香味如花香、果香完全散发出来；而年轻的酒却可以通过醒酒散去一些杂味，显得比较顺口。四是可以让单宁充分氧化，降低或削减葡萄酒的干涩味道，使酒的口感更加醇厚、柔和。

醒酒时间因为酿酒葡萄、酒庄、陈年期、酒体状况甚至醒酒器的不同而各有差异。一般而言，较年轻的红酒倒入醒酒器中醒酒 2 小时左右，充分接触空气，通过氧化作用来柔化酒质，使它成熟圆润；处于成熟期的大部分干红都需要醒酒 1 小时左右；较老的酒换瓶去渣，半小时以内就可以饮用，醒酒的过程要格外慎重与小心，防止过分的氧化作用，使酒衰老；名庄出产的好酒醒酒时间更长。醒酒已演变为一种礼仪，可以使一瓶普通的葡萄酒顿时变得尊贵。

2. 开瓶器

在软木塞出现数个世纪之后，才有了拔塞器。拔塞器的原始名称是"bottlescrew"，根据历史文件记载，最早提及金属拔塞器的时间大约是在 1681 年，出现在英国。

近三个世纪以来，人们无不挖空心思地试图制造出符合人体力学、工学的掌上型拔塞器，使之在处理软木塞过程可以达到平稳、快捷、干净、利落的最佳效果。经过三百多年的演变，拔塞器使用的方法由困难变得简单，外观却从简易到复杂，甚至成为一种艺术品或收藏品。

常见的拔塞器分为以下几种。

（1）传统"T"型与杠杆型拔塞器

一般软木塞的长度约 4.5 公分左右，少部分长度在 5 公分以上。钻入软木塞时，首先需将螺纹尖端对准软木塞的中心点，手掌握着拔塞器的把手，螺纹位置约于食指与中指之间，以 45° 钻入（可用左手的拇指辅助按压）。钻入后，应在正上方形成垂直角度。以免将软木塞穿透，导致木屑掉入瓶内。对于比较长的软木塞（长度通常超过瓶口外包的锡箔），拔除时最好还是分两次进行，同样也是第一次钻入三圈半，先拔出一部分软木塞；再钻入一圈半，然后将软木塞拔出来。杠杆型拔塞器使用方法与"T"型拔塞器基本相同，只是在传统"T"型拔塞器的基础上，多了两个附件：小刀和金属支架。小刀用来切除瓶口外包的锡箔；金属支架用来在钻到一定程度卡在瓶口，借助杠杆原理拔出软木塞。

（2）双臂式杠杆型拔塞器

双臂式杠杆型拔塞器俗称"蝴蝶翼拔塞器"。接触瓶口的地方有个圆形盖头，可套住瓶口，以支撑拔出软木塞时的反作用力。

钻入软木塞时，左右两边的双翼，随着钻入的深度缓缓举起；当举到最高的位置时，以双手施力向下压，软木塞即刻慢慢地移到瓶口上方。然后以右手掌抓住被拔出的软木塞，左手握住瓶颈，右手顺时针（同时向上），左手逆时针方向，同时施力，再慢慢地将软木塞拔出。这种拔塞器的使用方法非常简单，故称"傻瓜型"拔塞器。

（3）咖啡研磨式拔塞器

接触瓶口的地方也有个盖头。只要先将螺纹尖端对准软木塞中心处，然后以右手握住把柄，顺时针方向旋转施力，软木塞随着旋转的动作缓缓地升起。最后，以上述顺时针、逆时针的施力方式，将软木塞拔出。

（4）双层反向垂直型拔塞器

与研磨式拔塞器颇为类似，不同之处在于旋转螺纹有两个，一上（内）一下（外），都是顺时针方向旋转。钻入时，上层的螺纹旋转，钻入软木塞；拔出软木塞时，下层的螺纹旋转，软木塞逐渐被拔出。

3. 瓶塞

好品质的葡萄酒大部分是使用软木塞。软木塞是用橡树的树皮制造而成的天然物品，弹力和复原性出色，被压缩至瓶内后能完全密封。不过，干燥时弹力会因缩小而下降，这就是为什么葡萄酒一定要用横放方式，才能让软木塞保湿以保存葡萄酒。现在，也有制造人工压缩的碎块软木塞来取代天然软木塞，但一般而言，高价位葡萄酒大多数是采用天然软木塞。由于软木塞的寿命在30年左右，因此可以保存年份较久的葡萄酒。

在葡萄酒刚诞生时橡木就被用作瓶塞了。公元前5世纪的希腊人有时候用橡木来塞住葡萄酒壶，在他们的带领之下，罗马人也开始使用橡木作为瓶塞，还用火漆封口。

然而软木塞在那个年代还没有成为主流。那时最常见的用来作为葡萄酒壶和酒罐的瓶塞是火漆或者石膏，并在葡萄酒表层滴上橄榄油（来减少酒与氧气的接触）。而在中世纪时，软木塞很显然被完全舍弃。那时的油画描述的都是用缠扭布或皮革来塞上葡萄酒壶或酒瓶的，有时会加上蜡来确保密封严实。

4. 葡萄酒瓶

克莱尔特（Claret）瓶。克莱尔特瓶也称波尔多红葡萄酒瓶，其瓶壁平直、瓶肩呈尖角状。这一形状的酒瓶用于盛装波尔多型葡萄酒，如波尔多红葡萄酒、苏特恩葡萄酒和格拉夫葡萄酒，以及加利福尼亚的特种葡萄酒，如卡百内索维农酒、墨尔乐酒、白索维农酒、塞米翁酒和津芬德尔酒，也都属于波尔多型葡萄酒。

勃艮第（Bourgogne）瓶。这种酒瓶瓶肩较窄，瓶形较圆。用来装勃艮第产醇、香、浓的葡萄酒。加利福尼亚的勃艮第型葡萄酒、霞多丽酒和黑品诺酒均装入此形瓶中出售。西班牙和意大利较为浓烈的葡萄酒（如巴罗洛葡萄酒 Barolo 和巴巴莱斯科酒 Barbaresco）也用勃艮第瓶包装。

霍克（Hock）瓶。德国霍克瓶又高又细，呈棕色。它的一种变体为绿色的摩泽尔（Mosel）瓶，霍克酒瓶遍布世界各地。德国的传统规则是莱茵葡萄酒装入棕色瓶，而摩泽尔酒则装入绿色瓶。大部分阿尔萨斯产的葡萄酒的酒瓶与霍克瓶形状相似。许多加利福尼亚的雷司令酒、杰乌兹拉米的酒和西尔瓦那酒（Sylvaner）的酒瓶形状也与霍克瓶相似。

香槟（Champagne）酒瓶。这种香槟酒瓶是勃艮第瓶的一种，与同类瓶相比更大、更坚实，通常瓶底凹陷，瓶壁较厚，可以承受碳化过程产生的压力，瓶塞是一个七层闭合式设计，一旦塞入瓶颈中便可将酒瓶严密封实。

5. 其他器具

其他器具有酒瓶架、酒标、酒温计、切箔器、导酒器、葡萄首饰、葡萄铜牌、酒杯酒瓶挂饰、漏斗、酒鼻、酒套酒袋、酒滴杯、酒柜、冰酒桶等。

二、葡萄酒杯

酒杯的造型、容量、杯口的直径对酒入口时味觉感产生不同的影响，因此人们体会到酒的温度、质感及酒的风味就存在差异。最初的葡萄酒杯，通常是木制、锡制或其他不透明材料制作，当玻璃杯、水晶杯出现后，能够映衬酒的色彩，令人赏心悦目。

1. 酒杯种类

不同形状的酒杯对不同类型的葡萄酒会有不同的效果。葡萄酒最好使用高脚杯。要求酒杯无色透明、没有花纹、晶莹透亮、杯体厚实、无破损，并且绝对干净。一方面避免手的温度传导至酒，另一方面挑选透明无雕琢的酒杯方便观察酒的颜色。葡萄酒杯大致可以分为三种：红葡萄酒杯、白葡萄酒杯和香槟杯。各种葡萄酒要选用不同种类的酒杯，才能令酒更香醇。酒杯的功能主要是留住酒的香气，让酒能在杯内转动并与空气充分结合。

一个好的酒杯的三个特征。

首先，杯子的清澈度及厚度对品酒时视觉的感觉极为重要，能让人更好地欣赏杯中之酒。

其次，杯子的大小及形状会决定酒香的强度及复杂度；酒的颜色、香气、味道会因为杯子形状、大小、薄厚的不同而各异，其中的差别有时明显易辨，有时则细致入微。

最后，杯口的形状决定了酒入口时与味蕾的第一接触点，从而影响了对酒的组成要素（果味、单宁、酸度及酒精度）的各种不同感觉。酒杯的大小很重要，它会影响酒的香气及强度，吸气的空间需依不同的酒的特质来决定。

红葡萄酒需用大的杯子，白葡萄酒需用中型的杯子，笛形的杯最适合用来盛载香槟酒。

不同的葡萄酒杯的杯型，让不同类型的酒有最佳的香气与口感表现。红葡萄酒杯为 12 盎司左右的容量，白葡萄酒杯为 7～8 盎司。通常红葡萄酒杯的体型就比较大。白葡萄酒饮用时温度较低，白葡萄酒一旦从冷藏的酒瓶中倒入酒杯，其温度会迅速上升。为了让酒香有足够的空间散发，斟酒只要倒至酒杯的 1/4 到 1/3 即可。如图 2-3 所示，从左到右，分别为红葡萄酒杯、白葡萄酒杯、香槟葡萄酒杯。

图 2-3　酒杯种类

2. 品牌酒杯

（1）力多（Riedel）

Riedel 是世界上最富盛名的酒杯专业制造厂，是被公认的最顶尖、最专业的酒杯品牌。公元 1756 年，Riedel 家族在奥地利创立，距今已有 257 年的历史。每年，Riedel 生产 100 万支以上人工吹制的水晶杯以及 300 万支以上机器吹制的水晶杯。全部产品畅销世界各地，可以说有喝葡萄酒的地方，就有 Riedel 玻璃杯。Riedel 家族的第九代传人 Claus Riedel 是历史上第一位发觉酒杯形状对品味酒精饮料的重要影响性的人。他的研究彻底改变了酒杯的风貌。Riedel 为每一款酒研究并设计专用的杯子。Riedel 的水晶酒杯，清澈无色，以便清楚观看杯中酒液；薄如纸片，减少舌头嘴唇与酒接触的隔阂，形状设计以发挥酒的香气及味道层次。

他在 Orvieton 所发布的杰作"Sommeliers"系列，是全球首创以葡萄酒特性为设计基础的酒杯系列。Sommeliers 手工精制水晶高脚葡萄酒杯代表了艺术与科技的结晶，每只酒杯都为展现特定葡萄品种的无限魅力而设计制造，同时这也是 Riedel 制造每种酒杯的基本理念。Grape（酒神系列）采用其最新的机械吹杯工艺，与无缝接口工艺相结合，为其设计提供了独特的元素，使杯底呈现凹痕，能够反射光线并以新的角度为葡萄酒增添一抹生动的色彩。Vinum——机制精制水晶葡萄酒杯品质卓越，效果出色，且价格易于接受，适合日常生活经常性使用，其对人们鉴赏葡萄酒将产生深远的影响。Wine——精制玻璃葡萄酒杯装饰精美，可折射出流光溢彩的高脚，使人们得到了与水晶杯同样的效果，而价位更为低廉的玻璃酒杯。

品尝红酒时最好用 Riedel 的波尔多型酒杯，它可以让酒流向舌头中部，然后向四面流散，令果味和果酸产生和谐的感觉。至于黑品诺由于具有相当高的酸度，应该选用 Riedel 的勃艮第型酒杯，杯形像郁金香，这样的杯口设计，可以令酒液先流过舌尖的甜味区，突出其果味，平衡了本来较高的酸度。酒杯虽然不会改变酒的本质，但是通过合适杯形的引导，酒液可以流向舌头上最适宜的味觉区，从而得到最高的味觉享受，这正是选用 Riedel 专用酒杯的明智之处。

（2）巴卡拉（Baccarat）

巴卡拉是法国著名的奢侈品品牌，于 1764 年受路易十五特许创建，是法国极著名的皇室御用级水晶品牌，其华丽的光芒赢得了世界各国王侯贵族们的青睐，成为显赫、尊贵的代名词。由法国品酒专家 Bruno Quenioux 所设计的 Oenologie 系列，延续了巴卡拉水晶的晶莹澄澈、精工打造的特质，格外散发着几分贵族气息。系列中，酒杯部分包含 Bourgogne 红酒杯、Bordeaux 红酒杯、Cote du Rhone 杯、Loire Valley 杯、白酒杯、香槟杯、顶级 Bourgogne 杯、顶级 Bordeaux 杯、干邑白兰地杯、啤酒杯、大啤酒杯等共 11 种形制不同的酒杯。

（3）肖特圣维莎（Schott Zwiesel）

肖特圣维莎是德国赫赫有名的专业玻璃与水晶集团，旗下分为机器吹制为主的肖特圣维莎，以及以手工吹制杯品为主的 Zwiesel 1872 两大品牌。产品最大特色在于杯壁轻薄、表面透明光滑且质地坚固耐用。尤其号称配方中含有一种独特的氧化钛成分，使玻璃本身特别有韧性，据说即使连最精细的手工吹制杯，也可经得起洗碗机的洗涤。最知名、杯型品项最齐全的分别为 Zwiesel 1872 旗下的 Enoteca 和 Schott Zwiesel 旗下的 Diva 两系列。

（4）法国弓箭 ARC international 旗下品牌

Chef & Sommelier 是弓箭国际的注册品牌，对红酒和餐饮业的专业人士的热诚是弓箭 ARC 一贯的宗旨，弓箭国际的专业和创意帮助专业人士展现他们的才华，弓箭国际为此设计了此品牌，100% 为餐饮及酒业专业人士度身定做。六款 Open Up 绽放系列的专业酒杯是根据不同葡萄酒的特性而专门设计的。在日常使用过程中，杯子表现得非常坚固，更让人惊奇的是杯子竟能如此充分地体现葡萄酒的香气。

Mikasa 定位于高端产品，它既有追随时代的现代感，也不失古典之美，Mikasa 拥有餐桌艺术上最全面的产品线，包括玻璃制品、陶瓷制品和不锈钢刀叉系列。Mikasa 倾力推出的 Mikasa Oenology 系列，采用新研发的 kwarx 作为原料，将水晶杯的透明度、光泽度以及强韧度皆推出崭新的高度。Mikasa 系列根据各种红酒的葡萄品种，乃至葡萄酒产地，分别做了区别设计，赋予各款酒杯不同的杯型。Mikasa 的波尔多杯有着传统杯形的大容积杯身，能给酒更多的呼吸空间，充分散发复合香气，完美凸显波尔多的独特之处。

（5）其他

Perfection，始于 1886 年，薄而光滑的杯壁以及纤细的杯颈是雅致的经典，是完美的同义词。

Empire 始创于 1825 年，在拿破仑时期，它以厚重、富有、高贵的式样而得名，这一款酒具被用在教皇的夏宫里。

Nancy 始创于 1867 年，因杯壁上有雕刻得很细致的横竖线的条饰而成为一流的造型，Nancy 是法国 LoR-Raine 地区的中心城市名。

Harcourt 始创于 1825 年，由 Harcourt 公爵制作，它于 1917 年被罗马教皇 Pope Benedictxv 选中在梵蒂冈教堂里使用。它的设计以平面切割形成豪华的坚实的外表，同时又考虑到传统与时代的完美结合。

第六节　葡萄酒品鉴

品评葡萄酒的品质即为葡萄酒品鉴。葡萄酒拥有与人类相似的生命历程，从诞生、成长、成熟、衰退到死亡，无论什么种类的葡萄酒都有这个过程。每一款葡萄酒都有自己的个性。葡萄酒品鉴既是一门科学，也是一门艺术。

一、品鉴前的准备工作

1. 良好的自然光或白光

品酒室内的光线应该很稳定，有充足的光线，又能避免过于强烈的直射反光，不能因光线而影响酒的色泽。如果品酒时没有自然光，可以选择白色的日光灯。同时，品酒时要准备一个白色的背景，例如白纸、白桌布等，以便更准确地观察酒的颜色。

2. 洁净的味道

品酒室内空气要新鲜，无异味，一般应选择早晨或上午品酒，这时空气新鲜，环境安静，比较适合品酒。品酒之前要保持口腔清新，不应有烟草、咖啡、口香糖等异味的出现，女士还要避免使用香水以及口红。因为异味会影响嗅觉，从而影响对酒的香气的判断。一般品酒时旁边配一小块面包以及一杯清水，用来刷新味蕾，去除上一款葡萄酒残留的气味。当过于疲劳或者感冒生病，感官会变得迟钝，这种情况不适合品酒。

3. 标准的 ISO 品酒杯

要欣赏葡萄酒的芳香和迷人魅力，合适的酒杯不可或缺。酒杯除了用于盛酒之外最重要的作用是用来展示酒迷人的酒体和颜色，同时还要使酒得到最佳的呼吸和聚拢香气。所以，一只好的酒杯应该无色透明、均匀且薄、高脚、容量大而杯口相对较小。国际标准化组织（ISO）制定的品酒杯，杯身造型类似一朵含苞待放的郁金香。总容量通常为 215 毫升，也有 410 毫升、300 毫升和 120 毫升等不同规格，适用于品尝任何种类的葡萄酒。因为人舌头的不同部位对味道的敏感度是不同的——舌尖对甜味最敏感、舌后对苦味最敏感，而舌头内侧、外侧则分别对酸、咸敏感。酒杯的设计就是基于这样的人体构造，酒液包裹舌头的顺序的差别可以平衡水果甜味和单宁的酸，让口感更顺滑（见图 2-4）。

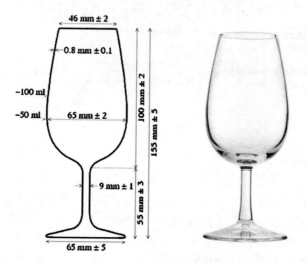

图 2-4　标准的 ISO 品酒杯

ISO 品酒杯具有无色、无花纹、无雕饰的杯身，便于观察葡萄酒的颜色；细长的杯茎方便旋转酒杯加速释放酒香，同时也可避免手握杯壁而提高酒温；较深的杯身为酒香留下对流和集中的空间；收窄的杯口有利于聚集酒香，并可将酒液导入舌面的最佳位置。ISO 品酒杯可直接展现葡萄酒原有风味，被全世界各个葡萄酒品鉴组织推荐和采用。无论哪种葡萄酒在 ISO 品酒杯里都是平等的。装葡萄酒的杯子杯身开阔，杯口呈不同程度收缩，目的是把酒的香气保留在杯子里，品酒时鼻子埋在杯口，就能闻到充溢在整个小空间里的浓郁酒香。

4. 观察酒标

酒标展示的是一瓶酒的信息，通过它了解酒的故事；酒标一般会标注以下内容：商标或酒庄、葡萄品种（所占比例）、生产地区、酿造年份、分装年份、葡萄酒名称、酒精度、酒瓶容量、酒的特性、特别设酿造厂名称和地址、分装厂名称和地址。基本上越是好的酒会越多地在标签上标注关于酒的说明，但并非唯一准则。对于一些专业的品鉴活动不允许相关人员在品尝活动结束之前了解酒标上的任何内容（见图 2-5）。

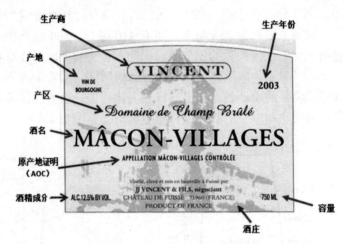

图 2-5　酒标

5. 酒的呼吸

品尝前通常要将葡萄酒转换至另一容器，作用是除了将酒与酒瓶中所产生的沉淀物分离之外，还有一个重要的原因就是让酒进行"呼吸"。因为一瓶经过长期贮存的葡萄酒在饮用前，为了更好地将它的特色发挥出来，让它与空气接触是必不可少的一道程序，就像长期处于黑暗中的人初见阳光需要有个适应过程一样。

一般葡萄酒的呼吸时间根据酒的特征从 0.5～2 小时不等。像新鲜的葡萄酒一般则无需做转换容器，但在饮用前打开瓶口让其呼吸一段时间仍必不可少。

6. 最佳品饮温度

不同类型的葡萄酒需要不同的饮用温度，即使是同样类型的葡萄酒（如干红、干白等），由于产地不同、风格不同、年份不同，适饮温度也会随之而异。如果葡萄酒的饮用温度过低，会使酒的内涵不能得到充分体现；而温度过高，则会让原本品质细腻的葡萄酒也变得粗糙。

一般说来，白葡萄酒的饮用温度要比红葡萄酒低，因为白葡萄酒的酸度比较高，以清爽的口感和果香为主要特色，温度过高会使酸味变重；而红葡萄酒则以复杂的香气和丰富、厚实的口感为主要特色，温度过低会使香气被封闭起来，温度过高则酒精味会变得很重，从而影响香味体现。

以下是各种酒大致的适宜温度：

陈酿干红葡萄酒：16℃～18℃

成熟的干红葡萄酒：14℃

浓郁型干白葡萄酒：14℃～16℃

简单的干白葡萄酒：12℃～14℃

桃红酒：10℃～12℃

香槟、起泡酒、甜酒：5℃～6℃

加强酒：17℃～20℃

甜白葡萄酒、甜玫瑰红葡萄酒香槟以及其他起泡酒：5℃左右。通常使用专用的冰桶和温度计。

7. 品酒的次序

在品酒过程中往往不可能只品尝一支葡萄酒，通常会有不同品种特征的酒需要依次品尝。为了最小限度地避免酒之间味道的掩盖，品尝的次序也非常重要。一般的程序是先白酒后红酒、先陈年的酒后新鲜的酒，总体是遵循口味先轻后重、先细致后强烈的原则。

二、葡萄酒的品尝

品饮葡萄酒实际上是在分享一种高贵的、内涵极为丰富的产品。葡萄酒的文化表现在一种协调美，是人类理性与感性的结晶。

1. 观赏

把酒放在一个白色的环境下（比如桌布或者墙），将装有酒样的杯子倾斜30°～45°，观察酒的颜色和澄清度。一瓶年轻健康的葡萄酒应该是透明、不混浊的。

年轻的白葡萄酒的颜色范围是从浅禾杆黄（有时呈现一些绿色色调）到深琥珀色。颜色取决于葡萄的品种、葡萄酒的成熟度、发酵方式、老熟程度（橡木桶内发酵或陈酿的葡萄酒比不锈钢罐中的色深）和陈年时间。随着酒龄的增加，白葡萄酒颜色从浅黄色调直至变褐。

红葡萄酒越老越浅。年轻的红葡萄酒颜色从紫红色到深宝石红色，老的红葡萄酒在边缘附近将显示砖红色。

分别记下红酒的澄清度（是否有混浊）、色调（暗淡还是鲜亮）和色度（颜色的强度或者色素量）、黏度（对抗流动的程度）和泡沫的活跃性（主要是起泡酒）。

2. 闻香

闻香是品酒最重要的步骤之一。闻香通常是用来增加饮酒经验和增添乐趣。

（1）闻香步骤

第一次闻香。即在葡萄酒处于静止状态时分析葡萄酒的香气。在闻香时，应慢慢地吸进酒杯中的空气。第一次闻香所闻到的气味很淡，因为只闻到了扩散性最强的那一部分的香气。所以，第一次闻香的结果不能作为评价葡萄酒香气的主要依据。

第二次闻香。在第一次闻香后，摇动酒杯，使葡萄酒呈圆周运动，促使挥发性弱的物质释放，进行第二次闻香。晃杯，手持杯柄轻晃杯子，使酒液在杯中晃动。晃酒的动作仅需短短 3～5 秒，不必晃个不停。第二次闻香所闻到的是使人舒适的香气。

第三次闻香。第三次闻香的目的，主要是鉴别香气中的缺陷。这次闻香前，先使劲摇动酒杯，使葡萄酒剧烈转动。这样，可使葡萄酒中使人不愉快的气味，如醋酸乙酯、霉味、苯乙烯、硫化氢等的气味充分释放出来。

当闻出香味时，就能判断是哪种葡萄酿造的酒类，如蜂蜜味在成熟的餐后酒和典型的贵腐甜酒中较强。巧克力代表了优等浓烈型红葡萄酒的醇厚、成熟、酸度低特征。烤面包味是新的橡木桶或瓶中陈酿的莎当尼或苏维翁葡萄酒标志等。

（2）香味判断

酒的香味比滋味更难以把握和描述，品尝者须尽力区别香味的种类和强度，香味的容量和浓淡的程度，唤醒对花香（fleur）、果香（fruit）、木香（bois）、油香（grasses）、酸香（acides）、辛香（épicees）、醛香（aldéhyliques）、化学香（aromatiques）等的再认识。

葡萄酒的第一层香气取决于葡萄酒品种或葡萄浆果的香气，这是葡萄品种特性的表现；第二层香气主要来源于发酵，酵母将葡萄汁中的糖转化为乙醇的同时，也会产生大量的香味物质。第三层香气醇香或陈酿香，来源于橡木桶陈酿和瓶内熟成，这种老酒的香气也常被称为陈酿的香气或者醇香。品尝者应该区分开香气里面的芳香（arome）和酒香（bouquet）。

①葡萄酒的果香和花香（品种香）

芳香，一般是年龄短的酒所表现出的香气，而酒香是通过陈酿而生成的香气，一般来说新酒是不会有酒香的，而陈年老酒也不会有果类芳香的。酒中的香气系列一般分为：花香（fleur）、木香（bois）、植物香（verte）、香脂香（balsameque）、水果香（fruit）、动物香（animale）、辛香（epicees）、焦香（empyreumatique）、化学香（chimique）等九个系列。酒的香味的首要质量是它精美的果香和花香。有特点的酒是很容易依其个性特征判明的，寻找酒中的香味物质，确实需要足够的想像力。

果香，葡萄酒的果香，是由葡萄浆果中芳香物质的种类、香气的浓度以及优雅度等决定的。酿酒过程能使存在于葡萄浆果中的果香充分地显露出来。只有优良的葡萄品种，才能酿造出具有优雅果香的葡萄酒。多数情况下，葡萄酒的果香比相应的葡萄浆果本身的香气要浓得多。一种酒的果香浓郁，不总是指葡萄果的香味，往往有苹果（pomme）、桃子（péche）、李子（prune）、草莓（fraise）、覆盆子（framboise）、樱桃（cerise）、香蕉（banane）、木瓜（coing）、柠檬（citron）等水果的香味。果香型的酒一定是年轻的酒。对香气的研究重要的是有一个灵敏的嗅觉分析，并且和我们在外部世界所感知的动、植物香气联系起来去表达酒中的香味。

花香，如玫瑰花（rose）、董菜花（violette）、木犀草花（réséda）、玉兰花（magnolia）、蜂蜜香（miel）等。

植物香，如干草（foin）、蕨草（foagére）、蒿草（armoise）等。

辛香的痕迹经常出现在高级酒的酒香中，如丁子香（girofle）、桂皮（cannelle）、果核（noyau）、鸢尾（iris）、香子兰（vanille）、樱桃木（kirch）、苦杏仁（amande amére）等。

焦香是一种灼烧物质的气味：焦糖味（caramel）、烟熏味（fumé）、烤面包味（pain grillé）、咖啡味（café）、烧巴豆杏（amandes grillé）等。

木香，如雪松木（bois de cédre）、树脂（résine）、甘草（réglisse）、茶（thé）、枯干的树叶（feuille faneé）、烟草（tabac）等。

动物香，如麝香（musc）、琥珀香（ambre）、野味肉香（venaision）、皮革（fourrure）、奶油巧克力（truffe en chocolat）等。

②葡萄酒的酒香（发酵香）

在酒精发酵过程中，酵母菌将糖分解为酒精和二氧化碳，同时产生很多副产物。其中具有挥发性和气味的副产物，就构成了葡萄酒的酒香（发酵香）。

典型的香气有菠萝、香蕉、荔枝、香瓜、苹果、梨子、草莓、杏子、桃子、核桃、蜂蜜、酵母、黑醋栗芽苞、桂皮、丁子香花蕾、藏红花及新鲜黄油香气等。

葡萄酒的香气质量首先决定于果香和酒香之间的比例及其优雅度。果香无论在浓度上还是在种类上，都应强于酒香。酒香只能作为果香的补充。酒香几乎存在于所有的葡萄酒和其他发酵酒中，如果酒香过强，则葡萄酒虽然也能使人愉快，但会失去个性和特点。

③葡萄酒的酒香（醇香、陈酿香）

在陈酒中通常还会有酒香，在顶级酒里这些成分就更为复杂。酒香是由于酒长时间在木桶中贮藏和在瓶中老熟过程中逐渐形成的，长时间的陈酿会失去新鲜感。

葡萄酒醇香的形成主要有以下几种来源：

a 葡萄酒的果香向醇香转化。

b 单宁的变化。在葡萄酒的成熟过程中，优质单宁变成了具有气味的挥发性物质，并最终体现在醇香里。

c 当葡萄酒在橡木桶中成熟时，橡木溶解于葡萄酒中的芳香物质。

葡萄酒的成熟过程是从果香的消失开始的，与此同时，醇香开始形成。

品尝者在鉴定酒的香味时可选择如下词汇：弱的（faible）、平淡的（neutre）、无味道的（fade）、贫乏的（pauvre）、芳香的、香的（aromatique）、酒香的等。一些富含单宁的酒有单宁特有的香味，并在老熟之后形成木香、树皮香（écorce）。

④异味

葡萄酒中也会闻到不愉快的气味。像醋的气味是由乙酸造成的，而指甲油味是由乙酸乙酯形成的。橡胶味、毛皮味、臭鸡蛋味、大蒜或者葱味是硫化物副产物。有些木塞可能导致发霉或湿纸板味。在现代醇酒技术条件下，不会经常遇到有缺陷的酒。

3. 品尝

（1）品尝酒的味道

饮适中一口样酒（6～10ml），让红酒在口腔内打转，使其接触到舌头、上腭以及口腔内所有的表面，感受不同味道（甜味、酸味、苦味），感觉持续的时间，感觉强度等（舌尖对甜最敏感，接近舌尖的两侧对咸最敏感，舌的两侧对酸最敏感，舌根对苦最敏感）。集中注意力体会以下五种口腔内感受：收敛感、刺痛感、酒体厚重感、温度以及热感。

（2）感受酒的气味

吸气使空气穿过口中的红酒，从而促使酒中的香气物质释放，在温度较高的口腔内感受释放出的香气，集中注意力体会这些香气的特征。

（3）回味

葡萄酒质量的另一重要指标是它的回味。如果回味短，通常品质一般，回味长是高品质葡萄酒的一个标志。首先，吸入的气体在肺腔中停留 15～30 秒；然后，将酒咽下，或将其吐到准备好的容器中；再将经过口腔温热后的酒的气味通过鼻腔呼出；以这种方式感受到香气则被定义为酒的回味。它通常只能在最好的和最富于芳香的红酒中才可以体会得到。

当品尝年轻干酒时，例如，白葡萄酒可以注意它的酸度，而年轻的红葡萄酒则有一种由单宁引起的收敛性感觉。

4. 余味

集中注意力体会逗留在口腔内的嗅觉和味觉双重感受。

5. 对酒整体评价的描述

（1）对丰满（richesse）酒的描述

丰满酒就是品尝者称之为有容量（volume）、有主体（corps）的一类酒。品尝这类系列的酒，我们会有丰富的感觉，而且越来越强烈。在这类酒中，对酒体轻柔但非常平衡、匀称、协调、悦人的红葡萄酒，形容品质的词是：轻雅（léger）、细腻（minces）、可口（coulant）、柔和（tendres）、精美（délicats）、融化（fondus）、天鹅绒似（velouté）、丝一般（soyeux）。

柔顺（souplesse）也用于高质量的红葡萄酒，柔顺的酒是有个性（personnalité）的，是优雅（élégant）、卓越（distinqué）、精美（finesse）的。

在这类酒中，如果成分更丰富且很协调，就可用圆润（rondeur）、丰满（pleins）、肥硕（charnus）、油质（onctueux）、熟透（murs）等词形容它。

另外，修饰一些有强烈成分的酒，可以用醇厚（corsés）、浑厚（étoffés）、构架（charpentés）、坚实（solides）、强力（puissants）等形容。我们用了这些很明确的词汇，使我们能够把酒的品质严谨地翻译出来。

（2）酸度的描述

对一个酸度高一点但不扎嘴的酒，可以形容为：失衡的（déséquilibre）、瘦弱的（maigreur）、菲薄的（creux）、贫乏的（anémique）、平庸的（étroit）、瘦削的（décharné）、味短的（court）、生硬的（bref）等。

若口感更干涩，就用干瘦的（maigri）、粗鲁的（brut）、侵衅的（agressif）等。酸度给予的酸涩感情况不同，可能是挥发酸高，也可能是单宁量过大，品尝者要掌握这种情况。过量的酸度给予口腔的感觉是僵硬的（raide）、尖刻的（acerbe）、酸的（acide）、生青酸（verdelet）、青绿酸（vert）等。

乙酸属挥发酸，它不仅仅是提高了酸感，它的味道还辛辣（aigreur），很不愉快，挥发酸高的酒是干瘦的、刺鼻的，品尝末了缺陷更明显。

（3）酚类化物的描述

如果酒中的单宁相对于平衡而言有些过量，就会出现硬（dur）和收敛（ferme）的感觉。单宁的含量过高，酒的颜色就太浓重，酒就有粗糙感。特别是品尝末了感觉很明显。人们用锉齿的（rapu）、涩口的（réche）、粗糙的（rugueur）来形容。酒发苦，是多酚类化物引起唾液收敛（astringence）的感觉。

（4）甜味的描述

一个甜味成分占一定优势的红葡萄酒，可用圆润美味（moelleux）、甘油型的（glycériné）来描述，并不是说这个酒一定含有过高的还原糖，而是指它给出一种糖的甜感。

微失酸、单宁平衡的酒，会失去新鲜感（fraicheur）、立体感（relief），可以用沉重的（lourd）、糊状的（pateux）来描述，说明它表现不出任何精细的特点，这种酒是平庸的。

一支酸的比例较重、pH 值高、酸度低的酒，它会是咸的（salée）、碱性的

（alcaline）、洗涤液的（lessive）感觉。在一个利口酒中，过剩的糖给出腻的（doucereux）、淡而无味的（douceatre）、蜜甜的（mielleux）、发腻（pommadé）等感觉。

（5）酒精度的描述

酒精度低的酒，感觉是轻、弱、淡、寡（légers、faibles、petits），如果它是很协调的，也可能感觉是愉快的，但酒度低是很难找到一个好的平衡感，这种酒通常是贫乏的。若酸度略高些，能给出新鲜感，否则就平淡无味，并显出酒精味、水质味（aqueux）。

一个酒精度高的酒是醇烈的（vineux）。酒精可平衡酸，高一度就会给出热感、苛性刺激感。

（6）借用卫生系列的品尝词汇

正常酒的香味描述：健康的（sain）、纯净的（franc）、干净的（net）、味正的（droit de gout）、合格的（loyal）、清洁的（propre）；变质酒曝露出的香气：含糊的（douteux）、变质的（altéré）、病的（malade）、辣的（pique）、变酸的（acescent）、醋味（acétique）、有酸味的（sur）、脚臭的（butyrique）、酵母味（ferment）、变质（tourne）等。被病毒感染的酒，后味会有乙酰胺气味，被称为"笑味（souris）"。加入防腐剂山梨酸就有老鹳草味（geranium）或天竺葵味（pélargonium）。

（7）形容酒被氧化的品尝词汇

按照氧化程度有：疲劳的（fatique）、走味的（éventé）、挨打的（bateu）、扁平的（aplati）、氧化味（oxydé）、马德拉甜味（madérisé）、陈旧的（rancio）、灼烧的（brulé）。一个太老的红葡萄酒是光突的（dépouillé）、衰退的（usé）、衰老的（décrépit）、老人的（vieillardé）、枯萎的（passé）等。

（8）对 CO_2 作用的描述

在一个白葡萄酒中含有少许 CO_2 时，会给味觉清凉感（fraicheur）。若含量过高酒就会有刺激感（piquant）。CO_2 的味觉与温度有很大关系。新鲜的白葡萄酒和圆润的红葡萄酒若含有过浓的 CO_2，口味是不愉快的（désagréable）。完全清除 CO_2 的酒往往也是无味道的（affadi）、无立体感的（sans relief）。精心制作的汽酒是冒泡的（pétillants）、表面有泡沫的（crémants）、起泡的（effervessents）。

（9）坏味的描述

没有澄清的新酒留在酵母泥中往往会产生硫醇味、臭鸡蛋味。许多不愉快的味也来源于腐烂的葡萄果，发霉的（moisi）、碘味的（iodés）、酚的（phénol）、药的（pharmaceutiques）、苦涩的（amertume）。

坏味最常见的原因是被不完善的贮酒容器和居住环境所污染而来的，坏木桶、烂木塞是坏木头味的来源，也是真菌味（champignon）、哈喇味（rance）、植物味

（v-égétal）等坏味的主要源泉。

三、葡萄酒真假鉴别

1. 假葡萄酒类型

假葡萄酒主要有以下三种情况。

（1）彻头彻尾的假酒

完全人工勾兑，而非葡萄或葡萄汁酿造。这类假酒就是用色素（苋菜红、胭脂红，个别造假者使用葡萄皮色素来勾兑）、甜蜜素、香精、酒精、水勾兑制成，即俗称的"三精一水"勾兑假冒葡萄酒。所谓"三精一水"指的就是用水、酒精、香精、糖精作为主要原料来制造葡萄酒。

在葡萄酒的质量鉴定国家标准中，明确地规定了卫生指标、理化指标以及感官评价。造假者总是根据检测项目和检测方法有针对性造假。如造假者为了使假酒的口感和外观更接近真正的葡萄酒，在酒中加入工业单宁酸、人工色素、增稠剂、防腐剂等。造假者也可以针对这些指标进行造假。这种情况在假葡萄酒中所占比例最大，也最难进行检测分析鉴别。这种勾兑酒完全不含葡萄汁成分，过量食用对人体伤害最大。

（2）以次充好

利用品质低劣的葡萄酒液，灌装在仿造名牌葡萄酒制成的酒瓶里，再贴上假标签，以低档充当高档，或者以同类非畅销的酒冒充畅销的品牌。这种假葡萄酒具有很大的欺骗性，鉴别的难度很大。

（3）年份、产地、品种等特殊属性信息造假

葡萄酒的年份、产地以及品种是有严格的法定内涵的，不同的国家所限定的具体比例略有差别。伪造品牌、年份、产区、产地，最常见的是国产酒冒充原装进口的红酒。这类酒本身质量没有问题，为了提高销售价格，伪造相关信息。葡萄酒是有生命的，葡萄酒在存储的过程中，其内部物质处在不断地变化之中，这也就意味着"葡萄酒的风味物质标准数据库"是无法建立的。所以，此类酒的鉴别难度最大。

2. 葡萄酒真假鉴别

（1）看外观

一是看酒标的印刷是否规范，外文字体是否有错；

二是检查包装是否标准，是否存在问题；

三是仔细了解商标标签的内容，是否按国家有关规定在酒瓶标志上注明相关信息，或进口酒按要求注明了信息。

（2）观察葡萄酒的颜色

酒的颜色澄亮透明，有光泽，色泽自然、悦目；强光照射酒身稍带反光，优质酒澄清、透明、无浑浊和沉淀，接近原品种果实的真实色泽。红葡萄酒应呈红色、紫红色或石榴红，经陈酿的红葡萄酒呈宝石红、血红或暗红，总体上红润剔透。假酒和劣质酒常是混浊无光，颜色与酒名不符，没有自然感，色泽艳丽，有明显的人工色素感。凡液面呈深褐色、杂褐色的质量较差。

方法一：鉴别真假葡萄酒有一种广为流传的方法——纸巾法，取一张三层材质较好的纸巾，将葡萄酒滴在上面，由于葡萄酒中的红色是天然色素，颗粒非常小，在纸巾上扩散开的湿迹是均匀的红色，没有明显的水迹扩散。而假冒葡萄酒由于采用化工合成色素勾兑而成，色素颗粒大，会沉淀在纸巾的中间，而水迹不断往外扩散，红色区域跟水迹之间分界明显。

方法二：先用纸巾吸附葡萄酒中的色素，然后将碱液滴在纸巾吸有色素的部位，真的葡萄酒的色斑由红变蓝，所以，如果遇碱酒色不变的肯定不是真葡萄酒。

（3）闻香

优质葡萄酒的香气平衡、协调、融为一体，香气幽雅，令人愉快，口感舒畅愉悦、柔和，酒体丰满完整，余味绵长。假酒和劣质葡萄酒有突出暴烈的水果香，酒精味突出，有其他异味，异香突出，酒体单薄，没有后味。

（4）品酒味

优质葡萄酒应具有芬芳的果香及厚实的酒香。真葡萄酒口感舒畅愉悦、柔和，酒体丰满完整，余味绵长；陈酿时间越长，酒香越浓郁持久。各种口味均衡统一，恰到好处，凡串味或与典型口味不符的质量欠佳。

第七节　餐厅葡萄酒服务

一、葡萄酒与食品搭配

1. 饮用葡萄酒的顺序

葡萄酒是一种佐餐酒。在西餐进餐或宴会时，葡萄酒形成了与菜肴的科学搭配。西餐宴会中的葡萄酒一般分为餐前酒、佐餐酒、甜食酒、餐后酒。

餐前酒又被称为开胃酒，一般会在正式用餐前起到促进食欲的作用，可餐前独饮，也可搭配一些开胃小吃或者是冷头盘一起享用。在西方的饮食习惯中，人们常常会用陈年波特或者雪莉酒来开胃，在喜庆宴会时拿香槟或者一些其他的起泡酒作为餐前酒。

佐餐酒的选择一般遵循的原则是红肉配红葡萄酒，白肉配白葡萄酒；葡萄酒和食物搭配要达到的目标是协调、平衡。先喝年轻的葡萄酒，再喝陈年成熟的葡萄酒；先是干型葡萄酒然后是甜度葡萄酒；先低酒精度的葡萄酒后高酒精度的葡萄酒。常见搭配如下。

（1）干白葡萄酒

干白葡萄酒口感清爽，酸度高，最常用来当餐前酒，或搭配前菜中的生蚝等蚌壳类的海鲜。主菜方面以清淡的蒸、烤鱼类为主。

（2）浓厚型干白葡萄酒

酒香浓郁的干白葡萄酒口感甘而不甜，圆润丰厚，是龙虾、鲜干贝和螯虾等最佳良伴；主菜类以搭配有香浓酱汁的鱼或禽类为主。

（3）年轻干红葡萄酒

年轻干红葡萄酒单宁稍重，香味较简单，适合配牛排等煎烤的肉类。而一些颜色浅、新鲜果香重、单宁含量低的年轻红酒，搭配简单的食物为主。

（4）浓郁型干红葡萄酒

浓郁型干红葡萄酒酒色深浓，结构紧密，收敛性强但细致，需久存柔化单宁，成熟后香味浓郁丰富。如此刚健又细腻的酒需要搭配精致调理的红肉类菜肴、口味强劲的野味。

（5）陈年干红葡萄酒

陈年干红葡萄酒，四溢的酒香和丰满的口感，足以搭配长时间煨煮的丰盛菜肴，或野禽加野菌菇等材料做成的珍肴。

甜食酒是以葡萄酒为主要原料制成的酒，由于酒中勾兑了白兰地酒或食用酒精等原料，因此，它属于配制酒类。甜食酒主要有波特酒（Port）、雪利酒（Sherry）、马德拉酒（Madeira）、马拉加酒（Malaga）和马萨拉酒（Marsala）。

餐后酒的甜味浓，含糖量多。餐后酒主要用利口酒或贵腐甜葡萄酒，或是冰酒搭配甜点。

2. 平衡味道强度

单宁是一种酸性物质，主要源于葡萄皮、葡萄籽及橡木桶，它为葡萄酒提供骨架。单宁能够去油腻，所以油炸食品、肥肉可以选高单宁的干红。清蒸的海鲜（鱼，虾）、鸡肉（白肉）应该配干白，因为白葡萄酒基本上没有什么单宁。

轻度酒体的葡萄酒搭配清淡食物；丰满酒体的葡萄酒搭配味道更重、丰富的菜品。风味精细的食物，最适合搭配精致的葡萄酒。味道重的菜肴须搭配浓郁的葡萄酒。葡萄酒要与菜肴所用的酱汁、调味品还有最突出的味道相配。葡萄酒不能够盖过食物的味道；把葡萄酒当作调味品，它能使食物的味道更好。

3. 甜酒配甜点

葡萄酒以糖分为基础分类，分为干型、半干型、半甜型及甜型四种。西餐中甜点是正餐中不可或缺的一道食品。甜的葡萄酒，只能搭配甜度相对略低一点的菜肴。所以，冰酒或者贵腐酒就是必备的佳品。

菜品的甜味会增加对酒中苦涩味道的感知，会让酒尝起来更干、更强壮、更少果味；食物中的高酸度会降低对酒中酸度的感知，让酒尝起来更丰富、更成熟；苦味的食物会提高对苦味的敏感度，如对单宁的敏感；食物中的咸味将会降低葡萄酒的苦味与涩味，会让甜酒尝起来更咸。

二、餐厅葡萄酒服务流程

1. 示瓶（又称验酒）

凡顾客点用的酒品，在开启之前都应让顾客首先过目，请客人核实酒标，称为示瓶，也称验酒。将酒瓶擦干净，左手掌垫一块口布，放于瓶底，商标朝外，拿着酒让客人过目并看清楚商标上的字，让客人确定酒正是自己所点。在客人做出确认前不要开瓶。这个服务过程一是表示对顾客尊重；二是核实一下有无错误，避免产生纠纷；三是证明酒品质量的可靠性。

2. 开瓶

开瓶前应先让客人阅读酒标，确认该酒在种类、年份等方面与所点的是否一致，再看瓶盖封口处有无漏酒痕迹，酒标是否干净，当客人验酒无误后即可开瓶。步骤如下：

（1）把瓶口擦干净；

（2）用酒钻从塞中间钻入，按顺时针方向旋转，在旋转到尚有一道螺线时停止，防止塞刺穿；

（3）利用杠杆原理，将瓶塞慢慢地拔出来，再将木塞呈递给客人鉴定（预先放一个小盘子，同时把酒的信息有字的部分朝向主人），查看是否潮湿或有异味，并同时用餐巾把瓶口擦干净；

（4）开瓶后，由主人先品尝酒，服务员要先闻一下瓶塞的味道，检查酒质是否有醋酸味，是否有异味，再用干净餐巾擦一下瓶口，给主人酒杯里斟上少许，请主人品尝，认可后再斟酒。

白葡萄酒经顾客认可后，开瓶置于冰桶内（桶内放入六成满的冰块和少量的水），酒标签面向顾客，并用一块干净口布折三折盖在冰桶上仅露出瓶颈，冰桶应放在靠近主客人（点酒水的客人）的地方，供其饮用。

红葡萄酒给客人验酒认可后，开瓶将酒平放在酒篮中，酒篮放在桌子客人右手边方便处，供其使用。因红葡萄酒陈年较久，常会有沉淀，陈年红葡萄酒滗酒处理时，滗酒容器温度与酒液温度相同，然后将酒滗到容器内醒酒。

3. 醒酒

葡萄酒刚开瓶时可能会显得香气封闭或有一些不是很干净的气味，这些问题有时可以透过醒酒来解决。醒酒是让酒接触空气，使香气散发出来，或除掉一些可能存在的怪味。把酒打开，在狭窄的瓶口空间中，葡萄酒和空气的接触面积非常小，即使提早几个小时，对于整瓶酒来说，能产生的影响相当有限。如果需要让酒有更大的改变，跟空气有更多的接触，可以滗酒后醒酒。

4. 滗酒

陈年的红葡萄酒经常会在瓶中留下许多沉淀物，滗酒就是要将酒液和瓶中累积的沉淀物分隔。滗酒时要在有背景光源前进行。开瓶后，将酒缓慢且不间断地导入醒酒器中，等瓶颈一出现酒渣时，马上停止。因为陈酒比较脆弱、容易氧化，应该选择瓶身较窄的醒酒器以免香气太快散失。遇到太脆弱的老酒，最好避免换瓶，以免氧化速度太快而散失香气。醒酒器通常有比较宽的腰身，可以让葡萄酒与空气接触的面积大增，酒倒入瓶中的过程更增加了与空气混合的机会。一瓶年轻多涩味的红酒可以透过这样的方式让单宁因氧化变得较为柔和。滗酒操作规范如下：

（1）需要进行滗酒的葡萄酒，应于滗酒前直放约 1 个小时，不得少于 30 分钟。若是前一天即知要上哪瓶酒，应事先将酒直立 24 小时，以便让酒渣有足够的时间沉淀至瓶底，这样滗酒的效果会更好。

（2）滗酒器需确保绝对干净、无杂味。可利用照明效果优越的光源（蜡烛、手电筒、台灯）透视滗酒器，以检视内部是否符合要求。

（3）滗酒前需准备一支蜡烛或一只小灯泡，放置于过酒时（约 80°～90°角）正前方、瓶颈稍后的下方，以便易于观察沉淀物的移动状况。

（4）对于已有 20～30 年陈年的葡萄酒，在"换瓶"时应格外小心，而且最好是在饮用前才进行。

（5）滗酒时动作需轻巧，注意控制酒液流出的速度，勿让酒液流出的速度过快。

（6）当酒注入滗酒器的量约有 2/3 时，需稍减缓速度，通过灯光留意沉淀物移动的位置。

（7）当大部分酒已注入滗酒器，而沉淀物也逐渐积留于酒瓶的瓶肩后，滗酒程序即告完成。

5. 斟酒的顺序

斟酒的顺序，在宴席中先为长辈，后为小辈；先为客人，后为主人。而国际上较流行的服务顺序是先女宾后主人，先女士后先生；先长辈后幼者；妇女处于绝对的领先地位。从主人的右面第一位客人开始，按座位顺时针原则或先女宾后男宾的顺序，斟给客人，最后才斟给主人。这已成为酒品服务重要的礼仪规范。

站在客人右边，侧身，用右手为客人斟酒，右手紧握酒瓶，商标朝向客人，酒瓶手垫干净口布，防酒液滴落。斟白葡萄酒时，用口布包住瓶身，露出标签，将酒倒入酒杯中心悬空上方，先倒大约 30ml 让客人品尝。红、白葡萄酒一般斟4 盎司，即白葡萄酒杯的 1/2 杯，红葡萄酒杯的 1/3 杯。

斟毕，持瓶的手向内回转 90°离开杯子上方，使最后一滴挂在酒瓶口上的酒不落在桌上和客人身上，然后左手用口布擦拭瓶口和瓶颈，将酒放回指定位置。要留意酒的标签，酒瓶贴有标签的一面应向着客人。这样做的目的是要让每一位客人知道，主人为他们准备的佳酿是什么牌子的。

6. 香槟酒的服务操作

香槟酒与快乐、欢笑和高兴同义，素来有"胜利之酒""吉祥之酒"等美称。它具有奢侈、诱惑和浪漫的色彩。

香槟酒饮用前，需冰镇。这样做的好处：一是改善味道；二是斟酒时可控制气体外溢。开瓶后瓶内的酒最好一次喝完，如想留下来，要用特制的瓶塞盖好，并放在阴凉的地方贮存。在香槟酒的服务中，最重要的环节便是开瓶，有以下几个步骤：

（1）左手拇指压瓶盖，右手将瓶口的包装纸揭去，并将铁丝网套锁口处的扭缠部分松开；

（2）在右手除去网套的同时，左手拇指需适时按住即将冲出的瓶塞，将酒瓶倾斜 45°角，不要将酒瓶口对准客人，然后右手以餐巾布替换左手拇指，捏住瓶塞；

（3）当瓶塞冲出的瞬间，右手迅速将瓶塞向右侧揭开；

（4）如瓶内气压不够，瓶塞受压力冲出前，可用右手捏紧瓶塞拔出；

（5）为避免酒液喷出，开瓶时的响声越轻越好。开瓶后马上斟用。斟酒时，最好采用捧斟法。

对于起泡酒或香槟酒的斟酒服务，采用两次倒酒方法。初倒时，酒液会起很多泡，倒至杯的 1/3 处待泡沫稍平息，再倒第二次。斟酒不能太快，切忌冲倒，这样会将酒中的二氧化碳冲起来，使泡沫不易控制而溢出杯子。待所有杯子斟满后，将酒放回冰桶中，以保持起泡酒的冷度，这样可防止发泡。要注意的是香槟杯必须干燥，不能在香槟杯中加冰块。

【思考题】

1. 红葡萄酒和白葡萄酒主要的品种有哪些？特点是什么？
2. 红葡萄酒和白葡萄酒的主要酿造工艺有什么不同？
3. 葡萄酒的主要营养成分有哪些？
4. 葡萄酒酒庄与葡萄酒品质的关系。
5. 葡萄酒品尝中如何闻香？
6. 如何品尝葡萄酒的味道？
7. 如何辨别假葡萄酒？
8. 葡萄酒与菜的搭配原理。
9. 品尝葡萄酒前为什么要醒酒？

第三章 啤酒、黄酒与清酒

【学习导引】

啤酒是人们日常饮品之一，黄酒是中国人广泛饮用的饮品，清酒是日本国酒。这些酒都是酿造酒的代表。本章内容包括啤酒的历史与文化、分类与特征，酿造过程及操作方法；黄酒的国家标准分类，原料与酿造方法及品酒方法；清酒的品质及分类等。

【教学目标】

1. 了解啤酒、黄酒的历史和发展。
2. 熟悉啤酒、黄酒、清酒的分类。
3. 了解黄酒的饮用方法，掌握基本的品酒素养。
4. 了解当今世界啤酒的主要品牌。

【学习重点】

啤酒、黄酒和清酒的分类、名品、饮用方法、服务要求。

第一节 啤酒

一、啤酒的历史与文化

啤酒是世界上最古老的含酒精饮料之一。以谷物（主要是大麦）、啤酒花和水为主要原料，经过原料糖化和酵母发酵等生产工序而获得的一种酒精含量低的饮料。啤酒的"啤"字来自德语"Bier"的音译。

1. 啤酒的历史

啤酒最早出现于公元前 3000 年左右，古埃及和美索不达米亚（今伊拉克）地区。史料记载，当时啤酒的制作只是将发芽的大麦制成面包，再将面包磨碎，置于敞口的缸中，让空气中的酵母菌进入缸中进行发酵，制成原始啤酒。公元 6 世纪，啤酒的制作方法由埃及经北非、伊比利亚半岛、法国传入德国，并逐渐推广至整个欧洲。当时啤酒的制作主要在教堂、修道院中进行。为了保证啤酒质量，防止由乳酸菌引起的酸味，修道院要求酿造啤酒的器具必须保持清洁。公元 11世纪，啤酒花由斯拉夫人用于酿造啤酒。

1480 年，以德国南部为中心，发展出了底部发酵法，啤酒质量有了大幅提高，啤酒制造业得到了空前的发展。公元 1516 年，巴伐利亚公爵威廉四世为了保持啤酒的精纯，编纂了一部严苛的法典《精纯戒律》，明确规定只能用大麦（后来的大麦芽汁）、水及啤酒花生产啤酒，这是人类历史上最古老的食品法律文献。

19 世纪，随着蒸汽机的发明，啤酒大部分生产过程实现了机械化，生产量有了大幅提高，质量比较稳定，价格较便宜。1830 年左右，德国的啤酒技术人员分布到了欧洲各地，将啤酒工艺传播到全世界。

目前，啤酒的生产和消费遍及世界一百六十多个国家和地区，啤酒已成为一种世界性的饮料。啤酒在全世界每一个角落都成为人们生活的一个重要部分。啤酒带给人们的欢乐是其他饮品不能比拟的。

世界知名啤酒品牌，如丹麦嘉士伯啤酒，荷兰喜力啤酒，美国百威啤酒，新加坡虎牌啤酒，日本朝日、麒麟啤酒，爱尔兰健力士黑啤，墨西哥科罗娜，泰国狮牌啤酒，中国青岛啤酒等，这些产于不同国家和地区的啤酒都代表着不同的文化内涵，反映出不同的地域文化、风俗习惯等特征。其中，最具有代表性的还是德国的啤酒文化。

2. 德国啤酒文化

就像瓷器使人联想到中国、樱花使人想到日本、牛仔使人想到美国一样，啤酒使人想到的是德国。由于德国地处北欧，气候严寒，不能大量种植葡萄。啤酒便成了德国人的主要饮料。德国人酷爱喝啤酒，德国是目前世界上啤酒消耗量最大的国家，形成了一种特殊的"啤酒文化"——悠久的历史、古老的传说和各式酿制方法，以及特有的啤酒节庆和舞蹈。

（1）啤酒之乡——巴伐利亚

德国最著名的啤酒之乡巴伐利亚，啤酒的历史可以追溯到公元前的古罗马时代。人们在巴伐利亚北部的库姆巴赫发现了一些有将近三千年历史的盛啤酒容器。在巴伐利亚啤酒的历史与天主教息息相关。在阿尔卑斯山北麓，有条山径直通最原始的巴伐利亚"啤酒天堂"——修士自行酿造黑啤酒的安第斯修道院。

慕尼黑有座"奥古斯丁"（Augustiner）啤酒厂，酒厂的名字让人们联想到宗教改革领袖马丁·路德所属的奥古斯丁修士团。据说，由于当时每年复活节前 6周的四旬斋期间修士们不能吃肉，他们便以"大麦汁"自然发酵生成的酒精饮料作为四旬斋餐饮的代替品。为了使教廷准许他们饮用这种美味的饮料，修士们便送了一桶给教皇，教皇品尝后为之倾倒，表示这种饮料可作为"四旬斋餐饮的代替品"及"罪恶的洗涤剂",并准许巴伐利亚的修道院酿造。

世界上最早的啤酒厂是始建于 1040 年慕尼黑附近小城 Freising 的 Weihenstenphan 区,整个区都座落在一个小山上,风景秀丽怡人。因此,这座世界上最早的啤酒厂也就取名叫 Weihenstenphan,距今已经有着将近一千年的历史。

(2)遍布德国的啤酒馆

啤酒含有人体所需要的氨基酸,并且还含有丰富的维生素 B2、烟酸和矿物质,素有"液体面包"之称。啤酒成为德国人最喜爱的休闲饮品。在德国各种酒馆、酒屋、小客栈到处可见。人们不只是进餐时才喝酒,几乎是随时随地喝。特别是有 1100 万居民的巴伐利亚,每个人的年平均啤酒消耗量为 230 升,换句话说,每个巴伐利亚人(无论男女老少)每天要喝半升啤酒。世界上没有哪个地方的啤酒消耗量可以媲美巴伐利亚。

(3)啤酒狂欢节

啤酒节是一个狂欢的盛典。德国巴伐利亚啤酒文化节起源于 1810 年,因其丰盛香醇的啤酒、丰富多彩的节目和隆重热烈的气氛而成为全球最著名的啤酒狂欢盛会。

慕尼黑是公认的"啤酒之都",每年秋季都会举行世界上规模最大的啤酒节——十月庆典。每年的二、三月份还举行著名的"四旬斋节"。每到这时,德国最重要的政治人物汇聚在山城"Nockher-Berg",测试巴伐利亚四旬斋啤酒的品质。在波克啤酒与音乐相伴下,政治人物聚集之后便举行开桶仪式(即将第一桶啤酒开封)。艺术家与演员参与这项仪式,用幽默机智的方式公开谴责时政,这种活跃、充满嘲讽的啤酒节大游行算得上是世界上独一无二的戏剧演出。另外,在斯图加特、科隆、多特蒙德等地也会举办啤酒节。

二、啤酒的分类

1. 按颜色分类

(1)淡色啤酒

淡色啤酒俗称黄啤酒,根据深浅不同,又分为三类。

①淡黄色啤酒。酒液呈淡黄色,香气突出,口味优雅,清亮透明。

②金黄色啤酒。呈金黄色,口味清爽,香气突出。

③棕黄色啤酒。酒液大多是褐黄、草黄,口味稍苦,略带焦香。

(2)浓色啤酒

浓色啤酒呈棕红或红褐色,原料为特殊麦芽,口味醇厚,苦味较小。

(3)黑色啤酒

酒液呈深红色,大多数红里透黑,故称黑色啤酒。

2. 按麦汁浓度分类

从 1983 年开始,欧共体成员国家及其他许多国家已相继统一了酒精含量的计量标准——盖伊·卢萨卡标准（GL）,即按照酒精所占液体的体积百分数来作为该液体的酒精度数。例如啤酒的酒精度在 3.5～14 之间,则用酒精体积分数 3.5%～14%来表示。啤酒的酒精含量越高, 酒质越好。啤酒瓶上的度数标志是指麦芽汁的含糖浓度。10°啤酒是每公升麦芽汁含糖 100 克。

（1）低浓度啤酒

原麦汁浓度 6°～8°, 酒精含量 2%左右。

（2）中浓度啤酒

原麦汁浓度 10°～12°, 酒精含量 3.1%～3.8%, 是中国各大型啤酒厂的主要产品。

（3）高浓度啤酒

原麦汁浓度 14°～20°, 酒精含量在 4.9%～5.6%, 属于高级啤酒。国际上公认 12°以上的啤酒为高级啤酒, 这种啤酒酿造周期长, 耐贮存。

3. 按是否经过杀菌处理分类

（1）鲜啤酒

鲜啤酒又称生啤、扎啤, 是指在生产中未经杀菌的啤酒, 但也属于可以饮用的卫生标准之内的。生啤酒的保存期是 3 天～7 天。随着无菌灌装设备的不断完善, 现在已有能保存 3 个月左右的罐装、瓶装和大桶装的鲜啤酒。此酒口味鲜美, 有较高的营养价值, 但酒龄短, 适于当地销售。

（2）熟啤酒

经过杀菌的啤酒, 可防止酵母继续发酵和受微生物的影响, 酒龄长, 稳定性强, 适于远销, 但口味稍差, 酒液颜色变深。

4. 按传统风味分类

（1）麦酒（Ale）

用焙烤过的麦芽和其他麦芽类的原料制成, 比普通啤酒质浓, 酒体丰满, 味道也比较苦, 有强烈酒花味, 被译为爱儿啤酒。发酵时需较高的温度, 酵母浮在上面（称顶部高温发酵）, 酒体颜色也较黑, 酒精含量为 4.5%, 大多产于英国。现代则采用富含硫酸钙的水, 以上述发酵工艺酿成。浅色麦啤酒含酒精 5%, 深色麦啤酒精含量为 6.5%。

（2）黑啤酒（Stout）

黑啤酒比 Ale 颜色更黑, 麦芽味重、较甜, 啤酒花较多, 因此, 酒花香味极浓, 酒精含量是 3%～7.5%, 有滋补作用。爱尔兰和英国是其主要生产国, 其中爱尔兰的吉尼斯黑啤酒（Guinness Stout）最著名。

（3）跑特啤酒（Porter）

跑特啤酒是另一种 Ale，富有浓而多的泡沫，含酒花少，比较甜，没有 Stout 烈，酒质较浓，酒精含量为 4.5%，产于英国。因饮用者是最初搬运工等劳动阶级饮用而得名。

（4）淡啤酒（Lager）

淡啤酒的主要原料仍为麦芽，有时加上玉米、稻米。酒质清淡，富有气泡，因其采用底部低温发酵，色澄清，味不甜，有时酒精含量也较高。需要说明的是，皮尔森（Pilsner）啤酒，并非是另一种啤酒，而是捷克的皮尔森酿成的淡色窖藏啤酒，质量超群，并成为世界所有淡啤酒的规范。直到今天，皮尔森啤酒仍是窖藏啤酒中的最佳品牌。

（5）乔麦啤酒（Bock Beer）

乔麦啤酒也称波克啤酒，因在德国的 Eimbock 地区酿成而得名，是一种荞麦制的黑啤酒。质浓味甜，通常比一般的啤酒黑而甜，酒精含量高，冬天制而春天喝。该啤酒的商标为一头站在酒桶上的山羊，知名度较高。

（6）麦芽烈啤酒（Malt Liquor）

麦芽烈啤酒泛指由麦芽酿成的一类啤酒，品牌有很多种，其主要特点是酒精含量高。

（7）甜啤酒（Sweet Beer）

甜啤酒是一种加了果汁的啤酒，有时比一般淡啤酒含酒精度高。

5. 按生产工艺分类

（1）顶部发酵啤酒

啤酒在发酵过程中酵母上浮，发酵温度较高，发酵时间比较短，发酵完毕以后，酵母大多漂浮在上面。同时，因发酵过程中掺进了烧焦的麦芽，所产啤酒色泽较深，酒精含量较高。Ale、Stout 这类啤酒属于顶部发酵啤酒。

（2）底部发酵啤酒

底部发酵是目前世界各国广泛采用的一种啤酒酿制方法，这种方法的酿造啤酒在酿造过程中温度较低，发酵时间比较长，发酵后期酵母沉淀，因而生产出的啤酒呈金色，口味较重，像 larger、Pilsner Beer、Munich Beer 这一类的著名啤酒采用此种发酵方法。

目前，德国、捷克、斯洛伐克、比利时等国家在啤酒酿造工艺方面居世界领先地位。

三、啤酒的原料与酿造

啤酒的主要生产原料有四大类，即谷物（大麦）、啤酒花、酵母和水。

1. 大麦

酿造啤酒的原料首推大麦。大麦易于发芽，酶系统完全，并含有蛋白质，脂肪、磷酸盐以及其他无机盐、维生素、碳水化合物和其他多种矿物质等，麦芽是啤酒的核心。酿造啤酒用的优质大麦具有籽粒饱满、皮薄、淀粉含量高和发芽率高的特点，因此成为生产啤酒的主要原材料。

2. 啤酒花

酿造啤酒的另一个重要原料就是啤酒花。啤酒花又称蛇麻草，英文名称"HOP"，这种植物的学名为 Humuluslupulus，只有雌株才能结出花朵。它将自身的苦味物质，单宁、酒花油和矿物质赋予了啤酒，增强了啤酒的防腐能力，使啤酒具有芳香、安神和调节整个人体新陈代谢的功能，并且使啤酒的泡沫洁白、细腻、持久。因此，可以说大麦和啤酒花共同构成了啤酒的灵魂。

3. 酵母

酵母是生产所有酒类不可缺少的物质。用来酿制啤酒的酵母大部分是经过人工培养的专用酵母，称之为啤酒酵母。啤酒酵母又可分为顶部（上面）发酵酵母和底部（下面）发酵酵母。上面发酵时产生的二氧化碳和泡沫将细菌胞浮漂于液面，最适合发酵温度为 $10℃\sim25℃$，发酵期为 $5\sim7$ 天；下面发酵温度是 $5℃\sim10℃$，发酵期为 $6\sim12$ 天。酵母中含有大量的蛋白质和多种氨基酸，维生素以及矿物质，特别是核酸等营养成分。啤酒具有较高的热量，1 升啤酒的热量可达 425 千卡；啤酒含有多种维生素，以 B 族维生素最突出；另外，啤酒中还含有蛋白质、17种氨基酸和矿物质。1972 年 7 月墨西哥召开的第九次世界营养食品会议上，啤酒被推荐为营养食品。啤酒是一种营养丰富的低酒精度的饮料酒，享有"液体面包"、"液体维生素"和"液体蛋糕"的美称。

4. 水

啤酒酿造过程中用水量很大，特别是用于制麦芽和糖化的水与啤酒质量密切相关。

四、啤酒的特征与保管

1. 啤酒的特征

（1）泡沫

啤酒泡沫是区别于其他酒类饮料的标志性特征。把啤酒液缓慢倒入洁净的杯子，就会有一层厚厚的泡沫涌向杯口。这奇特的泡沫又素有"啤酒之花"的美称，给人以美的享受。当泡沫在杯中升起时，则可闻到一股浓郁的酒花香味和清爽的苦味。

啤酒泡沫是啤酒中的 CO_2 在一定压力和低温条件下，以溶解、吸附和化合物等多种形式存在啤酒中。在开瓶时由于压力的变化等原因，CO_2 从酒液中释放出来升至液面，加上啤酒本身的粘度和一些表面活性物质，特别是蛋白质的存在，使泡沫不易破裂，而且保持一段时间，形成漂亮、洁白、细腻的泡沫堆积。啤酒中的泡沫能抑制啤酒中 CO_2 的逸出，防止酒液与空气的接触，起到了保护的作用。

啤酒泡沫已作为啤酒质量的一项重要感观指标列入国标 GB4927－91。把啤酒徐徐倒入玻璃杯内，泡沫立即冒起，洁白细腻而且均匀，持久挂杯能保持时间在 4 分钟左右者为佳品；如果泡沫粗大且微黄、消失快，不挂杯者为劣品。以泡沫来衡量啤酒质量的主要指标有泡沫的颜色、气味、形态、起泡性、持久性和是否挂杯等。啤酒的起泡性是前提，啤酒如果没有起泡性就谈不上泡沫的持久性和泡沫的挂杯了。

影响啤酒泡沫的主要因素有：

啤酒的表面张力：啤酒的表面张力有利于啤酒泡沫的形成；

表面粘度：高的表面粘度有利于泡沫持久性和泡沫挂杯；

啤酒粘度：高粘度的物质如蛋白质和麦胶物质，易形成强度较大的界限薄膜，有利于增强泡沫的持久性；

泡沫粘度：增加泡沫的粘度，易形成细致的气泡；

啤酒中的脂肪酸：啤酒中含有多种饱和脂肪酸和不饱和脂肪酸，这些脂肪酸对啤酒泡沫影响很大，特别影响泡沫的持久性。

（2）颜色

现在国内生产的多数产品为淡色啤酒。其光泽应是清澈透明，且呈悦目的金黄色。对浓色啤酒，则要求酒液越深越好。如酒色黄浊，透明度差，粘性大，甚至有悬浮物者即为劣质啤酒。

（3）香气

啤酒，要求具有浓郁的酒花幽香和麦芽清香。淡色啤酒突出酒花香，浓色啤酒突出麦芽香。

（4）口味

入口感觉酒味纯正清爽，苦味柔和，口味醇厚，有愉快的芳香，并具"杀口力强"（指酒中二氧化碳对感官特殊的麻辣感）的为好酒，而有老熟味、酵母味或涩味者均属劣品。

2. 啤酒的保管

（1）啤酒应避免阳光直接照射

因为阳光中的紫外线能使啤酒加速氧化，从而产生混浊沉淀，影响饮用效果。实验证明，紫外线透过两毫米的玻璃时，因色彩不同，透过率也不一样，蓝色玻璃透过率为85%，翠绿色为80%，棕色只能透过50%。为了保护啤酒的质量，多选用棕色瓶装啤酒，现在很多高档啤酒，选用易拉罐或铁筒包装，这样保存期会更长一些。

（2）将啤酒贮存在干净通风的暗处

要注意清洁、温度和压力。

（3）啤酒应在保质期内饮用

瓶装、听装熟啤酒保质期：优质、一级为 120 天；二级为 60 天；瓶装鲜啤酒保质期为 7 天；罐装、桶装鲜啤酒保质期一般不少于 3 天。

（4）贮存温度要适度

温度过低，就会使啤酒气泡消失，酒因变质而混浊；温度过高，至 13℃～16℃就会引起另一次发酵，16℃以上，酒里的气体放出，成为野啤酒（Wild beer）。一般情况下，啤酒贮存温度为 5℃～10℃，但对黄啤酒，其贮存温度在 4.5℃最适宜，其他啤酒的贮存温度在 8℃较适宜。

（5）啤酒的气压应保证在一个大气压

当桶装啤酒打开后，应尽快接上二氧化碳气罐，并在整桶酒出售过程中保持压力。否则，失掉碳酸气的酒会变得平淡无味。

五、啤酒的饮用与服务操作

啤酒中只含有 4%左右的酒精，啤酒中含有蛋白质、维生素（特别是 B 族）、矿物质成分（磷、钙）、挥发油、苦味素、树脂等，其中酒花具有清热功能。1 升原麦汁浓度为 12°的啤酒相当于 0.75L 牛乳、6～7 个鸡蛋、65g 奶油、500g 马铃薯、250g 黑面包的营养。

大量的研究表明，适度饮啤酒，能增加胃液、胃酸的分泌，增进胃的消化吸收，可降低患心脏病的危险，有助于防止血栓形成，预防缺血性脑中风。啤酒起到了预防冠心病和中风的作用。

啤酒的饮用时机可以是任何季节任何时间。啤酒的服务操作比人们想象得要复杂得多，一杯优质的啤酒通常应考虑三个方面的条件：啤酒的温度、啤酒杯的洁净程度及倒酒的方式。

1. 啤酒的服务温度

啤酒中的二氧化碳是形成气泡的核心。二氧化碳的溶解度随温度的升高而降低。温度高时啤酒的二氧化碳的逸出量大，形成强烈泡腾，使二氧化碳和啤酒大量流失，温度过高，酒里的气会放出，变成野啤酒（Wild Beer）。啤酒温度太低，如冰镇到 3℃以下，二氧化碳出量少，泡沫形成慢而少，倒入玻璃杯也难以起泡。温度太低时，会改变啤酒原有的风味，酒色混浊。啤酒的温度太高或太低都会影响啤酒的口感，一般啤酒的最佳饮用温度在 8℃～11℃左右，高级啤酒的饮用温度在 12℃左右。

2. 啤酒杯

不同形状的杯子，泡沫的形成也不一样。一般来说杯子直径小，高度高，就会更容易形成泡沫。常用的标准啤酒杯有三种形状，一种是杯口大，杯底小的喇叭型平底杯，俗称皮尔森杯。第二种是类似于第一种的高脚或矮脚啤酒杯。这两种酒杯倒酒比较方便容易，常用来服务瓶装啤酒。现在我国很多酒吧用直身酒杯，增加了倒酒的难度。第三种是带把柄的啤酒杯，酒杯容量大，一般用来服务桶装生啤酒。

洁净的啤酒杯能让泡沫在酒杯中呈圆形，保持新鲜口感。洁净的啤酒杯必须没有油污、灰尘和其他杂物。如果杯子不干净，杯内附着油迹，泡沫见油很快消失。其原因是啤酒中二氧化碳气泡接触油脂类而失去了表面张力，保持泡沫的能力就大大降低。任何油污无论能否看出，都会浮在酒的液面上，使浓郁而洁白的泡沫层受到影响甚至会很快消失。不洁净杯子还会影响口感和味道。

3. 倒啤酒程序

一杯优质的啤酒应有很丰富的泡沫，略高出杯子边沿 1/2 英寸～1 英寸且洁白细腻，颜色美观。如果杯中啤酒少而泡沫太多并溢出，或无泡沫都会使客人扫兴。

洁净的啤酒杯中优质的泡沫形成还取决于两个方面：①倒啤酒时杯子的倾斜角度；②保持倾斜度时间的长短。

（1）桶装啤酒

①把酒杯倾斜成45°角，低于啤酒桶开关一英寸，把开关打开。

②当倒至杯子一半时把杯子直立，让啤酒流到杯子的中央，再把开关打开至最大。

③泡沫略高于酒杯时关掉开关。酒杯里的泡沫并不是越多越好，客人是绝不会欣赏大量泡沫而少量啤酒的。根据杯子的大小，一般啤酒要倒入八至九分满，泡沫头约 1/2 英寸～1 英寸厚为佳。

（2）瓶装和罐装啤酒

如采用标准啤酒杯服务应将瓶装和罐装啤酒呈递给客人，客人确认后，当着客人面打开。将酒杯直立，用啤酒瓶或啤酒罐来代替杯子的倾斜角度。

①啤酒瓶或罐直立，将啤酒倒入酒杯中央。

②当有一点泡沫后，把角度降低，慢慢把杯子倒满，让泡沫刚好超过杯沿 1/2 英寸～1 英寸。

③将啤酒瓶或罐放在啤酒杯旁。

衡量啤酒服务操作的标准是：注入杯中的酒液清澈，二氧化碳含量适当，温度适中，泡沫洁白而厚实。

【拓展阅读】

啤酒品评法

（1）黄啤酒评分标准

色：淡黄，带绿，黄而不显暗色，透明清亮，无悬浮物或沉淀物，泡沫高，持久（8℃～15℃，5分钟不消失）细腻、洁白、挂杯。

香：有明显酒花香气、新鲜、无老化气味及生酒花气味。

味：纯正、爽口、醇厚而杀口。

（2）黑啤酒评分标准

色：黑红或黑棕，透明清亮，无悬浮物或沉淀物。

香：有明显的麦芽香气，香正，无老化气味及不愉快的气味。

味：纯正、爽口、醇厚而杀口。甜味、焦糖味、后味苦、杂味等均是不纯正、不爽口的表征。

啤酒趣闻

最长的啤酒馆柜台。澳大利亚维多利亚州的米杜拉市，有一个长廊酒吧，设在"蓝领俱乐部"里，酒吧的柜台竟长达90.8米。为解决柜台与酒库的长距离运输问题，柜台上设置了27台微型离心泵，源源不断地向消费者供应啤酒。据说这长廊式酒吧，已成了当今酒吧经营业崇尚的模式，并有"愈演愈长"的趋势。

最大的啤酒杯。马来西亚一家锡器公司，为了庆祝该公司成立100周年，用锡制成了一个啤酒杯，重1.8吨，高约1.98米，可装4000升啤酒，是世界上最大的啤酒杯。无独有偶，德国的一名男子，用橡木也造出了一个特大的啤酒杯，这个带盖的巨杯，可装啤酒110升，现正申请列入《吉尼斯世界纪录大全》。

最古老的啤酒瓶。在欧洲发现的最早最古老的啤酒瓶，是一个造于1720年的圆肚形玻璃啤酒瓶。

最大的啤酒市场。德国的达姆斯塔特—埃伯曼施塔特的布鲁诺·马鲁恩啤酒市场，是世界上最大的啤酒市场。这里出售48个国家的249家啤酒厂生产的975种啤酒。

最小的啤酒馆。东京的"野边酒吧间"是世界上最小的"迷你"啤酒馆。面积只有4.5平方米，其中柜台和洗手间占去大半，剩下的面积只能放几个座位，如果把座位拆走，大约只能站 7 个人。

<h1 style="text-align:center">第二节　黄酒</h1>

一、黄酒酿造原料与特征

黄酒有着深厚的文化底蕴。它是世界上最古老的酒类之一，源于中国，且唯中国有之，与啤酒、葡萄酒并称世界三大古酒。在三千多年前，商周时代，中国人独创酒曲复式发酵法，开始大量酿制黄酒。唐代和宋代是我国黄酒酿造技术发展最辉煌的时期。在我国古代酿酒历史上，最能完整体现我国黄酒酿造科技精华，在酿酒实践中最有指导价值的酿酒专著是北宋末期成书的《北山酒经》。

黄酒产地较广，品种很多。我国民间各地区仍保留了一些传统的称谓，如江西的水酒、陕西的稠酒、西藏的青稞酒等。著名的有绍兴加饭酒、福建老酒、江西九江封缸酒、江苏丹阳封缸酒、无锡惠泉酒、广东珍珠红酒、山东即墨老酒等。但是被中国酿酒界公认的、在国际国内市场最受欢迎的、最具中国特色的首推绍兴酒。

黄酒作为谷物酿造酒的统称，也称为米酒（rice wine），属于酿造酒。西汉以来，黄酒酿造之中，以糯米酿者为上品，粳米酿者为中品，黍米酿者为下品。在世界酿造酒中黄酒占有重要的一席，成为东方酿造界的典型代表。黄酒是用谷物作原料，用麦曲或小曲做糖化发酵剂制成的酿造酒。黄酒的生产原料在北方用粟（在古代，是秫、粱、稷、黍的总称），在南方，普遍用稻米（尤其是糯米）为原料酿造黄酒。黄酒酒度一般为 15 度左右，属于低度酿造酒。

黄酒香气浓郁，甘甜味美，风味醇厚，并含有氨基酸、糖、醋、有机酸和多种维生素等，是烹调中不可缺少的调味品之一。温饮黄酒可帮助血液循环，促进新陈代谢，具有补血养颜、活血祛寒、通经活络的作用，能有效抵御寒冷刺激，预防感冒。黄酒还可作为药引子。黄酒中含有 21 种氨基酸，其中人体自身不能合成必须依靠食物摄取的 8 种必需氨基酸黄酒都具备，故被誉为"液体蛋糕"。

二、黄酒的国家标准分类

在最新的国家标准中，黄酒的定义是：以稻米、黍米、黑米、玉米、小麦等为原料，经过蒸料，拌以麦曲、米曲，进行糖化和发酵酿制而成的各类黄酒。按黄酒的含糖量将黄酒分为以下几类：

1. 干黄酒

"干"表示酒中的含糖量少，糖分经发酵全部变成了酒精，故酒中的糖分含量最低。最新的国家标准中，其含糖量小于1%（以葡萄糖计1.00 g/100 ml）。这种酒属稀醪发酵，总加水量为原料米的三倍左右。发酵温度控制得较低，开耙搅拌的时间间隔较短。酵母生长较为旺盛，故发酵彻底，残糖很低。在绍兴地区，干黄酒的代表是"元红酒"。

2. 半干黄酒

"半干"表示酒中的糖分还未全部发酵成酒精，还保留了一些糖分。在生产上，这种酒的加水量较低，相当于在配料时增加了饭量，故又称为"加饭酒"。酒的含糖量在1%～3%之间。在发酵过程中，要求较高。酒质厚浓，风味优良。可以长久贮藏。花雕酒、加饭酒是黄酒中的上品。我国大多数出口酒，均属此种类型。

3. 半甜黄酒

半甜黄酒含糖分3%～10%之间。采用的工艺独特，是用成品黄酒兑水，加入发酵醪中，使糖化发酵的开始之际，发酵醪中的酒精浓度就达到较高的水平，在一定程度上抑制了酵母菌的生长速度，由于酵母菌数量较少，发酵醪中的产生的糖分不能转化成酒精，故成品酒中的糖分较高。这种酒，酒香浓郁，酒度适中，味甘甜醇厚。善酿酒是黄酒中的珍品。但这种酒不宜久存，贮藏时间越长，色泽越深。

4. 甜黄酒

甜黄酒一般是采用淋饭操作法，拌入酒药，搭窝先酿成甜酒，当糖化至一定程度时，加入40%～50%浓度的米白酒或糟烧酒，以抑制微生物的糖化发酵，酒中的糖分含量达到10 g/100ml～20 g/100ml之间。由于加入了米白酒，酒度也较高。封缸酒可常年生产。浓甜黄酒，糖分大于或等于20 g/100 ml。

5. 加香黄酒

加香黄酒是以黄酒为酒基，经加入芳香动、植物的浸出液而制成的黄酒。

三、黄酒的主要品种

除了国家标准外，黄酒还有以下分类方法：

1. 按酒的产地来命名

绍兴酒、金华酒、丹阳酒、九江封缸酒、山东兰陵酒、无锡惠泉酒、广东珍珠红酒等。这种分法在古代较为普遍。

2. 按酒的外观（如颜色、浊度等）分类

清酒、浊酒、白酒、黄酒、红酒（红曲酿造的酒）。

3. 按酒的原料分类

糯米酒、黑米酒、玉米黄酒、粟米酒、青稞酒等。

4. 按酿造方法分类

淋饭酒。淋饭酒是指蒸熟的米饭用冷水淋凉，然后，拌入酒药粉末，搭窝，糖化，最后加水发酵成酒。口味较淡薄。这样酿成的淋饭酒，有的工厂是用来作为酒母的，即所谓的"淋饭酒母"。

摊饭酒。是指将蒸熟的米饭摊在竹篾上，使米饭在空气中冷却，然后再加入麦曲、酒母（淋饭酒母）、浸米浆水等，混合后直接进行发酵。

喂饭酒。按这种方法酿酒时，米饭不是一次性加入，而是分批加入。

5. 按酿酒用曲分类

如小曲黄酒、生麦曲黄酒、熟麦曲黄酒、纯种曲黄酒、红曲黄酒、黄衣红曲黄酒、乌衣红曲黄酒。

四、黄酒的饮用与贮存

黄酒中营养成分丰富，含有 18 种氨基酸，其中有 8 种是人体自身不能合成而又必需的。另外，还有易被人体消化的营养物质，如糊精、麦芽糖、葡萄糖、脂类、甘油、高级醇、有机酸等；含有维生素，如 B 族维生素、维生素 E 等，尼克酸，含有锌等多种微量元素。适量常饮有助于血液循环，促进新陈代谢。冬天温饮黄酒，可活血祛寒、通经活络。

1. 三步品味黄酒

首先，应观其色泽。

酒色为琥珀红色，晶莹透明，有光泽感，无混浊或悬浮物，有"澄"与"澈"二相。

其次，闻其香。

将鼻子移近酒盅或酒杯，黄酒香气中正平和，幽雅、诱人的馥郁芳香。脂香和黄酒特有的酒香混合。酒香层次丰富，境界分明。黄酒越陈，香气越是馥郁。年代越是久远，则酒品越高。

第三，品尝酒。

用嘴轻啜一口，搅动整个舌头，徐徐咽下后，感受它的美味。黄酒六味，谓之甜、酸、苦、辛、鲜、涩。甜味须滋润丰满，浓厚黏稠。酸味决定酒之老嫩，讲究的是一个恰到好处。适当的苦味可使酒味更加清新跳跃，增添口感层次。辛即是辣，黄酒之辛，温柔醇厚。涩味伴随苦味而生，略微的涩感流过唇齿，可令酒体更为柔和分明。

2. 黄酒饮法

（1）温饮黄酒

黄酒最传统的饮法，当然是温饮。黄酒是低度酿造酒，不宜长期保藏。古代杀菌技术，经历了"温酒"、"烧酒"，再发展到"煮酒"。在汉代以前，人们就习惯将酒温热以后再饮。温饮的显著特点是酒香浓郁，酒味柔和。温酒的方法一般有两种：一种是将盛酒器放入热水中烫热；另一种是隔火加温。隔水加热至45℃左右，最常用的酒容器是铜壶及锡壶。这种温酒饮法，尤其适合最大宗的元红及加饭酒。因为温热后的黄酒，最能提出酒香，也能增加酒的甘度，最重要的是饮用时暖人心肠，又不致伤胃。

黄酒的最佳品评温度是在38℃左右。在黄酒烫热的过程中，黄酒中含有的极微量对人体健康无益的甲醇、醛、醚类等有机化合物，会随着温度升高而挥发掉；同时，脂类芳香物则随着温度的升高而蒸腾，从而使酒味更加甘爽醇厚，芬芳浓郁。因此，黄酒烫热加话梅、姜丝，有利于健康。

（2）冰镇黄酒

目前，盛行一种黄酒加冰的喝法。饮时在杯中放几块冰，口感更好。也可在酒中放入柠檬、果汁等。

3. 黄酒的贮存

黄酒的包装容器以陶坛和泥头封口为最佳，这种古老的包装有利于黄酒的老熟和提高香气，在贮存后具有越陈越香的特点。保存黄酒的环境以凉爽、温度变化不大为宜，在其周围不宜同时存放异味物品。

【拓展阅读】

黄酒品评法

黄酒品评时基本上也分色、香、味、体（即风格）四个方面。

色。通过视觉对酒色进行评价，黄酒的颜色占10%的影响程度。好的黄酒必须是色正（橙黄、橙红、黄褐、红褐），透明清亮有光泽。黄酒的色度是由于各种原因增加的：

（1）黄酒中混入铁离子则色泽加深；

（2）黄酒经日光照射而着色，是酒中所含的酪氨酸或色氨酸受光能作用而被氧化，呈赤褐色色素反应；

（3）黄酒中氨基酸与糖作用生成氨基糖，而使色度增加，并且此反应的速度与温度、时间成正比；

（4）外加着色剂，如在酒中加入红曲、焦糖色等而使酒的色度增加。

香。黄酒的香在品评中一般占25%的影响程度。好的黄酒，有一股强烈而优美的特殊芳香。构成黄酒香气的主要成分有醛类、酮类、氨基酸类、酯类、高级醇类等。

味。黄酒的味在品评中占有 50% 的比重。黄酒的基本口味有甜、酸、辛、苦、涩等。黄酒应在优美香气的前提下，具有糖、酒、酸调和的基本口味。如果突出了某种口味，就会使酒出现过甜、过酸或有苦辣等感觉，影响酒的质量。一般好的黄酒必须是香味幽郁，质纯可口，尤其是糖的甘甜、酒的醇香、酸的鲜美、曲的苦辛配合和谐，余味绵长。

体。体即风格，是指黄酒组成的整体，它全面反映酒中所含基本物质（乙醇、水、糖）和香味物质（醇、酸、酯、醛等）。由于黄酒生产过程中，原料、曲和工艺条件等不同，酒中组成物质的种类和含量也相应不同，因而可形成黄酒的各种不同特点的酒体。

感官鉴定时，由于黄酒的组成物质必然通过色、香、味三方面反映出来，所以必须通过观察酒色、闻酒香、尝酒味之后，才综合三个方面的印象，加以抽象地判断其酒体。

第三节　清酒

一、清酒的原料与品质

1. 清酒原料

清酒被日本人称之为"国酒"，它是借鉴中国黄酒的酿造法而发展起来的。清酒比一般的酒都要绵柔甜美，容易入口。它也是日本料理的最佳搭配。

日本清酒的原料单纯到只用米和水，但可以产生出令人难以忘怀的好滋味。酿造清酒所使用的米，决定了清酒品质。一般而言，最理想的酿酒米必须符合米粒大、蛋白质脂肪少、米心大、吸水率好等条件。例如，山田锦、美山锦等，都是非常著名的酿酒之米。日本酿造清酒很讲究糙米的精白程度，以精米率来衡量精白度，精白度越高，精米率就越低。精白后的米吸水快，容易蒸熟、糊化，有利于提高酒的质量。

而水质则是以宫水为最佳的代表。所谓的宫水，就是西宫之水的简称，这是日本西宫地区才有的水。若以宫水和其他造酒用的水来比较，宫水它含有许多发酵时不可缺少的磷和钾，而对发酵时最不利的铁质及有机物质则含量很低，是酿酒时最理想的硬水，也是日本的百大名水之一。所以，要有一瓶极品清酒，就必需有好水好米，而这也是日本清酒的深奥之处。

因日本各地风土民情的不同，日本清酒成为代表地方特色的一种酒。日本清酒以奈良地区所产的清酒最负盛名。

2. 清酒品质基准

清酒品质的表示基准有：原酒、生酒、生贮藏酒、生一本、樽酒。

原酒是指滤过杂质没有加水的生酒，加温至65℃灭菌的清酒。这种酒的酒精含量高，可达18%～19%或更高。

生酒是指不经过热消毒的清酒。

生贮藏酒是指未经热消毒，经过贮藏后，在出厂前经过热消毒的清酒。

生一本是指单一的清酒公司酿造出的纯米酒，由于目前一些大的公司购买并且勾兑其他小清酒公司的酒，所以这一类型的酒有一定的针对性。

樽酒是指用木制的樽贮藏后含有特别香味的清酒。

二、清酒分类

1. 按制法不同分类

（1）纯米酿造酒

纯米酿造酒即为纯米酒，仅以精白度小于70%的米、米曲和水为原料，不外加食用酒精。此类产品多数供外销。

（2）普通酿造酒

普通酿造酒属低档的大众清酒，是在原酒液中兑入较多的食用酒精，即1吨原料米的醪液添加100%的酒精120L。

（3）增酿造酒

增酿造酒是一种浓而甜的清酒。在勾兑时添加了食用酒精、糖类、酸类、氨基酸、盐类等原料调制而成。

（4）本酿造酒

本酿造酒属中档清酒，本酿造酒是用精白度小于70%的白米、米曲、水和酿造用酒精所酿造出的香味，色泽较好的清酒，在酿造中食用酒精加入量低于普通酿造酒。这类酒的口味接近传统方法酿造的清酒，而且比较柔和，容易被大多数的消费者接受。著名品牌有岛根的"丰秋"本酿造，富山的"立山"本酿造，岐阜的"三千盛"本酿造，岐阜平濑的"久寿玉"本酿造，新的"越寒梅"本酿造，三重的"宫雪"极上本酿造，兵库的"白鹰"极上本酿造等。

（5）吟酿造酒

吟酿造酒是最高级的日本清酒，是用精白度小于60%的白米、米曲、水，酿造出独特的浓烈的气味以及类似于美味苹果的香味、色泽好的清酒。在发酵的后期保持长时间低温（10℃）。吟酿造酒一般产量较低，价格昂贵。名品有熊本的"千代园"吟酿，新的"雪中梅"吟酿，长野的"真澄寿"吟酿，北海道的"男山"吟酿，熊本的"香露"大吟酿，新的"八海山"大吟酿，福冈的"白花"大吟酿，爱媛的"梅锦"大吟酿滴，茨城的"一人娘"大吟酿滴，大分的"西关"美吟等。吟酿造酒被誉为"清酒之王"。

2. 按口味分类

（1）甜口酒

甜口酒为含糖分较多、酸度较低的酒。

（2）辣口酒

辣口酒为含糖分少、酸度较高的酒。

（3）浓醇酒

浓醇酒为含浸出物及糖分多、口味浓厚的酒。

（4）淡丽酒

淡丽酒为含浸出物及糖分少而爽口的酒。

（5）高酸味酒

高酸味酒是以酸度高、酸味大为其特征的酒。

（6）原酒

原酒是制成后不加水稀释的清酒。

（7）市售酒

市售酒指原酒加水稀释后装瓶出售的酒。

3. 按贮存期分类

（1）新酒

新酒是指压滤后未过夏的清酒。

（2）老酒

老酒是指贮存过一个夏季的清酒。

（3）老陈酒

老陈酒是指贮存过两个夏季的清酒。

（4）秘藏酒

秘藏酒是指酒龄为 5 年以上的清酒。

4. 按酒税法规定的级别分类

（1）特级清酒

品质优良，酒精含量 16%以上，原浸出物浓度在 30%以上。

（2）一级清酒

品质较优，酒精含量 16%以上，原浸出物浓度在 29%以上。

（3）二级清酒

品质一般，酒精含量 15% 以上，原浸出物浓度在 26.5% 以上。

三、清酒的饮用

1. 清酒的饮用方法

饮用清酒，不仅需要选对酒，而且要用适合自己的饮用方式细心品尝，才能体会酒的奥妙。

（1）温酒的方法

一般最常见的温酒方式，是将欲饮用的清酒倒入清酒壶瓶中，再放入预先加热沸腾的热水中温热至适饮的温度，这种隔水加热法是最能保持酒质的原本风味，并让其渐渐散发出迷人的香气。另外，随着科技的进步，也有使用微波炉温热的方法。若是以此种方法温热时，最好在酒壶中放入一支玻璃棒，如此才可使壶中的酒温度产生对流，让酒温均匀。

（2）冰饮方法

常见的冰饮方法是将饮酒用的杯子预先冷藏，饮用时再取出冷藏过的杯子倒入酒液，让酒杯的冰冷低温均匀地传导融入酒液中。另外一种是用一种特制的酒杯，可以隔开酒液及冰块，将碎冰块放入酒杯的冰槽后，再倒入清酒。

2. 品清酒三步骤

品清酒如同其他酒一样，按照下列三个步骤。

（1）眼观酒液的色泽

基本要求是酒液纯净透明，若是有杂质或颜色偏黄甚至呈褐色，则表示酒已经变质或是劣质酒。在日本品清酒时，会用一种在杯底画着螺旋状线条的"蛇眼杯"来观察清酒的清澈度，算是一种比较专业的品酒杯。

（2）鼻闻酒香

芳醇香味的清酒才是好酒，而品鉴清酒所使用的杯器与葡萄酒一样，需特别注意温度的影响与材质的特性，这样才能闻到清酒的独特清香。

（3）口尝清酒

在口中含 3～5 毫升的清酒，然后让酒在舌面上翻滚，使其充分均匀的遍布舌面进行品味，同时闻酒杯中的酒香，让口中的酒与鼻闻的酒香融合在一起，吐出之后再仔细品尝口中的余味，若是酸、甜、苦、涩、辣五种口味均衡调和，余味清爽柔顺，就是优质的好酒。

【思考题】

1. 啤酒的特征有哪些？

2. 啤酒按传统风味分成哪几类？

3. 啤酒的主要生产原料有哪些？

4. 优质啤酒服务的三个条件是什么？

5. 啤酒作为"液体面包"对人们生活的影响和作用？

6. 黄酒的分类方法。

7. 通过黄酒的饮用习俗，分析如何拓展未来的国内外市场？

8. 从日本清酒的品牌化之路对我国的黄酒的品牌化有哪些启发？

9. 清酒的分类有哪些？

第四章 白兰地、威士忌

【学习导引】

　　白兰地（干邑）是"葡萄酒的灵魂"，威士忌被称为"生命之水"。这两类酒被称为洋酒中的奢侈品，在我国高档消费场所，备受人们喜爱。品味洋酒，只有把握其过程及细节，才能感受到酒的真正意义，品尝出生活的滋味。本章从白兰地、威士忌的起源及发展入手，深入介绍其特征和生产工艺、类型。

【教学目标】

　　1. 了解白兰地、威士忌的起源和发展，熟悉白兰地和威士忌的特点与分类。

　　2. 了解白兰地和威士忌的饮用方法，掌握基本的品酒素养。

　　3. 了解白兰地和威士忌的服务操作流程，引申到酒吧管理的创新管理方法。

【学习重点】

　　白兰地和威士忌的分类、饮用方法、服务要求。

第一节 白兰地

一、白兰地的历史与特征

　　白兰地是英文"Brandy"一词的中文译音，通常被人称为"葡萄酒的灵魂"。Brandy 一词是从荷兰 Brandewijn 演化而来，它的意思是"可燃烧的酒"。白兰地是一种以葡萄为原料经发酵、蒸馏而成的烈酒，有些白兰地，也以苹果、樱桃、杏等为原料。而以其他水果为原料，通过同样的方法制成的酒，常在白兰地酒前面加上水果原料的名称以区别其种类。比如，以樱桃为原料制成的白兰地称为樱桃白兰地（Cherry Brandy），以苹果为原料制成的白兰地称为苹果白兰地（Apple Brandy）。13 世纪那些到法国沿海运盐的荷兰船只将法国干邑地区盛产的葡萄酒运至北海沿岸国家，这些葡萄酒深受欢迎。至 16 世纪，由于葡萄酒产量的增加及海运的途耗时间长，使法国葡萄酒变质滞销。这时，聪明的荷兰商人利用这些葡萄酒作为原料，加工成葡萄蒸馏酒，这样的蒸馏酒不仅不会因长途运输而变质，并且由于浓度高反而使运费大幅度降低，葡萄蒸馏酒销量逐渐大增，荷兰人在夏朗德地区所设的蒸馏设备也逐步改进，法国人开始掌握蒸馏技术，并将其发展为二次蒸馏法，但这时的葡萄蒸馏酒为无色，也就是现在的被称之为原白兰地的蒸馏酒。据法国的渥卡罗努的地方文献记载，在1411年，法国的雅邑地区已开始有人在蒸馏葡萄酒了，到了16世纪，法国各地已均能够制造白兰地了。

1701年，法国卷入了一场"西班牙王位继承战争"，法国白兰地也遭到禁运。酒商们不得不将白兰地妥善储藏起来，以待时机。他们利用干邑镇盛产的橡木做成橡木桶，把白兰地贮藏在木桶中。战争结束后，酒商们意外地发现，本来无色的白兰地竟然变成了美丽的琥珀色，酒没有变质，而且香味更浓。然而正是由于这一偶然，产生了现在的白兰地。由于人们发现储存于橡木桶中的白兰地酒质实在妙不可言，香醇可口，芳香浓郁，色泽更是晶莹剔透，呈现琥珀般的金黄色。于是从那时起，用橡木桶陈酿工艺，就成为干邑白兰地的重要制作程序。至此，产生了白兰地生产工艺的雏形——发酵、蒸馏、陈酿，也为白兰地发展奠定了基础。公元1887年以后，法国改变了出口外销白兰地的包装，从单一的木桶装变成木桶装和瓶装。随着产品外包装的改进，干邑白兰地的身价也随之提高，销售量稳步上升。法国也因此成为世界最著名的白兰地产地，其中以法国南部科涅克（Cognac）地区所产的白兰地最醇、最好，被称为"白兰地之王"。

白兰地是以葡萄为原料，经过去皮、去核、榨汁、发酵等程序，得到含酒精较低的葡萄原酒，再将葡萄原酒蒸馏得到无色烈性酒。将得到的烈性酒放入橡木桶储存、陈酿，再进行勾兑以达到理想的颜色、芳香味道和酒精度，从而得到优质的白兰地。最后将勾兑好的白兰地装瓶。

白兰地酒度在40°～43°之间，虽属烈性酒，但由于经过长时间的陈酿，其口感柔和，香味纯正，具有优雅细致的葡萄果香和浓郁的陈酿木香，饮用后给人以醇美无瑕，余香萦绕的享受。白兰地呈美丽的琥珀色，色泽金黄晶亮，富有吸引力，其悠久的历史也给它蒙上了一层神秘的色彩。

除了法国白兰地以外，西班牙、意大利、葡萄牙、美国、秘鲁、德国、南非、希腊等国家盛产葡萄酒，也都生产一定数量风格各异的白兰地。

中文"白兰地"，也具有很广的含义。虽然1997年颁布的《中华人民共和国国家标准白兰地 GB11856－1997》中对白兰地是这样定义：白兰地是以葡萄为原料，经发酵、蒸馏、橡木桶贮存陈酿、调配而成的葡萄蒸馏酒。实际上，目前我们国家生产的白兰地有两类：一类是按上述标准生产的纯葡萄白兰地，这类白兰地，质量较高，价格较贵，产量很少，占市场总量不足10%；另一类白兰地是用甘蔗糖蜜酒精和葡萄酒精勾兑调配而成的白兰地。在所用的葡萄酒精中，也可包含少量的葡萄皮渣白兰地和葡萄酒泥白兰地。这种皮渣白兰地和酒泥白兰地香气很浓，不能单独使用，少量的与糖蜜酒精混合使用，用于生产调配白兰地，可起到调香作用。目前我国生产的调配白兰地，在市场上占的比重很大，90%以上的市售白兰地属于这类产品。

二、白兰地生产工艺

白兰地酿造工艺精湛，特别讲究陈酿时间与勾兑的技艺，其中陈酿时间的长短更是衡量白兰地酒质优劣的重要标准。干邑地区各厂家贮藏在橡木桶中的白兰地，有的长达40～70年之久。他们利用不同年限的酒，按各自世代相传的秘方进行精心调配勾兑，创造出各种不同品质、不同风格的干邑白兰地。酿造白兰地很讲究贮存酒所使用的橡木桶。由于橡木桶对酒质的影响很大，因此，木材的选择和酒桶的制作要求非常严格。最好的橡木是来自于干邑地区利穆赞和托塞斯两个地方的特产橡木。由于白兰地酒质的好坏以及酒品的等级与其在橡木桶中的陈酿时间有着紧密的关系，因此，酿藏对于白兰地酒来说至关重要。关于具体酿藏多少年代，各酒厂依据法国政府的规定，所定的陈酿时间有所不同。在这里需要特别强调的是，白兰地酒在酿藏期间酒质的变化，只是在橡木桶中进行的，装瓶后其酒液的品质不会再发生任何的变化。

三、法国白兰地介绍

世界上生产白兰地的国家很多，但以法国出品的白兰地最为驰名。而在法国产的白兰地中，尤以干邑地区生产的最为优美，其次为雅玛邑地区所产。

（一）干邑（Cognac）

1. 干邑的产区

法国凡生产葡萄酒的地区都生产一定数量的白兰地，但要作为国家名酒的白兰地，不仅地区有限制，而且葡萄品种、葡萄种植面积、生产设备、生产工艺也都有限制。法国国家立法机关正式确定白兰地产区（原产地）限制，由政府公布，并有专门机构监督执行。1909年5月1日，法国政府公布了一条关于法国国家名酒 Cognac 的法令。这条法令规定，只有在科涅克地区生产的白兰地才能称为国家名酒，并受到国家的保护。科涅克地区白兰地被称为干邑。

干邑是指在法国 Charente 河谷的 Cognac 古城，周围约10万公顷的范围内，无论是天气还是土壤，都最适合良种葡萄的生长。因此，干邑是法国最著名的葡萄产区，这里所产的葡萄可以酿制成最佳品质的白兰地，是生产干邑白兰地的中心。干邑区又分六个小区，所产酒的品质也有高低，关键在于分区的土壤种类，按顺序排列如下。

（1）大香槟区（Grande Champagne）

它的范围包括科涅克整个地区，并一直到夏朗德滨海省的北部和夏朗德省的西南部。科涅克的葡萄不仅产量高，而且质量好。该区产的白兰地特点是老熟时间长，因此贮藏的时间也长。

（2）小香槟区（Petite Champagne）

它是围绕大香槟产区的南部地区种植的。小香槟区产的白兰地，质量同大香槟区接近，其味稍淡一些。

（3）波尔多（Borderies）

栽培的地区在科涅克的西北部，夏朗德的右岸，这个区生产的白兰地质量极好。

（4）芳波瓦（Fins Bois）

它围绕着大香槟区、小香槟区和波尔得尔的产区栽培。这个产区生产的白兰地不如大香槟的白兰地细致，其特点是成熟快。

（5）蓬波瓦（Bons Bois）

栽种的葡萄围绕蓬波瓦向西南部和南部延伸。蓬波瓦生产的白兰地，具有一种特有的、使人感到愉快的风味。

（6）波瓦和乡土波瓦（Bois Ordinaires）

它在蓬波瓦的西北部。这个区生产的白兰地具有大西洋气候所特有的、似用海藻烟熏制食品的风味。

2. 干邑酒的天然条件

干邑的品质之所以超过其他的白兰地，不仅是因为该地区的特殊蒸馏技巧，也是因为法国科涅克地区阳光、温度、气候、土壤极适于葡萄的甜酸度。

（1）葡萄的品种

法国政府规定，制造科涅克白兰地的葡萄品种主要有三个，都是白葡萄。它们是白玉霓（Ughi Bianc）、可伦巴（Colombard）、白疯女（Folleblanche）。以上三个品种正符合生产科涅克白兰地的要求，即酸度大、酒精低，这也是科涅克生产优质白兰地的关键因素。

（2）土壤

科涅克地区存在不同类型的土壤，因此才产生不同类型的白兰地。香槟区白兰地，土壤中含钙极丰富；波尔得尔白兰地，它来源于科涅克的脱钙土壤；波瓦白兰地，这个地区的土壤经常是潮湿的。

（3）气候

科涅克地区的气候对白兰地的质量也有影响。夏朗德的气候属于大陆气候，大西洋和日龙得的海洋气候缓和了它邻近地区气候变化的温度，保持住大气中的一定湿度。每年 1 月和整个春季下雨的次数很多，动土播种葡萄以前，土壤中已积蓄著了一定量的水分。6 月气温相当高，七八月份的气候很干燥，有利于葡萄成熟。葡萄采收的时间较晚，一般要拖至 10 月甚至 11 月初，这是一个断断续续充满阳光的季节。科涅克地区的西风和西北风对某些地区的土壤也起了一定的影响。

3. 干邑白兰地的名品

（1）百事吉（Bisquit）

百事吉始创于 1819 年，经过一百八十余年的发展，现已成为欧洲最大的蒸馏酒酿造厂之一。百事吉酒的品种有三星、陈酿（VSOP）、拿破仑（Napoleon）和特酿（XO）、超级陈酿（Extra Bisquit）等几款。

（2）拿破仑（Napoleon）

库瓦齐埃（Courvoisier）公司创立于 1790 年，该公司在拿破仑一世在位时，由于献上自己公司酿制的优质白兰地而受到赞赏。在拿破仑三世时，它被指定为白兰地酒的承办商。拿破仑干邑白兰地，又称康福寿。等级分类除三星、陈酿（VSOP）、拿破仑（Napoleon）和特酿（XO）以外，还包括库瓦齐埃高级（Courvoisier Imperiale）、库瓦齐埃特级（Courvoisier Extra）等。从 1988 年起，该公司将法国绘画大师伊德的特别为拿破仑干邑白兰地酒设计的葡萄树、丰收、精练、陈酿、品尝等 7 幅作品分别投影在酒瓶上，增强了拿破仑酒的魅力。

（3）金花（Camus）

金花又称甘武士。法国金花公司创立于 1863 年，是法国著名的干邑白兰地生产企业。金花所产干邑白兰地均采用自家果园栽种的圣•迪米里翁（Saint emilion）优质葡萄作为原料加以酿制混合而成，品种有陈酿（VSOP）、拿破仑（Napoleon）和特酿（XO）、特级拿破仑（Camus Napoleon Extra）、嵌银百家乐水晶瓶（Camus Silver Baccarat）、卡慕瓷书（Camus Limoges Book）［又分为蓝瓷书（Blue book）和红瓷书（Burgundy Book）两种］等系列。

（4）长颈（F.O.V）

由法国狄莫酒厂出产的 F.O.V 是干邑白兰地的著名品牌，凭着独特优良的酒质和其匠心独用的樽型。长颈 F.O.V. 采用上佳葡萄酿制，清冽甘香，带有怡人的原野香草气息。□

（5）御鹿（Hine）

御鹿以酿酒公司名命名。该公司创建于 1763 年。由于该酿酒公司一直由英国的海因家族经营和管理，因此，在 1962 年被英国伊丽莎白女王指定为英国王室酒类承办商。在该公司的产品中，"古董"是圆润可口的陈酿；"珍品"是采用海因家族秘藏的古酒制成。

（6）轩尼诗（Hennessy）

爱尔兰人轩尼诗·李察（Richard Hennessy）于 1765 年创立的酿酒公司。1860 年，该公司首次以玻璃瓶为包装出口干邑白兰地，在拿破仑三世时，该公司已经使用能够证明白兰地酒级别的星号。一百五十多年前，轩尼诗家族在科涅克地区首先推出 XO 干邑白兰地品牌，并于 1872 年运抵中国上海，从而开始了轩尼诗公司在亚洲的贸易。"轩尼诗"家族经过六代的努力，其产品质量不断提高，产品生产量不断扩大，已成为干邑地区最大的三家酿酒公司之一。

（7）马爹利（Martell）

马爹利酿酒公司创建于 1715 年，创始人尚·马爹利，自公司创建以来一直由马爹利家族经营和管理，并获得"稀世罕见的美酒"的美誉。该公司的干邑酒品种有三星、陈酿（VSOP）、奖章（Medaillon）、红带（Cordon Ruby）、拿破仑（Napoleon）、蓝带（Cordon Blue）等。

（8）人头马（Remy Martin）

人头马公司创建于 1724 年，创始人为雷米·马丁。以酿酒公司名命名。"人头马"是以其酒标上人头马身的希腊神话人物造型为标志而得名的。该公司选用大小香槟区的葡萄为原料，以传统的小蒸馏器进行蒸馏，品质优秀，因此被法国政府冠以特别荣誉名称特优香槟区干邑（Fine Champagne Cognac）。人头马品种有人头马卓越非凡（Remy Martain Special）、特别陈酿（XO）、高品质的代表路易十三（Louis XIII），该酒是用 275 年到 75 年前的存酿酒而成。而"路易十三"的酒瓶，则是以纯手工制作的水晶瓶，据称世界上绝对没有两只完全一样的路易十三酒瓶。

（9）金象（Otard）

由英国流亡法国的约翰·安东尼瓦努·奥达尔家族酿制生产的著名法国干邑白兰地。品种有三星、陈酿（VSOP）、拿破仑（Napoleon）和特酿（XO）、豪达法兰西干邑（Otard France Cognac）、豪达干邑拿破仑（Otard Cognac Napoleon）和马利亚居以及豪达（Otard）干邑白兰地的极品法兰梭瓦一世·罗伊尔·巴斯特等多种类型。

（二）雅玛邑（**Armagnac**）

人们习惯上又称之为"雅文邑"，是法国出产的白兰地酒中仅次于干邑的白兰地酒产地。根据记载法国雅玛邑地区早在 1411 年就开始蒸馏白兰地酒了。雅玛邑位于法国加斯克涅地区，在波尔多地区以南 100 英里处，根据法国政府颁布的原产地名称法的规定，只有产自西南部的雅玛邑（Armagnac）、吉尔斯县（Gers）以及兰德斯县、罗耶加伦等法定生产区域的白兰地，才能在商标上标注雅玛邑的名称。

1. 雅玛邑的特点

雅玛邑酒在酿制时，也大多采用圣·迪米里翁（Saint emilion）、佛尔·布朗休（folle Branehe）等著名的葡萄品种。采用独特的半连续式蒸馏器蒸馏一次，蒸馏出的雅玛邑白兰地酒像水一样清澈，并具有较高的酒精含量，同时含有挥发性物质，这些物质构成了雅玛邑白兰地酒独特的口味。从 1972 年起，雅玛邑白兰地酒的蒸馏技术开始引进二次蒸馏法的夏朗德式蒸馏器，使得雅玛邑白兰地酒的酒质变的轻柔了许多。

雅玛邑白兰地酒的酿藏采用的是当地卡斯可尼出产的黑橡木制作的橡木桶。酿藏期间一般将橡木酒桶堆放在阴冷黑暗的酒窖中，酿酒商根据市场销售的需要勾兑出各种等级的雅玛邑白兰地酒。雅玛邑白兰地酒的香气较强，味道也比较新鲜有劲，具有阳刚风格。其酒色大多呈琥珀色，色泽度深暗而带有光泽。

2. 雅玛邑的主要品牌

（1）夏博（Chabot）

夏博产自雅玛邑地区加斯科尼省，目前在雅玛邑白兰地当中，夏博的销售量始终居于首位。

（2）圣·毕旁（Saint-Vivant）

圣·毕旁酿酒公司创建于 1947 年。圣·毕旁酒酒瓶设计采用 16 世纪左右吹玻璃的独特造型，瓶颈呈倾斜状，在各种酒瓶中显得非常特殊。生产规模排名在雅玛邑地区的第四位。

（3）索法尔（Sauval）

索法尔产品以著名泰那雷斯白兰地生产区生产的原酒制成，品质优秀，其中拿破仑级产品混合了 5 年以上的原酒，属于该公司的高级产品。

（4）库沙达（Caussade）

商标全名为 Marquis de Caussade，因其酒瓶上绘有蓝色蝴蝶图案，故又名蓝蝶雅玛邑，该酒的品种等级有陈酿、特酿以外，还有酒龄为 Caussade 12 年、Caussade 17 年、Caussade 21 年和 Caussade 30 年等多个种类。

（5）卡尔波尼（Carbone）

CGA 公司创立于 1880 年，在 1884 年以瓶装酒的形式开始上市销售。一般的雅玛邑只经过一次蒸馏出酒，而该酒则采取两次蒸馏，因此该酒的口味较为细腻、丰富。

（6）卡斯塔奴（Castagnon）

卡斯塔奴又称骑士雅玛邑，是卡尔波尼的姊妹品，由位于雅玛邑地区诺卡罗城的 CGA 公司出品。卡斯塔奴采用雅玛邑各地区的原酒混合配制而成，分为水晶瓶特酿、黑骑士（Castagnon Black Bottle）、白骑士（Castagnon White Bottle）等多种。

四、白兰地酒龄的表示

在白兰地酒瓶的标签上经常看到酒龄标志。在法国、美国、澳大利亚等国对白兰地酒的酒龄都有严格的规定，只有在木桶中达到了规定的陈酿时间以后才准在标签上作上述标志。美国规定只有在橡木贮存不少于 2 年的葡萄蒸馏酒才有资格填写酒龄；葡萄牙要求陈酿时间至少是 1 年；德国陈酿时间要求达到 12 个月时，才有权标示酒龄；在法国以原产地命名的管理规则非常严格。法国白兰地在商标上标有不同的英文缩写，来表示不同的酒质。例如：

特别的，E——Especial

好，F——Fine

非常的，V——Very

老的，O——Old

上好的，S——Superior

淡色，P——Pale

格外的，X——Extra

科涅克，C——Cognac

法国政府为使国际上对法国名酒白兰地在酒龄方面有一明确的认识，特作了如下规定，详见表 4-1。

表 4-1　法国科涅克白兰地代号及酒龄规定

标　记	英文全称	备　注
Three Stars		三星，贮藏 3 年以上
VSOP	Very Superior Old Pale	非常优质的陈年浅色白兰地，至少贮藏 4.5 年的白兰地，色较浅
VSOD	Very Superior Old Dark	非常优质的陈年深色白兰地，时间愈久，酒色愈深
Extra	Extra	特级，不低于五年半
XO	Extra Old	陈年特级，不低于五年半
Cordon Blue		蓝饰带
VSEP	Very Superior Extra Pale	极高档的蒸馏酒

实际上，好的白兰地是由多种不同酒龄的白兰地相勾兑而成的，上述的陈年期则是酒中最起码的年份。

三星干邑（Three Star），法国法律规定，干邑作坊生产的最年轻的白兰地只需要 18 个月的酒龄,然而有许多进口白兰地的国家,包括英国要求白兰地的最低酒龄为 3 年。三星或 VO 术语说明是一致的。

VSOP 是陈年特醇浅白高级干邑(Very Superior Old Pale)的开头字母的缩写。享有这种标志的干邑至少要有 4.5 年的酒龄,然而许多作坊在调兑时加入了更陈年的烈性酒。

精品干邑(Luxury Cognac),大多数作坊都生产质量卓越的干邑,它是由非常陈年的优质白兰地调兑而成的。这些干邑都带有享负盛名的名称,如陈年浅白非常高级干邑(VVSOP)、特别陈酿(Vielle Réserve)、高级陈酿(Grand Réserve)、拿破仑(Napoleon)、特别陈年干邑(XO)、特别干邑(Extra)、手艺高明的女厨师(Cordon Blue)、银色的细带(Cordon Argent)、天堂精品(Paradis)和古玩精品(Natique)。法国政府规定拿破仑、XO 的酒龄不低于五年半。至于拿破仑陈酿40 年、XO 陈酿 50 年的说法,多半是酒商们的宣传,说明这类酒至少用了少量陈酿这么久的白兰地来勾兑。

白兰地的酒龄决定了白兰地的价值,陈酿时间越久,质量越好。白兰地在老熟过程中,氧气从桶壁进入桶中影响白兰地而发生氧化过程,它在氧化过程中引起复杂的化学反应并发展酒香。另外,橡木桶的溶解物质和它的衍生物,对于白兰地老熟和产生酒香影响极大。不过,对于老熟的全部情况,只有有经验的酒窖专家才知晓。目前销售的白兰地多是混合的,而且需要装瓶前几个月混合,混合时用酒精含量为 40%～43%的各种白兰地加上蒸馏水、色素,装在木桶中用搅拌器搅拌,就成为混合的白兰地,几个月后再装瓶出售。

五、白兰地服务操作规范

(一)白兰地酒杯

白兰地酒杯是为了充分享用白兰地而特殊设计的专用杯(称球形杯),大肚球型杯用来加热以利于酒香散发。喝酒时,手掌托杯,使温度传至酒中,使杯内的白兰地香气散发,同时又要晃动酒杯,以扩大酒与空气的接触面。窄口的设计是让酒的香味尽量长时间地留在杯内,要让杯子留出足够的空间,使白兰地芳香在此萦绕不散。这样就能使品尝者对白兰地中的长短不同、强弱各异、错落有致的各种芳香成分,进行仔细分析、鉴赏和欣赏。

(二)白兰地品尝

品尝白兰地的第一步:举杯齐眉,察看白兰地的光泽度和颜色。好白兰地应该澄清晶亮、有光泽。品尝白兰地的第二步:闻白兰地的香气。白兰地的芳香成分是非常复杂的,既有优雅的葡萄品种香,又有浓郁的橡木香,还有在蒸馏过程和贮藏过程获得的酯香和陈酿香。由于人的嗅觉器官特别灵敏,所以当鼻子接近玻璃杯时，就能闻到一股优雅的芳香，这是白兰地的前香。然后轻轻摇动杯子，这时散发出来的是白兰地特有的醇香，似椴树花、葡萄花、干的葡萄嫩枝、压榨后的葡萄渣、紫罗兰、香草等等。这种香很细腻，幽雅浓郁，是白兰地的后香。品尝白兰地的第三步：入口品尝。白兰地的香味成分很复杂，有乙醇的辛辣味，有单糖的微甜味，有单宁多酚的苦涩味及有机酸成分的微酸味。好白兰地，酸甜苦辣的各种刺激相互协调，相辅相成，一经沾唇，醇美无瑕，品味无穷。舌面上的味蕾，口腔粘膜的感觉，可以鉴定白兰地的质量。品酒者饮一小口白兰地，让它在口腔里扩散回旋，使舌头和口腔广泛地接触、感受它，品尝者可以体察到白兰地的奇妙的酒香、滋味和特性。

（三）白兰地的净饮

白兰地是一种艺术品，需要仔细品鉴。白兰地是一种高雅、庄重的美酒，讲究饮用的环境，主要是在餐后享受。享用白兰地的最好方法是不加任何东西——净饮，特别高档的白兰地更要如此。XO 级白兰地，是在小木桶里经过十几个春夏秋冬的贮藏陈酿而成，是酒中的珍品和极品，这种白兰地最好的饮用方法是什么都不掺和，这样原浆原味，更能体会到这种艺术的精髓和灵魂。倒在杯子里的白兰地以一盎司为宜。

白兰地应当在餐后喝，然后再喝咖啡或茶。白兰地有一种醇香，因此应当把打开的酒瓶放在桌子上。为了让白兰地能够充分地散发酒香，应当用手指夹住高脚杯的脚，手掌托住酒杯使杯体变暖后再喝第一口。这是白兰地最标准的喝法。

（四）用作混合饮料的配制

最近一个时期，西欧越来越经常地用白兰地来调制鸡尾酒。对 VO 级白兰地或 VS 级白兰地，只有 3～4 年的酒龄，如果直接饮用，难免有酒精的刺口辣喉感，而掺兑矿泉水或夏季冰块饮用，既能使酒精浓度得到充分稀释、减轻刺激，又能保持白兰地的风味不变，这种方法已被广泛采用。特别值得提倡的是，中档次白兰地，冬天掺热茶饮，把茶水泡得酽酽的，使得茶水的颜色和白兰地颜色一致。因白兰地有浓郁的香味还被广泛用作鸡尾酒的基酒，白兰地常和各种利口酒一起调制鸡尾酒，调制方法大多采用摇壶摇混法。另外，也与果汁、碳酸饮料、奶、矿泉水等一起调制成混合饮料。

第二节　威士忌

威士忌是以大麦、黑麦、燕麦、小麦、玉米等谷物为原料，经发酵、蒸馏后放入橡木桶中醇化而酿成的高酒度饮料酒，主要生产国大多是英语国家。最著名也最具代表性的威士忌分别是苏格兰威士忌、爱尔兰威士忌、美国威士忌和加拿大威士忌四大类。威士忌是从英文 Whisky 或 Whiskey 直译过来的，酒义是"生命之水"。如果用 Whisky 这个单词的话，是指苏格兰威士忌、加拿大威士忌；但美国威士忌、爱尔兰威士忌则用 Whiskey。由于所用谷物、水质、蒸馏方法等的不同，使得每种威士忌有其特别的颜色和味道，其中以苏格兰威士忌最负盛名。

一、苏格兰威士忌（Scotch Whisky）

威士忌的生产最早是在公元四、五世纪时由爱尔兰地区教士传入苏格兰。有文献记载的苏格兰威士忌最早纪录是在 1494 年。一位天主教修士约翰·柯尔（Friar John Corr）在当时的英王詹姆士四世要求下，采购了八箱麦芽作为原料，在苏格兰的离岛艾拉岛制造出第一批的"生命之水"，而当时英王授与的采购契约就成为今日可见到的关于苏格兰威士忌最早的文字纪录。

位于英国大不列颠本岛北方的苏格兰，肥沃的红土壤很适合种植大麦；清洌甘美的泉水，更是酿造优质威士忌不可或缺的要素；终年适宜的气候，有助于在橡木桶内酝酿的威士忌延缓酒精挥发速度，在木桶内缓慢纯化。

苏格兰威士忌酒具有独特的风格，它的色泽棕黄带红，清澈透明，气味焦香，在发酵过程中，要燃烧浓炭，使麦芽干燥，从而略有烟熏味，使人们感觉到浓厚的苏格兰乡土气息；口感干洌、醇厚、劲足、圆正、绵柔。衡量威士忌的主要标准是嗅觉感受，即酒香气味。

苏格兰威士忌产于英国北部的苏格兰地区，主要在高地（Highland）、低地（Lowland），形成了威士忌走廊。苏格兰威士忌有以下主要产区。

高地（Highland）。西部高地的酒厂不多，但各家风格因其地貌和水源而有所不同。最北部高地的酒带有辛辣口感；东部高地和中部高地的威士忌果香特别浓厚。酒体厚实，不甜，略带泥煤与咸味。

低地（Lowland）。低地位于苏格兰南方地带。这里的威士忌较不受海风影响，制造过程中也较少使用泥煤。因为当地有高品质大麦和清澈的水源，所以生产的威士忌格外芳香柔和，有的还带有青草和麦芽味。

斯佩赛河岸（Speyside）。斯佩赛河岸是酒厂分布最密集的区域，丰沛新鲜的水源、容易种植的大麦、遍布各处的泥煤，为此处创造了得天独厚的条件。此区的威士忌以优雅著称，甜味最重，香味浓厚而复杂，通常会有水果、花朵、绿叶、蜂蜜类的香味，有时还会有浓厚的泥煤味。

艾拉岛（Islay）。艾拉岛位于苏格兰西南方，此区的威士忌酒体最厚重，气味最浓，泥煤味道也最强，很容易辨识。艾拉岛的威士忌有两大特色：一是采用当地产的泥煤熏干麦芽，因此泥煤味特重；另一种是由大海赋予的海藻和咸味。

（一）苏格兰威士忌的品种类别

苏格兰威士忌的类型有纯麦芽威士忌（Pure Malt Whisky）、谷物威士忌（Grain whisky）和混合苏格兰威士忌（Blended Scotch whisky）。苏格兰威士忌受英国法律限制：凡是在苏格兰酿造和混合的威士忌，才可称为苏格兰威士忌。它的工艺特征是使用当地的泥煤为燃料烘干麦芽，再粉碎、蒸煮、糖化，发酵后再经壶式蒸馏器蒸馏，产生 70° 左右的无色威士忌，再装入内部烤焦的橡木桶内，贮藏上 5 年甚至更长一些时间。其中有很多品牌的威士忌酝藏期超过了 10 年。最后经勾兑混配后调制成酒精含量在 40° 左右的成品出厂。

1. 纯麦芽威士忌

纯麦芽威士忌是以在露天泥煤上烘烤的大麦芽为原料，用罐式蒸馏器蒸馏后，装入特制木桶中陈酿，装瓶前用水稀释，此酒烟熏味浓。陈酿 5 年以上的酒可以饮用，陈酿 7～8 年为成品酒，陈酿 15～20 年者为最优质酒。贮存超过 20 年以上的陈酒，质量会下降。纯麦芽威士忌深受苏格兰人喜爱，由于味道过于浓烈，所以只有 10% 直接销售，约 90% 做为勾兑混合威士忌用。

2. 谷物威士忌

谷物威士忌是采用多种谷物作为原料，一次蒸馏而成的，比如荞麦、黑麦、小麦、玉米等。主要是以不发芽的大麦作主料，用麦芽作糖化剂生产的。它的区别在于大部分大麦不发芽，不发芽就不会用泥煤烘烤，成酒后的泥炭香味也就少一些，主要是用于勾兑其他威士忌，很少在市场上零售。

3. 混合威士忌

混合威士忌是指用纯麦和各类威士忌勾兑而成的混合威士忌酒。勾兑是一门技术性很强的工作，是由专门的勾兑师来完成的。勾兑时，不仅要考虑到纯麦、谷物酒液的比例，还要顾全各种勾兑酒液的年龄、产地、口味等其他特性。根据纯麦威士忌和谷物威士忌比例的多少，一般认为，纯麦威士忌用量在 80% 以上者，为高级混合威士忌；谷物威士忌若占到 33% 左右，即为普通威士忌。经过混合的威士忌，原有麦芽味已经冲淡，嗅觉上更吸引人。

目前，世界最流行、产量最大，也是品牌最多的便是混合威士忌。

（二）苏格兰威士忌的酿造过程

第一步：选料

大麦、水和酵母是制造威士忌不可或缺的三大原料。苏格兰的许多酒厂都有自家的麦田或固定合作的麦农，以"皇家礼炮"这款威士忌为例，主要选用 Optic、Prisma、Chalice 三种大麦。大麦品种是决定酒质好坏的一个重要因素，好的酒厂总是首先会挑选淀粉含量最高的优质大麦来酿造威士忌。

第二步：发芽与干燥

挑选出优质大麦后，接着进行发芽的程序，也就是把大麦变成麦酒的过程。先将大麦放置水中直到发芽（约 4～5 天），在大麦发芽的过程中，淀粉逐渐转为糖分；接着，透过烘烤的过程抑制大麦继续发芽，大麦经过糖化的过程后，颜色变深，硬度加强。值得说明的是，在干燥的过程中，会因为使用泥煤炭与否，而明显影响威士忌的风味。

第三步：磨碎与发酵

将磨碎成麦粉的麦芽倒入特制的木桶，加入沸水搅拌。麦粉溶解在沸水里，加速糖分释出。然后，进入发酵阶段，加入酵母后两天，麦汁会发酵到 8°。

第四步：蒸馏

发酵过后，接着进入蒸馏步骤。麦汁导入蒸馏器后，可以让酒质更纯郁、净化。苏格兰威士忌酒厂蒸馏器多半以红铜制造，两两成对。通常，长颈蒸馏器会蒸馏出比较清淡、口感多层次的酒液，短颈蒸馏器蒸馏出的酒液口感较单纯、厚重。经过二次蒸馏出的原酒已经具备威士忌的雏形，酒精度提升到 68°。

第五步：陈年

"生命之水"的摇篮——橡木桶，是决定威士忌口感的关键之一。"生命之水"有些被放入橡木桶，经过漫长的陈酿过程；最后，出厂前再由调酒师决定取自橡木桶与谷物威士忌的最佳百分比，进行混调。

（三）苏格兰威士忌厂商与酒品

1. 百龄坛（Ballantine's）

百龄坛公司创立于 1827 年，其产品是以产自于苏格兰高地的八家酿酒厂生产的纯麦芽威士忌为主，再配以 42 种其他苏格兰麦芽威士忌，然后与自己公司生产酿制的谷物威士忌进行混合勾兑调制而成，具有口感圆润、浓郁醇香的特点，是世界上最受欢迎的威士忌之一。其产品有特醇、金玺、12 年、17 年、30 年等多个品种。

2. 金铃（Bell's）

金铃威士忌是英国最受欢迎的威士忌品牌之一，由创立于 1825 年的贝尔公司生产。其产品都是使用极具平衡感的纯麦芽威士忌为原酒勾兑而成，产品有标准品（Extra Special）、12 年（Bell's Deluxe）、20 年（Bell's Decanter）、21 年（Bell's Royal Reserve）等多个级别。

3. 芝华士（Chivas Regal）

芝华士由创立于 1801 年的芝华士兄弟公司（Chivas Brothers Ltd.）生产，Chivas Regal 的意思是"Chivas 家族的王者"。在 1843 年，Chivas Regal 曾作为维多利亚女王的御用酒。产品有芝华士 12 年（Chivas Regal 12）、皇家礼炮（Royal Salute）

两种规格。

4. 顺风（Cutty Sark）

顺风又称帆船、魔女紧身衣。诞生于 1923 年的具有现代口感的清淡型苏格兰混合威士忌，该酒酒性比较柔和，是国际上比较畅销的苏格兰威士忌之一。该酒采用苏格兰低地纯麦芽威士忌作为原酒与苏格兰高地纯麦芽威士忌勾兑调和而成。产品分为标准品（Cutty Sark）、10 年（Berry Sark）、12 年（Cutty）、圣·詹姆斯（St.James）等。

5. 添宝 15 年（Dimple）

添宝 15 年（Dimple）是 1989 年向世界推出的苏格兰混合威士忌，具有金丝的独特瓶型和散发着酿藏 15 年的醇香，更显得独具一格。

6. 格兰特（Grant's）

威廉·格兰特父子有限公司出品是苏格兰纯麦芽威士忌格兰菲迪（Glenfiddich）（又称鹿谷）的姊妹酒。其品种有你奋起吧（Standfast）、格兰特世纪酒（Grant's Centenary）、皇家格兰特（12 年陈酿）（Grant's Royal）和格兰特 21 年极品威士忌（Grant's 21）等多个品种。

格兰菲迪由威廉·格兰特父子有限公司出品,该酒厂于 1887 年开始在苏格兰高地地区创立蒸馏酒制造厂，生产威士忌酒，是苏格兰纯麦芽威士忌的典型代表。格兰菲迪的特点是味道香浓而油腻，烟熏味浓重突出。品种有 8 年、10 年、12 年、18 年、21 年等。

7. 珍宝（J & B）

珍宝是始创于 1749 年的苏格兰混合威士忌酒,由贾斯泰瑞尼和布鲁克斯有限公司出品，该酒取名于该公司英文名称的字母缩写，属于清淡型混合威士忌酒。该酒采用 42 种不同的麦芽威士忌与谷物威士忌混合勾兑而成，且 80%以上的麦芽威士忌产自于苏格兰著名 Speyside 地区。

8. 尊尼获加（Johnnie Walker）

尊尼获加是苏格兰威士忌的代表酒，该酒以产自于苏格兰高地的 40 余种麦芽威士忌为原酒，加混合谷物威士忌勾兑调配而成。品种有红方或红标（Johnnie Walker Red Label）、黑方或黑标（Johnnie Walker Black Label）、蓝方或蓝标（Johnnie Walker Blue Label）、金方或金标（Johnnie Walker Gold Label）、尊豪（Johnnie Walker Swing Superior）、尊爵（Johnnie Walker Premier）。

9. 帕斯波特（Passport）

帕斯波特又称护照威士忌，由威廉·隆格摩尔公司于 1968 年推出的具有现代气息的清淡型威士忌酒，该酒具有明亮轻盈、口感圆润的特点。

10. 威雀（The Famous Grouse）

威雀由创立于 1800 年的马修·克拉克公司出品。Famous Grouse 属于其标准产品，还有 Famous Grouse15（15 年陈酿）和 Famous Grouse21（21 年陈酿）等。

11. 兰利斐（Glenlivet）

兰利斐又称格兰利菲特，是由乔治和 J. G. 史密斯有限公司生产的 12 年陈酿纯麦芽威士忌。该酒于 1824 年在苏格兰成立，是第一个政府登记的蒸馏酒生产厂，因此该酒也被称之为"威士忌之父"。

12. 麦卡伦（Macallan）

苏格兰纯麦芽威士忌的主要品牌之一。Macallan 的特点是由于在储存、酿造期间，完全只采用雪利酒橡木桶盛装，因此具有白兰地般的水果芬芳，被酿酒界人士评价为"苏格兰纯麦威士忌中的劳斯莱斯"；在陈酿分类上有 10 年、12 年、18 年以及 25 年等多个品种，以酒精含量分类有 40°、43°、57°等多个品种。

二、爱尔兰威士忌（Irish Whiskey）

（一）爱尔兰威士忌

爱尔兰制造威士忌至少有 700 年的历史了，有些专家认为制造威士忌的鼻祖是爱尔兰，以后才传至苏格兰。

爱尔兰威士忌是用大麦（约占 80%）、小麦、黑麦等的麦芽作原料酿造而成的，经过三次蒸馏，然后入桶陈酿，一般需要 8～15 年，装瓶时不要混和掺水稀释。因原料不用泥煤烘烤，所以没有烟熏味，成熟度较高，口味绵柔长润，酒度为 40°，适合于制作混合酒和与其他饮料兑饮。风靡世界的爱尔兰咖啡（Irish Coffee）就是以此作基酒调配成的。

（二）爱尔兰威士忌著名品牌

1. 约翰·詹姆森（John Jameson）

约翰·詹姆森创立于 1780 年爱尔兰都柏林，是爱尔兰威士忌酒的代表。品种有 John Jameson，具有口感平润并带有清爽的风味；Jameson 1780（12 年）威士忌酒口感十足、甘醇芬芳。

2. 布什米尔（Bushmills）

布什米尔以酒厂名字命名，创立于 1784 年，该酒以精选大麦制成，生产工艺较复杂，有独特的香味，酒精度为 43°。分为 Bushmills、Black Bush、Bushmills Malt（10 年）三个级别。

3. 特拉莫尔露（Tullamore Dew）

该酒起名于酒厂名，该酒厂创立于 1829 年。酒精度为 43°。其标签上描绘着牧羊犬，是爱尔兰的象征。

三、美国威士忌（American Whiskey）

（一）美国威士忌种类

美国威士忌的制造方法没有特殊之处，只是所用的谷物不同，蒸馏出的酒精纯度也较低。美国西部的宾州、肯塔基和田纳西地区是威士忌的制造中心，美国威士忌可分为三大类。

1. 单纯威士忌（Straight Whiskey）

原料为玉米、黑麦、大麦或小麦，不混合其他威士忌或谷类中性酒精，制成后放在橡木桶中至少存 2 年。所谓纯威士忌，并不是像苏格兰纯麦威士忌那样，只用一种大麦芽制成，而是以某一种谷物为主（不得少于 51%），还可以加入其他原料。单纯威士忌又分为四种。

（1）波本威士忌（Bourbon Whiskey）

波本原是美国肯塔基（Kentucky）州的一个地名，在波本生产的威士忌被称作波本威士忌，1964 年根据美国联邦法律，国会通过将波本威士忌定义为"美国独特产品"。

波本威士忌的原料是玉米、大麦等。玉米至少占原料用量的 51%，最多不超过 75%，经过发酵蒸馏后，装入新橡木桶里陈放 4 年，最多不超过 8 年，装瓶时要用蒸馏水稀释至 43.5°。酒液呈琥珀色，因其主要原料为玉米，口感更具独特的清甜和爽快，特别使用于调制鸡尾酒，原体香味浓郁，口感醇厚、绵柔，以肯塔基州的产品最有名，价格也最高。

（2）黑麦威士忌（Rye Whiskey）

黑麦威士忌是用不得少于 51% 的黑麦及其他谷物制成的，呈琥珀色，味道与波本威士忌不同。

（3）玉米威士忌（Corn Whiskey）

玉米威士忌是用不得少于 80% 的玉米和其他谷物制成的，用旧炭木桶陈酿。

（4）保税威士忌（Bottled in Bond Whiskey）

保税威士忌是一种纯威士忌，通常是波本或黑麦威士忌，但它是在美国政府监督下制成的，政府不保证它的质量，只要求至少陈 4 年，酒精纯度在装瓶时为 100proof；必须是酒厂所造。装瓶厂也为政府所监督。

2. 混合威士忌（Blended Whiskey）

混合威士忌是用一种以上的单一威士忌，以及 20% 的谷物中性酒精混合而成的，装瓶时，酒度为 40°，常用来作混合饮料的基酒，共分三种。

（1）肯塔基威士忌

肯塔基威士忌是用该州所出的纯威士忌和谷类中性酒精混合而成的。

（2）纯混合威士忌

纯混合威士忌是用两种以上纯威士忌混合而成的，但不加谷类中性酒精。

（3）美国混合淡质威士忌

这是美国的一个新酒种，用不得多于 20% 的纯威士忌和 80% 的酒精纯度 100 proof 的淡质威士忌混合而成的。

3. 淡质威士忌（Light Whiskey）

淡质威士忌是美国政府认可的一种新威士忌，蒸馏时酒精纯度高达 161～189proof，用旧桶陈酿。淡质威士忌所加的 100proof 的纯威士忌，不得超过 20%。除此之外，在美国还有一种称为 Sour-Mash whiskey 的，这种酒是用老酵母（即先前发酵物中取出的）加入要发酵的原料里（新酵母与老酵母的比例为 1:2）蒸馏而成的，用此种发酵法造酒酒液比较稳定，多用于波本酒。它是 1789 年由 Elija Craing 发明的。

（二）美国威士忌著名品牌

1. 巴特斯（Bartts's）

宾西法尼亚州生产的传统波旁威士忌酒，分为红标 12 年、黑标 20 年和蓝标 21 年三种产品，酒度均为 50.5°。具有甘醇、华丽的口味。

2. 四玫瑰（Four Roses）

四玫瑰创立于 1888 年，容量为 710ml，酒度 43°。黄牌四玫瑰酒味道温和、气味芳香；黑牌四玫瑰酒味道香甜浓厚；而"普拉其那"则口感柔和、气味芬芳、香甜。

3. 吉姆·比姆（Jim Beam）

吉姆·比姆又称占边，是创立于 1795 年的 Jim Beam 公司生产的具有代表性的波旁威士忌酒。该酒以发酵过的裸麦、大麦芽、碎玉米为原料蒸馏而成。具有圆润可口香味四溢的特点。分为 Jim Beam 占边（酒度为 40.3°）、Beam's Choice 精选（酒度为 43°）、Barrel-Bonded 为经过长期陈酿的豪华产品。

4. 老泰勒（Old Taylor）

老泰勒由创立于 1887 年的基·奥尔德·泰勒公司生产，酒度为 42°。该酒陈酿 6 年，有着浓郁的木桶香味，具有平滑顺畅、圆润可口的特点。

5. 老韦勒（Old Weller）

由 W.C. 韦勒公司生产，酒度为 53.5°，陈酿 7 年，是深具传统风味的波旁威士忌酒。

6. 桑尼·格兰（Sunny Glen）

桑尼·格兰意为阳光普照的山谷，该酒勾兑调和后，要在白橡木桶中陈酿 12 年，具有丰富而且独特的香味，酒度为 40°。

7. 老奥弗霍尔德（Old Overholt）

老奥弗霍尔德由创立于 1810 年的奥弗霍尔德公司在宾夕法尼亚州生产,原料中裸麦含量达到 59%并且不掺水的著名裸麦威士忌酒。

8. 施格兰王冠（Seagram's 7 Crown）

施格兰王冠由施格兰公司于 1934 年首次推向市场的、口味十足的美国黑麦威士忌。

四、加拿大威士忌著名品牌

1. 艾伯塔（Alberta）

艾伯塔产自于加拿大 Alberta 艾伯塔州,分为 Premium 普瑞米姆和 Springs 泉水两个类型,酒度均为 40°,具有香醇、清爽的风味。

2. 皇冠（Crown Royal）

皇冠是加拿大威士忌酒的超级品,以酒厂名命名。由于 1936 年英国国王乔治六世在访问加拿大时饮用过这种酒,因此而得名,酒度为 40°。

3. 施格兰特酿（Seagram's V.O）

Seagram 原为一个家族,该家族热心于制作威士忌酒,后来成立酒厂并以施格兰命名。该酒以稞麦和玉米为原料,贮存 6 年以上,经勾兑而成,酒度为 40°,口味清淡而且平稳顺畅。

此外,还有著名的加拿大俱乐部（Canadian Club）、韦勒维特（Velvet）、卡林顿（Carrington）、怀瑟斯（Wiser's）、加拿大 O.F.C（Canadian O.F.C）等产品。

五、威士忌的服务操作

（一）用杯

威士忌的服务用杯是 6~8 盎司古典杯。用平底浅杯饮酒能表现出粗犷和豪放的风格。

（二）用量

标准用量为每份 40 毫升,最常见的威士忌的饮用方法有以下四种。

1. 威士忌加冰块（whisky on the rocks）

在古典杯中,先放入 2~3 个小冰块,再加入 40 毫升的威士忌。

2. 威士忌净饮

在酒吧中,常用 Straight 或"↑"标号来表示威士忌的净饮。一般仍用古典杯,而美国人在净饮威士忌时,喜欢用容量 1 盎司的细长小杯。

3. 威士忌混合饮料

威士忌可以作调制鸡尾酒的基酒,如威士忌酸（Whisky Sour）、曼哈顿

（Manhatton）、古典（Old Fashioned）等著名的鸡尾酒就是用它作基酒调制的。

4. 威士忌加水

威士忌所兑的水可以是冰水。

【案例1】

苏格兰芝华士威士忌

芝华士（Chivas）公司是世界最早生产混合威士忌并将其推向市场的生产商。Chivas 源自古苏格兰的 Schivas，慢慢演变成一个姓氏。芝华士的历史可以追溯到 200 年前，最早建于 1801 年的芝华士兄弟公司。位于苏格兰东北海岸线上的阿拉伯丁镇上。芝华士兄弟（James Chivas 和 John Chivas）出于对威士忌事业的无比沉醉，遍访欧美大陆，成为最早发现威士忌酿制秘密的先驱。橡木桶的艺术——用来陈酿威士忌的橡木桶的品质对将来威士忌的口味有着巨大的影响，芝华士苏格兰威士忌使用优质橡木桶，在漫长的陈酿过程中来提高酒质，使其更为纯粹。调和的艺术——将几种麦芽威士忌和谷物威士忌调和在一起便可以得到一种更美味、风格更独特的威士忌。这些发现使得芝华士兄弟成为 19 世纪调和威士忌的先行者。从那时起，芝华士威士忌就一直得到广泛认同。

1842 年秋天，维多利亚女皇首次造访苏格兰，深深爱上了 Perthshire 的田野风光和东面的高地景色。这次访问的一位皇室主办人是詹姆斯·芝华士的顾客，因此向芝华士采购了大量皇室宴会所需的饮料食品。芝华士兄弟提供的产品和服务深受皇室的赞许。1843 年 8 月 2 日，詹姆斯·芝华士被永久委任为"皇家供应商"，这次皇室委任令芝华士兄弟名声大振，生意蒸蒸日上，与英国皇室建立了良好而巩固的关系。

创始人 James Chivas 第一个意识到了品牌对于威士忌具有的重要性，他坚持认为保持品牌口味的一贯性是品牌的魅力所在，并开始创造有一贯质量保证的混合型威士忌芝华士品牌。

1890 年，享誉全球的芝华士 12 年威士忌诞生。芝华士 12 年是由谷物、水和酵母三种天然原料精心酿制，最少经历 12 年醇化调配而成的，是不可多得的苏格兰威士忌精品。它独具丰盈口感，略带烟熏气味和大麦的香甜，醇和香气悠然绵长，被誉为混合型威士忌的先锋。于是，芝华士作为经典苏格兰威士忌的代名词，声名远扬。

1923 年，荣誉再次降临，芝华士兄弟获得皇室特许状，成为国王乔治五世的苏格兰威士忌供应商，这一褒奖，又一次证明了芝华士顶级佳酿的显赫地位。

　　为庆祝英女皇伊丽莎白登基，芝华士兄弟精心酿造极品苏格兰威士忌——Royal Salute 皇家礼炮 21 年，以示尊崇。芝华士皇家礼炮从酿造的第一步开始，选择史班塞地区最好的质地麦芽威士忌，通过芝华士完美的酿造工艺和调和技术，终于造就了闻名遐迩的皇家礼炮。这一为皇室献礼而制的极品系列，立即受到广泛而热烈的赞赏。芝华士出品的每一种顶级威士忌都保持着一贯的完美品质。

　　进入中国十多年来，芝华士已经成为国内第一大威士忌品牌。芝华士精准的品牌定位契合了中国式增长的激情，使其在洋酒市场上昂然挺立。引领时尚潮流、注重情感沟通是芝华士品牌的重要特征。

　　芝华士所追求的是美酒相伴的人生，力求塑造优雅、友善、积极和开朗的品牌个性。它吸引的主要是城市中坚分子和精英阶层。芝华士作为一种品牌符号，在潜移默化中把产品品牌和特定的消费阶层联系在了一起。亦如芝华士的广告，在悠扬的音乐中，一群热爱生活的年轻人充分享受着自然的乐趣和朋友间的友谊。这就是芝华士为年轻人营造的生活，真挚的友谊和悠闲的奢华，简单如它的口号：This is CHIVAS life。

　　讨论：分析芝华士威士忌酒是如何拓展国际市场的？

【案例 2】

"行走世界的绅士"——Johnnie Walker

　　联合酿酒集团（United Distillers）拥有的尊尼获加威士忌，是苏格兰威士忌之典范。John Walker 的父亲英年早逝，他的监护人花了 417 英镑在 Kilmarnock 小镇上开了一家小店以使 John 和他的母亲可以谋生。1820 年，年仅 15 岁的 John 便开始在店铺内工作，售卖杂货、葡萄酒和烈酒，并逐渐开始出售一些纯麦芽威士忌，但是他发现纯麦芽威士忌的口味偏重，而且每桶酒的口味各不相同。

　　他将以前学到的调制混合茶叶的经验运用到了威士忌的调配之中，并发现这种经过调配的威士忌有着更受欢迎的品质，深邃而精致的口味决非纯麦芽威士忌可比。开始的工作并不简单，但随着他的调配技巧不断成熟，John Walker 开始有了私人订单，为店里的一些重要客户特制调配威士忌，而他的生意连同他所调配的威士忌也随之声名大振、如日中升。

　　而 Walker 家族的男性成员均继承了娴熟的技巧和超凡的远见，使得调配艺术能够更上层楼。John Walker 过世后，年仅 20 岁的亚历山大子承父业，并调制出了一种全新的调配威士忌，并将之命名为"老高地威士忌"，即 Johnnie Walker Black Label（黑牌）威士忌的前身。1867 年，亚历山大注册了商标所有权，并展示了他高瞻远瞩、先于世人的市场推广天赋，设计出了让人一目了然的倾斜的商标和方形酒瓶，创造出市场上无可匹敌的威士忌。

亚历山大于 1889 年去世，他的小儿子小亚历山大秉承父志，也成为一位威士忌调配大师。他的高超技巧和奉献精神正是创造口味微妙的调配威士忌所必需的；而他的兄弟乔治则是市场推广的天才，他环游世界建立了一个世界性的销售网络，并预见必须创造新的品牌才能满足人们不断变化的品味。

Walker 家族对混合苏格兰高品质单品威士忌的调配工艺孜孜以求，从而创制了无比香醇的调配威士忌。就在人们质疑许多产品纯正性的时候，Walker 的名字让人联想的是信任和尊敬。

Walker 家族就这样一代接一代，孜孜以求地专研威士忌的调配工艺，调制出举世无双的威士忌，奠定了其品牌在全球的至尊地位。现在，Johnnie Walker 威士忌酒已经是世界十大名酒之一。

当 Johnnie Walker®Red Label™（红牌）™威士忌和 Johnnie Walker Black Label（黑牌）威士忌被推向市场时，乔治邀请著名的画师汤姆·布朗共进午餐。席间，他们草画出具人性化的"行走的绅士"的形象。乔治仔细端详并添上"生于 1820 年，却依然阔步前行"。至此，"Johnnie Walker"的形象和风度描画得惟妙惟肖，十分引人入胜。"行走的绅士"很快就成为第一批全球公认的广告肖像之一。如今，这个"行走的绅士"标志已成为高品质苏格兰威士忌的象征，为全世界的有识之士所景仰。

1909 年，世界三大威士忌品牌，Dewar's、Buchanans 和 Walkers 为合并开始了最初的努力。但这一合并直到 16 年后的 1925 年，Distillers 有限公司收购了全部三个品牌后才得以实现。至 1920 年，Johnnie Walker 已成为真正的世界级品牌之一，行销全球 120 多个国家。1933 年，Distillers 公司被授予皇家特许权，向乔治五世国王特供威士忌，至今它仍是英国皇室的威士忌官方供应商。

Johnnie Walker 有以下品牌系列。

尊尼获加"红牌"威士忌（Johnnie Walker Red Label）。"红牌"混合了约 40 种不同的单纯麦芽威士忌和谷物威士忌，调配技术考究并依照 1909 年之原创配方酿制。"红牌"味道独特，因而享誉全球。

尊尼获加"黑牌"威士忌（Johnnie Walker Black Label）。"黑牌"是全球首屈一指高级威士忌，采用 40 种优质单纯麦芽的威士忌，在严格控制环境的酒库中蕴藏最少 12 年。"黑牌"是独一无二的佳酿，芬芳醇和，值得细意品尝。

尊尼获加"金牌"威士忌（Johnnie Walker Gold Label）。"金牌"威士忌是尊尼获加家族于 1920 年为庆祝一百周年而创制，酒龄 18 年，采用源于含金岩层的天然泉水酿制，酒质醇和而不带泥煤烟熏味。

尊尼获加"蓝牌"极品威士忌（Johnnie Walker Blue Label）。"蓝牌"是尊尼获加系列的顶级醇酿，精选陈年高达 60 年的威士忌调配而成，酒质独特，醇厚芳香。

尊尼获加"绿牌"威士忌（Johnnie Walker Green Label）。"绿牌"威士忌精选苏格兰各地 15 年以上的大麦芽威士忌调制而成，蕴含层次丰富的自然风味，和烟熏泥煤味，花果清香味。

尊尼获加"尊豪"威士忌（Johnnie Walker Swing）。"尊豪"由 25 种顶级威士忌调制而成，口感香甜，带点谷物威士忌所特有的清新香草味。不倒翁造型的独特瓶底设计，瓶身可以前后晃动而不失去平衡，是专为航海者及旅客设计的。

尊尼获加"尊爵"威士忌（Johnnie Walker Premier）。"尊爵"精选多种一级威士忌加以调配，经多年蕴藏而成。"尊爵"酒质馥郁醇厚。其拱门瓶设计高贵古雅，由于产量有限，每瓶均个别注明编号，弥足珍贵。

讨论：尊尼获加威士忌是如何成为一个世界时尚品牌的？

【思考题】

1. 法国干邑白兰地的产区及名品？原产地制度对我国提升酒品质量有何借鉴作用？

2. 干邑作为国际品牌的酒品在质量保证上有哪些措施？

3. 雅玛邑白兰地的特点？与干邑的区别？

4. 饮用白兰地要注意哪些礼仪？

5. 苏格兰威士忌酒的名品有哪些特征？为什么会百年不衰？

6. 比较苏格兰威士忌、爱尔兰威士忌、美国威士忌的差异？

7. 威士忌的规范饮用方法对提升酒的市场地位有何影响？

第五章 伏特加酒、金酒、兰姆酒、特基拉酒

【学习导引】

伏特加酒、金酒、兰姆酒、特基拉酒是目前世界上较为流行的蒸馏酒。通过对这几类酒的分类、产地、酿造过程以及应用方法的介绍，让学生对其有全面的认识。

【教学目标】

1. 了解金酒、伏特加、兰姆酒、特基拉酒的主要原料、类型及特点与分类。
2. 了解金酒、伏特加、兰姆酒、特基拉酒的饮用方法。
3. 了解金酒、伏特加、兰姆酒、特基拉酒的服务操作流程，引申到酒吧管理的创新管理方法。

【学习重点】

金酒、伏特加酒、兰姆酒、特基拉酒的分类的特点、饮用方法、操作流程。

第一节 伏特加酒

Wodka 在俄语中有"水"之意，但在波兰文中的 Wodka 也有"水酒"的含义。传说克里姆林宫楚多夫（意为"奇迹"）修道院的修士用黑麦、小麦、山泉水酿造出一种"消毒液"，一个修士偷喝了"消毒液"，使之广为流传，成为伏特加。17世纪教会宣布伏特加为恶魔的发明，毁掉了与之有关的文件。帝俄时代的 1818年，宝狮伏特加（Pierre Smirnoff Fils）酒厂就在莫斯科建成；第一次世界大战，沙皇垄断伏特加专卖权，布尔什维克号召工人不买伏特加。1917 年，十月革命后，仍是一个家族的企业。1930 年，伏特加酒的配方被带到美国，在美国也建起了宝狮（smirnoff）酒厂，所产酒的酒精度很高，在最后过程中用一种特殊的木炭过滤，以求取得伏特加酒味纯净。伏特加是北欧寒冷国家十分流行的烈性饮料。伏特加酒以谷物或马铃薯为原料，经过蒸馏制成高达 95°的酒精，再用蒸馏水淡化至40°～60°，并经过活性炭过滤，使酒质更加晶莹澄澈，无色且清淡爽口，使人感

到不甜、不苦、不涩，只有烈焰般的刺激，形成伏特加酒独具一格的特色。因此，在各种调制鸡尾酒的基酒之中，伏特加酒是最具有灵活性、适应性和变通性的一种酒。

一、伏特加酒的产地

伏特加酒虽出自东欧，可近几十年来已变成国际性的重要酒精饮料，伏特加的生产大国除俄罗斯、波兰外，还有美国、英国、法国、芬兰等国家。

1. 俄罗斯伏特加酒

俄罗斯伏特加酒又译作俄得克酒。最早的用料是大麦，以后逐渐改用含淀粉的玉米、土豆。俄罗斯伏特加酒在酿造酒醪和蒸馏原酒过程中与其他蒸馏酒并无特殊之处，区别在于伏特加要进行高纯度的酒精提炼至 190 proof（相当于 95°），经两次蒸馏精炼后注入白桦活性炭过滤槽中，进行缓慢的过滤，以使精馏液与活性炭分子充分接触而净化，将原酒中包含的酸类、醛类、醇类以及其他微量物质去除，便得到了纯粹的伏特加，它不需要陈酿。

经过以上工序处理的伏特加，酒液无色，清亮透明如晶体，无味、无香，只有烈焰般的刺激，劲大冲鼻，咽后腹暖，但饮后绝无上头的感觉。著名的酒牌有：莫斯科红牌（Moskovskaya）、伏特加绿牌（Stolichnaya）、波士伏特加（Bolskaya）、柠檬那亚（Limonnaya）、斯大卡（Starka）、俄罗卡亚（Russkaya）、斯塔罗伐亚（Stolovaya）、伯特索夫卡（Pertsovka）等，其中质量最好的俄罗斯产伏特加是莫斯科红牌。

2. 波兰伏特加酒

波兰伏特加酒在世界上颇有名气，它的酿造工艺与俄罗斯伏特加相似，区别只是波兰人在酿造过程中，加入许多草卉、植物、果实等调香原料，所以波兰伏特加比俄罗斯伏特加香体丰富、更富韵味。著名的酒牌有兰牛（Blue Bison）、维波罗瓦（Wyborowa）、朱波罗卡（Zubrowka）等。

3. 其他国家和地区伏特加酒

如今，伏特加已不再是俄罗斯的专利产品，很多国家诸如：美国、荷兰、法国、英国、瑞典等都生产与俄罗斯伏特加不相上下的产品。英国名品有皇牌伏特加（宝狮），又译斯料尔诺夫（Smirnoff），哥萨克（Cossack），夫拉地法特（Vladivat）；美国的品牌有西尔弗拉多（Silverado）、沙莫瓦（Samovar）；法国的品牌有弗劳斯卡亚（Voloskaya）、卡林斯卡亚（Karinskaya）；芬兰的品牌有芬兰地亚（Finlandia）；瑞典的瑞典伏特加（Absolut Vodka）等。

二、伏特加酒的服务操作

伏特加酒的标准用量为每一份40毫升，可选用利口杯（净饮时）或古典杯（净饮或加冰块时），作为佐餐酒或餐后酒，以常温服侍。

单饮时，备一杯凉水。快饮（干杯）是其主要的饮用方式。"大口大口地喝伏特加酒，佐之以鱼子酱和熏鱼，直至一醉方休……"因伏特加是一种无臭无味又无香气的酒，非常适宜兑果汁汽水饮用，而且也可作鸡尾酒的基酒，著名的鸡尾酒，如螺丝钻（Screwdriver）、黑俄罗斯（Black Russian）、血红玛丽（Bloody Mary）、盐狗（Salty Dog）都是以伏特加作为基酒调制成的。

三、伏特加酒对俄罗斯民族性格的影响

独特的自然人文条件使俄罗斯民族性格具有鲜明的特点。俄罗斯人豪放勇敢，他们都爱喝伏特加酒。伏特加酒不仅是俄罗斯人生活的一部分，在一定程度上伏特加酒影响了俄罗斯民族性格的发展轨迹。首先，伏特加酒造就了俄罗斯人崇尚酒文化的性格。这种酒文化更多地体现在俄罗斯民族对伏特加酒的喜爱上。在俄罗斯，男人更是疯狂地爱着伏特加酒。历史上的六次对伏特加酒的垄断都没有让伏特加酒消失，人们并没有改掉酗酒的习惯，反而躲在家里酿造伏特加酒。其次，伏特加酒作为一种社会催化物，使得一些民族性格特征更加突出。酒作为一种社会文化的产物，具有很强的催化作用。

第二节　金酒

金酒原是荷兰百年前用作健胃、解热、利尿、麻醉的外科药，由于它有振奋作用，人们将其稀释后饮用。这种酒在世界上名字很多，荷兰人称之为"Genever"，英国人叫"Hollands"、"Geneva"或"Gin"，在德国叫"Wacholder"，法国人叫"Geneviere"。在国内 Gin 也有不同的翻译方法，有叫琴酒、毡酒，大多数人按英文音译为金酒。另外，因金酒是以杜松子为调香原料，又称其为杜松子酒。

一、金酒的主要产地

1. 荷式金酒（Genever）

荷式金酒产于荷兰，主要产区集中在斯希丹（Schiedam）一带，金酒是荷兰的国酒。荷兰金酒是以大麦芽为主料（也有的用玉米、黑麦）加入一些香料（如

杜松子、胡荽、苦杏仁、小豆蔻、桂皮、柠檬、橙皮等）蒸馏而成。其程序是：先提炼谷物原酒，经过三次蒸馏后，再加入香料进行第四次蒸馏，最后去掉酒头与酒尾，便得到了金酒，金酒不需要陈酿。一般地，酒度越高，酒质越好。

荷式金酒酒液无色透明，酒香与香料味突出，个性强，微甜，酒度在 52° 左右。因酒的口味过于甜浓，可以覆盖任何饮料，所以只适宜单饮，不宜作调制鸡尾酒的基酒。著名酒牌有：波尔斯（Bols）、波克马（Bokma）、亨克斯（Henkes）、哈瑟坎坡（Hasekamp）等。

2. 英式干金酒（London Dry Gin）

英式干金酒是淡体金酒，干金的意思是指不甜，不带原体味。英式金酒生产程序简单，将烈性谷物原酒与杜松子和其他香料共同蒸馏。它透明无色，调料香浓郁，口感干冽、醇美、爽适。英国产的伦敦干金酒名品有：英王卫兵又译必发达（Beefeather）、哥顿又译戈登斯（Gordon's）、添加利（Tanqueray）、红狮（Booth's high Dry）、皇牌伦敦干金酒（Ashby's London Dry Gin）、吉利蓓（Gilbey's）、波斯（Bols）、伊丽沙白女王（Queen Elizabeth）、老妇人（Qld Lady's）、辛雷（Schenley）、伯内茨（Burnett's）等。

其中，哥顿金酒是英国的国饮。1769 年，亚历山大·哥顿在伦敦创办金酒厂，调制出香味独特的金酒。

添加利金酒是 1898 年，由哥顿公司与查尔斯添加利公司合并后生产的。添加利金酒是金酒中的极品名酿，具有独特的杜松子及其他香草配料的香味。

3. 美式金酒（American Gin）

美国金酒为淡金黄色，因为与其他金酒相比，它要在橡木桶中陈酿一段时间。美国金酒主要有蒸馏金酒（Distiled Gin）和混合金酒（Mixed Gin）两大类。通常情况下，美国的蒸馏金酒在瓶底部有"D"字，这是美国蒸馏金酒的特殊标志。混合金酒是用食用酒精和杜松子简单混合而成的，很少用于单饮，多用于调制鸡尾酒。

4. 其他国家的金酒

金酒的主要产地除荷兰、英国、美国以外还有德国、法国、比利时等国家。比较常见和有名的金酒有：德国的辛肯哈根（schinkenhager）、西利西特（Schlichte）、多享卡特（Doornkaat），比利时的布鲁克人（Bruggman）、菲利埃斯（Filliers）、弗兰斯（Fryns）、海特（Herte）、康坡（Kampe）、万达姆（Vanpamme），法国的克丽森（Claessens）、罗斯（Loos）、拉弗斯卡德（Lafoscade）等。

二、金酒的分类

金酒按口味风格可分为辣味金酒（干金酒）、老汤姆金酒（加甜金酒）、荷兰金酒和果味金酒（芳香金酒）四种。

1. 辣味金酒

质地较淡、清凉爽口，略带辣味，酒度约在 80～94 proof 之间。

2. 老汤姆金酒

老汤姆金酒是在辣味金酒中加入 2%的糖分，使其带有怡人的甜辣。

3. 荷兰金酒

荷兰金酒除了具有浓烈的杜松子气味外，还具有麦芽的芬芳，酒度通常在 100～110 proof 之间。

4. 果味金酒

果味金酒是在干金酒中加入了成熟的水果和香料，如柑桔金酒、柠檬金酒、姜汁金酒等。

三、金酒的服务操作

金酒用于餐前或餐后饮用，饮用时需稍加冰镇。可以净饮（以荷式金酒最常见），将酒放入冰箱、冰桶或使用冰块降温。净饮时，常用利口杯或古典杯；在酒吧，每份金酒的标准用量为 25 毫升。金酒也可以兑水或碳酸饮料饮用（以伦敦干金酒最常见）。著名的金汤力（Gin Tonic）是最普遍的此类饮料，但需先加冰块，以柠檬片饰杯。

第三节　兰姆酒

兰姆酒（Rum）又译为朗姆酒，是一种带有浪漫色彩的酒。兰姆酒有"海盗之酒"的雅号，英国曾流传一首老歌，是海盗用来赞颂兰姆酒的。据说，英国人在征服加勒比海大小各岛屿的时候，最大的收获是为英国人带来了喝不尽的兰姆酒。兰姆酒的热带色彩为英伦之岛带来了热带情调。

兰姆酒的主要原料是甘蔗，也可以说是用制作蔗糖所废弃的浮滓及泡滓为主，加入糖蜜及蔗汁，发酵、蒸馏取酒的，根据种类不同，有些需要在橡木桶中陈酿，以使酒液吸收其色、香、味，有些则不需要贮存，这便是透明无色的兰姆酒。目前，兰姆酒的生产增加了储存醇化期，因此比较绵软适口，有焦糖香味。

一、兰姆酒的产地

兰姆酒主要产于西印度群岛以及加勒比海等热带岛屿。主要生产地有波多黎各、牙买加、古巴、海地、多米尼加等加勒比海国家，其中波多黎各产的兰姆酒，以酒质轻淡而著称，有淡而香的特色，酒度在 40° 左右，味浓而辣，呈黑褐色，酒体丰满醇厚。

二、兰姆酒的生产工艺

兰姆酒是以甘蔗糖蜜为原料，即用甘蔗压出来的糖汁，经过发酵、蒸馏、陈酿而成。一般的兰姆酒色淡黄透明，具有甘蔗特有的香味。此酒的主要生产特点是选择特殊的生香酵母（产酯酵母）和加入产生具有抗酸的细菌共同发酵而成。将发酵液进行蒸馏，形成 65°～75° 的无色液体，该液即为新酒。新酒可放到容积为 180 升～200 升的木桶中陈酿，使之形成特殊的香味和突出的风格，饮后酒杯中留有余香。经勾兑后的兰姆酒其酒度一般在 40°～43°。兰姆酒的质量主要决定于所使用的原料（甘蔗或糖蜜）和发酵。

三、兰姆酒种类

根据不同的甘蔗原料和酿造方法，兰姆酒可分为五种。

1. 白兰姆酒（White Rum）

它是一种新鲜酒，无色透明，蔗糖香味清馨，口味甘润、醇厚，酒体细腻，酒度 55° 左右。

2. 老兰姆酒（Old Rum）

它是经过 3 年以上陈酿的陈酒，酒液呈橡木色，美丽而晶莹，酒香浓醇而优雅，口味精细、圆正、回味甘润，比白兰姆酒更富有风味，酒度 40°～43°。

3. 淡兰姆酒（Light Rum）

它是一种在酿制过程中尽量提取非酒精物质的兰姆酒，呈淡白色，香气淡雅，适宜作混合酒的基酒。

4. 传统兰姆酒（Traditional Rum）

它是一种传统型的兰姆酒。酒液呈琥珀色，光泽美丽，透明如晶体，又称琥珀兰姆酒。甘蔗香味浓郁，口味醇厚、圆正、回味甘润。

5. 浓香兰姆酒（Great Aroma Rum）

它是一种香型特别浓烈的兰姆酒。甘蔗风味和西印度群岛的风土人情寓于其中，酒度 54° 左右。

四、兰姆酒的著名酒品

1. 混血姑娘（Mulata）

混血姑娘为甘蔗朗姆酒，由维亚克拉拉圣菲朗姆酒公司生产。将蒸馏后的酒置于橡木桶内熟成，有多种香型和口味。

2. 郎立可莱姆（Ronrico）

郎立可莱姆是普路拖利库生产的朗姆酒。酒名是由朗姆和丰富两个词合并而成的。酒品分为白色和蓝色。

3. 拉姆斯（Lambs）

拉姆斯为马铃薯朗姆酒。英国海军与朗姆酒的关系源远流长，并且留有许多佳话。

4. 口库斯巴（Cockspum）

巴录巴特被称为朗姆酒的发祥地。当地顶尖级的旖旎司生产，将制糖后的剩余材料作为朗姆酒的原材料生产，经过 2 次蒸馏，用 2 年的时间熟成。酒名为雄鸡爪。

5. 马脱壳（Mount Gay）

马脱壳是巴录巴特式朗姆酒，由西印度群岛的克依公司生产。同时，该岛也被称为朗姆酒的发祥地。此酒使用橡木桶熟成。

6. 柠檬哈妥（Lemon Hart）

此酒为 75.5 度的烈性朗姆酒，由巴罗公司生产。

7. 唐 Q（Don Q）

此酒由塞拉内公司生产，酒名就叫唐 Q，商标中对香味和口味均有描述，此酒属浅色品种，除了金色外，还有水晶色。

8. 摩根上尉（Captain Morgan）

摩根上尉由摩根·冒路卡路公司生产，与一般的朗姆酒不同，他使用了辣椒并带有天然的香气。1983 年热带朗姆酒为原料制造的新产品高路特诞生。

9. 帕萨姿（Pusser's Rum）

帕萨姿由帕萨姿公司生产，产品分为浅色和蓝色。

第四节　特基拉酒

特基拉为墨西哥的一个小镇，因产酒而闻名。特基拉酒又称龙舌兰酒，是以龙舌兰（agave）植物为原料的蒸馏酒，也是墨西哥的主要烈酒。我国南方的华南、西南各省也盛产龙舌兰，尤其是海南岛、雷州半岛气候炎热，更宜种植龙舌兰，这为我国酿造龙舌兰酒提供丰富的资源。

一、特基拉酒的酿制

龙舌兰的枝干像凤梨或松树。把它的枝干切成四等分，然后放进蒸气锅内加热，取出后进行粉碎，再压榨取汁，剩下的残渣加上开水后再压一次，使之所有的糖分都流出来，然后将这些甜汁泵入发酵槽内，发酵约 2 天后，即可进行粗馏和精馏，这时所得到的蒸馏液其酒度约为 45°。经两次蒸馏至酒度为 52°～53°，此时的酒，香气突出，口味凶烈，然后放入橡木桶陈酿。陈酿时间不同，颜色和口味亦差异很大。透明无色特基拉酒不需陈酿；银白色贮存期最多 3 年；金黄色酒的贮存期 2～4 年；特级特基拉酒需要更长的贮存期。特基拉酒的著名酒品主要有豪帅快活（Jpse Cuervo）、龙舌兰（Sauza）、白金武士（Conguistador White）、阿兰达斯（Arandas）、武士胜利（Two Fingers Gold）等。

二、特基拉酒服务操作

特基拉酒是墨西哥人非常喜欢的酒品，常用于净饮，饮用方式独特。每当饮酒时，墨西哥人总是右手执杯特基拉酒，左手拿半片柠檬，用手指沾些食盐，然后挤出柠檬汁，放入口内，再喝一口特基拉酒。这种饮法有利于消除墨西哥炎热的暑气。此外，人们还常以特基拉作淡基酒调制成鸡尾酒，如著名的特基拉日出（Tequkla Sunrise）、特基拉炮（Teguila）。

第五节　配制酒

配制酒在过去主要以葡萄酒为基酒，人们把它归为葡萄酒类，但现在配制酒的酒基可以是原汁酒，也可以是蒸馏酒，还可以两者兼而有之。配制酒的名品多来自欧洲，其中以来自法国、意大利等国最有名。

一、开胃酒（Aperitif）

开胃酒，也称餐前酒，其名称源于专门在餐前饮用并能增加食欲的酒。开胃酒的概念比较含糊，随着饮酒习惯的演变，开胃酒逐渐被专门用于指以葡萄酒和某些蒸馏酒为主要原料的配制酒，如味美思（Vermouth）、苦味酒（Bitter）和茴香酒（Anise）。

（一）味美思

味美思酒，也译为苦艾酒，是从苦艾酒逐渐演变而来。它以葡萄酒为基酒，并兑入各种植物的根、茎、叶、皮、果实以及种子等芳香性物质加工而成。因这种酒中，加入苦艾草（worm wood）的植物，因此人们就叫它为苦艾酒，我们译成"味美思"。味美思以意大利、法国生产的最为著名。最佳味美思产区是介于意大利、法国两国交界的高山边缘一带。

1. 味美思的种类

世界上著名的味美思分四类。

（1）白味美思（Vermouth Blanc，或 Bianco）

白味美思的色泽金黄，香气柔美，口味鲜嫩。含糖量在 10%～15%，酒度 18°。

（2）红味美思（Vermouth Rouge，或 Rosso）

红味美思色泽呈琥珀黄色，香气浓郁，口味独特，含糖量 15%，酒度 18°。

（3）干味美思（Vermouth Dry，或 Secco）

干味美思根据生产国的不同，颜色会有差异，如法国干味美思呈草黄、棕黄色；意大利干味美思是淡白、淡黄色，含糖量均不超过 4%，酒度 18°。

（4）托利诺味美思（Vermouth de Turin，或 Torino）

托利诺味美思调香用量大，香气浓烈扑鼻，有多种香型。如桂香味美思、金黄味美思等。

以上四种味美思又可分成甜型和干型。甜型味美思酒，香味大，葡萄味较浓、较辣、较有刺激，喝后有甜苦的余味，略带桔香，以意大利生产最为著名，含葡萄酒原酒 75%。甜味美思是调制曼哈顿鸡尾酒的必备材料。为了配合其甜味，意大利味美思的酒标多为彩色艳丽的图案，分红、白两种。干型味美思涩而不甜，香微妙而令人陶醉，以法国产的干型味美思最有名，含葡萄原酒至少 80%，它也是调制马丁尼鸡尾酒的绝佳配料。

味美思酒经陈年后，颜色会加深，但不会影响酒度。由于它有提神开胃，帮助消化的作用，常在饭前饮用，故属于开胃酒的一种。

2. 味美思的著名品牌

（1）甜型味美思

著名的酒牌有马丁尼（Martini）、卡佩诺（Carpano）、利开多纳（Riccadonna）、仙山露（Cinzano）、干霞（Gancia）。

（2）干型味美思

名品有杜法尔（Duval）、香白丽（Chambery）、诺丽·普拉（Noilly Prat）。

（二）苦味酒

苦味酒是从古药酒演变而来，至今仍保留着药用和滋补的效用，根据英文译音有时称"必打士"或"比特酒"。特点是苦味突出、药香气浓。目前，比较著名的苦味酒主要产自意大利、法国、荷兰、英国、德国、美国、匈牙利等国。

1. 苦味酒的原料

苦味酒是用葡萄酒和食用酒精作酒基，调配多种带苦味的花草及植物的茎、根、皮等制成。现在苦味酒的生产越来越多地采用酒精直接与草药精调和的工艺。酒精的含量一般在 16°～40°，有助消化、滋补和兴奋的作用。

2. 苦味酒的著名品牌

（1）金巴利（Campari）

金巴利产于意大利的米兰，它是意大利最受欢迎的开胃酒。它是用桔皮、金鸡纳霜及多种香草调配而成。酒液呈棕红色，药味浓郁，口感微苦而舒适，酒度 26°。

金巴利在世界酒坛上的地位超然，饮用以金巴利加甜味美思最受欢迎。另外，金巴利加橙汁、金巴利加汤尼水、金巴利加冰块、金巴利加苏打水都是非常流行的喝法。

（2）杜本纳（Dobonnet）

杜本纳产于法国巴黎，是法国最好的开胃酒。它是用金鸡纳树皮及其他草药浸制葡萄酒中制成的。酒液呈深红色，药香突出，苦味中带甜味，风格独特。杜本纳有红、黄、干三种类型，以红杜本纳最出名，酒度 16°。

（3）希奈尔酒（Cynar）

希奈尔酒是意大利的一种开胃葡萄酒。此酒呈琥珀色，味苦，含有奎宁等香料，酒度为 18°，常加冰或苏打水调制，用橙皮装饰后饮用。

（4）苏滋（Suze）

苏滋产于法国。香料是龙胆草的根块。酒液呈桔黄色，微苦，酒度 16°。

（5）安古斯杜拉酒（Angostura）

安古斯杜拉酒是一种红色苦味兰姆酒，由委内瑞拉医生西格特（Siegert）在 1824 年发明，起初用于作退热药酒，现广泛作为开胃酒。主要产地在特立尼达和多巴哥等地。

（6）妃尔奶·布兰卡（Fernet Branca）

妃尔奶·布兰卡产自意大利的米兰，是著名的苦味酒之一，此酒号称"苦酒之王"，酒度 40°，尤其有醒酒健胃等功用。

除以上介绍外，还有法国利莱酒（Lillet）、比尔酒（Byrrh）、亚马·皮托酒（Amerpicon），美国的阿波茨（Abbott's）等。

（三）茴香酒

茴香酒是用茴香油与食用酒精或蒸馏酒配制而成的。茴香油一般从八角茴香和青茴香中提取，前者多用于开胃酒的制作，后者多用于利口酒的制作。

茴香酒有无色和染色之分，酒液视品种而呈不同颜色。一般都有较好的光泽，茴香味甚浓，馥郁迷人，味重而刺激，酒度在 25°左右。茴香酒以法国产最著名，名品有里卡尔 Ricard（染色）（法国）、培诺 Pernod（茴青色）（法国）、巴斯的士 Pastis51（法国）、奥作 Ouzo（西班牙）、亚美利加诺 Americano（意大利）、比赫 Byrrh（法国）、拉法爱尔 Raphael（法国）、辛 Cin（意大利）等。

（四）开胃酒的服务操作

1. 开胃酒在餐前饮用，一般可用开胃品来佐餐，如小点心、干酪等。

2. 开胃酒可以净饮或调和（加冰块、果汁、汽水和矿泉水）饮用。

3. 开胃酒的服务操作要当着客人的面进行。不同的酒品，其标准用量及服待方法也有差异：净饮的味美思、苦味酒的标准用量为 50 毫升/杯。味美思一般冰镇后饮用（可用冰块或冰箱贮藏的方法降温）；Fernet Branca、苦味酒可用苏打水冲兑，加冰块饮用；茴香酒的标准用量为 30 毫升/杯、20 毫升/小杯。一般以清水冲兑饮用，方法是：先加酒，然后加入水，量为所用酒量的 5～10 倍，最后加入冰块。另外 Campari 配一片柠檬皮，Suze 可冲兑石榴水或柠檬水。

二、利口酒（Liqueurs）

利口酒又译利乔酒，由英文 Liguers 音译而来，美国称 Cordial，是拉丁文。被誉为富有魅力的"液体宝石"。它是以食用酒精和其他蒸馏酒为基酒，配制的各种调香物品，并经过甜化处理（一般要加 1.5%的糖蜜）的酒精饮料。具有高度或中度的酒精含量，颜色娇美，气味芬芳独特，酒味甜蜜。此酒有舒筋活血，帮助消化的作用，故法国人称为 Digestifs，在餐后饮用。在宴会中饮用利口酒都在餐后，侍者用精美的银盘，放置很多只容量为 2 盎司的利口酒杯，请客人取用，使宴会达到最高潮。因利口酒含糖较高，相对密度大，色彩鲜艳，常用来增加鸡尾酒的颜色、香味、突出其个性，仅以数滴利口酒之量，就可以使一杯鸡尾酒改变其风格，利口酒更是调和彩虹酒不可缺少的材料。另外，还可用利口酒来作烹调、烘烤、制冰淇淋、布丁以及一些甜点等。

（一）利口酒的种类

1. 水果类。以水果为原料成分制成并以水果名称命名，如樱桃白兰地酒等。

2. 种子类。用果实的种子制成的利口酒，如杏仁酒等。

3. 香草类。以花、草为原料制成的利口酒，如薄荷酒、茴香酒等。

4. 果皮类。以某种特殊香味的果皮制成的利口酒，如橙皮酒。

5. 乳脂类。以各种香料和乳脂调配出各种颜色的奶酒，如可可奶酒（Cre'me de Cacao）等。

（二）利口酒的酿造方法

利口酒是用食用酒精加香草料、糖配制成的，因其所用的原料不同，操作方式各异，归纳起来，有以下几种。

1. 浸渍法。将果实、药草、木皮等浸入葡萄酒或白兰地中，使酒液从配料中充分吸收其味道和颜色，再经分离而成。

2. 滤出法。利用吸管的原理，将所用的香料全部滤到酒精里。

3. 蒸馏法。将香草、果实、种子等放入酒精中加以蒸馏即可。这种方法多用于制作透明无色的甜酒。

4.混合法。将植物性的天然香精、糖浆或蜂蜜等加入白兰地或食用酒精等烈酒中混配而成。

（三）利口酒的名品

1. 水果类利口酒

水果类利口酒主要由三部分构成：水果（包括果实、果皮）、糖料和酒基（食用酒精、白兰地或其他蒸馏酒），一般采用浸渍法制作，口味新鲜、清爽，宜新鲜时饮用。著名的水果利口酒有以下几种。

（1）橙皮甜酒（Curacao）

橙皮甜酒产于荷兰的库拉索岛，以产地而命名。该酒是由桔子皮调香浸制的利口酒。颜色多样：透明无色、绿色、蓝色等。桔香悦人，清爽，优雅，味微苦，适宜作餐后酒和混合酒的配酒，如白兰地柯布勒（Brandy Cobbler）、旗帜（Flag）、桔子香槟（Orange Champagne）、蓝魔（Blue Devil）等混合酒均是以橙皮甜酒作辅助材料配制成的。

（2）君度香橙（Cointreau）

君度香橙是由法国的阿道来在 18 世纪初创造的，君度酒的制作程序高度保密，主要是因为君度世代家族对这个企业的质量高度重视和珍视。经过一个半世纪，君度家族已成为当今世界最大的酒商之一。君度香橙酒畅销世界 145 个国家或地区。在当今的绝大多数酒吧、西餐厅是不可缺少的。

酿制君度酒的原料是一种不常见的青色的有如桔子的果子，其果肉又苦又酸，难以入口。这种果子来自于海地的毕加拉、西班牙的卡娜拉和巴西的皮拉。君度厂家对于原料的选择是非常严格的。在海地，每年的 8 月和 10 月之间，青果子还未完全成熟便被摘下来，为了采摘时不损坏果实，当地农民使用一种少见的刀，在刀下系个塑料袋，当果子破下后便掉入袋中，然后将果子一切为二，用勺子将果肉挖出，再将只剩下皮的果子切成两半，放在阳光下晒干，经严格的挑选才能用。

要尽情体会君度的魅力，莫过于加冰块饮用，酒味芳浓柔滑，轻尝浅啜，乐趣无穷，方法是：在古典杯中加 3～4 块小冰块，然后将一份或两份君度酒，慢慢倒入杯内，待酒色渐透微黄，以柠檬皮装饰即可享受清凉甘甜的美酒。除此之外，君度香橙也是调制鸡尾酒的配料，如著名的旁车（Side Car）、玛格丽特（Magarita）等。

（3）金万利（Grand Manier）

金万利产于法国的科涅克地区，是用苦桔皮浸制调配成的。酒度在 40°左右，分红、黄两种。桔香突出，口味凶烈，劲大、甘甜、醇浓。

除此之外，白橙味甜酒（Triple Sec）、椰子甜酒（Coconut）也是很好的水果利口酒。

2. 草本类植物利口酒

这类利口酒是由草本植物为原料配制而成的，制酒工艺颇为复杂，往往带有浓厚的神秘色彩，配方及生产程序严格保密，名品有以下几种。

（1）修道院酒（Chartreuse）

修道院酒是世界闻名的利口酒，有利口酒女王之誉。因其在修道院酿制并具有治疗病痛的功效，又有灵酒之称。此酒系法国格朗多·谢托利斯（Grand Chartreuse）修道院独家制造。配方保密从不披露，经分析表明：它是以葡萄酒为酒基，浸制 100 多种草药（包括龙胆草、虎耳草、风铃草等）再兑以蜂蜜制成的，成酒后需陈酿 3 年以上，有的长达 12 年之久。

修道院酒分绿酒（Chartreuse Verte）和黄酒（Chartreuse Jaune）。修道院酒一般作净饮时少量饮用，也可用来调制鸡尾酒。

（2）泵酒，又译当酒或修士酒（Benedictine）

泵酒简称 DOM 是拉丁语 Deo Optimo Maxmo 的缩写，意思是献给至高至善的主。此酒同样具有神秘之感，它产于法国的诺曼底地区，参照教士的炼金术配制而成，祖传秘方。经鉴定分析，泵酒是用葡萄蒸馏酒作酒基，用 27 种草药调香（包括当归、丁香、肉豆蔻、海索草等）再混合蜂蜜配制而成。

泵酒在世界上获得成功之后，生产者又用泵酒与白兰地兑和，制出另一种产品：B&B（Benedictine and Brandy），同样受到热烈欢迎，它们的酒度均为 43°。

（3）杜林标（Drambuie）

杜林标产于英国，是一种用草药、威士忌和蜂蜜配制成的利口酒。此酒根据古传秘方制造。秘方由爱德华·查理王子的一位法国随从在 1945 年带到苏格兰的。因此在该酒商标上印有"Prince Charles Edward's liqueur"字样。此酒在美国十分流行，常用于餐后或兑水饮用。

（4）加利安奴（Galliano）

加利安奴甜酒产自 20 世纪的意大利，是以意大利的英雄加利安奴将军命名的酒品，它是以食用酒精作基酒，加入了 30 多种香草酿造出来的金色甜酒，味道醇美，香味浓郁，将其盛放在高身而细长的酒瓶内。在加利安奴甜酒里，融合了英雄与浪漫的情怀，它给人带来欢乐、温暖，是调酒常用的配料。

3. 种子利口酒

种子利口酒是用植物的种子为原料制成的利口酒。一般用于酿酒的种子多是含油高、香味烈的坚果种子，著名的酒品有以下两种。

（1）茴香利口酒（Anisette）

茴香利口酒起源于荷兰的阿姆斯特丹，是地中海诸国最流行的利口酒之一。制酒时，先用茴香和酒精制成香精，兑蒸馏酒精和糖液，然后搅拌，再进行冷处理，以澄清酒液。茴香酒最著名的酒厂是法国波尔多地区的玛丽莎（Marie Brizard）。

（2）杏仁利口酒（Liqueurs d'amandes）

杏仁利口酒以杏仁和其他果仁做酿酒原料，酒液绛红发黑，果香突出，口味甘美，以法国、意大利的产品最好。如意大利的亚马度（Amaretto）、法国的果核酒（Creme de Noyaux）等均是著名的杏仁利口酒。

4. 利口乳酒

利口乳酒是一种比较稠浓的利口酒。用来作利口乳酒的原料可以是水果、草料，也可以是植物的种子，名品有以下两种。

（1）咖啡乳酒（Creme de Café）

该酒是以咖啡豆为原料酿制的，先烘焙粉碎咖啡豆，再进行浸制、蒸馏、勾兑、加糖、澄清、过滤而成，酒度为 26°左右，主要产于咖啡生产国。著名的咖啡利口酒有咖啡甜酒（Kahlua）和玛丽泰（Tia Maria）。

（2）可可乳酒（Creme de Cacao）

该酒用可可豆配制而成，主要产于西印度群岛，与咖啡乳酒的制作方法相似。

（四）利口酒服务操作

1. 利口酒多用于餐后饮用，以助消化。

2. 利口酒每份的标准用量是 25 毫升，用利口酒杯或雪利酒杯提供。

3. 因利口酒的酿制原料不同，酒品的饮用温度和方法也有差异。一般地说，水果类利口酒，其饮用温度由饮者决定，基本原则是果味越浓，甜度越大，香气越烈的酒，其饮用温度越低越好，低温处理时，可采用溜杯、加冰块或冷藏等方法。

草本类植物利口酒宜冰镇饮用。

植物种子制成的利口酒一般采用常温饮用，但也有例外，茴香酒常作冰镇处理，冷藏的方法较适宜。另外，可可乳酒、咖啡乳酒采用冰桶降温后饮用。

4. 利口酒的其他饮用方法

（1）兑饮法

兑饮法也就是加苏打水，或矿泉水，不论哪一种甜酒，喝前先将酒倒入平底杯中，其数量约为杯子容量的 60%，再加满苏打水即可。如觉得水分过多，可添加一些柠檬汁。以半个柠檬的量较合适，在上面可再加碎冰。若是鸡尾酒的话，可加入适量柠檬汁。

（2）碎冰法

先做碎冰，即用布将冰块包起，用锤子敲碎，然后将碎冰倒入鸡尾酒杯或葡萄酒杯内，再倒入甜酒，插入吸管即可。

（3）其他

可将利口酒加在冰淇淋或果冻上饮用。做蛋糕时，还可用它来代替蜂蜜使用。另外，利口酒还可以作为增加冰淇淋颜色或味道的饮料。

【思考题】

1. 伏特加酒的主要产地、各自特点？
2. 金酒的产地、特征及饮用方法？
3. 兰姆酒的产地、类型、品牌及饮用方法？
4. 特基拉酒的知名品牌及饮用特点？
5. 开胃酒的种类及服务要求？
6. 利口酒的种类及饮用方法？

第六章　茶与茶礼

【学习导引】

　　茶是我国人民生活中的必备饮品。我国幅员辽阔，气候条件差异较大，形成了各地不同的茶叶种类、加工制作工艺与特征；各地饮茶习俗不同，泡茶、饮茶中的礼节、技巧形成了特有的茶艺、茶道；饮茶习俗是我国各地文化的组成部分。

【教学目标】

　　1. 了解茶的基本种类和它们各自的特征，掌握各类名茶的加工工艺特色和茶的特点。

　　2. 了解风俗不同的茶艺，掌握茶道的表现形式和具体做法，以及不同茶类的泡饮要点。

　　3. 了解新技术的引进对提高茶叶品质以及对茶叶商品化的意义。

【学习重点】

　　1. 茶的基本种类、特征及名茶代表。

　　2. 几大名茶的茶道与茶艺。

　　3. 不同茶类的泡饮要点和具体做法。

第一节　茶的种类与特征

　　茶被公认为世界三大饮品之一。几千年以来，中国人在种茶、制茶、售茶、品茶、赋茶、写茶、演茶等方面发展出了博大精深的茶文化。茶，以茶树新梢上的芽叶嫩梢（称鲜叶）为原料加工制成，又名"茗"。中国茶叶种类齐全，人们通过长期的实践，创造并采用了不同的加工制作工艺，发展了从不发酵、半发酵到全发酵一系列不同茶类，逐步形成了六大茶类——绿茶、红茶、乌龙茶、白茶、黄茶、黑茶。

　　茶，原名为"荼"。诗经中即有"谁谓荼苦，如甘如荠"的描写。唐代逐渐将读音与字形变化为"茶"。唐人对茶的了解更加深入。陆羽的《茶经》即为对李唐开国 140 多年的饮茶习俗的总结，这是我国第一部茶学专著。陆羽创造的一套茶学、茶艺、茶道思想，以及他所著的《茶经》，是茶文化发展一个划时代的标志。宋代钱塘吴自牧在《梦粱录》中说："盖人家每日不可缺者，柴米油盐酱醋茶。"茶成为与柴米一样重要的生活必需品。

中国当代茶学泰斗庄晚芳教授将茶德归举为四项。廉：茶可以益智明思，促使人们修身养性，冷静从事。所以，茶历来是清廉、勤政、俭约、奋进的象征。美：饮茶给人们带来的味美、汤美、形美、具美、情美、境美，是物质与精神的极大享受。和：同饮香茗，共话友谊，能使人类在和煦的阳光下共享亲情。敬：客来敬茶的清风美俗，造就了炎黄子孙尊老爱幼、热爱和平的民族性格。

一、基本茶类与名茶

1. 绿茶

绿茶是不经过发酵的茶，即将鲜叶经过摊晾后直接下到热锅里炒制，以保持其绿色的特点。绿茶具有香高、味醇、形美、耐冲泡等特点。其制作工艺都经过杀青—揉捻—干燥的过程。由于加工时干燥的方法不同，绿茶又可分为炒青绿茶（龙井）、烘青绿茶（黄山毛峰）、蒸青绿茶（恩施玉露）和晒清绿茶（滇绿）。

绿茶是我国产量最多的一类茶叶，全国 18 个产茶省（区）都生产绿茶。我国绿茶花色品种之多居世界之首。绿茶名品还有：顾渚紫茶、午子仙毫、信阳毛尖、平水珠茶、宝洪茶、上饶白眉、径山茶、峨眉竹叶青、南安石亭绿、仰天雪绿、蒙顶茶、涌溪火青、天山绿茶、永川秀芽、休宁松萝、恩施玉露、都匀毛尖、鸠坑毛尖、桂平西山茶、老竹大方、泉岗辉白、眉茶、安吉白片、南京雨花茶、敬亭绿雪、天尊贡芽、双龙银针、太平猴魁、源茗茶、峡州碧峰、秦巴雾毫、开化龙须、安化松针、日铸雪芽、紫阳毛尖、江山绿牡丹、六安瓜片、高桥银峰、云峰与蟠毫、汉水银梭、云南白毫、遵义毛峰、九华毛峰、五盖山米茶、井岗翠绿、韶峰、古劳茶、舒城兰花、州碧云、小布岩茶、华顶云雾、南山白毛芽、天柱剑毫、黄竹白毫、麻姑茶、车云山毛尖、桂林毛尖、建德苞茶、瑞州黄檗茶、双桥毛尖、覃塘毛尖、东湖银毫、江华毛尖、龙舞茶、龟山岩绿、无锡毫茶、桂东玲珑茶、天目青顶、新江羽绒茶、金水翠峰、金坛雀舌、古丈毛尖、双井绿、周打铁茶、文君嫩绿、前峰雪莲、狮口银芽、雁荡毛峰、九龙茶、峨眉毛峰、南山寿眉、湘波绿、晒青、山岩翠绿、蒙顶甘露、瑞草魁、河西圆茶、普陀佛茶、雪峰毛尖、青城雪芽、宝顶绿茶、隆中茶、松阳银猴、龙岩斜背茶、梅龙茶、兰溪毛峰、官庄毛尖、云海白毫、莲心茶、金山翠芽、峨蕊、贵定云雾茶、天池茗毫、通天岩茶、凌云白茶、蒸青煎茶、云林茶、盘安云峰、绿春玛玉茶、东白春芽、太白顶芽、千岛玉叶、清溪玉芽、仙居碧绿、七境堂绿茶、南岳云雾茶、大关翠华茶、湄江翠片、翠螺、余姚瀑布茶、苍山雪绿、象棋云雾、花果山云雾茶、水仙茸勾茶、遂昌银猴、墨江云针等。

西湖龙井产于浙江省杭州市西湖周围的群山之中。多少年来，杭州不仅以美丽的西湖闻名于世界，也以西湖龙井茶誉满全球。相传，乾隆皇帝巡视杭州时，曾在龙井茶区的天竺作诗一首，诗名为《观采茶作歌》。西湖茶向来有"狮（峰）、龙（井）、云（栖）、虎（跑）、梅（家坞）"之别，龙井茶可称为其中之最。龙井茶外形挺直削尖、扁平俊秀、光滑匀齐、色泽绿中显黄。冲泡后，香气清高持久，香馥若兰；汤色杏绿，清澈明亮，叶底嫩绿，匀齐成朵，芽芽直立，栩栩如生。品饮茶汤，沁人心脾，齿间流芳，回味无穷。

黄山毛峰茶产于安徽省太平县以南，歙县以北的黄山。黄山毛峰茶园就分布在云谷寺、松谷庵、吊桥庵、慈光阁以及海拔 1200 米的半山寺周围。茶树天天沉浸在云蒸霞蔚之中，因此茶芽格外肥壮，柔软细嫩，叶片肥厚，经久耐泡，香气馥郁，滋味醇甜，成为茶中的上品。黄山茶的采制相当精细，从清明到立夏为采摘期，采回来的芽头和鲜叶还要进行选剔，剔去其中较老的叶、茎，使芽匀齐一致。在制作方面，要根据芽叶质量，控制杀青温度，不致产生红梗、红叶和杀青不匀不透的现象；火温要先高后低，逐渐下降，叶片着温均匀，理化变化一致。制茶季节，清香四溢。黄山毛峰的品质特征是：外形细扁稍卷曲，状如雀舌披银毫，汤色清澈带杏黄，香气持久似白兰。

洞庭碧螺春茶产于江苏省吴县太湖洞庭山。碧螺春茶条索纤细，卷曲成螺，满披茸毛，色泽碧绿。冲泡后，味鲜生津，清香芬芳，汤绿水澈，叶底细匀嫩。尤其是高级碧螺春，可以先冲水后放茶，茶叶依然徐徐下沉，展叶放香，这是茶叶芽头壮实的表现，也是其他茶所不能比拟的。因此，民间有这样的说法：碧螺春是"铜丝条，螺旋形，浑身毛，一嫩（指芽叶）三鲜（指色、香、味）自古少"。目前大多仍采用手工方法炒制，其工艺过程是：杀青—炒揉—搓团焙干。三道工序在同一锅内一气呵成。炒制特点是炒揉并举，关键在提毫，即搓团焙干的工序。

庐山云雾，中国著名绿茶之一。据载，庐山种茶始于晋朝。宋朝时，庐山茶被列为"贡茶"。庐山云雾茶色泽翠绿，香如幽兰，味浓醇鲜爽，芽叶肥嫩显白亮。庐山云雾茶不仅具有理想的生长环境以及优良的茶树品种，还具有精湛的采制技术。采回茶片后，薄摊于阴凉通风处，保持鲜叶纯净。然后，经过杀青、抖散、揉捻等九道工序才制成成品。

2. 红茶

红茶是一种全发酵茶（发酵程度大于 80%）。红茶加工时不经杀青，而且萎凋，使鲜叶失去一部分水分，再揉捻（揉搓成条或切成颗粒），然后发酵，使所含的茶多酚氧化，变成红色的化合物。这种化合物一部分溶于水，一部分不溶于水，而积累在叶片中，从而形成红汤、红叶。红茶的名字即得自其汤色红。红茶主要有小种红茶（正山小种）、功夫红茶（祁红）和红碎茶（立顿红茶）三大类。

主要名品有：祁门红茶、滇红、英德红茶、正山小种红茶、湖红功夫、功夫红茶、宁红功夫、宜红功夫、越红功夫、川红功夫、政和功夫、闽红功夫、坦洋功夫、白琳功夫。

祁门红茶，简称祁红，为功夫红茶中的珍品。祁红生产条件极为优越，真是天时、地利、人勤、种良、得天独厚，所以祁门一带大都以茶为业，上下千年，始终不败。在全球的红茶中，与阿萨姆红茶、大吉岭红茶、锡兰高地一起称为四大名红茶。独树一帜，百年不衰，以其高香形秀著称。独特的清鲜持久的香味，被国内外茶师称为砂糖香或苹果香，并蕴藏有兰花香，清高而长，独树一帜，国际市场上称之为"祁门香"。

3. 黑茶

黑茶原料粗老，加工时堆积发酵时间较长，使叶色呈暗褐色，是藏族、蒙古族、维吾尔族等民族不可缺少的日常必需品。云南的普洱茶就是其中一种。

黑茶又分有"湖南黑茶"、"湖北老青茶"、"广西六堡茶"、四川的"西路边茶""南路边茶"、云南的"紧茶"、"饼茶"、"方茶"和"圆茶"等。

普洱茶是在云南大叶茶基础上培育出的一个新茶种。普洱茶亦称滇青茶，距今已有 1700 多年的历史。它是用攸乐、萍登、倚帮等 11 个县的茶叶，在普洱县加工成而得名。茶树分为乔木或乔木形态的高大茶树，芽叶极其肥壮而茸毫茂密，具有良好的持嫩性，芽叶品质优异。其制作方法为亚发酵青茶制法，经杀青、初揉、初堆发酵、复揉、再堆发酵、初干、再揉、烘干 8 道工序。普洱茶又分两种：一种是传统普洱茶（即生茶），是以云南特有的大叶种，晒青毛茶，经蒸压，自然干燥一定时间贮放形成的特色茶。另一种是现代普洱茶（即熟茶），是经过潮水微生物固态发酵形成的。在古代，普洱茶是作为药用的。普洱茶具有保健、降脂、减肥和降血压的功效，其品质特点是香气高锐持久，滋味浓强，耐泡，汤橙黄浓厚，芽壮叶厚，叶色黄绿间有红斑红茎叶，条形粗壮结实，白毫密布。普洱茶有散茶与型茶两种。

4. 乌龙茶

乌龙茶，也就是青茶，是一类介于红绿茶之间的半发酵茶，制作时适当发酵，使叶片稍有红变。它既有绿茶的鲜爽，又有红茶的浓醇。因其叶片中间为绿色，叶缘呈红色，故有"绿叶红镶边"之称。乌龙茶在六大类茶中工艺最复杂费时，泡法也最讲究，所以喝乌龙茶也被人称为喝功夫茶。

乌龙茶自 17 世纪初出现，经历三百多年的发展，已经形成了以铁观音为代表的闽南乌龙，以岩茶大红袍为代表的闽北乌龙，以凤凰单枞为代表的广东乌龙，以冻顶乌龙为代表的台湾乌龙四大系列。乌龙茶以其独特的制作工艺创造了其精致的品质，使其所包涵的精神文化内容，与它的香气、滋味一起，使人愉悦，达到更高的一个层次。

安溪铁观音，属青茶类，是我国著名乌龙茶之一。安溪铁观音茶产于福建省安溪县。安溪铁观音茶历史悠久，素有茶王之称。据载，安溪铁观音茶起源于清雍正年间（1725～1735）。安溪县境内多山，气候温暖，雨量充足，茶树生长茂盛，品种繁多，姹紫嫣红，冠绝全国。安溪铁观音茶，一年可采四期茶，分春茶、夏茶、暑茶、秋茶。制茶品质以春茶为最佳。铁观音的制作工序与一般乌龙茶的制法基本相同，但摇青转数较多，凉青时间较短。一般在傍晚前晒青，通宵摇青、凉青，次日晨完成发酵，再经炒揉烘焙，历时一昼夜。其制作工序分为晒青、摇青、凉青、杀青、切揉、初烘、包揉、复烘、烘干九道工序。品质优异的安溪铁观音茶条索肥壮紧结，质重如铁，芙蓉沙绿明显，青蒂绿，红点明，甜花香高，甜醇厚鲜爽，具有独特的品味。回味香甜浓郁，冲泡七次仍有余香；汤色金黄，叶底肥厚柔软，艳亮均匀，叶缘红点，青心红镶边。

武夷岩茶，产于闽北"秀甲东南"的名山武夷，茶树生长在岩缝之中。武夷岩茶条形壮结、匀整，色泽绿褐鲜润，冲泡后茶汤呈深橙黄色，清澈艳丽；叶底软亮，叶缘朱红，叶心淡绿带黄；兼有红茶的甘醇、绿茶的清香；茶性和而不寒，久藏不坏，香久益清，味久益醇。泡饮时常用小壶小杯，因其香味浓郁，冲泡五六次后余韵犹存。武夷岩茶主要品种有"大红袍"、"白鸡冠"、"水仙"、"乌龙"、"肉桂"等。"大红袍"最为名贵。传说明代有一上京赴考的举人路过武夷山时突然得病，腹痛难忍，巧遇一和尚取所藏名茶泡与他喝，病痛即止。他考中状元之后，前来致谢和尚，问及茶叶出处，得知后脱下大红袍绕茶丛三圈，将其披在茶树上，故得"大红袍"之名。

凤凰单枞，属乌龙茶类，产于广东省潮州市凤凰镇乌崇山茶区。单枞茶，是在凤凰水仙群体品种中选拔优良单株茶树，经培育、采摘、加工而成。因成茶香气、滋味的差异，当地习惯将单枞茶按香型分为黄枝香、芝兰香、桃仁香、玉桂香、通天香等多种。单枞茶品的特点是：外形条粗壮，匀整挺直，色泽黄褐，汪润有光，并有朱砂红点；冲泡清香持久，有独特的天然兰花香，滋味浓醇鲜爽，润喉回甘；汤色清澈黄亮，叶底边缘朱红，叶腹黄亮，素有"绿叶红镶边"之称。

冻顶乌龙是冻顶茶，被誉为台湾茶中之圣，产于台湾省南投鹿谷乡。它的鲜叶，采自青心乌龙品种的茶树上，故又名冻顶乌龙。冻顶为山名，乌龙为品种名。但按其发酵程度，属于轻度半发酵茶，制法则与包种茶相似，应归属于包种茶类。文山包种和冻顶乌龙，系为姊妹茶。冻顶茶品质优异，在台湾茶市场上居于领先地位。其上选品外观色泽呈墨绿鲜艳，并带有青蛙皮般的灰白点，条索紧结弯曲，乾茶具有强烈的芳香；冲泡后，汤色略呈柳橙黄色，有明显清香，近似桂花香，汤味醇厚甘润，喉韵回甘强。叶底边缘有红边，叶中部呈淡绿色。

乌龙茶主要品种还有：武夷肉桂、闽北水仙、铁观音、白毛猴、八角亭龙须茶、黄金桂、永春佛手、安溪色种、凤凰水仙、台湾乌龙、台湾包种、铁罗汉、白冠鸡、水金龟等。

5. 黄茶

黄茶的制法有点像绿茶，不过中间需要经过闷堆渥黄的工序，因而形成黄叶、黄汤。黄茶分黄芽茶（包括湖南洞庭湖君山银芽、四川雅安、名山县的蒙顶黄芽、安徽霍山的霍内芽）、黄小茶（包括湖南岳阳的北港、湖南宁乡的沩山毛尖、浙江平阳的平阳黄汤、湖北远安的鹿苑）、黄大茶（包括广东大叶青、安徽的霍山黄大茶）三类。

主要种类有：君山银针、沩山毛尖、霍山黄芽、霍山黄大茶、蒙顶黄芽、北港毛尖、鹿苑毛尖、沩江白毛尖、温州黄汤、皖西黄大茶、广东大叶青、海马宫茶等。

君山银针，我国著名黄茶之一。君山茶，始于唐代，清代纳入贡茶。君山，为湖南岳阳县洞庭湖中岛屿。清代，君山茶分为"尖茶"、"茸茶"两种。"尖茶"如茶剑，白毛茸然，纳为贡茶，素称"贡尖"。君山银针茶香气清高，味醇甘爽，汤黄澄高，芽壮多毫，条真匀齐，着淡黄色茸毫。冲泡后，芽竖悬汤中冲升水面，徐徐下沉，再升再沉，三起三落，蔚成趣观。君山银针茶于清明前三四天开采，以春茶首轮嫩芽制作，且须选肥壮、多毫、长25～30毫米的嫩芽，经拣选后，以大小匀齐的壮芽制作银针。制作工序分杀青、摊凉、初烘、复摊凉、初包、复烘、再包、焙干八道工序。

6. 白茶

白茶主要是通过萎凋、干燥制成的。外形、香气和滋味均佳。白茶是我国的特产。它加工时不炒不揉，只将细嫩、叶背满茸毛的茶叶晒干或用文火烘干，而使白色茸毛完整地保留下来。白茶叶是两片叶子，中间有一叶芽，叶子隆起呈波纹状，叶子肥嫩，边缘后垂微卷，叶子背面布满白色茸毛，冲泡后，碧绿的叶子衬托着嫩嫩的叶芽，形状优美，好似牡丹蓓蕾初放，恬淡高雅。茶汤色清澈呈杏黄色，茶味甘醇清新。

白茶主要产于福建的福鼎、政和、松溪和建阳等县，有银针、白牡丹、贡眉、寿眉等不同品种。主要花色有白毫银针、白牡丹 。

二、再加工茶类

再加工茶是以各种毛茶或精制茶再加工而成的茶。包括花茶、紧压茶、液体茶、速溶茶及药用茶等。

1. 药茶

将药物与茶叶配伍，制成药茶，以发挥和加强药物的功效，利于药物的溶解，增加香气，调和药味。这种茶的种类很多，如午时茶、姜茶散、益寿茶、减肥茶等。

2. 花茶

花茶是一种比较稀有的茶叶花色品种，是用花香增加茶香的一种产品，在我国很受人们喜爱。一般是用绿茶做茶坯，少数也有用红茶或乌龙茶做茶坯的。它根据茶叶容易吸附异味的特点，以香花为窨料加工而成的。所用的花品种有茉莉花、桂花、珠兰、金银花、白兰花、玫瑰花、玳瑁花等，以茉莉花最多。

苏州茉莉花茶是我国茉莉花茶中的佳品，约于清代雍正年间开始发展，距今已有 250 年的产销历史。据史料记载，苏州在宋代时已栽种茉莉花，并以它作为制茶的原料。1860 年时，苏州茉莉花茶已盛销于东北、华北一带。苏州茉莉花茶以所用茶胚、配花量、窨次、产花季节的不同而有浓淡，其香气依花期有别，头花所窨者香气较淡，"优花"窨者香气最浓。苏州茉莉花茶主要茶胚为烘青，也有杀茶、尖茶、大方，特高者还有以龙井、碧螺春、毛峰窨制的高级花茶。其与同类花茶相比属清香类型，香气清芬鲜灵，茶味醇和含香，汤色黄绿澄明。

3. 紧压茶

紧压茶，是以黑毛茶、老青茶、做庄茶及其他适制毛茶为原料，经过渥堆、蒸、压等典型工艺过程加工而成的砖形或其他形状的茶叶。紧压茶的多数品种比较粗老，干茶色泽黑褐，汤色澄黄或澄红。紧压茶有防潮性能好，便于运输和储藏，茶味醇厚，适合减肥等特点。

紧压茶种类繁多，有沱茶、竹筒香茶、普洱方茶、米砖茶、黑砖茶、花砖茶、茯砖茶、湘尖茶、青砖茶、康砖、金尖、方包茶、六堡茶、圆茶、饼茶。我国紧压茶产区比较集中，主要有湖南、湖北、四川、云南、贵州等省。其中茯砖、黑砖、花砖茶主产于湖南；青花砖主产于湖北；康砖、金尖主产于四川、贵州；普洱茶之紧茶主要产于云南；沱茶主要产于云南、重庆。

第二节　茶道与茶艺

一、茶道

　　茶道是通过品茶活动来表现一定的礼节、人品、意境、美学观点和精神思想的一种饮茶艺术，它是茶艺与精神的结合，并通过茶艺表现精神。茶道兴于中国唐代，盛于宋、明代，衰于清代。中国茶道的主要内容讲究五境之美，即茶叶、茶水、火候、茶具、环境，同时配以情绪等条件，以求"味"和"心"的最高享受。以和、敬、清、寂为基本精神的日本茶道，则是承唐宋遗风。

　　茶道要遵循一定的法则。唐代为克服九难，即造、别、器、火、水、炙、末、煮、饮。宋代为三点与三不点品茶，"三点"为新茶、甘泉、洁器为一，天气好为一，风流儒雅、气味相投的佳客为一；反之，是为"三不点"。明代为十三宜与七禁忌。"十三宜"为一无事、二佳客、三独坐、四咏诗、五挥翰、六徜徉、七睡起、八宿醒、九清供、十精舍、十一会心、十二鉴赏、十三文僮；"七禁忌"为一不如法、二恶具、三主客不韵、四冠裳苛礼、五荤肴杂味、六忙冗、七壁间案头多恶趣。

　　中国茶道的具体表现形式有两种：斗茶与功夫茶。唐代的煎茶，是茶的最早艺术品尝形式，具体做法是把茶末投入壶中和水一块煎煮。

　　1. 斗茶

　　古代文人雅士各携带茶与水，通过比茶面汤花和品尝鉴赏茶汤以定优劣的一种品茶艺术。斗茶又称为茗战，兴于唐代末，盛于宋代。最先流行于福建建州一带。斗茶是古代品茶艺术的最高表现形式。

　　2. 功夫茶

　　清代至今，某些地区流行的功夫茶是唐、宋以来品茶艺术的流风余韵。清代功夫茶流行于福建的汀州、漳州、泉州和广东的潮州。

　　功夫茶是一门艺术并不为过，没有好的功夫就泡不出一泡好茶。懂功夫茶的人，能把茶叶的精华慢慢地泡出来，一泡茶喝到完的时候，茶叶中的精华也被发挥得淋漓尽致。

　　泡功夫茶有以下八个过程。

　　第一，治器。治器包括起火、掏火、扇炉、洁器、候水、淋杯等六个动作。好比打太极拳中的"太极起势"，是一个预备阶段。候水、淋杯都是初试功夫。

第二，纳茶。打开茶叶，把它倒在一张洁白的纸上，分别粗细，把最粗的放在罐底和滴嘴处，再将细末放在中层，又再将粗叶放在上面，纳茶的功夫就完成了。纳茶，每一泡茶，大约以茶壶为准，放有七成茶叶在里面就很够了。

第三，候汤。苏东坡煎茶诗云："蟹眼已过鱼眼生"，这就是指用这样沸度的水冲茶最好。《茶说》云："汤者茶之司命，见其沸如鱼目，微微有声，是为一沸。铫缘涌如连珠，是为二沸。腾波鼓浪，是为三沸。一沸太稚，谓之婴儿沸；三沸太老，谓之百寿汤；若水面浮珠，声若松涛。"

第四，冲茶。当水二沸，就可以提铫冲茶了。火炉与茶壶的放置处大约刚好走七步。提铫后走了七步，揭开茶壶盖，将滚汤环壶口，缘壶边冲入，切忌直冲壶心。提铫宜高，所谓"高冲低斟"是也。高冲使开水有力地冲击茶叶，使茶的香味更快挥发。

第五，刮沫。冲水一定要满，茶壶是否"三山齐"，水平面如何，这时要见功效了，好茶壶水满后茶沫浮起，决不溢出，提壶盖，从壶口轻轻刮去茶沫，然后盖定。

第六，淋罐。盖好壶盖，再以滚水淋于壶上，谓之淋罐。淋罐有个作用：一是使热气内外夹攻，逼使茶香精迅速挥发，追加热气；二是小停片刻，罐身水分全干，即是茶熟；三是冲去壶外茶沫。

第七，烫杯。潮州土话说是"烧盅热罐"，乃是冲功夫茶中的功夫要点。有一位吃茶专家，此老走遍东西南北，到处总结喝茶的经验，在他喝了功夫茶后说，功夫茶的特点就是一个"热"字。从煮汤到冲茶，饮茶都离不开这一个字，这可谓得其三味矣。烫杯，在淋罐之后，用开水淋杯，淋杯时要注意，开水要直冲杯心。烫杯完了，添冷水于砂铫形态的动作，老手者可以同时两手洗两个杯，动作迅速，声调铿锵，杯洗完了，把杯中、盘中之水倾倒到茶洗里去，这时，茶壶外面的水分也刚刚好被蒸发完了，正是茶熟之时。

第八，洒茶。"低"就是前面说过的，"高冲低斟"的"低"。洒茶切不可高，高则香味散失，泡沫四起，对客人极不尊敬。"快"也是为了使香味不散失，且可保持茶的热度。"匀"是洒茶时必须像车轮转动一样，杯杯轮流洒匀，不可洒了一杯再洒一杯，因为茶初出，色淡，后出，色浓。"尽"就是不要让余水留在壶中。洒茶既毕，乘热而饮，杯缘接唇，杯面迎鼻，香味齐到，一啜而尽，三味杯底。据说是"味云腴，餐秀美，芳香溢齿颊，甘泽润喉吻，神明凌霄汉，思想驰古今。神明变幻，功夫茶之三味于此尽得矣"。

二、茶艺

千里不同风，百里不同俗。中国是一个多民族的大家庭，饮茶习俗众多又各有千秋。江浙一带，喜欢以绿茶待客；广东、福建、台湾则爱用乌龙茶、普洱茶。富有民族特点的还有云南的三道茶、湖南的擂茶等，真是五彩纷呈，美不胜收。

茶艺之本为纯，即茶性之纯正，待客之纯心，化茶友之净纯。茶艺之韵为雅，即沏茶细致，动作优美，环境典雅。茶艺之德为礼，即感恩于自然，诚待茶客。茶艺之道为和，即人与人之和睦，人与茶、自然之和谐。茶艺就是通过一定的流程对茶叶的色、香、味、形进行欣赏、细细品饮茶叶，使其具有一种高雅的艺术享受。

茶艺是指泡茶与饮茶的技艺。茶艺包含三方面：一是把茶艺的范围仅仅界定在泡茶和饮茶范畴，种茶、卖茶和其他方面的用茶都不包括在此行列之内；二是指茶艺包括泡茶和饮茶的技巧；三是指茶艺包括泡茶、饮茶的艺术。

基于这样的认识，我们认为茶艺的内涵，应该是与泡茶、饮茶直接相关的技巧与艺术方面的内容。综合起各个专家的说法，以及茶艺各层面的属性，我们认为茶艺的分类可以由以下九方面来分。

1. 按茶事功能分

茶艺按茶事功能可分为生活型茶艺、经营型茶艺、表演型茶艺。

2. 按茶叶种类分

一般是按照基本茶类，即六大茶类再来细分，如红茶茶艺、乌龙茶艺。还有再加工茶类的茶艺，如花茶茶艺表演。

3. 按茶具种类分

主要有壶泡法（包括紫砂壶小壶冲泡，瓷器大壶冲泡），还有盖碗杯茶艺和玻璃杯茶艺。

4. 按冲泡方式分

茶艺按冲泡方式分包括烹茶法、点茶法、泡茶法、冷饮法等。

5. 按饮茶人群分

主要是一些特殊人员群体的茶艺，如现在比较流行的少儿茶艺，伤残人员群体的茶艺等。

6. 按民族分

如汉族茶艺、少数民族茶艺。少数民族茶艺当中又包括蒙古族、藏族、维吾尔族、回族、白族、苗族、侗族、土家族、傣族、裕固族、纳西族、基诺族、布朗族、彝族、景颇族、佤族茶艺等。如大家所熟知的蒙古族咸奶茶、藏族酥油茶、白族三道茶、纳西族龙虎斗、基诺族凉拌茶都曾有茶艺表演。

7. 按民俗分

如客家擂茶、惠安女茶俗、新娘茶等。

8. 按地域分

如北京盖碗茶、西湖龙井茶艺、婺源文士茶、修水礼宾茶等。

9. 按时期分

一是古代茶艺，二是当代茶艺。古代茶艺又根据历史时期分为唐代茶艺、宋代茶艺、明代茶艺、清代茶艺等。

但无论茶艺如何分类，分成多少派别，它们都体现了中国茶艺的共性和个性的和谐统一。

三、冲泡茶的要素

冲泡一杯好茶，不仅要求茶本身的品质，而且要考虑冲泡茶所用水的水质、茶具的选用、茶的用量、冲泡水温及冲泡的时间等五个要素。也就是说要泡好一壶茶或一杯茶，首先，要了解各类茶叶的特点，掌握科学的冲泡技术，使茶叶固有品质能充分表现出来；其次，要选用合适的器皿以及最佳、合理的冲泡程序，以优美的姿势和方法来沏泡茶。

1. 选用茶类

要沏出好茶，茶叶的选择是至关重要的。春天，选择新茶，显示雅致。夏天，选择绿茶，碧绿清澈，清凉透心。秋季，选择花茶，花香茶色，惹人喜爱。冬季，选择红茶，色调温存，暖人胸怀。

一般红、绿茶的选择，应注重"新、干、匀、香、净"五个方面。所谓"新"，一般把当季甚至当年采制的茶叶称新茶。因为新茶香气清鲜，维生素 C 含量较高，多酚类物质较少被氧化，汤明叶亮，给人以新鲜感。"干"是指茶叶中水分含量少，茶叶中的多酚、维生素 C、叶绿素等易被破坏，产生陈色，而且容易受微生物污染而产生"霉气"。"匀"指茶叶的粗细和色泽均匀一致。"香"指香气高而纯正。"净"是指净度好，茶叶中不掺杂异物。

2. 泡茶用水

泡茶用水要求水甘而洁、活而清鲜。一般都用天然水。大中城市多用自来水，自来水是经过净化后的天然水。凡达到饮用水卫生标准的自来水都适于泡茶。在选择泡茶用水时，我们必须掌握水的硬度与茶汤品质的关系。首先，水的硬度影响水的 pH 值（酸碱度），而 pH 值又影响茶汤色泽。当 pH 值大于 5 时，汤色加深；pH 达到 7 时，茶黄素就倾向于自动氧化而损失。其次，水的硬度还影响茶的有效成分的溶解。一般软水有利于茶叶中有效成分的溶解，故茶味浓。硬水中含有较多的钙、镁离子和矿物质，茶叶有效成分的溶解度低，故茶味淡。总之，泡茶用水应选择软水，这样冲泡出来的茶才会汤色清澈明亮，香气高爽馥郁，滋味纯正甘洌。

3. 茶具的选用

茶具，主要指茶杯、茶碗、茶壶、茶盏、茶碟、托盘等饮茶用具。自西周起，茶具就从食器中分离出来，成为我国器皿中的佼佼者。这也从侧面证明了中华民族自古以来对茶的崇敬。饮茶文化推动了中国陶瓷业的发展，精美的陶瓷具又升华了中国饮茶文化。瓷器与茶叶成为代表美丽东方的一对孪生姐妹，享誉全球。

特制的茶具可以养茶，养其色、香、味。如茶叶罐，在选料和造型上面都会注重"寓养于藏"。由于茶性恶湿、喜燥、畏寒、喜温，需要"日用所需，置小罂中，箬包苎扎，亦勿见风。宜即置之案头，勿顿巾箱书箧，尤忌和食器、香药放在一起"。（《许然明先生茶疏》，[明]许次纾）由此，以陶瓷和锡为材料的器皿便成为人们的首选。

茶具种类繁多，各具特色，要根据茶的种类，饮茶习惯来选用。乌龙茶多用紫砂茶具。功夫红茶和红碎茶，一般用瓷壶或紫砂壶冲泡，然后倒入杯中饮用；名品绿茶用晶莹剔透的玻璃杯最理想，杯中轻雾缥缈，澄清碧绿，芽叶朵朵，亭亭玉立，观之赏心悦目，别有情趣。

（1）不同种类的茶具

①茶壶

茶壶是茶具的主体，茶壶以不上釉的陶制品为上，瓷和玻璃次之。陶器上有许多肉眼看不见的细小气孔，不但能透气，又能吸收茶香。每回泡茶时，将平日吸收的精华散发出来，更添香气。酒吧中选用茶壶要兼顾实用性和美观性。

②茶杯

茶杯是茶具中的第二主角。市场上的茶杯与茶壶是成套出售，色泽和造型的搭配一般不成问题。对茶杯的要求是内部以素瓷为宜，浅色的杯底可以让饮用者清楚地判断茶汤色泽。另外，茶杯宜浅不宜深，不但让饮茶者不需仰头就可将茶饮尽，还有利于茶香的溢发。

③茶盘

茶盘主要用来放置茶杯。

④茶托

茶托用来放置在茶杯底下，每个茶杯配一个茶托。

⑤茶船

茶船分盘形与碗形两种，供放茶壶用，一可保护茶壶，二可盛热水保温并供烫杯之用。

⑥茶巾

茶巾用来吸茶壶与茶杯外的水滴和茶水。将茶壶从茶船提取倒茶时，先将壶底在茶巾上沾一下，以吸干壶底水滴，避免将壶底水滴滴落到客人身上或桌面上。

（2）不同材质的茶具

①玻璃茶具。玻璃质地透明，晶莹光泽。

②瓷器茶具包括白瓷茶具、青瓷茶具和黑瓷茶具等。瓷器茶具传热不快、保温适中，对茶不会发生化学反应，沏茶能获得较好的色香味，而且造型美观、装饰精巧，具有一定的艺术欣赏价值。

③陶器茶具中最好的当属紫砂茶具，造型雅致，色泽古朴，用来沏茶，香味醇和，汤色澄清，保温性能好，即使夏天，茶汤也不易变质。

4. 茶叶用量

泡茶的关键技术之一就是要掌握好茶叶放入量与水的比例关系。茶叶用量是指每杯或每壶放适当份量的茶叶。一般要求冲泡一杯绿茶、红茶时，茶与水的比例为 1:50～1:60，即每杯放了 3 克干茶加沸水 150～180 毫升。乌龙茶的茶叶用量为壶容积的二分之一以上。总之，要适量掌握茶与水的比例，茶多水少，则味浓；茶少水多，则味淡。

5. 泡茶水温

水温高低是影响茶叶水溶性物质溶出比例和香气成分挥发的重要因素。一般情况下，泡茶水温与茶叶中有效物质在水中的溶解度呈正相关，水温愈高、溶解度愈大，茶汤就愈浓。水温低，茶叶滋味成分不能充分溶出，香味成分也不能充分散出来。但水温过高，尤其加盖长时间闷泡嫩芽茶时，易造成汤色和嫩芽黄变，茶汤也变得混浊。高级绿茶，特别是细嫩的名茶，茶叶愈嫩、愈绿，冲泡水温要低，一般以 80℃ 左右为宜。这时泡出的茶嫩绿、明亮、滋味鲜美。泡饮各种花茶、红茶和中低档绿茶，则要用 95℃ 的沸水冲泡。如水温低，则渗透性差，茶味淡薄。泡饮乌龙茶，每次用茶量较多，而且茶叶粗老，必须用 100℃ 的沸滚开水冲泡。有时为了保持和提高水温还要在冲泡前用开水烫热茶具，冲泡后在壶外淋热水。

6. 冲泡时间和次数

红茶、绿茶将茶叶放入杯中后，先倒入少量开水，以浸没茶叶为度，加盖 3 分钟左右，再加开水到七八成满，便可趁热饮用。当喝到杯中尚余三分之一左右茶汤时，再加开水，这样可使前后茶汤浓度比较均匀。

一般茶叶泡第一次时，其可溶性物质能浸出 50%～55%；泡第二次，能溶出 30% 左右；泡第三次能浸出 10% 左右；泡第四次则所剩无几了，所以通常以冲泡三次为宜。

乌龙茶宜用小型紫砂壶。在用茶量较多的情况下，第一泡 1 分钟就要倒出，第二泡 1 分 15 秒，第三泡 1 分 40 秒，第四泡 2 分 15 秒。这样前后茶汤浓度比较均匀。

当然，泡茶时间的长短与泡茶水温的高低和用茶数量的多少直接相关。

7. 养壶之术

沏茶饮茶怎样用好壶和养好壶，都有一番科学的方法和养壶之术。宜兴紫砂壶是茶壶中的精品，也是养壶爱好者的最爱。许多养壶方法也是针对紫砂壶进行的。

一种养壶方法是沏好茶的壶，周身是热的，浇在壶身上的茶汤容易被壶热蒸发，同时也容易被壶体表面吸收。新壶初用，不免有点土味，由于紫砂壶体壁内有双重气孔结构，使壶透气而不渗水，并容易吸收茶汁，使新壶逐渐在壶内留下浓郁茶香。使用的壶表面往往会积有茶迹，这就需要"养壶毛笔"或软的牙刷在壶表面经常刷新，以保持清洁，这就称之为"茶汤养壶"。如此日擦、涤加，壶的表面亚光逐起，愈用愈光亮，亦有人称亚光为"包浆"（葆浆）。这种亚光（葆浆）用高温高压冲洗都冲刷不掉，甚显高雅品味。《阳羡茗陶录》云："而爱护垢染舒袖摩挲，惟恐式去，曰吾以宝其旧色尔，不知西子蒙不洁。堪充下陈。"所以，切不要把油污垢物沾上壶身，一定要保持壶的洁净，才能养好壶。

另外一种养壶的方法：即每天早晨洗茶壶茶具时，把壶中的茶渣取出，在壶体周身润擦一遍。这样，一则可擦去壶身的茶垢结渣痕，二则经湿茶叶水磨一遍使壶体光润亮泽。

再一种养壶的方法：把瓦片（江南黑土瓦）磨成很细的粉末，用六层砂布包扎成枇杷大小的布球。趁茶汤浇在壶体时，砂布球沾上茶汤，轻轻顺序抚摸，使壶体洁净光润。在现在科学发达的今天，可采用精细磨料粉末代替瓦片粉末做成砂布球，亦可达到同样的效果。

因壶适茶，因茶选壶，用壶养壶，养出道理。爱茶爱壶者，以适用的、实用的、时代的、科学的泡茶方法，养好紫砂壶，把握着茶、壶、茶的量、壶的容积、水、水温、水候、时间，形成优选的结构，编成规范的泡沫之法，乃使紫砂壶茶，色、香、味皆蕴。肌理之贵可与隋珠赵璧比美，"玉不琢不成器"，壶重养，养出神。

明人周高起说："壶经用久，涤拭日加，自发黯然之光，入手可鉴。"这句话，实际上是用壶、养壶的根本之法。养壶其实并没有特别的诀窍，只要掌握正确的使用方法与日常保养，久而久之，茶壶就会散发出自然油润的光泽。养壶有一些需要注意的事项。

（1）泡茶之前先冲淋

热水泡茶之前，宜先用热水冲淋茶壶内外，可兼具去霉、消毒与暖壶三种功效。

（2）趁热擦拭壶身

泡茶时，因水温极高，茶壶本身的毛细孔会略微扩张，水气会呈现在茶壶表面。此时，可用一条干净的细棉巾，分别在第一泡、第二泡……的浸泡时间内，分几次把整个壶身拭遍，即可利用热水的温度，使壶身变得更加亮润。

（3）泡茶时，勿将茶壶浸水中

有些人在泡茶时，习惯在茶船内倒入沸水，以达保温的功效，然而这对养壶则无正面的功效，反而会在壶身留下不均匀的色泽。

（4）泡完茶后，倒掉茶渣

每次泡完茶后，应倒掉茶渣，用热水冲去残留在壶身的茶汤，以保持壶里壶外的清洁。

（5）壶内勿浸置茶汤

泡完茶后，务必把茶渣和茶汤都倒掉，用热水冲淋壶里壶外，然后倒掉水分。应保持壶内干爽，绝对不可积存湿气，如此养出来的陶壶，才能发出自然的光泽。

（6）阴干时应打开壶盖

把茶壶冲淋干净后，应打开壶盖，放在通风易干之处，等到完全阴干后再妥善收存。

（7）避免放在灰尘多之处

存放茶壶时，避免放在油烟、灰尘过多的地方，以免影响壶面的润泽感。

（8）避免用化学洗洁剂清洗

绝对不能用洗碗精或化学洗洁剂刷洗陶壶，不仅会将壶内已吸收的茶味洗掉，甚至会刷掉茶壶外表的光泽；所以，应绝对避免。

四、不同种类茶的冲泡操作要领

不同茶叶的品质特性各有差别。冲泡茶叶时，也应该根据其特性，因质制宜，选择合适的冲泡方式。下面列举几种基本类别的茶叶冲泡方式。

（一）绿茶泡饮法

绿茶泡饮一般采用玻璃杯泡饮法、瓷杯泡饮法和茶壶泡饮法。

泡饮之前，先欣赏干茶的色、香、形，取一定用量的茶叶，观看茶叶形态，察看茶叶的色泽，嗅茶中的香气，以充分领略各种名茶的自然风韵，称为"赏茶"。冲泡绿茶时茶、水的比例为 1:50，以每杯放 3 克茶叶，加水 150 毫升为宜。

1. 玻璃杯泡饮法

高级绿茶嫩度高，用透明玻璃杯泡饮最好，能显出茶叶的品质特色，便于观赏，其操作方法有两种。

一是采用"上投法"，冲泡外形紧结重实的名茶，如龙井、碧螺春、都匀毛尖、蒙顶甘露、庐山云雾、福建莲蕊等。先将茶杯洗净后冲入 85℃～90℃开水，然后取茶投入、不须加盖。干茶吸收水分后，逐渐展开叶片，徐徐下沉。汤面水气夹着茶香缕缕上升，这时趁热嗅闻茶汤香气，令人心旷神怡；观察茶汤颜色、观赏杯中茶叶的自然茸毫沉浮游动，闪闪发光，星斑点点。待茶汤凉至适口，品尝茶汤滋味，小口品饮，缓慢吞咽，细细领略名茶的鲜味与茶香。饮至杯中余三分之一水量时，再续加开水，即二开茶，此时茶叶味道最好，浓香色最佳。很多名茶二开茶汤正浓，饮后余味无穷。饮至三开茶味已淡，即可换茶重泡。

二是用"中投法"，泡饮茶条松展的名茶，如黄山毛峰、六安瓜片、太平猴魁。在干茶欣赏以后，取茶入杯。冲入90℃开水，至杯容量的三分之一时，稍停两分钟，待干茶吸水伸展后再冲水至满。

2. 瓷杯泡饮法

中高档绿茶用瓷质茶杯冲泡，能使茶叶中的有效成分浸出，可得到较浓的茶汤。一般先观察茶叶的色、香、形后，入杯冲泡。可取"中投法"或"下投法"，用 95℃~100℃初开沸水冲泡。盖上杯盖，以防香气散逸；保持水温，以利茶身开展，加速沉至杯底。待3~5分钟后开盖，嗅茶香，品茶味，视茶汤浓淡程度，饮至三开即可。

（二）红茶泡饮法

红茶色泽黑褐油润，香气浓郁带甜，滋味醇厚鲜甜，汤色红艳透黄，叶底嫩匀红亮。红茶的泡饮方法，可用杯饮法和壶饮法。

1. 杯饮法

一般功夫红茶、小种红茶、袋泡红茶大多采用杯饮法。茶量投放也与绿茶相同，即将 3 克红茶放入白瓷杯或玻璃杯中，然后冲入 150 克沸水。几分钟后，先闻其香，再观其色，然后品味。品饮功夫红茶重在领略它的清香和醇味。一杯茶叶通常冲泡2~3次。

2. 壶饮法

红碎茶和片末红茶多用壶饮法。即把茶叶放入壶中，冲泡后使茶渣和茶汤分离，从壶中慢慢倒出茶汤，分置各小茶杯中，便于饮用，茶渣仍留在壶内，便于再次冲泡。

另外，红茶现在流行一种调饮法，即在茶汤中加入调料，以佐汤味的一种方法。比较常见的是在红茶茶汤中加入糖、牛奶、柠檬片、咖啡、蜂蜜或香槟酒等。

（三）乌龙茶泡饮法

泡饮乌龙茶首先选用高中档乌龙茶；其次，配一套专门的茶具，茶具配套，小巧精致，称为"四宝"，即玉书碾（开水壶）、潮汕烘炉（火炉）、孟臣罐（茶壶）、若深瓯（茶杯）。乌龙茶要求用小杯细品。

泡乌龙茶有一套传统方法。

1. 预热茶具

泡茶前先用沸水把茶壶、茶盘、茶杯等淋洗一遍，在泡饮过程中还要不断淋洗，使茶具保持清洁和相当的热度。

2. 放入茶叶

把茶叶按粗细分开，先取碎末填壶底，再盖上粗条，把中小叶排在最上面，这样既耐泡，又使茶汤清澈。

3. 茶洗

接着用开水冲茶，循边缘缓缓冲入，形成圈子。冲水时要使开水由高处注下，并使壶内茶叶打滚，全面而均匀地吸水。当水刚漫过茶叶时，立即倒掉，把茶叶表面尘污洗去，使茶之真味得到充分体现。

4. 冲泡

茶洗过后，立即冲进第二次，水量约九成即可。盖上壶盖后，再用沸水淋壶身，这时茶盘中的积水涨到壶的中部，使其里外受热，只有这样，茶叶的精美真味才能浸泡出来。泡的时间太长，影响茶的鲜味。另外，每次冲水时，只冲壶的一侧，这样依次将壶的四侧冲完，再冲壶心，四冲或五冲后就要换茶叶了。

5. 斟茶

传统方法是用拇、食、中三指操作，食指轻压壶顶盖珠，中、拇二指紧夹壶后把手。

开始斟茶时，采用"关公巡城法"，使茶汤轮流注入几只杯中，每杯先倒一半，周而复始，逐渐加至八成，使每杯茶汤气味均匀；然后用"韩信点兵"，以先斟边缘，后集中于杯子中间，并将罐底最浓部分均匀斟入各杯中，最后点点滴下。

第二次斟茶，仍先用开水烫杯，以中指顶住壶底，大拇指按下杯沿，放进另一盛满开水的杯中，让其侧立，大拇指一弹动，整个杯飞转成花，十分好看。这样烫杯之后，才可斟茶。

冲茶、斟茶应讲究"高冲低行"，即开水冲入罐时应自高处冲下，使茶叶散香；而斟茶时应低倒，以免茶汤冒泡沫失香散味。

6. 品饮

首先拿着茶杯从鼻端慢慢移至嘴边，乘热闻香，再尝其味。最后，把残留杯底的茶汤顺手倒入茶盘，把茶杯轻轻放下。接着由主人烫杯，进行第二次斟茶。

总之，根据民间经验，因乌龙茶的单宁酸和咖啡碱含量较高，有三种情况不能饮：一是空腹不能饮，否则会有饥肠辘辘、头晕眼花的感觉；二是睡觉前不能饮，饮后引起兴奋，影响休息；三是冷茶不能饮，乌龙茶冷后性寒，饮后伤胃。

（四）花茶泡饮方法

泡饮花茶，首先欣赏花茶的外观形态，取泡一杯的茶量，放在洁净无味的白纸上，干嗅花茶香气，察看茶胚的质量，取得花茶质量的初步印象。

花茶泡饮方法，以能维护香气不致无效散失和显示茶胚特质美为原则。对于冲泡茶胚特别细嫩的花茶，如茉莉毛峰，宜用透明玻璃杯。冲泡时置杯于茶盘内，取花茶 2～3 克入杯，用 90℃开水冲泡，随即加上杯盖，以防香气散失。手托茶盘对着光线，透过玻璃杯壁观察茶在水中上下飘舞、沉浮，以及茶叶徐徐开展，复原叶形，渗出茶汁。汤色的变红过程称为"目品"。泡 3 分钟后，揭开杯盖一侧，以口吸气鼻呼气相配合，品尝茶味和汤中香气后再咽下，称为"口品"。如饮三开，茶味已淡，不再续饮。

五、茶的服务注意事项

不同茶类的饮用方法尽管有所不同，但可以相互通用。只是人们在品饮时，对各种茶的追求不一样，如对绿茶讲究清香，红茶讲求浓鲜。总的来说，对各种茶都需要讲究一个"醇"字，这就是茶的固有本色。在茶的饮用服务过程中应注意以下几项：

1. 茶具在使用前，一定要洗净、擦干；
2. 添加茶叶，切勿用手抓，应用茶匙、羊角匙、不锈钢匙来取，忌用铁匙；
3. 撮茶时，逐步添加为宜，不要一次放入过多。如果茶叶过量，取回的茶叶千万不要再倒入茶罐，应弃去或单独存放。

六、饮茶礼仪

客来敬茶是中华民族的优良传统。不论是主人还是客人，都不应大口吞咽茶水，或喝得咕咚直响。应当慢慢地仔细品尝。遇到漂浮在水面上的茶叶，可用茶杯盖拂去，或轻轻吹开。切不可以用手从杯里捞出来扔在地上，也不要吃茶叶。

西方常以茶会作为招待宾客的一种形式，茶会通常在下午 4 时左右开始，设在客厅之内。准备好座椅和茶几就行了，不必安排座次。茶会上除饮茶之外，还可以上一些点心或风味小吃，国内现在有时也以茶会招待外宾。

我国旧时有以再三请茶作为提醒客人应当告辞的做法，因此在招待老年人或海外华人时要注意，不要一而再、再而三地劝其饮茶。

尽管不少国家有饮茶的习惯，但饮茶的讲究却是千奇百怪的。日本人崇尚茶道，作为陶冶人的心灵的一种艺术。以茶道招待客人，重在渲染一种气氛。至于茶则每人小小的一碗，或全体参加者轮流饮用一碗。

第三节 茶叶加工

茶叶加工古已有之，中国茶叶加工具有悠久的历史，但长期处于经验阶段。20 世纪 50 年代后，加工研究有所进展。近十余年来，由于新技术的引进和茶叶加工多样化，在加工研究方面才有了突飞猛进的发展。

一、茶叶加工工艺与新技术应用

20 世纪我国开始重视机械制茶，80 年代后，茶叶加工进入全面发展阶段，名优茶加工技术和名优茶机迅速发展，传统加工工艺技术进一步完善，茶叶加工向多层次、多方位发展，茶叶加工理论不断深化。茶叶加工发展趋势主要表现在茶叶加工工艺的改进和茶叶产品的加工与开发。

1. 茶叶加工工艺的改进

随着电子技术不断进步与不断改进，这些新技术也不断应用于茶叶加工中。

（1）应用电子自控杀青机加工绿茶；

（2）运用电子称做茶叶加工定量作业；

（3）使用计算机自控茶叶烘干机干燥茶叶；

（4）采用电脑拣梗机进行茶叶挑选；

（5）利用微机系统做茶叶拼配。

在茶叶加工工艺中也有不少改进，首先，应用包种茶萎凋新技术，装有太阳灯的红外线萎凋机，可在天气不良或阳光不足的情况下代替日光，进行正常萎凋作业；其次，提高茶多酚氧化酶活性，加速发酵中的氧化，在包种茶发酵中，加快发酵；再次，利用红外线干燥茶叶，不但感官审评品质好，而且干燥时间缩短。

2. 名优茶的生产

我国名优茶的开发始于 20 世纪 80 年代初，名优茶机的研制开始于 80 年代末期。1991 年后，名优茶机有两个明显的突破：一是微型滚筒杀青机，通过长径比的合理确定，从根本上解决了杀青叶的焖黄问题；二是槽式理条机的创制与多功能机的开发成功，为扁形茶机制奠定了基础。

名优茶机近期发展方向是：开发并完善各类名优茶造型机，其侧重点将放在卷曲型茶加工设备的开发上，其他还有脱水机、鲜叶分级机、名优茶风选机等配套设备的开发与完善。名优茶商品化根本出路在于机械化。机制名优茶工效高，成本低，工艺规范，品质稳定，经济效益丰厚，发展前景广阔。

提高茶叶品质，提高名优茶的香味的途径有以下几种。

（1）鲜叶适度摊放，改善茶叶的色泽和香气

采用的鲜叶适度摊放，失去部分水分，叶片萎缩，可增加茶叶的韧性，在杀青过程中茶汁不易挤出，有利于制出色泽嫩绿的成茶。同时鲜叶经摊放后呈轻微萎凋状态，有利于鲜叶中显青草气的化学成分的挥发与转化，改善成茶茶气的纯度。

（2）适度杀青，改善茶叶香气

目前，在名优茶的杀青工序中，普遍使用 30 型滚筒杀青机。杀青时间短，程度轻，杀青叶的含水率达 68%～70%，所制成茶有生青气味。制高档名优绿茶，最好使用龙井茶电炒锅杀青，以杀青叶的含水率达 58%～60%、茶梗折不断为适度。为了弥补滚筒杀青机杀青程度之不足，可将杀青叶再次经滚筒杀青机杀青，以降低杀青叶的含水率，有利于改善品质。

（3）轻压茶芽，增加茶香

要减轻茶的生青味，应采用锅式杀青。在锅内炒至芽有骨架感时，轻轻把芽压至微扁，使芽组织略有破损，以使氧气进入，从而促使内含成分轻度氧化与转化，产生新的香气。炒至九成时，出锅摊凉半小时左右，再用名茶烘干机以 100℃～105℃烘至足干，如此可改善芽茶的香味。

（4）杀青后不可立即进行揉捻

由于杀青叶内含水率高，揉捻过程中茶汁易被挤出，杀青后，如立即进行揉捻，会使成茶色泽暗黑，失去名优茶的风格。茶叶在炒制过程中，当在制品的含水率降至 40%左右时，再逐步做型收紧茶身。这样，茶汁不外溢，有利于制成色泽嫩绿的成茶。

（5）木炭烘笼红茶不可取

木炭烘干是原始制茶方法，成茶大多数带木炭异味。应改用名优茶烘干机，有利于出色香味，还可以节省燃料。

（6）足火温度高，茶叶品质好

制作名优绿茶，干燥工序时间不宜过长，火力要足，以去除青香气，产生使人喜欢的嫩香、清香或栗香。

（7）成茶干燥度不足会影响茶叶色泽和香气

制名优绿茶应以烘干至茶叶含水率低于 6%，手捻茶叶呈粉末状为足干。将足干茶装入布袋内，存放在有生石灰的缸或坛内继续降湿，当块状的生石灰有半数呈粉末状时，应及时更换新石灰，使商品茶的含水率在 5%左右，如此能延长保质期。

（8）茶叶冷藏后热处理

冷藏保鲜是保持茶叶品质的先进技术，但冷藏后，茶香减弱，应大力提倡出库做热处理，以提高茶香。

中国是文明古国，是礼仪之邦，又是茶的原产地和茶文化的发祥地。茶陪伴中华民族走过五千年的历程。"一杯春露暂留客，两腋清风几欲仙"。饮茶、品茶、养茶、泡茶，都是与茶的交流，也是对人生的品味。茶文化的渊博，难以穷其一二，还有待更多的爱好者予以亲身体会。

二、新型茶饮料的加工与开发

茶叶对人体具有兴奋益智、消除疲劳、降血脂、减肥及增强抗辐射、抗癌、抗衰老能力等作用，是人们公认的久经考验的健康饮料之一。然而，传统饮用方法不能适应当今生活及工作节奏极快的需要，造成了茶叶受软饮料的严重冲击的被动局面。为此，从 20 世纪 60 年代起，人们逐渐发展了饮用方法较为方便的新型茶叶饮料，适应了消费者及市场变化的要求，具有较大经济意义。

新型茶叶饮料开发出了很多，加工较粗放、生产规模及销售半径较小的品种有茶叶冰棒、雪糕及散装凉茶和冰茶。另外，还有很多可直接生产和食用的产品，比如：瓶装、袋装及罐装果味茶饮料和保健茶饮料；瓶装或罐装茶汽水或果味茶汽水；瓶装或袋装、罐装红茶菌；浓缩茶及茶膏；速溶茶。

【拓展阅读】

世界茶文化一览

饮茶的习惯最早起源于中国，如今饮茶更成为世界性的风尚。茶，作为世界三大健康饮品之一，遍布整个世界。而各个国家和地区的饮茶习俗、文化又有不同，反映了不同民族、地区、国家的不同价值理念和文化取向。赵朴初的"茶诗入禅"："东赢玉露甘清香，椤伽紫茸南方良。茶经昔读今茶史，欲唤天涯认故乡。"描述了中国茶叶、茶树、饮茶风俗及制茶技术，是随着中外文化交流和商业贸易的开展而传向全世界的。最早传入日本、朝鲜，其后由南方海路传至印尼、印度、斯里兰卡等国家，16 世纪至欧洲各国并进而传到美洲大陆。西方各国语言中"茶"一词，大多源于当时海上贸易港口福建厦门及广东方言中"茶"的读音。可以说，中国给了世界茶的名字、茶的知识、茶的栽培加工技术，世界各国的茶叶，直接或间接，与我国茶叶有着千丝万缕的联系。

英国的中国科技史专家李约瑟曾说："茶是中国继火药、造纸、印刷、指南针四大发明之后，对人类的第五个贡献。"茶以人兴，人伴茶名。现在五大洲有 50 多个国家种茶，有 120 个国家从中国进口茶叶，全世界 65 亿人口中大多数人喜欢饮茶，茶和茶文化覆盖了全球。

美国

在美国市场上，中国的乌龙茶、绿茶等有上百种，但多是罐装的冷饮茶。美国人饮用时，先在冷饮茶中放冰块，或事先将冷饮茶放入冰箱冰好，闻之冷沁鼻，啜饮凉齿爽口，顿觉胸中清凉，如沐春风。这也就凸现出了美国人饮茶，讲求效率、方便，不愿为冲泡茶叶、倾倒茶渣而浪费时间和动作，似乎也不愿在茶杯里出现任何茶叶的痕迹；青睐于喝速溶茶，夏季来一杯冰凉的冷饮茶，顿觉心中清凉，很是惬意。

英国

茶是英国人普遍喜爱的饮料，80%的英国人每天饮茶，茶叶消费量约占各种饮料总消费量的一半。英国本土不产茶，而茶的人均消费量占全球首位，因此，茶的进口量长期遥居世界第一。英国饮茶，始于 17 世纪中期，1662 年葡萄牙凯瑟琳公主嫁与英国查尔斯二世，将饮茶风尚带入皇家。凯瑟琳公主视茶为健美饮料，嗜茶、崇茶而被人称为"饮茶皇后"，由于她的倡导和推动，使饮茶之风在宫廷盛行起来，继而又扩展到王公贵族和贵豪世家及至普通百姓。

英国人好饮红茶，特别崇尚汤浓味醇的牛奶红茶和柠檬红茶，伴随而来的还出现了反映西方色彩的茶娘、茶座、茶会以及饮茶舞会等。目前，英国人喝茶，多数在上午 10 时至下午 5 时进行。倘有客人进门通常也只有在这时间段内才有用茶敬客之举。他们特别注重午后饮茶，午后茶实质上是一餐简化了的茶点，一般只供应一杯茶和一碟糕点。

法国

自茶作为饮料传到欧洲后，就立即引起法国人民的重视。以后，几经宣传和实践，激发了法国人民对"可爱的中国茶"的向往和追求，使饮茶从皇室贵族和有闲阶层中，逐渐普及到民间，成为人们日常生活和社交不可或缺的一部分。

现在，法国人最爱饮的是红茶、绿茶、花茶和沱茶。饮红茶时，习惯于采用冲泡或烹煮法，类似英国人饮红茶习俗。通常取一小撮红茶或一小包袋泡红茶放入杯内，冲上沸水，再配以糖或牛奶和糖；有的地方，也有在茶中拌以新鲜鸡蛋，再加糖冲饮的；还有流行饮用瓶装茶水时加柠檬汁或橘子汁的；更有的还会在茶水中掺入杜松子酒或威士忌酒，做成清凉的鸡尾酒饮用的。法国人饮绿茶，要求绿茶必须是高品质的。

浪漫的法国人从来就不会放弃在浴缸里浪漫的机会，也从来不会放弃在浴缸里制造美丽的机会。现在，巴黎人最喜欢的洗浴形式莫过于茶叶澡。把茶叶和桉树叶、海藻同包于柔柔的雪纺绸中，投于浴池，有一股淡淡的茶香溢出。茶叶中含有人所需的微量元素，所以成为巴黎人美容护肤、减肥的选择之一。

俄罗斯

俄罗斯人喜欢喝茶，但他们喜欢喝红茶，主要是红茶末。早在19世纪下半叶，俄罗斯就是中国茶叶的最大买主，那时候中国茶叶的出口量75%都卖给沙皇时期的俄国。莫斯科市中心中国城社区有19世纪雕龙画栋的中国茶行，可见证当时双方茶叶贸易的兴盛。

为了喝茶，俄罗斯人家里都有一个特殊的茶炊，称为"萨莫瓦尔"。以前茶炊是铜制的，有点像东北火锅，中间是放木炭、冒烟的筒子，底下是放煮水的锅，唯一差别是俄罗斯茶炊有一个水龙头。水煮开后，就从小水龙头放水泡茶。这种旧式茶炊只有在莫斯科跳蚤市场看得到。现代"萨莫瓦尔"兼具传统与新潮，它外表漆得非常有斯拉夫民族的风格，也不用炭烧而用电加热，体积变小，而且用电烧水不会弄得乌烟弥漫。

俄罗斯人喝茶程序非常复杂，对茶也比较讲究。不仅要有茶杯，还要有茶托，连用玻璃杯喝茶，也要把杯子放在金属套内。俄罗斯人不仅饭后喝茶，他们平常也喝茶。喝茶时配果酱、巧克力、饼干与蛋糕，别有一番风味。

日本

日本人饮茶以"茶道"出名，讲究一点的人家都设有茶室。主人迎客入茶室，要跪坐在茶室门口，让客人一个个进去，客人经过门口时，要在门旁洗手，然后脱鞋入茶室，主人则最后进入茶室，和客人鞠躬行礼。主人开始煮茶时客人要退出茶室，到后面花园或石子路走走，让主人自由、从容地准备茶具、煮茶、泡茶。主人泡好茶以后，再让客人回茶室，然后开始一起饮茶，饮完茶以后，主人还要跪坐在门外，向客人祝福道别。

【思考题】

1. 我国茶的主要种类及名品代表。

2. 从不同的茶道与茶艺分析茶文化的不同。

3. 从世界各地饮茶习俗来看，茶文化在人们生活中的作用。

4. 请从中西方制茶、饮茶习俗，分析中西方茶文化的差异。

5. 讨论西方人的茶文化，对我国茶文化发展的影响（包括加工、器皿等的借鉴）。

第七章　健康饮料

【学习引导】

随着人们健康理念的增强，果蔬饮料、奶饮料、咖啡等越来越受到国人的欢迎。本章重点介绍果蔬饮料、乳饮、咖啡的种类，营养成分及特点，以及饮用方法。

【教学目标】

1. 掌握果蔬饮料的种类、营养成分及特点。

2. 了解乳饮的分类及其主要营养成分。

3. 了解咖啡的发展历史、饮用方法及其所含成分和保健作用，掌握咖啡的主要产地及几个主要的品牌，以及影响其质量的几个重要因素。

4. 掌握碳酸饮料的不同种类，以及它的一些负面影响。

【学习重点】

果蔬饮料的种类；乳饮分类及主要营养成分；咖啡的主要产地及主要的品牌，以及影响其质量的几个重要因素；碳酸饮料的种类。

第一节　果蔬饮料

一、果蔬饮料的特点

（一）果蔬饮料的种类

水果蔬菜中所含的单糖、无机盐、维生素 C 均为人体易于吸收且不可缺少的养分。因此以水果和蔬菜为原料制作出的理想的保健饮料越来越受人们欢迎。2007年，西欧是最大的果汁市场，市场总额达到 251 亿美元。"100%果汁饮料"增长率最大，预计其在欧洲的增长率将达到 13%。

根据《软饮料的分类》国家标准，果蔬饮料按用途可分为浓缩果蔬汁、浆及果蔬汁饮料两大类产品。果蔬汁饮料的果汁含量为 100%、40%、20%、10%等多种规格。果蔬饮料可分为天然果汁、果汁饮料、果肉果汁、浓缩果汁以及果蔬菜汁。

1. 天然果汁

天然果汁是指经过一定方法将水果加工制成未经发酵的汁液，具有原水果果肉的色泽、风味和可溶性固形物含量。果汁含量为 100%。

2. 果汁饮料

果汁饮料是指在果汁（或浓缩果汁）中加入水、糖水、酸味剂、色素等调制而成的单一果汁或混合果汁制品。成品中果汁含量不低于 10%（m/v），如橙汁饮料、菠萝汁饮料、苹果汁饮料等。

3. 果肉果汁

果肉果汁是指在饮料中含有少量的细碎果粒，如粒粒橙等。

4. 浓缩果汁

浓缩果汁指需要加水进行稀释的浓缩果汁。浓缩果汁中的原汁占 50% 以上。西柚汁、橙汁、柠檬汁等市面最为常见。

5. 果蔬菜汁

果蔬菜汁指加了水果汁和香料的各种蔬菜汁，如番茄汁等。

国内果蔬饮料品牌有：汇源、茹梦、康师傅、统一、牵手、华邦、华荣等。

（二）果蔬饮料的特点

果蔬饮料之所以赢得了越来越多的人们的喜爱，是因为其具有与众不同的特点。

1. 悦目的色泽

不同品种的果实，在成熟后都会呈现出各种不同的鲜艳色泽。它既是果实成熟的标志，又能区别不同种类果实的特征。果实的色泽是由其色素物质体现的。色素物质按其溶解性能及其存在状态可分为两类。

（1）脂溶性色素，又称质体色素。它包括胡萝卜素（橙色、黄色、橙红色）和叶绿素（绿色）等。耐热，稳定性较好，但对氧化较敏感。

（2）水溶性色素，又称为液泡色素。它包括花青素（呈红、蓝、紫等颜色）和花黄素（呈黄色）等。其色泽一般随 pH 值的改变而发生变化。

2. 迷人的芳香

各种果实均有其固有的香气，特别是随着果实的成熟，香气日趋浓郁。这种香气也带给果汁不同的感觉，构成不同果汁特有的典型风味。果汁的芳香是由芳香物质散发出来的。它们都是挥发性物质，其种类繁多，量虽甚微，但对香气和风味的表现却十分明显而典型。

果蔬饮料中的芳香物质包括各种酮类、醇类、醛类、酯类和有机酸类。这些芳香物质均具有强烈的挥发性，故在加工处理过程中应保持天然水果浓郁而迷人的芳香。

3. 怡人的味道

果蔬饮料的味道主要来自糖和酸的成分。果蔬饮料中形成甜味的主要成分是蔗糖、果糖和葡萄糖，其他甜味物质量微少。糖分是随着果实的成熟不断形成和积累的，故成熟的果实较甜。酸性物质主要是柠檬酸、苹果酸、酒石酸等有机酸，各种果实中含酸的种类和数量不同，故酸味也有差异。如苹果以苹果酸为主，柑桔类以柠檬酸为主，而葡萄则以酒石酸为主。有机酸在果实中可以盐类或酯类存在，而游离酸则是决定酸味的主要因素。

果汁中糖分和酸分以复合天然水果的比例组合，构成最佳糖酸比，给人以怡人的味道。

4. 丰富的营养

新鲜果蔬汁中含有丰富的矿物质、维生素、蛋白质、叶绿素、氨基酸、胡萝卜素等人体所需的多种维生素和微量元素，其中有些成分如叶绿素等，人类目前仍无法合成，唯有直接从绿叶蔬菜中摄取。

维生素是体内能量转换所必须的物质，能起到控制和调节代谢的作用。人体对它的需要量虽少，但其作用异常重要。维生素在体内一般不能合成，多来自于食物，而果实和蔬菜是维生素的主要来源。但有些维生素（如维生素 C）受热时最易被破坏，在果汁加工时要倍加注意。果蔬饮料中还含有许多人体需要的无机盐，如钙、磷、铁、镁、钾、钠、碘、铜、锌等，它们以硫酸盐、磷酸盐、碳酸盐或与有机物结合的盐类存在，对构成人体组织与调节生理机能起着重要的作用。

正因为果汁具有悦目的色泽、迷人的芳香、怡人的味道和丰富的营养，故而成为深受人们欢迎和喜爱的饮料。

二、果蔬饮料制作原则

（一）选料新鲜

果汁饮料之所以深受人们欢迎，是因为它既具有色、香、味，又富于营养，有益于健康。果汁的原料是新鲜水果。原料质量的优劣将直接影响果汁的品质，对制取果汁的果实原料有以下几项基本要求。

1. 充分成熟

这是对果汁原料的基本要求。不成熟的果实，由于其碳水化合物含量少，味酸涩，难以保证果汁的香味和甜度，加之色泽晦暗，没有其相应果实的特征颜色，也使果汁失去了美感。过分成熟的果实，由于其呼吸分解作用，糖分、酸分、色素、维生素和芳香物质损失较多，将影响果汁的风味。充分成熟的果实，色泽好，香味浓，含糖量高，含酸量低，且易于取汁。

2. 无腐烂现象

腐烂包括霉菌病变、果心腐烂等。任何一种腐烂现象，均由于微生物的污染而引起，不但使果实风味变坏，而且还会污染果汁，导致果汁的变质、败坏。即使是少量的腐烂果实，也可能造成十分严重的后果。

3. 无病虫害、无机械伤

受病虫害的果实，果肉受到侵蚀，果皮、果肉、果心变色，风味已大为改变，有些还有异味，若用来榨取果汁，势必影响果汁的风味。

带有机械伤的果实，因表皮受到损坏，极易受微生物污染，变色、变质，将对果汁带来潜在的不良影响。

（二）充分清洗

在果汁的制作过程中，果汁被微生物污染的原因很多。但一般认为，果汁中的微生物主要来自原料。因此，对原料进行清洗是很关键的一环。此外，有些果实在生长过程中喷洒过农药，残留在果皮上的农药会在加工过程中进入果汁，以致对人体带来危害。因此，必须对这样的果实进行特殊处理。一般可用 $0.5\% \sim 1.5\%$ 的盐酸溶液或 0.1% 的高锰酸钾溶液浸泡数分钟，再用清水洗净。

不同的果实，其污染程度、表面状态均不尽相同，应根据果实的特性和状态选择清洗条件。为使果实洗涤充分，应尽量用流动水进行清洗，并要注意清洗用水的卫生，清洗用水应当符合生活饮用水标准。否则，不但不能洗净原料，反而会带来新的污染。清洗用水要及时更换，最好使用自来水。

（三）榨汁前的处理

果实的汁液存在于果实组织的细胞中，制取果汁时，需要将其分离出来。为了节约原料，提高经济效益，提高出汁率，通常可采取以下方法。

1. 合适的破碎

破碎是提高榨汁率的主要途径。特别是对于皮、肉致密的果实，更需要破碎。果实破碎使果肉组织外露，为取汁做好了充分的准备。大小均匀分块，并选择高效率的果汁机。

2. 适当的热处理

有些果实（如苹果、樱桃）含果胶量多，汁液粘稠，榨汁较困难。为使汁液易于流出，在破碎后需要进行适当的热处理，即在 $60℃ \sim 70℃$ 水温中浸泡，时间为 $15 \sim 30$ 分钟。通过热处理可使细胞质中的蛋白质凝固，改变细胞的半透性，使果肉软化，果胶物质水解，有利于色素和风味物质的溶出，并能提高出汁率。

（四）注意品种的搭配

所有水果和蔬菜都有它本身特殊的风味，其中部分口感难以被人们接受，尤其是蔬菜汁的青涩口味问题。对付青涩味的传统办法就是通过品种搭配来调味。调味主要是用天然水果来调整果蔬汁中的酸甜味，这样可以保持饮料的天然风味，营养成分又不会受到破坏。比如增加甜味，除了蜂蜜和糖以外，还可以选用甜度比较高的苹果汁、梨汁等。天然柠檬汁含有丰富的维生素 C，它的强烈酸味可以压住菜汁中的青涩味，使其变得美味可口。另外，果蔬汁中加鸡蛋黄也能调节口味，还可增加营养、消除疲劳和增强体力。

菠菜、花菜、甘蓝、生菜、香菜等绿叶蔬菜应与胡萝卜或苹果混合榨汁，因为胡萝卜和苹果有调味与中和的作用。通常一杯蔬菜汁中绿色菜汁应占 1/4，其余 3/4 可加胡萝卜、苹果及其他清淡些的菜汁调配。

（五）合理的使用辅料

作为日常饮料的果蔬汁，多是以水果或蔬菜为基料，加水、甜味剂、酸味剂配制而成，也可用浓果蔬汁加水稀释，再经调配而成。

1. 水。要用优质的水，如自来水口感差，可用矿泉水，水量适中。

2. 甜味剂。最好用含糖量高的水果来调味。也可少量用砂糖或蜂蜜等。

3. 酸味物。用天然的柠檬、酸橙等柑桔类含酸高的水果。

（六）防止果蔬的褐变

天然果蔬在加工中，经机械切片或破碎后，以及在贮存过程中，易使原有的悦目的色泽变暗，甚至变为深褐色，这种现象称为褐变。褐变反应有两类：一类是在氧化酶催化作用下的多酚类氧化和抗坏血酸氧化；另一类是不需要酶的褐变，如：迈拉德反应，抗坏血酸在空气中自动氧化褐变等。较浅色的水果和蔬菜，如苹果、香蕉、杏、樱桃、葡萄、梨、桃、草莓、土豆等，在组织损伤、削皮、切开时经常可能发生酶褐变。这是因为它们的组织暴露在空气中，在酶的催化下，氧化聚合而形成褐色素或黑色素所致。有些瓜果如柠檬、柑桔、葡萄柚、醋栗、菠萝、番茄、南瓜、西瓜、番瓜等，因缺少诱发褐变的酶，故不易发生酶褐变。果蔬发生酶的褐变，必须同时具备三个条件：即多酚类物质、多酚氧化酶和氧。

果蔬饮料热量低，符合健康时尚的生活标准。它不仅仅是在倡导一种营养的平衡，更重要的是在引领一种观念，一种生活的时尚。低糖、无糖型的健康、营养果汁饮料越来越受到人们的欢迎，成为未来的发展趋势。

有人说 21 世纪的主流色彩是绿色。既环保又健康的绿色食品成为食品行业的主打产品，以水果蔬菜为原料的果蔬汁也越来越受到人们的喜爱。在一些商场超市里，果蔬饮料货架已经超过了碳酸饮料、矿泉水、纯净水、果味汽水等传统饮品，而且其品种更丰富，包装更鲜艳，口味更甘美。根据中华全国商业信息中心公布的资料显示，果汁饮料在我国家庭饮料中的购买率已从 1999 年的 22.3%攀升到 2008 年的 35.0%。

三、部分果蔬饮料品牌介绍

（一）汇源

汇源有橙汁、苹果汁、菠萝汁、葡萄汁、高纤维杏汁、高纤维草莓汁、高纤维桃汁、山楂汁、荔枝汁、梨汁、芒果汁、杏汁、猕猴桃汁、沙棘汁、蜜瓜果冻饮料、什果果冻饮料等。100 多个品种、137 个产品包装形式，不同的口味能够满足更多的消费者的要求，不同的包装能满足不同消费者的爱好。

（二）茹梦

茹梦有桃、杏、苹果、草莓、山楂、梨等口味，最近又推出两种全新的产品100%纯橙汁和 100%纯苹果汁。果汁浓郁、口感厚重、营养成分高，其配方也与传统饮料不同，是根据中国消费者口味设计，并保证了水果的最高新鲜度。

（三）康师傅

康师傅有菠萝汁、水蜜桃汁、苹果汁等，最近推出冰红茶加量 100ml 新包装。康师傅果汁系列产品采用新鲜优质果汁制成，具有丰富的营养物质，有增补营养维生素等多种功能。其清新、解渴、酸甜可口、口感舒畅，解决了消费者缺水而不愿喝无味水的矛盾，让消费者喝得更健康舒畅。

（四）统一

统一有鲜橙多、密桃汁、菠萝汁等。其产品均以纯净水、浓缩果汁等添加维生素制成，为现在消费者比较喜爱的果汁饮料。

（五）牵手

牵手有苹果、菠萝、甜橙、百香果口味，鲜姜复合蔬菜汁、南瓜汁等。牵手果蔬汁的主要原料是新鲜的胡萝卜和蔬菜，不添加任何色素、防腐剂，完好地保存了天然的芬芳和营养精华，有益于保持人体营养平衡和促进新陈代谢，为现代生活带来真正的绿色健康饮料。

第二节　乳饮

乳品饮料是以牛奶为主要原料加工而成。牛奶是由奶牛乳胶腺分泌出来的一种白色带淡黄色、不透明的微有甜味的液体。长期以来，牛奶不易保存，在常温下几小时就会腐败变质。直到 1851 年，盖尔·鲍尔顿发明了一种可以从牛奶中取出部分水分的方法，牛奶的保存期才得以延长。4 年之后，法国化学家和生物学家路易·巴斯德发明了低温灭菌法，牛奶经过杀菌处理，能以更长时间保存，才使牛奶作为一种饮料实现消费。

一、乳品饮料分类

乳品饮料根据配料不同，可分为纯牛奶和含乳饮料两种。纯牛奶也叫鲜牛奶、纯鲜牛奶，从产品的配料表上，可以看到这种产品的配料只有一种，即鲜牛奶。鉴别纯牛奶的好坏，主要有两个指标：总干物质（也叫全乳固体）和蛋白质。含乳饮料允许加水制成，从配料表上可以看出，这种牛奶饮品的配料除了鲜牛奶以外，一般还有水、甜味剂、果味剂等，而水往往排在第一位。按国家标准要求，含乳饮料中牛奶的含量不得低于30%，也就是说水的含量不得高于70%。乳品饮料常见的有以下几类。

（一）纯鲜牛奶（Fresh milk）

鲜奶大多采用巴氏消毒法，即将牛奶加热至 60℃～63℃，并维持此温度 30分钟，既能杀死全部致病菌，又能保持牛奶的营养成分，杀菌效果可达99%。另外，还有采用高温短时消毒方法，即在80℃～85℃下，用10秒～15秒，或72℃～75℃下用 16 秒～40 秒钟处理杀菌法。新鲜牛奶（消毒乳）呈乳白色或稍带微黄色，有新鲜牛乳固有的香味，无异味，呈均匀的流体，无沉淀，无凝结，无杂质，无异物，无粘稠现象。新鲜牛奶分全脂和部分脱脂两类。

鲜奶饮料有以下几种。

1. 无脂牛奶（Skim milk）

无脂牛奶是把牛奶中的脂肪脱掉，使其含量仅为 0.5%C GH 左右。

2. 强化牛奶（Fortified milk）

强化牛奶是在无脂或低脂牛奶中增加了各种脂溶性维生素 A、D、E、B 等营养成分。

3. 加味牛奶（Flavored milk）

加味牛奶是在牛奶中增加了有特殊风味的原料，改变了普通牛奶的味道。最常见的是巧克力奶（Chocolate milk）和可可奶（Cocoa milk）以及各种果汁奶。

（二）乳脂饮料（Cream）

乳脂饮料是指牛奶中所含脂肪较高的饮品（一般在 10%～40%不等）。常见的有以下几种。

1. 掼奶油（Whipping Cream）

脂肪含量在30%～40%，常作其他饮料的配料。

2. 餐桌乳饮（Light Cream）

脂肪含量在16%～22%，通常用作咖啡的伴饮。

3. 乳饮料（Half-and-Half）

脂肪含量为 10%～12%。

（三）发酵乳饮

酸牛乳是用纯牛奶经发酵方法制成的，可以分为纯酸牛乳、调味酸牛乳、果料酸牛乳。乳经杀菌、降温、加特定的乳酸菌发酵剂，再经均质或不均质恒温发酵、冷却、包装等工序制成的产品称发酵乳制品。优质酸奶呈乳白色或淡黄色，凝结细腻，无气泡。口味甜酸可口，有香味。

1. 酸乳（Sour Cream）

酸乳是用脂肪含量在 18%以上的乳品，加入乳酸菌发酵后，再加入特定的甜味料，使其具有苹果、菠萝或特殊风味的酸乳饮料。

2. 酸奶（Yogurt）

酸奶是一种有较高营养价值和特殊风味的饮料，它是以牛乳等为原料，经乳酸菌发酵而制成的产品，这类产品的钙质最易被人体吸收。酸奶能增强食欲，刺激肠道蠕动促进机体的物质代谢，从而增进人体健康。酸奶的种类很多，从组织状态可分为凝固型和搅拌型；从产品的化学成分和脂肪食品分为全脂、脱脂、半脱脂；根据加糖与否可分为甜酸奶和淡酸奶；另可在酸奶中加入水果等成分制成风味酸奶。

（四）冰淇淋

冰淇淋是以牛乳或其制品为主要原料，加入糖类、蛋品、香料及稳定剂，经混合配制、杀菌冷冻成为松软的冷冻食品，具有鲜艳的色泽、浓郁的香味、细腻的组织，是一种营养价值很高的夏令饮品。冰淇淋种类很多，按颜色可分为单色、双色和多色冰淇淋。按风味分类有以下几种。

1. 奶油冰淇淋

脂肪含量 8%～16%，总干物质含量 33%～42%，糖分 14%～18%。其中加入不同成分的物料，又可制成奶油、香草、巧克力、草莓、胡桃、葡萄、果汁等不同味道的冰淇淋。

2. 牛奶冰淇淋

脂肪含量在 5%～8%，总干物质含量 32%～34%。其按配料可分为牛奶型、香草型、可可型、果浆型。

3. 果味冰淇淋

一般脂肪含量在 3%～5%，总干物质含量在 28%～32%。配料中有果汁或水果香精，食之有新鲜水果风味。常见有桔子、香蕉、菠萝、杨梅、草莓等类型。

4. 水果冰淇淋

将冰淇淋凝冻装盒后，表面放上几颗完整或块状的新鲜水果，如草莓、葡萄、樱桃、果仁等，再送入硬化室硬化。

（五）含乳饮料

含乳饮料是以奶粉为原料，配以蔗糖、有机酸、糖精、香料配制而成的，可分为配制型与发酵型两种。配制型是以鲜乳或乳制品为原料，加入水、糖液、酸味剂等调制而成。发酵型是以鲜乳或乳制品为原料，在经乳酸菌培养发酵制得的乳液中加入水、糖液等调制而成的制品。常见的有果奶和酸奶饮品。含乳饮料由于其味道香甜，并有奶香味，特别受到儿童的喜爱。

二、乳品营养成分

乳品的主要营养成分含量如下：水分 87.5%左右、脂肪 3.7%左右、蛋白质 3.5%左右、乳糖 4.5%左右、无机盐 0.7%左右。

（一）水

水分占牛奶总量的 87.5%左右，以游离水、结合水、结晶水三种方式存在。游离水占绝大部分（87%～89%），为溶解和分散其他营养物质的溶剂，这种水不稳定，在常压 100℃条件下即沸腾汽化，0℃时结冰，游离水用浓缩、干燥等方法可以排除。结合水约占 2%～3%，通过水分子的氢键与蛋白质的亲水基结合，它较稳定不易排除。牛乳中尚有少量的水晶体化合物的结构成分，以分子形式存在于晶体内，称为结晶水，如乳糖有 1 分子结晶水。

（二）乳脂肪

乳脂肪以微小的圆球形或椭圆球形的状态悬浮在乳中，含量一般为 3%～5%。乳脂中约有 97%～98%为甘油三酸酯，近 1%的为磷脂，还有微量的游离脂肪酸、甾醇、卵磷脂。牛乳脂肪球直径约为 100 毫微米～10000 毫微米，1 毫升牛乳中可含有 2×10^9～4×10^9 个脂肪球。牛乳脂肪与一般脂肪相比，乳脂肪的脂肪酸组成中含低级挥发性脂肪酸多达 14%左右，水溶性挥发脂肪酸的含量比例特别高，达 8%左右，这是乳脂肪风味良好及易消化的原因所在，但也容易受光线、热、氧、金属等作用使脂肪氧化而产生脂肪氧化味。

（三）乳蛋白质

牛乳的含氮物质中乳蛋白质占 95%，其中包括酪蛋白及乳清蛋白，还有少量脂肪球膜蛋白，剩余 5%为非蛋白氮。牛乳中蛋白质的含量为 3.4%左右，其中酪蛋白占 2.9%，乳白蛋白占 0.4%，球蛋白占 0.1%。

1. 酪蛋白

在 20℃调节脱脂乳的 pH 值到 4.6 时所析出的一类蛋白质称为酪蛋白，比重为 1.25～1.31，白色、无味、无臭、不溶于水、醇及有机溶剂，而溶于苛性碱、碱土金属及磷酸钙的溶液。酪蛋白是一类既相似又相异的多种蛋白质组成的复杂物质，酪蛋白属于结合蛋白质，是典型的磷蛋白，具有明显的酸性。

2. 乳白蛋白与乳球蛋白

乳清蛋白质，主要由乳白蛋白和乳球蛋白组成，这两种蛋白约占乳清蛋白总量的 81%；热稳定的乳清蛋白质有膘和胨。乳清在中性状态下加饱和硫酸铵或饱和硫酸镁盐析出时，呈溶解状态并不析出的蛋白质即属于乳白蛋白，约占乳清蛋白的 68%，它不含磷，而含大量硫，能溶于水，在酸的作用下不沉淀。乳清在中性条件加饱和硫酸铵和硫酸镁时，析出的呈不溶解状态的蛋白质即为乳球蛋白，占乳清蛋白质的 13%，乳球蛋白内具有抗原作用，又被称为免疫球蛋白。乳白蛋白和乳球蛋白遇热都不稳定，保持在 62℃～63℃，30 分钟杀菌时产生凝固现象，如果 80℃，60 分钟杀菌则乳白蛋白和乳球蛋白完全凝固。

乳中非蛋白氮物质主要有尿素、尿酸、肌酐、肌酸、嘌呤碱等。

（四）乳糖

乳糖是哺乳动物乳汁中特有的糖类，占乳中糖类的 99.8% 以上，以溶液状态存在于乳中，乳糖的甜度仅为蔗糖的 16%～20%。由于乳糖极易被乳酸菌分解，1 分子乳糖可生成 4 分子乳酸，所以牛乳挤下后酸度逐渐增高，当牛乳的酸度到达适当酸度时，可以制止细菌的繁殖，不然牛乳就会分解而腐败。在哺乳期的婴儿，每消化 1 分子乳糖可得到 1 分子葡萄糖和 1 分子半乳糖，半乳糖是构成脑及神经组织的糖脂质的一种成分，能促进婴儿智力的发育；乳糖还能促进肠内乳酸菌的生长而产生乳本，有利于婴儿对钙及其他无机盐的吸收。

（五）无机盐

牛乳中所含的无机盐主要是钾、钠、钙、磷、镁、硫、氯及微量元素，随泌乳期、饲料及个体健康状况等各种条件的不同而有差异，其中碱性成分多于酸性成分，所以牛乳的成分是碱性反应。乳中钠、钾的大部分是以氯化物、磷酸盐及柠檬酸盐结合呈胶体状态；磷是酪蛋白、膦脂及有机磷酸酯的成分。无机成分中以钙、磷最为重要。

（六）维生素

牛乳中含有几乎所有已知的维生素，维生素 B2 含量丰富。维生素 A、维生素 D、维生素 B2 及尼克酸受热稳定，不因热处理受多大损失；维生素 B1、维生素 B12、维生素 C 等在热处理中会受到损失，但是在无氧条件下加热就能减少其损失。用发酵法生产的酸乳制品，因微生物的生物合成，能提高一些维生素含量。维生素 B1 及维生素 C 因具有在日光照射下遭受破坏的特性，应该用褐色避光容器包装乳制品，可以减少其损失；此外铜、铁、锌金属也会破坏维生素 C。

（七）酶

乳中的酶类一是来自乳腺（即乳中固有的），二是来源微生物的代谢产物。乳中酶的种类较多，与乳品生产中有密切关系的主要属于水解酶类、氧化还原酶类两大类。

1. 过氧化物酶

过氧化物酶主要来自白细胞的细胞成分，最适 pH 值为 6.8，温度为 25℃。这种酶在乳加热到 75℃，维持 25 分钟即被钝化，因此可利用乳中是否存在过氧化物酶来判断乳是否经过热处理。

2. 还原酶

还原酶是乳中微生物代谢的产物，新鲜牛乳中还原酶很少，随着细菌的增加还原酶也增加，所以乳中还原酶的量与微生物污染的程度成正比。当牛乳加热到 70℃，保温 30 分钟，酶的活性被破坏。

3. 解酯酶

解酯酶能将脂肪分解成甘油及脂肪酸，一小部分是由乳腺进入乳中，而微生物是解酯酶的主要来源，使乳制品脂肪分解产生酸败气味的主要原因是由于解酯酶的存在。解酯酶发挥作用的最适温度为 37℃，pH 值为 9.0～9.2。

4. 磷酸酶

磷酸酶为乳中固有酶，其中主要是碱性磷酸酶，牛乳经低温巴氏杀菌（63℃，30 分钟；72℃，20 秒钟）乳中磷酸酶即被破坏，经高温短时间杀菌已失去活性的碱性磷酸酶，在储藏过程中有部分重新恢复活性的情况。

三、乳饮的服务

（一）乳饮储存方法

1. 乳品饮料在室温下容易腐坏变质，应冷藏在 4℃的温度下。
2. 牛乳易吸收异味，冷藏时应包装严密，并与有刺激性气味的食品隔离。
3. 牛奶冷藏时间不宜太长，应每天采用新鲜牛奶。
4. 冰淇淋应冷藏在 -18℃以下。

（二）乳饮的服务操作

1. 热奶服务

热奶在早餐和冬天很流行。将奶加热到 77℃左右，用预热过的杯子服务。加热牛奶时，不宜使用铜器皿，因为铜会破坏牛奶中的少量维生素 C，从而降低营养价值。牛奶加热过程中不宜放糖，否则牛奶和糖在高温下的结合物——果糖基赖氨酸，会严重破坏牛奶中蛋白质的营养价值。另外，早餐的牛奶宜和面包、饼干等食品同时进食，但应避免同含草酸的巧克力混吃。

2. 冰奶服务

牛奶大多是冰凉服务。把消毒过的奶，放在 4℃以下的冷藏柜中服务。

3. 酸奶服务

酸奶在低温下饮用风味最佳。若非加温不可，请千万不要将酸奶直接加热，可将酸奶放在温水中缓缓加温，其上限以不超过人的体温为宜。酸奶应低温保存，而且存放时间不宜过长。

第三节　咖啡

目前，全世界栽培咖啡的国家约有七十余个，主要集中在北回归线以南、南回归线以北，这一片地带最适合种植咖啡，称为"咖啡带"。海拔 1000～1500 公尺的高地，是最适宜种植咖啡的产地，采收的咖啡豆品质也最佳。咖啡树是热带性植物，属阿卡奈科常绿灌木，咖啡的果实初生时呈暗绿色，历经黄色、红色，最后成为深红色的成熟果实。咖啡果内硬壳里的一对豆粒就是"咖啡豆"。咖啡饮料是以含咖啡豆的提取物制成的饮料。咖啡中的咖啡因溶于热水。咖啡是一种很好的提神饮料。

一、咖啡的历史

（一）咖啡的发现传说

随着第一粒咖啡豆被人们采摘下来，第一次焙烤、第一次研磨、第一次冲调和第一杯热咖啡醇香的飘散，有关咖啡种植和咖啡文化的传说，已经成为历史上最伟大、最浪漫的故事之一。在无数的咖啡发现传说中，有两大传说最令人津津乐道——"牧羊人的故事"与"阿拉伯僧侣"，前者是基督教发现说，后者是伊斯兰教说。

1. 牧羊人的故事

16 世纪衣索匹亚有个牧羊人，有一天发现自己饲养的羊只忽然在那儿不停地蹦蹦跳跳，他觉得非常不可思议，仔细加以观察，才明白原来羊只吃了一种红色的果实。于是他便拿着该种果实分给修道院的僧侣们吃，所有的人吃完后都觉得神清气爽。据说此后该果实被用作提神药，而且颇受医生们的好评。后来，当地人开始嚼咖啡豆，试着用水煮咖啡喝，这种风气很快远征阿拉伯，成为回教国家的代表性饮料。大约 17 世纪左右，这种香浓美妙的咖啡经由通商航线，渐渐风靡意大利、英国等地，并迅速地扩展到整个欧洲，一跃成为欧洲人最热爱的饮品。1650 年左右，英国牛津出现了西欧第一家终日弥漫着咖啡香味的咖啡店。

2. 阿拉伯僧侣

1258 年，因犯罪而被族人驱逐出境的酋长雪克·欧玛尔，流浪到离故乡摩卡很远的瓦萨巴（位于阿拉伯）时，已经疲倦到再也走不动了，当时他坐在树根上休息时，竟然发现有一只鸟飞来停在枝头上，以一种他从未听过、极为悦耳的声音啼叫着。他仔细观察，发现那只鸟是在啄食枝头上的果实后，才扯开喉咙叫出美妙的啼声的，所以他便将那一带的果实全采下放入锅中加水熬煮。之后，竟散发出浓郁的香味，尝了一口，不但觉得好喝，而且还觉得疲惫的身心也为之一振。于是他便采下许多这种神奇果实，遇有病人便拿给他们熬成汤饮用，最后由于他四处行善，故乡的人便原谅了他的罪行，让他回到摩卡，并推崇他为"圣者"。

（二）咖啡的起源

有关咖啡起源的传说各式各样，不过大多因为其荒诞离奇而被人们淡忘了。但是，人们不会忘记，非洲是咖啡的故乡。咖啡树很可能就是在埃塞俄比亚的卡发省（KAFFA）被发现的。后来，一批批的奴隶从非洲被贩卖到也门和阿拉伯半岛，咖啡也就被带到了沿途的各地。可以肯定，也门在 15 世纪或是更早即已开始种植咖啡了。阿拉伯虽然有着当时世界上最繁华的港口城市摩卡，但却禁止任何种子出口。这道障碍最终被荷兰人突破了，1616 年，他们终于将成活的咖啡树和种子偷运到了荷兰，开始在温室中培植。阿拉伯人虽然禁止咖啡种子的出口，但对内确是十分开放的。首批被人们称作"卡文卡恩"的咖啡屋在麦加开张，人类历史上第一次有了这样一种场所，无论什么人，只要花上一杯咖啡的钱，就可以进去，坐在舒适的环境中谈生意、约会。

（三）咖啡传入欧洲的历史

1570 年，土耳其军队围攻维也纳，失败撤退时，有人在土耳其军队的营房中发现一口袋黑色的种子，谁也不知道是什么东西。一个曾在土耳其生活过的波兰人，拿走了这袋咖啡，在维也纳开了第一家咖啡店。16 世纪末，咖啡以"伊斯兰酒"的名义通过意大利开始大规模传入欧洲。

17 世纪欧洲上层人物开始流行饮用咖啡，但咖啡的种植和生产一直被阿拉伯人垄断，在欧洲价值不菲。直到 1690 年，一位荷兰船长航行到也门，得到几棵咖啡苗，开始在荷属印度（现在的印度尼西亚）种植成功。1716 年在威尼斯第一家咖啡店开张，1727 年荷属圭亚那（现为苏里南）的一位外交官的妻子，将几粒咖啡种子送给一位驻巴西的西班牙人，他在巴西试种取得很好的效果。巴西的气候非常适宜咖啡生长，从此咖啡在南美洲迅速蔓延。因大量生产而价格下降的咖啡开始成为欧洲人的重要饮料，到 1763 年威尼斯已经有 218 家咖啡店。

最初，有的天主教宗教人士认为咖啡是"魔鬼饮料"，怂恿当时教皇克莱门八世禁止这种饮料，但教皇品尝后认为可以饮用，因此咖啡在欧洲迅速普及，在 20

世纪逐渐成为全世界的一种重要饮料。

二、咖啡的类别与产地

现今世界上所饮用的咖啡近 90%为良质酸性咖啡，其余 10%为非酸性。咖啡豆主要有两个品种：阿拉比卡（Arabica）及罗布斯塔（Robusta）。这两种咖啡豆的栽培方式、生长环境、形状、成分及加工方式皆不同。在全世界的咖啡市场上，阿拉比卡品种的咖啡约占 75%～80%，罗布斯塔品种的咖啡则占 20%～25%。一般来说，阿拉比卡的品质较好，价钱亦较贵。中、南美洲的咖啡出产量约占全世界产量的 70%、亚洲 20%、非洲 10%。

1. 在墨西哥、巴拿马和加勒比海岸这些国家中，通常所生产的咖啡豆是水洗阿拉比卡（Washed Arabica），品质优良。

主要品牌有：

蓝山：产于牙买加的高山上，醇香、微酸、柔顺、带甘、风味细腻、口味清淡，为咖啡圣品。由于产量有限，价格不低，一般在市场上喝到的蓝山咖啡多半为仿制品。

牙买加：味清优雅，香甘酸醇次于蓝山，却别具一味。

2. 巴西是世界上最大的咖啡生产国，产量几乎占全世界的三分之一，主要品种是自然的阿拉比卡（Natural Arabica）。其次是哥伦比亚、委内瑞拉、秘鲁和厄瓜多尔（水洗阿拉比卡咖啡豆）。

主要品牌有：

巴西圣多斯：产于南美洲，中性、中苦、浓香、微酸、微苦、内敛，焙炒时火候必须控制得宜，才能将其特色发挥出来。

哥伦比亚：产于南美洲，微酸甘醇香，柔顺香醇，微酸至中酸，香醇厚实，劲道足，有一种奇特的地瓜皮风味，为咖啡中的佳品，常被用来增加其他咖啡的香味。

3. 大多数非洲热带地区的国家生产罗布斯塔品种的咖啡豆。阿拉比卡品种的咖啡豆也在肯尼亚、坦桑尼亚和喀麦隆这些国家的高山地带生长。

主要品牌有：

摩卡：产于衣索匹亚（非洲）、阿拉伯港口。具有独特的香味及甘酸风味，是调配综合咖啡的理想品种。

4. 亚洲水洗的阿拉比卡咖啡豆和水洗罗布斯塔咖啡豆及自然的罗布斯塔咖啡豆，在印度和印尼地区的生产量有很明显的增加。

主要品牌有：

曼特宁：产于印度尼西亚、苏门答腊。浓香苦烈，醇度特强，单品饮用，为无上享受。

爪哇：产于印度尼西亚爪哇岛，强苦弱香、无酸。

三、影响咖啡质量的因素

咖啡因其品种、等级、生长情况、产地，以及烘焙的方法、火候、研磨粉粗细、咖啡的新鲜度和储存的方法等使咖啡呈现出香、酸、甘、苦、醇等基本的特性，除此之外水质、水温、火候、器具等外在物质对咖啡品质也有一定的影响。

（一）水质

水在一杯咖啡中占 98%，咖啡的味道与水质有密切的关系，故最好使用过滤后的水来冲煮咖啡。煮咖啡的水质以蒸馏水为最理想。另外，泡咖啡用水不能是含碱性的硬水和含有大量铁质的水，尤其不能使用含氯的水。

（二）咖啡豆粗细与水温不同

咖啡豆的粗细与水温都有密切关系。研磨较粗的咖啡豆，水温要高，冲调的时间要长；咖啡豆研磨得越细，水温相对就低，时间则短。水温太低煮不出咖啡的本味，沸腾水会使咖啡变苦，故千万不要煮沸咖啡，合适的冲泡温度应略低于摄氏 96℃，维持最佳风味的温度是 86℃左右。建议以 0.1 公分大小的咖啡豆（约和粗砂糖颗粒差不多），水温以 85℃～95℃为最理想，时间为 20 秒～60 秒，在烹煮过程中每 15 秒～20 秒搅拌 2～3 次。

（三）杯具

使用玻璃器皿比较容易煮出好喝的咖啡，陶瓷器具保温效果好可保持原味。咖啡不用金属器皿，因咖啡一接触金属器皿，就会起氧化作用，使其产生一种令人不快的味道。

饮用咖啡的咖啡杯、杯盘、茶匙要成套，花纹也经过设计，原则上咖啡杯、匙内缘以白色为佳，这样易辨别咖啡的色泽和浓度。

根据饮用咖啡的种类和方式，合理选用咖啡杯。咖啡杯的尺寸一般分为三种。

1. 100cc 以下的小型咖啡杯

它多半用来盛装浓烈滚烫的意式或单品咖啡。加入了牛奶的卡布奇诺，则杯的容量比意式咖啡杯略大，并要有宽阔的杯口，以展示丰盈的牛奶泡沫。

2. 200cc 的一般咖啡杯

它是最常见的咖啡杯。清淡的美式咖啡多选用这样的杯子，因为有足够的空间，可以自由调配，如添加奶精和糖。

3. 300cc 以上的咖啡杯

加了大量牛奶的咖啡选用这种咖啡杯。如拿铁、美式摩卡，多用这种马克杯，因为它足以包容它香甜多样的口感。

（四）咖啡用量

咖啡使用分量必须根据所煮咖啡的颗粒粗细以及喝咖啡的爱好等来定。一般来讲，500 克咖啡如果冲泡 40～50 杯以下的话，就是浓咖啡；如果冲泡出 50～60 杯的话，那就是浓度适中的咖啡。粉状咖啡可以比中等颗粒的咖啡少放一些，但粗颗粒的咖啡必须比中等颗粒的咖啡多放 15%左右。此外，如果用渗透较慢的滤袋调制咖啡的话，要比用高级的咖啡壶或滤纸式咖啡壶多放 5%～15%的量。咖啡冲泡有三种形式，即咖啡豆煎煮法、磨碎的咖啡粉过滤法、浓缩咖啡冲调法。

四、咖啡的饮用

在从容、优雅和浪漫的氛围中，用视觉、嗅觉、味觉来品尝咖啡。品尝咖啡前应先观其色泽，唯有颜色清澈、泡沫均匀的咖啡，才能带给口腔清爽圆润的口感。阿拉比卡品种，泡沫细密，深褐色并略带淡红；罗布斯塔，泡沫松散，为深棕色带有灰条纹。一杯咖啡最吸引人之处，莫过于咖啡在冲泡过程中所飘散出来的一种略带神秘感的诱人芳香。这时，拿起小匙轻轻搅动（那层泡沫会阻挡香气的发散）使咖啡的香气散发出来。清咖啡是不加任何饰物的咖啡，品尝清咖啡是品味咖啡的原始感受。端起咖啡浅啜，可以品尝出咖啡的香、甘、酸、苦，从而享受咖啡的芳醇。甜味会很快消失，苦味停留时间较长，这是因为舌头的味蕾分布，舌尖是感觉甜味，两侧感觉酸味，舌根感觉苦味。罗布斯塔的咖啡因含量高，较苦。阿拉比卡的甜味和酸味较平衡。总之，品咖啡是一件非常微妙的事情。

（1）每次享用前冲泡咖啡，应估计好想饮用的份量，因为咖啡一旦冲泡出来，就会很快失去味道甚至变质，所以应保证每次冲泡适量的咖啡。不要将已变凉的咖啡再次加热。

（2）只有当咖啡温度适当时才能散发出潜藏的特性与美味，所以既不能喝太烫的咖啡，也不能喝太凉的咖啡，因为咖啡会随着时间的流逝而失去其香醇与浓郁。咖啡在冲泡后 10 分钟内饮用最佳。咖啡置于咖啡机上保温，香味会持久一些，但时间最好不要超过 20 分钟，放置太久会丧失其风味。

（3）咖啡与水的比例要适宜。一般来说，每 50 克咖啡可以放 100 克水。当然，应根据个人对咖啡味道浓淡的要求确定加水多少。英美人饮用的咖啡非常淡。

（4）一杯咖啡应以七、八分满为适量。份量适中的咖啡不仅会刺激味觉，喝完后也不会有"腻"的感觉，反而回味无穷。

（5）咖啡加入牛奶、糖的调配，可使咖啡多些变化。在英语系国家中，人们习惯在咖啡中加入牛奶和糖，但他们所喝的咖啡比较清淡。

糖：咖啡服务常用糖，如砂糖、冰糖、方糖等。

乳：咖啡常伴奶服务，如鲜奶、炼乳、奶油等。

糖和乳一般根据其口味爱好，酌量添加。喝咖啡时，热咖啡趁热喝，糖要先加，奶后加，加鲜奶时最好沿着杯边缘徐徐倒入，使它逐渐扩散。冰咖啡要趁冰还没化时喝，时间一长冰化后，会稀释了咖啡原有的香醇。

（6）煮咖啡的温度应在 90℃～93℃之间。如果水温太高会使咖啡出现苦味。煮咖啡的程序，一般是水烧热后加咖啡豆粉。

（7）用来煮咖啡的设备必须每天清洗，保持洁净。否则，咖啡味道会变苦。

（8）使用优质过滤器。大多数情况下选用一次性过滤纸。过滤纸是保证咖啡无杂质的唯一保护层，必须绝对干净。

（9）煮好的咖啡应在 85℃～88℃的温度下保存。咖啡煮好后应马上饮用，保存时间久，如 10 分钟后咖啡的味道和苦香就会退化；1 小时后就会失去芳香味。咖啡最好是即煮即饮。

（10）服务前用热水预热咖啡杯。将热咖啡杯放在底碟上，再放到托盘里，然后从客人左边将咖啡杯及底碟和其他附加物如乳脂、糖服务给客人。

（11）罐装咖啡可使香味保留时间较长。在国外咖啡豆有时就是放在锡罐或塑胶袋中出售。真空包装更加有利于咖啡的存放，使原有风味更持久。

咖啡应该储存在干燥、阴凉的地方，一定不要放在冰箱里，以免吸收湿气。咖啡豆和研磨咖啡可以冰冻，唯一需要注意的是，从冷冻柜中拿出咖啡时，需要避免冰冻的部分化开而使袋中咖啡受潮。美国人认为咖啡放在冰箱里比较好，不过时间不会超过一个月。

五、咖啡的保健作用

咖啡是公认的健康饮料，适量饮用咖啡有利于缓解工作压力，有利于人体健康。一杯咖啡平均含有 60～90 毫克的咖啡因，而一般人体一天可以消耗将近 500～600 毫克的咖啡因并且不产生任何副作用。 适量的饮用可以刺激肠胃蠕动，具有促进消化、提神功能，它还可以消除疲劳，舒展血管，并有利尿作用。咖啡的营养价值也非常高，据分析，它含脂肪 10%～14%，蛋白质 5%～8%，咖啡因 1.2%～1.8%，另外还有碳水化合物、无机盐和多种维生素。

1. 提神醒脑

咖啡辛性味香而芳醇，极易通过脑血屏障，刺激中枢神经，促进脑部活动，使头脑较为清醒，反应灵敏，思考精力充沛，注意力集中，利于提高工作效率。

2. 强筋骨、利腰膝

所含咖啡因能使肌肉自由收缩，增加肌腱力量，降低运动阀，增加身体的灵敏度，提高运动功能。

3. 开胃消食

咖啡因会刺激交感神经，刺激胃肠分泌胃酸，促进消化，防止胃胀、胃下垂及促进肠胃激素和蠕动激素的分泌，使人快速通便。

4. 消脂消积

咖啡因可加速脂肪分解，加快身体的新陈代谢，增加热能的消耗，有助于减脂瘦身。

5. 利尿除湿

咖啡因还可改善肾脏机能，排除体内多余的钠离子，提高排尿量，改善腹胀水肿，有助于减轻体重。

6. 活血化瘀

咖啡所含的亚油酸，有效溶血及阻止血栓形成，增强血管收缩，促进血液循环，缓解血管扩张引起的头痛，尤其是偏头痛；还可促进静脉回流，预防心血管疾病；另外，还有润泽肌肤，使肌表恢复弹性的作用。

7. 熄风止痉

咖啡可增加高密度胆固醇，加速代谢坏死的胆固醇，减少冠状动脉粥样硬化，降低中风机率。

8. 喜颜悦色

少量的咖啡令人精神兴奋，心情愉快，抛开烦恼、忧郁，疏解压力，放松身心。

9. 润肺定喘

咖啡因会促使交感神经，抑制副交感神经，避免副交感神经兴奋而引发气喘病。

10. 燥湿除臭

咖啡因内含有单宁，可除臭，如消除蒜、肉在口腔中留下的气味。

第四节　碳酸饮料

一、碳酸饮料种类

实施食品生产许可证管理的碳酸饮料（汽水）类产品是指在一定条件下充入二氧化碳（CO_2）气的饮料，包括碳酸饮料、充气运动饮料等具体品种，不包括由发酵法自身产生二氧化碳气的饮料。成品中二氧化碳的含量（20℃时体积倍数）

不低于 2.0 倍。碳酸饮料主要成分为糖、色素、甜味剂、酸味剂、香料及碳酸水等，一般不含维生素，也不含矿物质。

碳酸饮料是在经过纯化的饮用水中，压入二氧化碳气的饮料总称，又叫汽水。二氧化碳气体是碳酸饮料中的风味物质，泡沫丰富而细腻。饮用时饮料中的二氧化碳经口腔进入胃肠，由于胃肠不能吸收气体，气体只能从口腔中排出体外；二氧化碳从进入人体到排出体外的过程会带走一部分热量，所以饮用碳酸饮料具有清凉爽口的感觉，炎热天气可降低体温。同时，碳酸饮料中含有碳酸盐、硫酸盐、氯化物盐类以及磷酸盐等。各种盐类在不同浓度下的味觉感知界限不同，所以当某种盐类浓度大时，必然明显地以此盐类的味感为主。另外，果汁和果味的碳酸饮料中含有各种氨基酸。氨基酸对饮料在一定程度上可起缓冲和调和口感的作用。碳酸饮料（汽水）可分为果汁型、果味型、普通型、可乐型等。

1. 中国碳酸饮料的国家标准

根据国家 GB 2759.2《碳酸饮料卫生标准》的规定，碳酸饮料应符合如下标准：

（1）二氧化碳含量（20℃时体积倍数）不低于 2.0 倍；

（2）果汁型碳酸饮料是原果汁含量不低于 2.5%的碳酸饮料；

（3）果味型碳酸饮料是原果汁含量低于 2.5%的碳酸饮料；

（4）低热量型碳酸饮料其能量不高于 75kJ/100mL。

2. 果味型

这主要是指依靠食用香精和着色剂，赋予一定水果香型和色泽的汽水。这类汽水所含原果汁的量低于 2.5%。色泽鲜艳、价格低廉，一般只起清凉解渴作用。人们几乎可以用不同的食用香精和着色剂来模仿任何水果的香型和色泽，制造出各种果味汽水。如柠檬味汽水、苹果味汽水和干姜水（Ginger Ale）等。

3. 果汁型

这类饮料中添加了一定量的新鲜果汁而制成的碳酸水，一般其果汁含量大于 2.5%。它除了具有相应水果所特有的色、香、味之外，还含有一定的营养素，有利于身体健康。当前，在饮料向营养型发展的趋势中，果汁汽水的生产量也大为增加，越来越受到人们的欢迎。

4. 普通型

通过引水加工压入二氧化碳的饮料，饮料中既不含有人工合成香料，又不使用任何天然香料。常见有苏打水（Soda）和俱乐部苏打水（Club Soda）以及矿泉水碳酸饮料（如 Peirrer 巴黎矿泉水）。

5. 可乐型

它是将多种香料与天然果汁、焦糖色素混合后充入二氧化碳气体而成。风靡全球的"可口可乐"，添加具有兴奋神经作用的高剂量咖啡因可乐豆提取物及其他具特殊风味的物质如砂仁、丁香等多种混合香料，因而味道特殊。目前我国可乐饮料都是以当地水果、药用植物或其他野生资源为原料，经过科学加工配制而成。国内生产的可乐型饮料大都不含或含少量咖啡因，主要是由某些植物的浸出液所代替。

二、碳酸饮料的主要原料

碳酸饮料的原料，大体上可分为水、二氧化碳和食品添加剂三大类。原料品质的优劣，将直接影响产品的质量。

1. 饮料用水

碳酸饮料中水的含量在 90% 以上，故水质的优劣对产品质量影响甚大。饮料用水比一般饮用水对水质有更严格的要求，对水的硬度、浊度、色、味、臭、铁、锰、有机物、微生物等项指标的要求均比较高。即使经过严格处理的自来水，也要再经过合适的处理才能作为饮料用水。

一般说来，饮料用水应当是无色、无异味、清澈透明，无悬浮物、沉淀物。总硬度在 8 度以下，pH 值为 7，重金属含量不得超过指标。

2. 二氧化碳

碳酸饮料中的"碳酸气"就是来自于被充入的压缩二氧化碳气体。饮用碳酸饮料，实际是饮用一定浓度的碳酸。汽水生产所用的二氧化碳气，一般都是用钢瓶包装、被压缩成液态的二氧化碳。通常也要经过处理才能使用。

3. 食品添加剂

从广义上讲，可把除水和二氧化碳以外的各种原料视为添加剂。碳酸饮料生产中常用的食品添加剂有甜味剂、酸味剂、香味剂、着色剂、防腐剂等。除砂糖外，所有的甜味剂主要是糖精钠；酸味剂主要是柠檬酸，还有苹果酸、酒石酸、磷酸等；香味剂一般都是果香型水溶性食用香精，目前使用较多的是桔子、柠檬、香蕉、菠萝、杨莓、苹果等果香型食用香精；着色剂多采用合成色素，它们是柠檬黄、日落黄、胭脂红、苋菜红、靛蓝等。正确合理地选择、使用添加剂，可使碳酸饮料的色、香、味俱佳。

三、碳酸饮料的质量要求

碳酸饮料应色泽纯净，不得有异味、异臭和外来杂物。透明型汽水倒置后对光检查，不得有云雾状或小颗粒。果肉型不得有分层和明显沉淀物。若甜味不足，异味有余表明汽水已变质。若二氧化碳的清凉刺激感不明显，表明饮料中二氧化碳含量低。瓶装汽水液面距瓶口应为 3～6 厘米，瓶口干净、无锈迹、塑料瓶或易拉罐装的用手捏不动，或上下摇动，瓶中有大量气泡者，表明密封好。如果碳酸饮料在保质期内，产生沉淀物或悬浮物，就会影响产品的品质和外观。产生的原因有以下几点。

1. 微生物引起

据分析，90%以上的碳酸饮料变质是由过量的酵母菌引起的，霉菌引起的较少。饮料中含糖和其他营养成分，微生物即使在无氧环境中也能生长繁殖，产生尸骸沉积，有机酸分解，胶体破坏。产生的沉淀或悬浮物呈淡黄色絮状，摇动不消失；或有乳白色膜或粘质物形成；或表面有浅白色环状物，并有过多的汽或泡。

2. 调合糖浆生产操作不当引起

砂糖中若含有较多的胶体物质、蛋白质、皂苷等，与糖作用会凝成絮状沉淀；蔗糖水解后的葡萄糖、果糖、遇苯肼会沉淀；糖精在酸性溶液中低温下会结晶；加酸后再加苯甲酸钠防腐剂易生成苯甲酸；果汁中的鞣酸与糖色反应会生成片状沉淀等。糖浆引起沉淀的特征：呈现絮状，摇动后消失，静止后重现。

3. 香精引起

如果水质香精与乳化香精混用，先加乳化香精再加水质香精，会由于水质香精中的乙醇的破乳作用使乳化物上浮或沉淀，香精乳化不够或作用不当也会沉淀或产生浮圈。不合格或变质的香精、冷冻香精或用量过多，都可使产品产生白色混浊或浮圈。香精引起沉淀的特征：时间短，约2～3天后呈现白色粉末状或浮油圈，摇动消失，静止重现。

4. 其他原因引起

例如水质硬度过高造成粉状沉淀，摇动后不消失。

四、饮用碳酸饮料的负面影响

碳酸饮料在一定程度上影响人们的健康，主要的表现如下：

1. 对骨骼的影响

碳酸饮料的成分大部分都含有磷酸，这种磷酸却会潜移默化地影响骨骼，常喝碳酸饮料骨骼健康就会受到威胁。因为人体对各种元素都是有要求的，大量磷酸的摄入就会影响钙的吸收，引起钙、磷比例失调。

过量地喝碳酸饮料，其中的高磷可能会改变人体的钙、磷比例。一旦钙缺失，对于处在生长过程中的少年儿童身体发育损害非常大。缺钙无疑意味着骨骼发育缓慢、骨质疏松。研究人员发现，过量饮用碳酸饮料的人骨折危险会增加大约 3 倍；而在体力活动剧烈的同时，再过量地饮用碳酸饮料，其骨折的危险也可能增加 5 倍。

专家提醒，儿童期、青春期是骨骼发育的重要时期。在这个时期，孩子们活动量大。如果食物中高磷低钙的摄入量不均衡，再加上喝过多的碳酸饮料，就应引起足够的重视。因为它不仅对骨峰量可能产生负面影响，还可能会给将来发生骨质疏松症埋下伏笔。

2. 对牙齿的影响

科学家近日发现，碳酸饮料是腐蚀青少年牙齿的重要原因之一。

报告称，常喝碳酸饮料会令 12 岁青少年齿质腐损的几率增加 59%，令 14 岁青少年齿质腐损的几率增加 220%。如果每天喝 4 杯以上的碳酸饮料，这两个年龄段孩子齿质腐损的可能性将分别增加 252%和 513%。在接受调查的 1000 名青少年中，12 岁孩子饮用碳酸饮料的比例为 76%，14 岁孩子为 92%。而在所有年龄段的被调查者中，有 40%的人每天喝 3 杯以上的碳酸饮料。

美国公众利益科学中心建议使用这样的警示语：美国政府建议您少喝（含糖）碳酸饮料，以预防体重增加、蛀牙和其他健康问题。或者为了保护您的腰围和牙齿，请考虑一下是喝饮料还是喝水。

3. 对人体免疫力的影响

为了便于保存，为富于诱人的口感，现在的饮料是离不开食品添加剂的。很多饮料厂家为了尽可能地降低成本，总是对添加剂情有独钟，甚至不惜超标准使用。尽管很多标签上并没有标注所含添加剂的名称，但检验结果表明它的存在是不争的事实。

营养学家认为，健康的人体血液应该呈碱性，而且目前饮料中添加碳酸、乳酸、柠檬酸等酸性物质较多，使血液长期处于酸性状态，不利于血液循环，人容易疲劳，免疫力下降，各种致病的微生物乘虚而入，人容易感染各种疾病。

4. 对消化功能的影响

研究表明，足量的二氧化碳在饮料中能起到杀菌、抑菌的作用，还能通过蒸发带走体内热量，起到降温作用。但是如果碳酸饮料喝得太多对肠胃是没有好处的，而且还会影响消化。因为大量的二氧化碳在抑制饮料中细菌的同时，对人体内的有益菌也会产生抑制作用，所以消化系统就会受到破坏。特别是年轻人，碳酸饮料一下喝得太多，释放出的二氧化碳很容易引起腹胀，影响食欲，甚至造成肠胃功能紊乱。

5. 对神经系统的影响

妨碍神经系统的冲动传导，容易引起儿童多动症。

6. 破坏人体细胞的"能量工厂"

英国一项最新研究结果显示，部分碳酸饮料可能会导致人体细胞严重受损。专家们认为碳酸饮料里的一种常见防腐剂苯甲酸钠能够破坏人体 DNA 的一些重要区域，严重威胁人体健康。

五、碳酸饮料的服务操作

1. 碳酸饮料机的操作

一般酒吧都安装有碳酸饮料机，也称可乐机。一是直接用于碳酸饮料的服务，二是用于作混合饮料的成分。

2. 瓶装碳酸饮料服务操作

瓶装和听装碳酸饮料是酒吧常用的饮品，不仅便于运输、贮存，而且冰镇后的口感较好，保持碳酸气的时间较长。对于瓶装碳酸饮料服务应注意以下几点。

（1）直接饮用碳酸饮料应事先冰镇，或者在饮用杯中加冰块。碳酸饮料只有在4℃～8℃左右才能发挥正常口味，增强口感。开瓶时不要摇动，避免饮料喷出溅洒到客人身上。

（2）碳酸饮料可加少量调料后饮用。大部分饮料可用半片或一片柠檬挤汁或浸泡，以增加清新感等。

（3）碳酸饮料是混合饮料中不可缺少的辅料。碳酸饮料在配制混合饮料时不能摇，而是在调制过程最后直接加入到饮用杯中搅拌。

（4）碳酸饮料在使用前要注意保质期，避免使用过期饮品。

（5）用餐过程不宜用碳酸饮料代替酒水使用，否则会影响人体对食物的消化吸收；餐后也不宜马上饮用汽水，尤其是可乐型汽水。可乐型汽水中的咖啡因可增加尿钙的排泄，大量饮用碳酸饮料，可能会引起钙、磷比例失调，导致营养不良，所以饮用汽水注意适量、适度、适宜。

总之，碳酸饮料中的其他香型饮料会有所增加，但不可能取代可乐的主导地位。果汁型碳酸饮料也会有所发展，但果味型碳酸饮料占绝对多数的格局暂时不可能改变。无糖和低热量碳酸饮料将会迅速发展，碳酸饮料市场占有率会缓慢地下降。

【思考题】

1. 从果蔬饮料的特点，分析未来的发展趋势。

2. 从"三鹿奶粉"事件，说明饮料慎用食品添加剂的重要性。

3. 奶制品成为人们日常生活中的一部分，如何保持奶制品的质量和安全？

4. 咖啡是西方国家居民的主要饮品，解释咖啡文化内涵及在我国的推广和普及的可能。

5. 经常饮用碳酸饮料对人体有哪些负面影响？

6. 从凉茶"加多宝"和"王老吉"商标权之争探讨我国凉茶饮品的未来发展趋势。

第八章　鸡尾酒文化

【学习引导】

　　鸡尾酒文化是伴随各国的禁酒制度的出现而兴起的；鸡尾酒成为现代社会人们交流、交往的重要载体。本章重点介绍了鸡尾酒的类型、鸡尾酒的结构及其构成特征，鸡尾酒的制作要求和过程，以及鸡尾酒的社交功能和酒会服务内容等。

【教学目标】

　　1. 了解鸡尾酒的发展过程及其文化背景。

　　2. 了解鸡尾酒常见的类别，掌握鸡尾酒的结构及其构成特征。

　　3. 了解鸡尾酒制作流程。

　　4. 了解鸡尾酒在酒会服务中的作用。

【学习重点】

　　鸡尾酒常见的类别；鸡尾酒的结构及其构成特征；鸡尾酒常见的计量单位以及基本的制作流程；酒会服务的基本内容。

第一节　鸡尾酒的源起

一、鸡尾酒文化源流

　　鸡尾酒文化是伴随着人类行为文明和现代生活节奏的发展而形成。

　　首先，美国是一个移民国家，自称是"大熔炉"，因此美国人认为鸡尾酒代表了美国的民族精神。在 18 世纪末美国建国后，无数欧洲移民为了宗教自由和实现发财等梦想，纷纷涌入美洲大陆；他们和美国土著以及随即而来的亚、非移民在一起，共同创造出新的美国文化。这种美国文化虽然是欧洲文化的延伸，却具有更强的自由性、开创性和兼容性。在这种新的美国文化的影响下，鸡尾酒的快速发展也与美国的文化自由、创新和兼容的特性密切相关。

　　其次，工业和科技革命对鸡尾酒的发展起到了极大的推动作用。在 19 世纪中后期，美国人开始用榨汁机大规模生产和销售果汁，德国人发明了人工制冰机等，为鸡尾酒的快速冷却和大量调制提供了有力的技术条件。机器设备成为人们生活中的一个组成部分，现代交通工具汽车成为人们的代步工具。酗酒、醉酒等行为比以往任何时候给自己或他人都带来更大的危险。

第三，1920 年至 1933 年是美国的禁酒时期，但禁止饮用的仅仅是含酒精度高的烈性酒。而大量地用各种辅料、用调和的方式创造出低酒精度的各式鸡尾酒，使美国人饮用鸡尾酒蔚然成风，并且很快扩展到欧洲。目前，越来越多的国家开始限制饮酒，鸡尾酒会成为人们日常生活的一部分。

第四，美国的中产阶层已大量出现，他们的生活紧张忙碌、工作压力大，下班后需要有所放松和解脱，而鸡尾酒从自制到饮用的一系列过程中，有缓解神经紧张的作用，因此形成了强大的饮用需求。发展到今天，鸡尾酒的品种已多得数不胜数了。

现代鸡尾酒起源，第一次在文字上把"鸡尾酒"一词定为是酒精、糖、水（冰）和苦味酒（bitters）的混合饮料，是在 1806 年出版的一家美国杂志上。英国休斯（Hughes）所著的《汤姆·布朗的学校生活》（*Tom Brown's Schooldays*）和萨克莱（Thackeray）所著的《新来的》（*New comes*）两书中都提到了含义为混合饮料的鸡尾酒。第一部真正关于鸡尾酒的书是《如何配制饮料》（*The Bon Viva-nt's Guide*），由杰里·托马斯（Jerry Thomas）所著，1862 年出版。20 年之后出现了哈利·约翰逊（Hally Johnson）的《酒吧员手册》（*Bartender's Manual*）一书，《如何配制当今风格的饮料》（*How to Mix Drinks of the Present Style*）。随后又出版了许多有关这方面的书，尽管这些书中有许多不确切之处，但是都由 1953 年第一次出版的权威性的《英国酒吧员协会国际酒水指南（*UKBG International Guide to Drinks*）》进行了纠正。目前约有 2000～3000 种可考的酒谱（Recipe）。鸡尾酒文化吸纳了各种酒文化的精华，又传承酒文化的血脉。具有不同酒文化背景的人们，都可以在鸡尾酒文化中找到他们所熟悉的酒文化的影子。

二、鸡尾酒的文化特征

鸡尾酒是流行文化的代表，它发源于美国，根植于欧洲人的酒文化背景之中。在美国，它就像爵士乐、苹果派或橄榄球一样流行。在电视、杂志还有电影里，你都可以看到人们在尽情地享受鸡尾酒。很多人习惯性地把鸡尾酒看成是美国的象征，它们都似乎代表了一种生活方式或时尚。

（一）色彩鲜艳、赏心悦目

鸡尾酒非常讲究色、香、味、形的兼备，故又称艺术酒。鸡尾酒是由几种不同酒度、口味和颜色的原料配制而成，并适当加上红樱桃、柠檬片装饰，使鸡尾酒具有细致、优雅、匀称的色调。鸡尾酒美妙的色、香、味，含有只能意会不能言传的艺术享受意境。通过人们对它的灵感和创意发挥，使其绚丽多彩，种类繁多。不管是鸡尾酒的单品酒名，还是鸡尾酒的杯型、应用方法和颜色搭配都不断地吸引时尚人士融入鸡尾酒的迷幻世界中。

（二）名称浪漫、滋味丰富

完美的鸡尾酒更少不了浪漫和动人的名称，如"螺丝钻"，是由金酒和莱姆汁调和出来的鸡尾酒，喝起来如螺丝钻锥喉一般而得名；"蓝色多瑙河"的名字来自圆舞曲之王约翰·斯特劳斯的著名圆舞曲，蓝色橙皮酒象征着多瑙河中的蓝色河水，漂浮而晶莹的碎冰宛如滚滚的白色浪花，香甜的凤梨汁和柠檬汁象征着多瑙河两岸的果树；最具有诗情画意的是"少女峰日出"，椰汁和梨汁象征着少女峰的皑皑白雪，柳橙汁的橙黄与石榴糖浆的鲜红相辉映，如旭日初升，朝霞映天。总之，鸡尾酒是以美学为基础，以获得美感、艺术享受为宗旨，利用现代技术成果大胆设计创造，精心调配与装饰，显出色、香、味与风格，情韵之美。它是西方文化艺术与现代科技结合的产物，是浪漫的艺术饮品，每一杯都力图追求和拥有独特的风格。

鸡尾酒滋味丰富，酸、甜、苦、辣、咸演绎人生之五味，鸡尾酒源于生活而高于生活。在每种鸡尾酒诞生的背后，都有段或凄凉或悲伤或幸福或甜蜜的美丽动人的故事，向人诉说历史插曲与浓浓的亲情故事。鸡尾酒中的酸甜口味是增进食欲的滋润剂，成为餐前必备的开胃饮品。鸡尾酒中含有的微量调味饮料如酸味、苦味等饮料能改善饮用者的口味，达到刺激食欲的目的。巧妙调制的鸡尾酒是最美的饮料。

（三）充满艺术色彩的酒品

鸡尾酒名颇具诱惑力，未见其酒，先闻其名。色彩是鸡尾酒的生命，每一杯鸡尾酒是无法复制的；此外，调酒师摇搅的技术、基酒的比例、冰块的大小形状、水果的切摆，决定了一杯鸡尾酒的基本面貌。

（四）生活态度的渲染

因鸡尾酒中含有适当的酒精度，有明显的刺激性，能使饮用者兴奋，使其紧张的神经得以缓和，肌肉得以放松。在酒吧为顾客调酒的过程中，尽量突出调酒的娱乐性，使顾客身心放松。在调酒的过程中，展现鸡尾酒的艺术性和文化内涵。但得酒中趣，要与众人传。鸡尾酒文化是贴近大众生活的文化，鸡尾酒里孕育着哲学思想，人一生不可能两次喝到同样的一杯鸡尾酒。

（五）盛器考究

鸡尾酒仅有原料的巧妙组合是不够的，还需要酒杯、装饰物、名称等方面的烘托与营造。如果一杯美妙的鸡尾酒是一幅杯中画，那么酒是颜料，杯子则是画框和画布，相映成趣。鸡尾酒用的酒杯多种多样，但都要求造型雅致，晶莹剔透。

酒杯对于酒，犹如锦上添花，款式多样，体积大小适当的载杯，使整个饮品得体协调，使鸡尾酒更有魅力。

（六）自由创作、展现完美

鸡尾酒最能体现自由精神，鸡尾酒的调制方法简单，只要符合色、香、味等要求，就可以调制出任意花色品种的鸡尾酒。只有细节上的精雕细琢，没有原则上的清规戒律。在鸡尾酒的世界里，尽可放飞自己的心情，追求自由的梦。生生不息、创新不止，鸡尾酒有着无限的创意空间。

【案例】

鸡尾酒的传说

关于鸡尾酒的由来，有着不同的传说，就像鸡尾酒一样多姿多彩。一种说法是 1775 年，移居于美国纽约阿连治的彼列斯哥，在闹市中心开了一家药店，制造各种精制酒卖给顾客。一天他把鸡蛋调到药酒中出售，获得一片赞许之声。从此顾客盈门，生意鼎盛。当时纽约阿连治的人多说法语，他们用法国口音称之为"科克车"，后来衍生成英语"鸡尾"。从此，鸡尾酒便成为人们喜爱饮用的混合酒，花式也越来越多。

另一种说法是在 19 世纪，美国人克里福德在哈德逊河边经营一间酒店，克家有三件引以自豪的事，人称"克氏三绝"。一是他有一只膘肥体壮、气宇轩昂的大雄鸡，是斗鸡场上的名手；二是他的酒库据称拥有世界上最杰出的美酒；第三，他夸耀自己的女儿艾恩米莉是全市第一的绝色佳人，似乎在全世界也独一无二。市镇上有一个名叫阿金鲁思的年轻男子，每晚到这酒店悠闲一阵，他是哈德逊河往来货船的船员。年深月久，他和艾恩米莉坠进了爱河。这小伙子性情好，工作踏实，老克里打心里喜欢他，但又时常作弄他说："小伙子，你想吃天鹅肉？给你一个条件吧，你赶快努力当个船长。"小伙子很有恒心，努力学习、工作，几年后终于当上了船长，艾恩米莉自然也就成了他的太太。婚礼上，老头子很高兴，他把酒窖里最好的陈年佳酿全部拿出来，调和成"绝代美酒"，并在酒杯边饰以雄鸡尾羽，美丽至极。然后为女儿和顶呱呱的女婿干杯，并且高呼"鸡尾万岁！"自此，鸡尾酒便大行其道。

还有一种说法，相传美国独立时期，有一个名叫拜托斯的爱尔兰籍姑娘，在纽约附近开了一间酒店。1779 年，华盛顿军队中的一些美国官员和法国官员经常到这个酒店，饮用一种叫做"布来索"的混合兴奋饮料。但是，这些人不是平静地饮酒消遣，而是经常拿店主小姐开玩笑，把拜托斯比作一只小母鸡取乐。一天，小姐气愤极了，便想出一个主意教训他们。她从农民的鸡窝里找出一雄鸡尾羽，插在"布来索"杯子中。送给军官们饮用，以诅咒这些公鸡尾巴似的男人。客人见状虽很惊讶，但无法理解，只觉得分外漂亮，因此有一个法国军官随口高声喊道"鸡尾万岁！"从此，加以雄鸡尾羽的"布来索"就变成了"鸡尾酒"，并且一直流传至今。

关于鸡尾酒的起源说法种种。其实，这些故事只是让饮用者在轻松的鸡尾酒会上，欣赏一杯完美鸡尾酒的同时，多一个寒暄话题而已。不过，鸡尾酒的起源有如此多种美丽的传说，为鸡尾酒平添了几许妩媚与生动，增添了其独到的魅力。

讨论：分析鸡尾酒传说的意义。

第二节　鸡尾酒的类型

一、鸡尾酒的分类

目前世界流行的鸡尾酒品种近万种，且每年都有两百多种新款鸡尾酒问世，而鸡尾酒的分类方法也不尽相同，常见的分类方法有以下几种。

（一）按基酒分

鸡尾酒按基酒可分为威士忌类、白兰地类、金酒类、伏特加类、朗姆类、葡萄酒类等。

（二）按构成和饮用方式分

鸡尾酒按构成和饮用方式分为长饮和短饮两类。

短饮是指所使用的器皿容量通常不超过 4.5 盎司，酒精含量较高的一种含混合酒精的饮料。一般是标准口味，通常不带气泡。

长饮是指所使用的器皿容量通常是 8 盎司以上的直身杯。酒精含量较低并且可以用各类软饮料调制的一种含酒精的混合饮料。

（三）按酒精含量分

鸡尾酒按酒精含量分为含酒精和无酒精两类。酒精混合饮料（Alcohol Drinks）含酒精成分较高的鸡尾酒属之。健康饮料（Non-Alcohol Drinks）不含酒精或只加少许酒的柠檬汁、柳橙汁等调制的饮料。

（四）按饮用时间和地点分

鸡尾酒按饮用时间和地点可分为餐前鸡尾酒、餐后鸡尾酒、休闲鸡尾酒。餐前鸡尾酒，又称开胃鸡尾酒，其味酸或干烈，不甜腻，一般用在餐前或宴会开始前。餐后鸡尾酒属助消化型，饮后可化解积食，促进消化。休闲鸡尾酒，特点是口味和色彩搭配，烘托休闲氛围，酒精含量较低，一般用在休闲场所。

二、鸡尾酒常见类别

鸡尾酒经过长期的发展，其成品特色和调制材料的构成等因素，形成了三十多类不同鸡尾酒，下面介绍最常见的几类鸡尾酒（见表 8-1）。

表 8-1　常见鸡尾酒的类别

类别	材料	冰块与调法	载杯或容器
Buck 霸克	烈酒、柠檬汁、姜水	方冰/搅拌	海波杯
Collinses 柯林	烈酒、柠檬汁、糖浆、苏打水、樱桃	冰块或碎冰 摇混/搅拌	12 盘司高杯（柯林杯）
Coolers 库勒酒	烈酒或葡萄酒、姜水或苏打水、红石榴糖浆或糖浆	方冰/搅拌	12 盘司～14 盘司高杯柯林或库勒
Cups 杯饮	烈酒、红石榴糖浆、柠檬汁、苏打水、水果装饰	碎冰/摇混	海波杯
Egg Nogs 蛋诺酒	烈酒、牛奶、蛋、糖、豆蔻粉	摇混	10 盘司海波杯
Fixes 费克斯	烈酒、柠檬、糖水、水果	细冰/搅拌	海波杯
Filps 费立浦酒	烈酒或强化葡萄酒、糖、蛋、豆蔻粉	小碎冰/摇制	5 盘司杯或葡萄酒杯
Highball 海波	烈酒、姜水、苏打水、水	方冰/搅拌	海波杯
Juleps 朱丽	烈酒、糖、薄荷叶	碎冰	带盖金属杯或海波杯
Punches 宾治	烈酒、葡萄酒、白兰地、牛奶、果汁、糖等	整块或碎冰	宾治盆
Rickeys 瑞克	烈酒、莱姆汁、苏打水	冰块/搅拌	8 盘司海波杯
Slings 斯令酒	烈酒、利口酒、果汁、苏打水	冰块/搅拌	12 盘司哥连式杯
Fizz 菲士	烈酒、柠檬、糖、苏打	方块/摇/掺	海波杯
Sours 酸酒	烈酒、柠檬汁、糖、水果	方冰/摇混	酸酒杯
Swizzles 四维丝酒	烈酒、甜料、苏打水	碎冰	马克杯
Cream 乳脂类	乳脂、烈酒、利口	摇混	鸡尾酒杯/香宾杯
Coffee 咖啡类	烈酒、糖、咖啡、浓乳	摇混	耳杯或葡萄杯
Froze drink 冰淇淋饮料	烈酒、其他材料	碎冰/电动	8 盘司～12 盘司哥连式杯
Juice drink 果汁饮料	烈酒、果汁	方冰/掺兑	12 盘司～16 盘司库勒杯
Martini 马丁尼	烈酒、苦艾酒	方冰/搅拌	鸡尾酒杯
Old Fashioned 古典	波本（或其他）、糖、苦精、樱桃、桔汁	方冰	古典杯
Poissc cafe 彩虹酒	利口酒类、乳脂、白兰地	掺兑	利口杯或波尼杯
Two liquor 甜烈酒	烈酒、利口酒	掺兑	利口杯

三、鸡尾酒的结构及其构成特征

鸡尾酒的基本结构见表8-2。

表 8-2　鸡尾酒的基本结构

结构	特征	主要内容
基酒	主要是烈酒，确定了鸡尾酒的基本特征或口味	伏特加（Vodka）、威士忌（Whisky）、白兰地（Brandy）、朗姆酒（Rum）、金酒（Gin）、特基拉（Tequila）、利口酒类（Liqueur）
辅料	对基酒起稀释作用并改善或增加原口味	苏打水（Soda Water）、汤力水（Tonic Water）、姜汁水（Ginger Water）、七喜（7-UP）、可乐（Cola）
		柳橙汁、凤梨汁、番茄汁、西柚汁、葡萄汁、苹果汁、草莓果汁、杨桃汁、椰子汁；水、矿泉水
附加料	少量成分起调色或调味作用	红石榴汁（Grenadine）、柠檬汁（Lemon）、莱姆汁（Lime）、鲜奶油（Cream）、椰奶（Pina Colada）、蓝香橙（Blue Curacao）、蜂蜜（Honey）、薄荷蜜（Peppermint Syrup）、葡萄糖浆（Grape Syrup）、辣椒油、盐、糖、苦精、香料、豆蔻、桂皮、胡椒
冰块	冰镇，使酒品保持原有的风味	方冰（Cubes）、圆冰（Round Cubes）、凌方冰（Counter Cubes）、碎冰（Crusher）、薄片冰（Flakeice）、细冰（Cracked）
用杯	根据饮料来选用杯的大小、形状	海波杯、鸡尾酒杯、古典杯等
装饰物	对鸡尾酒起装饰点缀的作用	豆蔻粉、芹菜杆、红樱桃、绿樱桃、薄荷叶、洋葱粒、水橄榄

（一）鸡尾酒的名称

鸡尾酒的命名有创意，同样能使鸡尾酒富于想象，增强酒品的效果。鸡尾酒的名称创意总是要以最简练的语言来表达最深刻的意境，让人们从中得到许多乐趣与喜悦。主要有以下几种。

1. 根据原料命名

鸡尾酒的名称包含饮品主要原料，如金汤力（Gin & Tonic）等。

2. 根据颜色命名

鸡尾酒的名称以调制好的饮品颜色命名，如红粉佳人（Pink Lady）等。

3. 根据味道命名

鸡尾酒的名称以其主要味道命名，如威士忌酸（Whisky Sour）。

4. 根据装饰特点命名

鸡尾酒的名称以其装饰特点来命名，如马颈（Horse Neck）。很多饮料因装饰物的改变而改变名称。

5. 根据典故来命名

很多饮料具有特定的典故，饮料名称以典故命名，如玛格丽特（Margarita）。

6. 根据酒品的其他特征命名

部分鸡尾酒根据酒品的某一特征命名，如雾酒（Mist），主要根据饮品中加冰块搅拌使酒杯上起一层雾来命名。有的还以其造型命名等。

（二）鸡尾酒的色彩

鸡尾酒之所以如此具有诱惑力，是与它那五彩斑斓的颜色分不开的。色彩在鸡尾酒的创新中至关重要。了解和掌握鸡尾酒原料的基本色是构思鸡尾酒色彩的基础。

1. 了解鸡尾酒的不同色彩所传达的情感

红色混合饮料，表达一种幸福和热情、活力和热烈的情感。紫色饮品，给人高贵而庄重的感觉；粉红色的饮品，传达浪漫、健康的情感；黄色饮品，是一种辉煌、神圣的象征；绿色饮品，联想起大自然，使人感到年轻、充满活力、憧憬未来；蓝色饮品，可给人以冷淡、伤感的联想；白色饮品，给人以纯洁、神圣、善良的感觉。

2. 原料的基本色彩

糖浆：糖浆是由各种含糖比重不同的水果制成的，颜色有红色、浅红色、黄色、绿色、白色等。较为熟悉的糖浆有红石榴糖浆（深红）、山楂糖浆（浅红）、香蕉糖浆（黄色）、西瓜糖浆（绿色）等。糖浆是鸡尾酒中的常用调色辅料。

果汁：果汁是通过水果挤榨而成的，具有水果的自然颜色，且含糖量少。常见有橙汁（橙色）、香蕉汁（黄色）、椰汁（白色）、西瓜汁（红色）、草莓汁（浅红色）、西红柿汁（粉红）等。

利口酒：利口酒颜色十分丰富，几乎赤、橙、黄、绿、青、蓝、紫全包括。有些利口酒同一品牌有几种不同颜色，如可可酒有白色、褐色；薄荷酒有绿色、白色；橙皮酒有蓝色、白色等。利口酒是鸡尾酒调制中不可缺少的辅料。

基酒：基酒除伏特加酒、金酒等少数几种无色烈酒外，大多数酒都有自身的颜色，这也是构成鸡尾酒色彩的基础之一。

3. 鸡尾酒创意颜色

鸡尾酒颜色的调配需按色彩比的规律调制。

彩虹酒应注意色彩的对比、使每层等距离，如红与绿、黄与蓝是接近补色关系，暗色、深色的酒置于酒杯下部如红石榴汁，诱惑力强，应占面积小一些；明亮或浅色的酒放在上部，如白兰地、浓乳等，以保持酒体的平衡，产生一种美感。只有这样调出来的彩虹酒才会给人以感观美。

鸡尾酒的色彩创新还需要将几种不同颜色的原料进行混合调制成某种颜色的鸡尾酒。

第一，由两种或两种以上不同的颜色混合后产生的新颜色，如黄、蓝混合成绿色，红与蓝混合成紫色，红与黄混合成桔色，绿色、蓝色混合而成青绿色等。

第二，在调制鸡尾酒时，应把握好不同颜色原料的用量。某种颜色原料用量过多，色深；量少则色浅，酒品就达不到理想的效果。

第三，注意不同原料对颜色的作用。冰块是调制鸡尾酒不可缺少的原料，不仅对饮品起冰镇作用，对饮品的颜色、味道也起稀释作用。冰块在调制鸡尾酒时的用量、时间长短直接影响到颜色的深浅。另外，冰块本身具有的透亮性，在古典杯中加冰块的饮品更具有光泽，更显晶莹透亮，如君度加冰、威士忌加冰、金巴利加冰、加拿大雾酒等。

乳、奶、蛋等均具有半透明的特点，且不易同饮品的颜色混合。调制中用这些原料起增白效果，蛋清增强口感，使调出的饮品呈朦胧状，增加饮品的诱惑力。

碳酸饮料配置饮品时，一般在各种原料成分中所占比重较大，酒品的颜色都较浅或味道较淡。碳酸饮料对饮品颜色有稀释作用。

果汁原料因其所含色素的关系，本身具有颜色，注意颜色的混合变化。如绿薄荷和橙汁一起搅拌可使其呈草绿色。

（三）鸡尾酒的口味

人们对味道的感受是通过鼻（嗅觉）和舌（味觉）来体验的。鸡尾酒味道是由具有各种天然香味的饮料成分来调配的，所以它的味道调配过程不同于食品的烹调。食品一般需要在烹调过程中通过煎、炒、熏、炸等加热方法，使其不同风味的物质挥发，而在酒和果汁等饮料中主要是挥发性很强的芳香物质，如醇类、脂类、醛类、酮类、烃类等，如果温度过高，芳香物质会很快挥发，香味会消失。

1. 原料的基本味

酸味：柠檬汁、青柠汁、西红柿汁等。

甜味：糖、糖浆、蜂蜜、利口酒等。

苦味：金巴利苦味酒、苦精及新鲜橙汁等。

辣味：辣椒、胡椒等辣味调料。

咸味：盐。

香味：酒及饮料中的各种香味，尤其是利口酒中有多种水果和植物香味。

2. 鸡尾酒口味调配

将以上不同味道的原料进行组合调制出具有不同风味和口感的饮品。

绵柔香甜的饮品：用乳、奶、蛋和具有特殊香味的利口酒调制而成的饮品。

清凉爽口的饮品：用碳酸饮料加冰与其他酒类配制的长饮。具有清凉解渴的功效。

酸味圆润滋美的饮品：以柠檬汁、西柠汁、利口酒、糖浆为配料与烈酒调配出的酸甜尾酒，香味浓郁、入口微酸，回味甘甜。

酒香浓郁的饮品：基酒占绝大多数比重，使酒体本味突出，配少量辅料增加香味，如马丁尼、曼哈顿。这类酒含糖量少，口感干冽。

微苦香甜的饮品：以金巴利或苦精为辅料调制出的鸡尾酒。这类饮品入口虽苦，但持续时间短，回味香甜，并有清热的作用。

果香浓郁丰满的饮品：新鲜果汁配制的饮品，酒体丰满具有水果的清香味。

不同地区的人们对鸡尾酒口味的要求各不相同，在创新鸡尾酒时，应根据顾客的喜好来调制。一般欧美人不喜欢含糖或含糖高的饮品，为他们调制鸡尾酒时，糖浆等甜物质要少放，碳酸饮料最好用不含糖的。对于东方人，如日本、中国港台顾客，他们喜欢甜口，可使饮品甜味略突出。在进行鸡尾酒的创新时，还应注意世界上各种流行口味的趋势。

（四）鸡尾酒的装饰

饮品装饰是鸡尾酒创新不可缺少的环节。装饰对创造饮品的整体风格，提高饮品的外在魅力起着重要作用。装饰物的外形设计与制作都强调主观的创造性，它不仅需要平时多注意观察生活，还需要点灵感。一杯有创意装饰的饮品能使其更添美丽色彩和诱惑力，使其最终成为一杯色、香、味俱佳的特殊饮品，令宾客赏心悦目。

1. 饮品装饰物的分类

饮品装饰是通过装饰物来实现的。要进行装饰物创新首先要了解装饰物的某些共有特点和装饰规律。

（1）点缀型装饰物

大多数饮品的装饰物都属于这一类。点缀型装饰物多为水果，常见的有樱桃、柠檬、桔子、菠萝块、酸橙、草莓等。这类装饰物要求体积小，颜色与饮品相协调，同时要求尽量与饮品的原味一致。

（2）调味型装饰物

调味型装饰物主要是用有特殊风味的调料和水果来装饰饮品，同时对饮品的味道会产生影响。一是调料装饰物：常见的有盐、糖粉、豆蔻粉、桂皮等经过加工后作装饰物；二是特殊风味的果蔬装饰物。如柠檬、薄荷叶、鸡尾洋葱、芹菜等，这些果蔬植物装饰在饮品中对饮品味道能产生一定的影响。

（3）实用型装饰物

饮品的服务离不开吸管、调酒棒、鸡尾签等。现在人们除了保留其实用性外，还专门设计成具有特殊造型的用品，具有观赏价值。

2. 饮品装饰规律

饮品种类繁多，所以装饰上千差万别。一般情况下，每种饮品有其装饰要求。有些饮料已经形成了一种约定俗成的装饰，如马丁尼用水橄榄、曼哈顿用红樱桃装饰等。因为装饰物是饮品的主要组成部分，有时装饰物的改变就能改变饮品的名称。根据其装饰功能，有以下的装饰基本规律。

（1）依照酒品原味，选择与其相协调的装饰物

这要求装饰物的味道和香气必须同酒品原有的味道和香气相吻合，并且能更加突出饮料的特色。如一杯酸甜口味的鸡尾酒，采用柠檬片来装饰。总之，当能影响鸡尾酒味的辅料中以某种果汁、菜汁或香甜酒为主时，就选用同类水果、蔬菜或香料植物来装饰。

（2）丰富酒品内涵，增加新品味

这主要是针对调味型装饰物而言的。选取这类装饰物时，对于已有的鸡尾酒品种，主要取决于配方上的要求，它就像鸡尾酒的主要成分一样重要，不容随意改动。而对于新创造的酒种，则应以考虑宾客口味为主。

（3）颜色协调，表情达意

五彩缤纷固然是饮品装饰的一大特点，但是颜色在使用上也不能胡乱搭配，随意选取。色彩本身是有一定表情性的。例如，红色是热烈而兴奋的；黄色是明朗而欢乐的；蓝色是抑郁而悲哀的；绿色是平静而稳定的。他们都是调酒师与消费者感情交流的工具。"红粉佳人"（Pink Lady）用红樱桃装饰，而"巴黎初夏"（April in Paris）却用绿樱桃来装饰，都是有其各自不同意思的。

（4）形象生动，突出主题

制作出形象生动的装饰物往往能表达出一个鲜明的主题和深邃的内涵。特基拉日出（Tequila Sunrise）杯上那枚红樱桃，它从颜色到形体上都能让人联想到灿烂的天边冉冉升起的一轮红日。由此我们可以看出有些酒名，往往已经为我们确定了主题，只须我们将装饰物制作得更加形象生动。这类饮品的装饰物除能固定饮品外，大多可以由调酒师发挥自己的想象力和创造性来完成。

3. 饮品装饰注意的问题

（1）装饰物形状与杯形相协调

实际上二者在创造外形美上是密不可分的统一体。一般规律是：用平底直身杯或高大矮脚杯，如哥连士杯、海波杯等；常常少不了吸管、调酒棒这些实用型装饰物。另外，常用大型的果片、果皮或花瓣来装饰，体现出一种高拔秀气的美感。在此基础上可以用樱桃、草莓等小型果实作复合辅助装饰，增添新的色彩。

用古典杯时，在装饰上也要体现传统风格。常常是将果皮、果实或一些蔬菜直接投入到酒杯中，使人感觉其稳重、厚实、纯正。

用高脚鸡尾酒杯或香槟杯，常常配以樱桃、桔片直接缀于杯边或用鸡尾签串起来悬于杯上，表现出小巧玲珑又丰富多彩的特色。

（2）注意不需要装饰的酒品，切忌画蛇添足

装饰对于鸡尾酒的制作来说确实是个重要环节，但是并不等于说，每杯鸡尾酒都需要配上装饰物，几种情况不需要装饰。

酒品表面有浓乳时，一般情况下就不需要任何装饰了。因为那飘若浮云的白色浓乳本身就是最好的装饰。

彩虹酒即层色酒，是在小杯中兑入不同颜色的饮料，使其形成色彩各异的带状分层饮品。这种酒不需要装饰是因为它那五彩缤纷的酒色已经充分体现了它的美，如再装饰反而造成颜色混乱，适得其反。

另外，还有一些保持特殊意境的酒品也不需要装饰物。

第三节　鸡尾酒制作

一、鸡尾酒的计量单位

一般常见的鸡尾酒有其固定的成分比例，只要按酒谱所示即可调出该酒风味。但要想每次都能调出一杯合乎标准的鸡尾酒的分量，就需要用量具精准地量出鸡尾酒里的每一份材料，这样才能熟能生巧。

标准酒吧计量单位（Standard Bar Measures）

1 加仑 gallon（gal）=128 盎司=4 夸脱

1 夸脱 quart（gt）=2 品脱=32 盎司

1 品脱 pint（pt）=16 盎司

1 盎司 oz=30cc

1 杯　1 cup=8 盎司

1 代斯 dash（or splash）= 10 滴（drop）

1 茶匙（吧匙）1 teaspoon（bar spoon）= 1/8 盎司

1 汤匙 1 tablespoon = 3/8 盎司

1 普尼杯（pony）=1 盎司

1 标准量杯（jigger）=1.5 盎司

一般的鸡尾酒原料的容量单位以：①盎司（OZ）；②汤匙（TSP）；③茶匙（TSP）；④滴（Drop）等四种最为常见。

二、常见鸡尾酒酒谱

鸡尾酒谱即鸡尾酒的配方，它是一种鸡尾酒调制的方法和说明。常见的酒谱有两种，一种是标准酒谱，另一种是指导性酒谱。

标准酒谱是某一个酒吧所规定的酒谱。这种酒谱是在酒吧所拥有的原料、用杯、调酒用具等一定条件下作的具体规定。任何一个调酒师都必须严格按酒谱所规定的原料、用量及程序去操作，标准酒谱是一个酒吧用来控制分量和品质的基础，也是做好酒吧管理和控制的保障。

指导性酒谱是作为大众学习和参考之用的。我们在书中所见到的酒谱都属于这一类。因为这类酒谱所规定的原料、用量等都需根据实际所拥有的条件来做修改。

在学习过程中通过指导性酒谱首先掌握酒谱的基本结构，在不断摸索中掌握某类鸡尾酒调制的基本规律，从而掌握鸡尾酒的家族。

三、鸡尾酒调制的规范程序

（一）传瓶—示瓶—开瓶—量酒

1. 传瓶

把酒瓶从酒柜或操作台上传到手中的过程。传瓶一般有从左手传到右手或从下方传到上方两种情形。用左手拿瓶颈部传到右手上，用右手拿住瓶的中间部位，或直接用右手从瓶的颈部上提至瓶中间部位。要求动作快、稳。

2. 示瓶

把酒瓶展示给客人。用左手托住瓶下底部，右手拿住瓶颈部，呈 45° 角把商标面向客人。

3. 开瓶

用右手拿住瓶身，左手中指逆时针方向向外拉酒瓶盖，用力得当时可一次拉开。并用左手虎口即拇指和食指夹起瓶盖。开瓶是在酒吧没有专用酒嘴时使用的方法。

4. 量酒

开瓶后立即用左手中指和食指与无名指夹起量杯（根据需要选择量杯大小），两臂略微抬起呈环抱状，把量杯放在靠近容器的正前上方约一寸处，量杯要端平。然后右手将酒倒入量杯，倒满后收瓶口，右手同时将酒倒进所用的容器中。用左手拇指顺时针方向盖盖，然后放下量杯和酒瓶。

（二）握杯、溜杯、温烫

1. 握杯

老式杯、海波杯、柯林杯等平底杯应握杯子下底部，切忌用手掌拿杯口。高脚或脚杯拿细柄部。白兰地杯用手握住杯身，以手传热使其芳香溢出（指客人饮用时）。

2. 溜杯

将酒杯冷却后用来盛酒。通常有以下几种情况：

（1）冰镇杯：将酒杯放在冰箱内冰镇；

（2）放入上霜机：将酒杯放在上霜机内上霜；

（3）加冰块：有些可加冰块在杯内冰镇；

（4）溜杯：杯内加冰块使其快速旋转至冷却。

3. 温烫

温烫指将酒杯烫热后用来盛饮料。

（1）火烤：用蜡烛来烤杯，使其变热；

（2）燃烧：将高酒精烈酒放入杯中燃烧，至酒杯发热；

（3）水烫：用热水将杯烫热；

（4）搅拌、掺对或摇和。

（三）上霜

上霜是指在杯口边沾上糖粉或盐粉。具体要求：用柠檬皮擦杯口边，要求匀称。操作前要把酒杯空干。然后将酒杯放入糖粉或盐粉中，沾完后把多余的糖粉或盐粉弹去。

（四）调酒全过程

短饮：选择—放入冰块—溜杯—选择调酒用具—传瓶—示瓶—开瓶—量酒—搅拌（或摇和）—过滤—装饰—服务。

长饮：选择—加入冰块—传瓶—示瓶—量酒—搅拌（或掺兑）—装饰—服务。

四、鸡尾酒调制基本要求

（一）步骤

1. 调制前，杯应洗净、擦亮。酒杯使用前需冰镇。

2. 按照配方的步骤逐步调配。

3. 量酒时必须使用量器，以保证调出的鸡尾酒口味一致。

4. 搅拌饮料时应避免时间过长，防止冰块溶化过多而淡化酒味。

5. 摇混时，动作要自然优美、快速有力。

6. 饮料混合均匀。

7. 用新鲜的冰块。冰块大小、形状与饮料要求一致。

8. 用新鲜水果装饰。切好后的水果应存放在冰箱内备用。

9. 使用优质的碳酸饮料。碳酸饮料不能放入摇壶里摇，必须在摇匀其他料后加入。

10. 水果挤汁时最好使用新鲜柠檬和柑桔，挤汁前应先用热水浸泡，以使能多挤出汁。

11. 装饰要与饮料要求一致。

12. 用料：要求所用的原料准确，少用或错用主要原料都会破坏饮品的标准味道。

13. 颜色：颜色深浅程度与饮料要求一致。

14. 上霜要均匀，杯口不可潮湿。

15. 蛋清是为了增加酒的泡沫，要用力摇匀。

16. 味道：调出饮料的味道正常，不能偏重或偏淡。

17. 调好的混合酒应迅速服务，冰镇酒一定要在冰凉时饮用。

18. 载杯：所用的杯与饮料要求一致，不能用错杯。

19. 动作规范、标准、快速、美观。

20. 如一次调制两份以上的饮料，在倒酒前先把酒杯排成一列，随后从头到尾往返倒入酒杯，使各酒杯中先倒入 1/4 杯，然后 1/2 杯，直至倒完，以使每杯饮料有相同的酒度和味道。

（二）调制鸡尾酒的标准要求

1. 时间

调完一杯鸡尾酒规定时间为 1 分钟。吧台的实际操作中要求一位调酒师在 1 小时内能为客人提供 80～120 杯饮料。

2. 仪表

调酒师必须身着白衬衣、背心和领结。调酒师的形象不仅影响酒吧的声誉，而且还影响客人的饮酒情趣。

3. 卫生

多数饮料是不需加热而直接为客人服务的，所以操作上的每个环节都应严格按卫生要求和标准进行。任何不良习惯如手摸头发、脸部等都直接影响客人健康。

4. 姿势

动作熟练、姿势优美，不能有不规范动作。

5. 调法

调酒方法与饮料要求一致。

6. 程序

要依次按标准要求操作。

7. 装饰

装饰是饮料服务最后一环，不能缺少。装饰与饮料要求一致、卫生。

（三）鸡尾酒调制方法

鸡尾酒调制的表演性越来越突出，花式调酒因具有观赏价值越来越受到顾客的欢迎。花式调酒主要是在传统调酒方法的基础上融入了杂技中的一些技巧，如增加了抛酒瓶和掷调酒壶的动作，使调酒过程更具有观赏性。下面介绍调制鸡尾酒的四种传统方法：即摇混法、搅拌法、掺兑注入法与电动调合法。

1. 摇混法（Shaking）

摇混法（又称摇荡法）是把酒水与冰块按配方分量倒进调酒壶中摇晃，摇匀后过滤冰块，将酒水倒入载杯中。

（1）程序

按照先辅料后基酒的顺序，将各种调配材料正确量出放入调酒壶中。

①加入三四块冰块。

②根据不同酒品选用摇混方法。

③摇酒有单手摇和双手摇两种方法。单手摇（主要是用右手）的方法是：右手食指卡住壶盖，其他四指握住壶身，依靠手腕的力量用力摇晃，同时小臂轻松地在胸前斜向上下摇动，使酒充分混合。

双手摇的方法是：左手中指托住壶底，食指、无名指及小指夹住壶身，拇指压住过滤网；右手的拇指压住壶盖，其他手指夹住壶身，双手协调地将调酒壶抱起，在胸前呈 45° 角，斜向用力摇晃。双手摇也可以将调酒壶抱起，移至肩膀与胸部的正中位置，保持水平，前后做有韵律的摇动。

摇混结束后，取下壶盖，用食指压住过滤网上方，将调好的酒滤入相应的载杯中。

（2）摇混法的注意事项

①普通鸡尾酒摇晃时间为五六秒左右，以手感较凉为限。

②加奶或鸡蛋的鸡尾酒摇晃时间要相对长些，使鸡蛋和奶与酒液充分混合。

③摇酒要用新鲜冰块，不宜用碎冰。

④含有汽泡的配料，如雪碧、可乐、苏打水、汤力水等不能放入调酒壶摇晃。

2. 搅拌法（Stirring）

搅拌法有两种：即直接搅拌法与搅拌滤冰法。

直接搅拌法是把酒水按配方分量直接倒入载杯中，加进冰块，用吧匙搅拌均匀即可。

搅拌滤冰法是把酒水与冰块按配方分量倒入调酒杯中，用吧匙搅拌均匀，然后用滤冰器过滤冰块，将酒滤入载杯中。

注意事项：

①用吧匙搅拌方法是：左手拇指和食指握住调酒杯底部。右手中指与无明指夹住吧匙螺旋部分，拇指和食指轻夹吧匙上部，将匙背贴着杯壁，顺时针方向搅动数圈。

②切忌将吧匙碰敲调酒杯而发出声响。

③在调酒杯口架上过滤网，右手食指拿住过滤网，左手指握起调酒杯，将酒滤入载杯中。

3. 掺兑注入法（Building）

掺兑注入法是将配方中的酒水按分量直接倒入载杯里不需搅拌即可。但有时也需用吧匙紧贴杯壁慢慢地将酒水倒入，以免冲撞混合（如彩虹鸡尾酒），影响调制效果。

彩虹酒的调制方法：

①用吧匙紧贴酒杯内壁依比重倒入各种酒品，各层次之间不能互相混合。

②每层之间分隔线清楚，如同刀切一般。

③每层厚度基本相等。

4. 电动调和法（Blending）

电动调和是把酒水与碎冰按配方分量放进电动搅拌机中，启动电动搅拌机运转 10 秒种左右，连冰块带酒水一起倒入载杯中。

调制方法与注意事项：

①用于调酒的水果必须事先切成丁或薄片。

②放料顺序为先放水果，再放碎冰，最后量入酒杯，然后启动搅拌机，将调制材料调和成浆状。

③切忌使用冰块。

五、世界鸡尾酒组织与调酒大赛

（一）世界调酒师组织

1. 英国调酒师协会（United Kingdom Bartender Guide, UKBG）

英国调酒师协会建于 1933 年，是调酒师最早组织。以提倡高水平服务，鼓励并保持一种适合致力于快速有效地为顾客服务并令顾客满意的员工道德标准为宗旨。传播酒知识，培训酒吧员，积累鸡尾酒档案。

2. 国际调酒师协会（International Bartender Association, IBA）

国际调酒师协会于 1951 年 2 月在英国成立。与会的正式代表来自英国、丹麦、法国、荷兰、意大利、瑞士、瑞典等七个国家，另外还有 34 位其他代表出席。到 1961 年成员国 17 个，1971 年 24 个，1981 年 29 个，1991 年 32 个，到 2001 年已发展到 45 个。现在很多国家正在申请成为会员国。在 1975 年之前只接受男调酒师，从那以后开始接受女调酒师为会员。国际调酒师协会 1966 年成立 IBA 培训中心，教育培训年青调酒员帮助他们提高技能和酒水知识。每年一次的课程由于是在 John Whyte 的指导下完成，由于此人对调酒员教育的贡献，现在课程被命名为 "The John Whyte Course"。另外，IBA 每年举行年会，每三年举行国际鸡尾酒大赛。IBA 的工作目标：增进职业调酒师的才能，正确引导和教育这个年轻的职业。具体为四方面工作：咨询、职业教育、调酒师比赛及与生产商和供应商发展相互交流。

（二）调酒大赛

1. ICC 国际调酒师大赛

国际鸡尾酒调酒大赛，英语是 International Cocktails Competitions（ICC），是 IBA 的一项重要活动。第一届 ICC 于 1955 年由荷兰调酒师俱乐部组织发起，并在其首都阿姆斯特丹举行，优胜者是来自意大利的吉西·奈瑞先生（Mr. Guiseppe Neri）。从 1976 年开始，这种世界鸡尾酒大赛每三年举行一次，每一个 IBA 成员都有权力参加这个代表最高水平的调酒大赛的角逐。国际鸡尾酒调酒大赛分笔试、口试和现场调制（规定、抽签、自创）三个部分，包括了三个范畴：餐前鸡尾酒、餐后鸡尾酒、长饮。

早在 1966 年，IBA 荣誉成员的奖牌就曾赠给过与有关系的商业机构。许多年来，在会员的生活和国际交往中值得庆祝的日子就是各种会议及比赛召开和进行的日子。在这段时间里，共产生了 15 个 IBA 荣誉成员。

国际调酒协会委员会委员在 1975 年至 1977 年间共增加到了 4 个副总裁，分管各自的地区，包括欧洲区、北美区、南美区和远东地区。在 1975 年，妇女就已被重视，且非常欢迎她们加入 IBA 大家庭。IBA 规则于 1980 年被修正并沿用至今。

2. IBA 马天尼调酒大奖赛（Martini Grand Prix）

马天尼调酒大奖赛（Martini Grand Prix）起始于 1968 年，那时此项大赛被称为 "The Pensiero Prize"。它是由总部设在意大利都灵的 Martini & Rossi 公司所设立，旨在纪念皮尔路吉·培撒先生（Mr.Pieluigi Paissa），他生前对年轻的调酒师的成长和进步以及他们所从事的事业都表现出了极大的兴趣和热心。1970 年，Martini & Rossi 的领导层决定为年轻的调酒师提供了解世界、走向世界的机会，IBA 和意大利调酒师协会也开始进行密切的合作。1986 年始，一年一度专为 28 岁以下的年轻调酒师设立马天尼调酒大奖赛。比赛分为笔试—实际操作—口试，实操时调一款传统鸡尾酒，调一款自创鸡尾酒（基酒是马天尼公司产品）。设立"最富想象力鸡尾酒奖"、"年轻奖"。马天尼调酒大奖赛已成为各国年轻调酒师一年一度学习、交流和展现自己技艺的重大赛事。

每一次决赛的承办国均不同，一般是在 IBA 的会员国，其次是在应具有世界规模的酒类生产厂。所有的选手在赛前或赛后会被安排参观和学习。随着调酒师技术水平的不断完善和提高，鸡尾酒的创新又是调酒师们面临的一个新课题。目前无论国内外的调酒师大赛，创新鸡尾酒均是必须做，在分数上占有很大的比重。

3. 中国调酒师大赛

在我国，商业性调酒比赛的历史可以追溯到十几年以前。主办者大多为洋酒公司和酒类供应商，应邀参加的选手也多来自洋酒销售位居前茅的企业。这种比赛虽具有一定的局限性，但却开创了我国调酒行业活动的先河，在促进知识的传播、同行的交流和调酒师的技术水平的提高上，可圈可点，功不可没。调酒比赛大致分英式调酒和花式调酒两大类。

由国家政府部门主办的、真正具有权威性的全国调酒比赛，应始于 1992 年的全国旅游行业青年技术技能大赛（调酒项目）。经过选拔的来自全国 29 个省市的45 名调酒选手参加了包括理论、英语口试和实际操作三个项目的比赛。获得前 10 名的选手被授予全国旅游行业"优秀调酒师"和"青年突击手"的光荣称号。紧接着，在 1993 年首届全国青年技术技能奥林匹克大赛中，调酒项目也占据了一席之地，与攒台、斟酒、插花、叠口布花、分割烤鸡共同构成了西餐参赛选手的必考内容。1995 年的首届全国调酒师大赛是旅游行业调酒师的一项非常专业化的比赛，来自全国各地的 48 名优秀调酒人才经过激烈的角逐，决出名次，成绩优异的选手被授予行业技术能手并被颁发技术等级证书。通过这次大赛，不仅检验了我国调酒师队伍的水平，也为促进酒吧业发展、提高行业的整体水平起到了积极的作用，其成功的比赛模式一直沿用至今。

一名调酒师，必须具备以下四点：一是有激情，因为品酒的人就是在品味情调和生活，同时也要将激情"传染"给客人；二是性格好，一名好的调酒师要性格开朗，善于与人沟通，营造和谐轻松的氛围；三是记忆力强，调酒师不但要记住许多鸡尾酒的配方，还要记住很多常客的名字及爱好；四是懂得颜色搭配的艺术，要从感官上取悦客人，就要合理地进行色彩调配，以达到预期的效果。

（三）调酒竞赛基本内容

1. 笔试的基本范围与形式（20 分）

调酒选手要参加统一笔试，回答 20 个问题（10 个中文题、10 个英文题）。基本范围包括传统鸡尾酒的基本配制、法则及主要配方，酒的变量公式、酒吧服务、洋酒知识及国产名酒知识。笔试时间为一小时。

2. 鸡尾酒实际操作形式（60 分）

（1）指定鸡尾酒——Pink Lady 红粉佳人（20 分）

（2）指定五种鸡尾酒，抽签调兑一种（20 分）。

评分标准：

酒的颜色 4 分

酒的味道 4 分

酒的整体造型（装饰） 4 分

摇酒姿势及技巧 4 分

载杯 4 分

（3）自创一种鸡尾酒（20 分）

配料酒可自由选。每位选手应把自创鸡尾酒所需材料带齐（鲜柠檬、樱桃、鲜橙除外）。并在赛前将配方及命名交给评委。

评分标准：

酒的颜色 4 分

酒的味道 4 分

酒的整体造型（装饰） 4 分

摇酒姿势及技巧 4 分

创新独特及命名 4 分

3. 口试形式及内容（20 分）

每个选手操作结束后，分别用英语回答评委提出的五个问题。要求反应时间不多于 10 秒，声音可闻、语音语调准确、用词得当、答案正确。基本范围包括酒吧调酒服务日常用语及知识。评分办法，每道题 2 分，答对一半内容给 1 分。

（四）竞赛要求

1. 每调兑一种鸡尾酒的时间为 1 分钟，每超时满 30 秒扣 1 分，最多扣 3 分。

2. 操作用摇酒器、量酒杯、鸡尾酒杯（自创）自备。

3. 操作中摇酒器摇翻掉地每次扣 4 分。

4. 调酒时每忘记放一种原料扣 10 分。

5. 斟酒量适宜（1/9～1/8 之间），低于 1/9 扣 2 分；溢出一滴扣 1 分；溢出一滩扣 3 分。

6. 调酒中有手拿杯口、搓手、挠头等不良卫生习惯扣 2 分。

7. 每份酒斟一杯，供观摩、品尝用。

8. 参赛选手要将自创酒名称及配方复印 6 份。抽签仪式后，由领队写上编号交调酒项目监督员。

调酒操作评分见表 8-3。

表 8-3　调酒操作评分表

名称	项目满分	颜色		味道		姿式技巧		整体造型		载杯		创新与命名		时间				合计得分
		满分	扣分	满分	扣分	满分	扣分	满分	扣分	满分	扣分	满分	扣分	规定	实际	超时扣分	提前加分	
红粉佳人	20	5		5		5		5						1				
抽签酒	20	4		4		4		4		4				1				
自创酒	20	4		4		4		4				4		1				

第四节　酒会服务

酒会，又称鸡尾酒会，在欧洲，20世纪初就已经被人普遍接受了。后来，美国人喜欢一种比晚宴相对轻松但又是正式社交性质的聚会，聚会时常喝鸡尾酒，所以鸡尾酒会渐渐成为风尚。酒会上以酒水为主，但不用或少用烈性酒。备小吃，不设座椅，仅置小桌或茶椅，饮料和食品部分放置桌上，由服务员托盘端送。

一、宴请的不同方式

（一）宴会

宴会有正式宴会和便宴之分。按举行的时间，有午宴、晚宴之分。出席规格以及菜肴的品种与质量等均有区别。一般说，晚上举行的宴会较为隆重，宾主均按身份排位就座，宴会一般不做正式讲话。

（二）冷餐会

一般是招待人数较多时举行，规格有高有低。按主、客的身份和招待的菜肴而定。冷餐会一般在较大的场合举行，设餐台、酒台。食品通常较丰富，由客人自取餐具、食品。有的不设桌椅站立而食。有的设桌椅，自由入座就餐。酒水一般由服务员端送，也可自取。

（三）酒会

近年国际上举行大型活动采用酒会形式渐趋普遍。庆祝各种节日，欢迎代表团访问，以及各种开幕、闭幕典礼，文艺、体育招待演出前后，往往举行酒会。

酒会形式活泼，便于广泛接触交谈。酒会以主题的形式来分类有婚礼酒会、开张酒会、庆祝庆典酒会、产品介绍酒会、签字仪式酒会等。

酒会从组织形式来分有两大类：一类是专门酒会；一类是正规宴会酒会。专门酒会如表演酒会、自助餐酒会、小食酒会等。

（四）茶会

这是一种更为简便的招待形式。举行的时间一般在下午。茶会通常设在客厅或宾馆会议室。设茶几、座椅。对茶叶、茶具要有所讲究，一般用陶瓷器皿。其组织安排与酒会相同。

二、鸡尾酒会的社交功能

鸡尾酒会是西方国家比较传统的一种社交活动。在西方，一些有时间有精力有财力的人，利用周末在家里举办一次，以达到联络感情的作用。鸡尾酒会在近年来的社交界很流行，这种聚会形式时尚简洁，显得亲切可爱，非常方便人们交谈。在中国谈到鸡尾酒会总与豪华的场面、精致小量的食品以及衣冠楚楚、彬彬有礼的客人这样一些印象联系起来。

人们参加一个聚会，面对众多的陌生人，一般需要喝点饮料来让自己感到舒服和松弛。大多数美国人非常乐于参加或在家里亲自举办一次鸡尾酒会，邀请一些朋友到家中做客、聊天和欢聚。鸡尾酒会站着交际的好处就是人们可以在烛光杯影里，欢娱的笑声中，在人群里自由穿梭，直到把每个人都认识过来或跟每个人都交谈过。鸡尾酒会上要小声说话、小口啜饮、小量进食。参加鸡尾酒会，目的就是让客人行走自由，以尽量接近和结识别人，看到老朋友，结交新朋友，高谈阔论。

三、如何安排邀请

酒会时间的选定，应以主客双方的方便为合适。一般不要选择对方重大的节假日、有重要活动或有禁忌的日子和时间。小型宴请的时间，应首先征询主要客人的意见，主宾同意后再约请其他宾客。

时间段：午餐酒会，时间一般是正午 12 时至下午 1 时 45 分。如果是晚间举行的话，通常是自下午 6 时或 6 时 30 分至 7 时 30 分或 8 时。在星期日和假期，人们经常在午饭之前被邀请去参加鸡尾酒会。在大型的事件之前往往会有餐前鸡尾酒会。鸡尾酒会最好不要早到，以免主办方还没有准备好，难免尴尬。客人可以有迟到 30 分钟的限度，宾客在这个时间段内任何时候到达皆可。

宴请活动一般均先发请柬，这既是礼貌，亦对客人起提醒、备忘的作用。除了宴请临时来访人员，时间紧促的情况以外，宴会请柬一般应在二三周前发出，至少应提前一周，太晚了不礼貌。有的人甚至因此拒不应邀。已经口头邀约好的也可以补送请柬备忘。可在请柬一角加"备忘（To remind）"字样。按照国际上的通常做法，如邀请夫妇二人；可只合发一张请柬。

四、酒会酒水准备

鸡尾酒会是国际上举办大型活动（如庆祝各种节日，欢迎代表团访问以及各种开、闭幕典礼）广泛采用的有利于接触与交流的宴会形式。酒会上的菜肴酒水，要精致可口，适合于来宾的口味，而且还要美观，让人看了悦目赏心。

酒会酒水确定的依据：

（一）酒会的主题活动的性质和特征

酒会不同于正式的宴会，酒会是为了使主题活动更加有效、顺利完成而提供的环境。主题不同选择酒水不同。

（二）酒会的时间

确定酒会的时间是餐前还是餐后。餐前多用开胃类酒水，餐后主要选用休闲类饮品和利口酒。

（三）酒水的选择要以营造气氛为目的

酒会上的酒水多以低度的发酵酒如啤酒、葡萄酒、鸡尾酒，或一些软饮料为主。

（四）酒水选择还应考虑与菜品搭配的需要

酒会是以酒水为主，但有些酒会要与餐品搭配服务。这就需要了解有关酒水的搭配知识。

1. 餐前酒

餐前酒主要是鸡尾酒和部分混合饮料，用来开胃。如马天尼、曼哈顿、威士忌酸等。

2. 佐餐酒

佐餐酒是指用来配菜品的酒，主要是葡萄酒，表 8-4 是酒与菜品搭配的一般常识。

3. 餐后酒

餐后酒主要是利口甜酒、白兰地、部分混合饮料，另外还有咖啡和茶。

表 8-4

菜点	酒品	杯具
冷盘或海味	烈性酒	烈性酒杯
汤	雪利酒（sherry）	雪利杯
鱼虾、家禽	干或半干白葡萄酒、玫瑰红葡萄酒	白葡萄酒杯
牛排、烤肉类	红葡萄酒	红葡萄酒杯
主菜（又叫大菜）	香槟酒	香槟酒杯
甜点	波特（port）酒、利口酒	葡萄酒杯

五、酒会食品准备

酒会食品的主要功能是为宾客提供简便的食品，酒吧的食品服务也是如此。酒会食品服务应遵循以下几项原则。

（一）制作方便

酒吧不同于餐厅，没有正规的厨房，只有简易的烹饪设备，如烤箱、微波炉等。酒会提供的食品不仅要求食用时方便，而且要求烹饪时容易。

（二）酒会食品的选择

鸡尾酒会以酒水为主，略备小食品。酒的数量根据酒会规模决定，家庭酒会可以只备两三种酒，另备两三种饮料给那些不喝酒的客人饮用。普通的鸡尾酒会，一般给每人预备三杯酒。

鸡尾酒会中也要准备些小食品（Canapes）。鸡尾酒会上的食品都是非常具有特色的食物，品种很多、形式简单、味道可口。它可以是白面包片、果仁、脆薯片、各式三明治、热香肠、饼干、咸肉卷等；也可以是小虾或鹅肝；它可以是热的，也可以是凉的食物。总之，鸡尾酒会上的食品非常重要，因为它体现了酒会主人的细致和用心，最恰如其分地满足了客人的需要。

酒会选择食品原料多为半成品或成品，如牛排、羊排、猪排及其他肉制品如咸肉片、火腿、肉丸、三明治的肉馅等。肉类制品一般要与炸薯条、烤磨菇等同时服务。家禽食品中鸡腿、鸡翅、鸭舌及家禽肉制品做成的沙拉等。鱼类食品，一是新鲜的海鲜类，二是熏鱼制品如三文鱼、鳟鱼、鳗鱼、鲭鱼、鲱鱼等。蔬菜和水果是酒吧常见的食品原料，常见的有蔬菜和水果沙拉，水果拼盘等；面包和面食；干食品类；休闲小食品常用在酒会服务中，如虾条、薯片、雪饼、凉果等，还包括炒货、休闲糖果、蜜饯等。这类食品利用率很高，甚至可以100%被利用，没有浪费。并且食品素材丰富，制作方便，能够减少准备与烹煮的时间。

（三）节省成本

半成品和成品除了减少从初加工过程中原料的浪费外，还可以精简员工，节省厨房空间等。酒会饮食的供应始终要有成本观念，并使之与酒吧的类型、酒吧的标准等相符合。

（四）质量控制

酒会选择这类食品最大的弊端是市场上谁都能采购到，在食品上不能产生竞争优势。这类食品关键点是制作好配料、进行有效的组合和装饰。配制过程控制，是食品成本控制的核心，是保证质量的重要环节，应做到既避免原料的浪费又确保了菜肴的质量。确保菜肴质量的关键要从厨师烹调的操作规范、上菜速度、服务态度等方面加强监控。

六、酒会吧台、餐台布置

鸡尾酒会一般都有一个聚会的主题。鸡尾酒会一般是伴随着一些比较正式的主题活动，涉及到商业、政治、私人等。酒会布置首先要符合主题活动的需要，满足美观和方便工作的原则；其次要满足参与酒会客人的需要。酒会餐台和吧台的布置要事先准备一个平面图，必须在酒会开始前半小时摆设完毕。餐台和吧台可归类为两种形式：一是固定流水线型的布置。客人需要按餐台布置的顺序，依次取用自己喜欢的食品和饮料；二是自由流动型布置。餐台、吧台分成多组并分开布置，客人可以根据自己的喜好或台边人的多少，自由地选择食品和饮料。这类布置占用空间大，但方便顾客取用。下面介绍几种酒会吧台的布置形式。

（一）软饮料吧

软饮料吧所摆设的酒水主要是不含酒精的饮料，如果汁、矿泉水、碳酸饮料、杂果宾治和低酒精的啤酒和葡萄酒等。

（二）标准吧

标准吧布置的是我们在本书中介绍的各类主要酒水。但作为酒会来说，使用的大多是发酵酒、开胃酒、鸡尾酒和部分知名品牌的烈性酒，如威士忌、白兰地等。

（三）酒会布置注意事项

1. 请柬上一般要注明起止时间，客人可在此期间的任何时间入席，来去自由，不受限制。

2. 以酒水为主，配各种果汁、不用或少用烈性酒。

3. 备有一些小食品，如三明治、小面包、小香肠、咸肉卷等，置于小桌或茶几上，供客人取用。

4. 饮料和食品由招待员托盘端送或部分放置在小桌上。

5. 小食品有的可用牙签取食，没有牙签的可用手拿，因此纸巾必不可少，以便随时擦手。

6. 酒会不设座椅，仅设桌子、茶几等，因此要站着进餐。

7. 客人可以自己去吧台取酒水。

七、酒会的消费方式

（一）定时消费

定时消费也称为包时消费。通常是酒会组织者将参与酒会的人数、时间确定后，随客人任意消费，酒会结束后统一结算。这里的关键点：一是酒水的品牌事先由组织者确定；二是要明确酒会的起止时间。客人只能在固定时间内参加，时间一到将停止供应酒水。

（二）计量消费

计量消费是按酒会中客人所饮用的酒水数量来进行结算的。酒水的品牌一般要根据酒会档次来确定。在酒会中，酒水按实际用量多少计算。

（三）定额消费

客人的消费额是固定的，即事先确定的人均消费标准。客人原则上要在这个标准内消费，超过部分将由客人自付。这类酒会要认真准备，在品种、品牌、数量上要让客人感到满意。

（四）现付消费

这类酒会一般是组织者提供酒水服务。客人根据自己的需要来决定点什么饮料，并自己付费。

八、酒会酒水服务程序

（一）做好酒会开始前的准备工作

1. 人员安排

根据酒会的形式、规模、人数和酒会的时间来确定调酒师、服务人员。

2. 酒水准备

根据酒会人数、消费标准来准备所需酒水的种类、数量等，一般要求按每人3.5 杯的量来计算，并按酒水要求进行冷藏等前期准备。

3. 酒杯准备

酒会非常关键的工作就是要备足酒杯。酒杯的数量要按人数乘 3.5 来准备。如果有足够方便的条件能迅速清洗好酒杯，准备量可以适当少些。摆放酒具、准备冰块等。

4. 酒会中用量较大的饮料如果汁、宾治等要提前准备就绪

有些客人喜欢的饮料要提前 10 分钟斟入酒杯中，避免客人等候或造成吧台前的拥挤。

5. 根据菜品的需要，及时斟酒

6. 随时清理客人用过的酒杯

7. 鸡尾酒纸巾（Cocktail Napkin）

在鸡尾酒会上是不提供刀叉的，而是放一些餐巾纸。鸡尾酒纸巾的用处只有一个，就是用在鸡尾酒会上。它不同于一般的餐巾纸，它更小巧、可爱、设计新颖、独特。鸡尾酒纸巾可以是白色的，也可以是其他浅色的；可以是绸缎的，也可以是亚麻布制作的。总之，鸡尾酒纸巾是最代表酒会主人浪漫情调的标签。

（二）酒会中的服务

1. 酒会的程序

酒会服务首先就是要了解酒会的程序，以便能提供有针对性的服务。要了解酒会开始和结束的时间，因为所有酒会在开始的 10 分钟是最拥挤的。另外要掌握酒会的高潮，酒会的高潮是酒水服务最紧张的时间。酒会的内容不同，酒会的程序就会有很大的差异。酒会程序的基本内容包括：

（1）酒会开始时的宾客介绍；

（2）有关人员的致辞或讲话；

（3）酒会主题活动进行（如颁奖等）；

（4）致祝酒辞；

（5）酒会开始及酒会服务；

（6）酒会娱乐节目安排。

鸡尾酒会举办时间一般是下午 5 点到晚上 7 点，一般是在大型活动前后举办。客人可随意走动，时间上也较为灵活。

2. 补充酒杯和再斟酒

酒会开始 10 分钟后，酒会的第一次高峰过去了，因为这时人们的手中都有了酒水。这时，就要迅速将事先准备好的、干净的酒杯摆上吧台，并进行第二轮斟酒。要注意的是吧台要保持整洁卫生，及时收拾客人用过的酒杯。

3. 补充酒水

根据酒会的消费情况，及时补充客人喜欢的、用量大的饮料。

4. 酒会高潮的服务

一般来说致祝酒词时，是酒会的高潮。这时要求服务动作要快，尽可能在最短时间内将酒水服务到客人手中。

5. 及时处理意外事故

客人手中的酒水溅洒到身上，或酒杯掉到地上的事时有发生，要及时处理。

6. 清点酒水销售量

酒会一结束，要马上清点酒水的销售情况，并填好酒水销售表。一是方便客人当场确认并签字，二是便于内部盘点结算。

（三）鸡尾酒会礼仪

1. 晚礼服（Tuxedo or Cocktail Dress）

被邀请参加鸡尾酒会的客人一般都要正正经经修饰一番。例如男士要穿西服或小夜礼服，女士要化妆穿正装等。晚礼服在美国文化中最具肖像意义，如男式的燕尾服（Tuxedo）、女性的晚礼服（Cocktail Dress）。在这样的场合，女性显然是有很明确的社交目的，所以服装比平时要来得考究，服装也和当时的气氛相称，魅力非凡。晚礼服总能简单地把人们带到鸡尾酒会的气氛中来。

2. 注意的礼仪

（1）请柬上一般都注明起止时间，客人可在此期间任何时间入席，来去自由，不受限制。

（2）鸡尾酒会不设座椅，仅设桌子、茶几等，因此要端着盘子站着进餐。

（3）有时客人需要自己去吧台取酒，服务生也会端着托盘走动，客人可选择小食品或饮品。

（4）鸡尾酒会不设刀叉，小食品有的可用牙签取食，没有牙签的可用手拿，因此纸巾必不可少。

（5）因为有时用手直接拿食品，比如小点心、饼干之类，而又经常需要和人握手，因此保持手的清洁非常重要，餐巾纸必不可少，以便随时擦手。

（6）用完的餐巾纸可丢进垃圾箱或在服务生经过时交给他们。由于客人可以迟到30分钟之久，所以必须有专人负责留意门口。在较大的酒会，男女主人都是分工合作的。男主人照顾酒水的供应，欢迎客人和给他们安放衣物，女主人则留在会场中欢迎来客，有客人来，上前欢迎他们，把他们介绍给他们可能会喜欢结识的朋友。

为了促进更好的交流，鸡尾酒会一般不设置座位。会有服务人员手捧托盘，在人群中穿梭，他们会为宾客提供精致的食物和丰富的酒类饮料。酒水注意不要倒得太满，半杯最合适。另外，要记得多准备些餐巾纸供宾客取用。

在用酒和饮料的时候最好不要同时进餐，以免影响仪态。饮料需用左手，右手在和别人握手的时候一定要保持干净。与别人交谈的时候不要东张西望，这样非常不礼貌。也不要长时间霸占贵宾，不给别人谈话的机会。

男士要对女士尊重，比如为女士拉椅子、脱大衣、拿酒等。

某些人士有时因饥饿难忍露出馋相，就会被认为有失礼仪。礼仪也会深入内心成为个人气质的一种自然构成。

中途要离去的客人需要在人群中把男主人找出来，向他道别。

3. 避免的行为

参加鸡尾酒会，应避免下列行为：

（1）早到，即使提前一分钟也不好；迟到，于预定结束时间前15分钟才到，然后又待了一小时，明明主人已经累坏了，还硬拖着不走。

（2）用又冷又湿的右手和人握手（请记得用左手拿饮料）。

（3）右手拿过餐点，手还没抹干净，就和人握手（请用左手拿餐点，要不然，吃完就应立刻用餐巾把手仔细擦干净）。

（4）和别人说话时东张西望，怕错过哪个更重要的人物，这是非常不礼貌的。

但是在鸡尾酒会上，这种错误却很常见。

（5）抢着和贵宾谈话，不让别人有和他们搭讪的机会。

（6）硬拉着主人讨论严肃话题，说个没完；要知道，主人还有更重要的事要做，没功夫和你扯整晚。

（7）霸占餐点桌，以致别的客人没机会接近食物。

（8）把烟灰弹到地毯上，或拿杯子当烟灰缸，用完就不管了。

【思考题】

1. 分析鸡尾酒与美国文化之间的关系。

2. 从鸡尾酒兴起背景，结合我国现阶段国情，分析我国未来酒水市场的变化趋势。

3. 调酒师的考级标准和鸡尾酒的制作要求。

4. 请举例说明鸡尾酒会的社交功能。

5. 简述鸡尾酒会的礼仪。

6. 比较英式调酒和花式调酒。

第九章　酒吧文化

【学习引导】
　　酒吧是现代都市人群夜生活的重要场所。酒吧里酒水种类全，变化多，酒吧形成了特有的酒吧文化。本章介绍了酒吧的起源和发展、不同地域的酒吧文化；酒吧的基本类型及其功能；酒吧文化的概念、意义和文化内涵。

【教学目标】
　　1. 了解酒吧的起源与发展。
　　2. 了解酒吧常见的类型及功能。
　　3. 掌握酒吧文化要素与酒吧风格形成的关系。
　　4. 了解酒吧文化的内涵，城市发展之间的关系。

【学习重点】
　　1. 酒吧文化在中国的发展。
　　2. 酒吧常见类型及功能。
　　3. 酒具文化中酒杯与酒的关系。
　　4. 酒吧文化的意义和文化内涵。

第一节　酒吧的源起

　　酒文化在我国具有悠久的历史，从远古的仪狄酿酒、杜康酿酒，到当今的饮酒习俗，酒文化已成为人们生活的一部分。而酒吧，这一舶来名称，却总是让人想起了废墟中的酒肆、酒舍、酒垆、酒家，还有酒馆。酒吧最初在我国出现时，总披着一层神秘的面纱。人们不了解酒吧，一直把它当作西方精神文化中的糟粕。然而，随着经济的快速发展和全球经济的一体化，酒吧这种起源于欧洲大陆的文化，在中国文化强大的包容和同化能力及酒吧自身不断适应我国环境的自我调节下，越来越具有中国化的形象，逐渐融入了人们的生活，并且在当代中国青年人的生活中扎了根。

现在的酒吧已经得到越来越多人的认可，它不再是一个纯粹喝酒、消遣的地方。如今的酒吧，样式和主题越来越多样化，人们可以根据自己的喜好和心情来选择适合自己的酒吧。酒吧的格调、品位、环境、气氛等种种因素，都成为了衡量一个酒吧好与坏的重要标准。

一、酒吧的起源和文化的诞生

酒吧源自英国。15、16 世纪，英国开始兴起私人社交场合——俱乐部。而那些没有能力加入俱乐部，或有些时候没有必要到私人俱乐部去的人们，需要一个大众能参与的社会交往的场合。英国出现了公共社交场所——酒吧。英文称作"public house"，亦称为"pub"。这种大大小小、形态各异的酒吧遍及英国城市和乡村。

欧洲国家在几个世纪前就形成了一种与经济和政治背景相适应的消费习惯，之后演变成一种社会现象——酒吧文化。在 18 世纪的欧洲，酒吧是公共空间的重要部分。酒吧不只是简单的吃喝场所。随着时代发展酒吧中不断增设适合时尚或潮流的娱乐项目。酒吧里，聚集社会上各色各类人，手捧酒杯交换最新信息及传播消息，从文学新作到皇宫轶事，无不在庶人巷议范围。酒吧是西方独特酒文化的衍变和凸现，是西方人寄托喜怒哀乐的地方。

英国人喜欢别人称自己为绅士，经常衣冠楚楚，举止得体。绅士聚在酒吧里讨论的是政治；市民们在酒吧里讨论他们的国王，交流各种消息，研究各项新政策，针贬时事，议论朝政；民主斗士们也把这里作为他们进行解放斗争的主战场。那时的酒吧是一个行动相对自由的场所，在广大劳动人民的休息和娱乐生活中占了相当一部分。在这些无所不在的沙龙和聚会上，公众的观念逐渐产生，民主自由的理念也日益形成，并成为人民群众的客观要求。

随着社会经济发展，工业时代人们劳动强度增大，因劳动强度加大，每晚来酒吧放松精神和发泄的人增加了。酒吧成为消除人们每天超负荷工作，放松紧张神经的场所。每当大型的足球赛事期间，大大小小的酒吧里都聚集着热情的球迷们，边喝酒边观赏足球。酒吧文化反映一个重视工业发展的现代文明。

2001 年的好莱坞歌舞大片《红磨坊》再现了 19 世纪末巴黎的盛世浮华，这个酒和歌舞的盛宴将鼎盛时期的艺术之都表现得淋漓尽致。那时的巴黎不仅诞生浮华，还诞生文学、绘画、雕塑……酒吧是大师们的重要活动场所，在巴黎各种各样的酒吧里，他们交流着心得，探讨艺术的未来，很多人直接在酒吧创作。著名作家左拉就写了本名叫《小酒馆》的小说。这些大师们的风云集会，形成了文化艺术史上的传奇，造就了一个又一个的巅峰。这些大师们逗留过的酒吧如今都成了巴黎的名胜。因为酒吧业得以按照理想的方式发展，变得更加特色鲜明，自身的魅力也长盛不衰。酒吧在将大师们推上艺术巅峰的同时，本身也成了艺术的化身，而这种结合则进一步升华，成了文化的一个标志。

后来美国人将酒吧称为"Bar"，这个词的本意是条、棒。原意是指一种出售酒的长条柜台，最初出现在路边小店、小客栈、小餐馆中，即在为客人提供基本的食物及住宿外，也提供使客人兴奋的额外休闲消费。

很多美国西部片里都会有这样的镜头：黄沙漫天，一人一骑飞快地驰入小镇。接着，风尘仆仆的牛仔跳下坐骑，牵着马儿走到一间小店前，把缰绳系在门口横着的木头上，然后用力推开门大步进店，留下门扇在身后来回晃悠。多数情况下，牛仔们是进去喝酒的，他们所进的店就是酒吧了。也有人说"Bar"本来指的是他们系马缰绳的那根木头，大概这个名字叫着响亮，大家也就用它来称呼酒吧了。

随后，人们消费水平不断提高，这种"Bar"便逐渐从客栈、餐馆中分离出来，成为专门销售酒水、供人休闲的地方，它可以附属经营，也可以独立经营。

二、酒吧的发展

酒吧的诞生和发展伴随着西方现代文化的产生和发展，在现代文明的揉合下，很快风靡全球。经过不断的演变与发展，酒吧到现在已经在它的功用性上发生了很大的变化。它不再局限于人们在累了的时候来此休息，同时，也不仅仅是人们喝酒的场所。现在的酒吧，是人们精神的栖息地，是人们心情的调味品，是人们情感的避难所，是人们品味的推进剂。

在欧美各国，无论大都市还是小城镇，临街的酒馆、酒吧比中国的茶馆还多。酒吧的种类也多种多样，足球酒吧、电影酒吧、艺术家酒吧、博物馆酒吧等等。几百年的历史积淀形成了他们特有的酒文化和酒吧生活方式。与餐馆相比，酒吧没有一日三次进餐的时段性限制，全天候为人们提供服务。在法国、瑞士、德国和意大利，许多酒吧兼营便餐，一些酒吧除了供应酒水，也有各种小吃和小食品。在较繁华的商业区或老城区，酒店、酒馆、酒吧鳞次栉比，店面的装饰各不相同，成为现代都市中一道迷人的风景线。

现代的酒吧不但场所扩大，而且提供的产品也在不断增加，除酒品外，还有其他各种娱乐项目。尤其是酒吧内部的装饰与设计也得到越来越多的重视，从空间环境到氛围的营造、硬件设施、材料的高科技化，都是紧随着时代的发展而发展。因此，迎合了不同人群的需要，使酒吧的事业也越来越庞大起来。很多人在工作饭后之余都很热衷于去酒吧消磨时光，其目的或是为消除一天的疲劳、或沟通友情、或增加兴致。酒吧业也越来越受到人们的欢迎，成为经久不衰的服务性行业。

如今，酒吧对于都市的人们来说，不仅仅是一种时尚，更是一种生活方式。

它就像是都市人的另一个家，亲切、随意、放松而有安全感，进入了酒吧就仿佛进入了另一个世界，一切紧张、压力、烦恼都随之消失了。现在的都市里已不能没有酒吧。

三、酒吧地域文化

酒吧根植于人们的生活，与当地人的生活方式、习惯相一致，是一个国家或地区文化的体现。酒吧文化是以当地的经济文化和工业文明为背景的大环境下营造出适合于社会工作繁忙且压力大的人群精神放松或沟通交际的场地。

（一）PUB 小酒馆

PUB 是"public house"的简称，是英国人用于公众聚会的公共场所。PUB内基本的娱乐设施有多米诺骨牌（dominoes）、飞镖（darts）、台球（pool）、纸牌（cards）、投掷（shove-ha' penny）、自动电唱机（jukebox）、钢琴手现场表演等。顾客可以一边喝酒，一边听音乐、做游戏等。

PUB 这个词最早出现于维多利亚时期，历史上酒吧始终与商业、旅行和工业平行发展。直到今天，酒吧仍是英国一道独特的风景，是英国人重要的交际场所，共有 6 万余间酒吧林立于城市、乡村。每个酒吧都有自己的特色，它们代表着英国的传统，也体现着英国人的特性。酒吧是英国文化中不可缺少的一部分。感受英国，就不能不在英国的传统酒吧里坐坐。

传统的英国酒吧装潢设计典雅，酒吧名称多取自皇室或是战争英雄人物的名字，或是反映当地地方特色及居民生活。传统英国酒吧是最能领略当地文化的地方。光顾酒馆的顾客几乎无所不包。莎士比亚、本·琼森等著名诗人就曾在伦敦的美人鱼酒吧定期聚会，律师们也喜好在酒吧定期聚会，议员们也组成政治家俱乐部，不同的派别在他们所喜好的酒吧中讨论政策问题，大学生们也如此。英国50%的男性和 25%的女性，每周至少到一次酒吧。一杯酒可以泡上一晚上，有话的与朋友低声细语，无言的品味街景，街边缓缓走过的行人和在酒吧里静坐的客人，构成欧洲都市轻松优雅的消闲景致。拥有这样一份心情，品味这种松弛，对时间不作任何诠释，任由它如河水般自由淌过。

在以保守闻名的英国社会里，酒吧文化的形成是为了促进社会交往。站在吧台旁边等候买酒的时候可以使你有机会和其他等待买酒的人交谈。在英国，吧台可能被认为是唯一与陌生人亲切交谈完全适宜、举止适当的地方。"如果你没去过酒吧，那就等于没有到过英国。"这个忠告可在《酒吧护照：旅游者酒吧礼仪指南》中找到，这本小册子的内容对那些想要领略"英国生活和文化核心部分"的人来说是一种行为准则。问题是如果你不入乡随俗的话，你将一无所获。英国有好几万家大大小小各具风味的酒吧，其中不乏数百年历史的。英国人爱排队，但在酒吧里看不到正式的排队，这令人感到惊讶。酒吧招待员有本领知道该轮到谁了。你可以设法引起酒吧招待员的注意，但怎样表示则有规可循。关键是你要让酒吧招待员看见你。你也可以举起空杯子或一些钱，但是不要摇晃。你可以显出等待、期望，甚至略带焦急的表情。

酒吧内的付费习惯是即买即付，每次在吧台买饮料必须立即付费，再买时再付，一般不付小费。英国人素以豪饮闻名于世，往往是喝完一杯便再来一杯，永远"一杯在手"。

英国的一些法律对酒吧经营的规定，如仅在规定的时间内出售含酒精的饮料。营业员有权拒绝出售给看上去不足 18 岁的人。14 岁以下儿童不得出入出售酒类的酒吧等。法律规定平日到晚间 11 点钟，所有的酒馆必须关门。于是到了 10 点 50 分左右，男女招待便穿梭于男女客人之间，大声吆喝："Last order, please（请买最后一杯）!"尽管这时人们早已有了几分"酒意"，但大多数人不会放弃这最后的机会。当离开酒馆时，应把酒杯送到吧台，并向为你服务的营业员表示谢意，道声"晚安"。英国人自小养成好习惯，在每一个细节上，时刻表现出一种绅士风度。

在英国不仅很难找到没有去过酒馆的英国人，也很少有来英国的外国游客不慕名前去领略那"一杯在手"的美妙感觉。

要把"请"字挂在嘴边，要尽量记住一些英国酒吧招待员最厌恶的事。他们不喜欢酒客拿不定主意而让别的人等着；不喜欢好多客人等着买酒而有人却懒洋洋地靠着吧台站着跟人泛泛地谈天气，谈啤酒，或者谈酒吧。在适当的时刻主动提出给你新找到的同伴买一杯酒，这种相互请酒是感受自己是酒吧群体中一员的关键做法。轮流买酒分享的习俗有着重要的意义。英国人不想知道你的姓名，也不想跟你握手——至少在相互间尚未形成某种共同兴趣之前不会。这是因为英国男人害怕亲密，他们难于对其他男性表示友好，举止行为上有可能多少有些不甚和善。而买酒则可以表达出他们对他人的好感与认同。

（二）咖啡馆

尽管咖啡的渊源可以一直上溯到久远的非洲和阿拉伯古代文化，但是，今天人们印象中的咖啡馆则是一种纯粹的欧洲文化。更准确地说它甚至还是欧洲近代文明的一个摇篮，纯粹的欧洲文化产物。

1645 年的威尼斯，诞生了欧洲第一家公开的街头咖啡馆。巴黎和维也纳也紧随其后，轻松浪漫的法兰西情调和维也纳式的文人气质，成为后来欧洲咖啡馆两大潮流的先导。

咖啡馆是欧洲尤其是法国社会活动中心，人们在这里读报、辩论、玩牌、打桌球等，以至成了法国社会和文化的一种典型标志。

咖啡馆使原来上层社会封闭的沙龙生活走上了街头，在许多城市，它曾是最早的市民可以自由聚会的公共社交场所。从个性解放的自由旗帜卢梭、伏尔泰到当时的许多著名文人，都有自己固定聚会的咖啡馆。如现实派小说的奠基人狄更斯、以批判风格著称的作家巴尔扎克和左拉、毕加索、直至精神分析学大师弗洛伊德，一连串辉煌的名字，则把欧洲近代数百年的文化发展史写在不同咖啡馆的常客簿上。去咖啡馆并不是为了喝咖啡，而是他们一种存在的方式。

今天的巴黎，咖啡馆林立在街边，随处可见，仍然洋溢着浓厚的文化气息。人们喝咖啡讲究的似乎不只是味道，更多的是环境和情调。这就是人们不愿闭门"独酌"，要到咖啡馆凑热闹的原因。他们在咖啡馆慢慢地品，细细地尝，读书看报，高谈阔论，一坐就是大半天。人们可以坐在里面一边品咖啡一边看着街上的行人或街景。或坐在咖啡馆外的桌椅上，一边喝咖啡一边沐浴温暖的阳光。喝咖啡的人并不需要太多的地方，他们要的只是一份闲适。咖啡馆陈设古旧而普通，顾客来此无非是寻求一种精神食粮，喝咖啡倒是次要了。已经习惯了富裕和现代生活的人们在这里反思失落的许多人生价值，重品味、讲享受、追求自然和休闲。这里浓浓的文化气息就像从那咖啡杯里飘散出的香雾，嗅得到，还伸手可及。

法国人养成这种喝咖啡的习惯，自觉不自觉地表达着一种优雅的韵味，一种浪漫情调，一种享受生活的写意感。可以说这是一种传统独特的咖啡文化。正因为如此，法国让人歇脚喝咖啡的地方可说是遍布大街小巷，马路旁、广场边、游船上。而形式、风格、大小不拘一格。而最大众化、充满浪漫情调的，还是那些露天咖啡座，那几乎是法国人生活的写照。

注重品味的法国人有一个传统说法，在塞纳河边叫人换一个咖啡馆也许比改变一种宗教信仰还难。一个地道的咖啡馆，常客不仅决不轻易改变自己的咖啡馆，连来咖啡馆的时间和坐在哪张咖啡桌上的习惯都是固定不变的。这种忠诚的关系当然也体现在好客不倦的主人，不用招呼，熟知自己常客脾气和嗜好的老侍应生就会端来他最喜欢的那种咖啡，配上一盘特色点心，甚至还会随手带来他最爱看的报刊，不必说谢谢，这些在一个正宗的咖啡馆里都是理所当然的。巴黎的咖啡馆是最有人情味的地方，那些穷困的艺术家在这里买上一杯咖啡，就可以从白天坐到深夜，这里既温暖又安全，还可以写作画画。巴黎的咖啡馆是仁慈而宽容的，它从来不会因为你只喝一杯咖啡就催你早早离开，只要你愿意，凭着一杯咖啡，你可以一直呆下去，这种传统一直沿袭至今。

（三）啤酒屋

德国是啤酒爱好者的天堂。德国的啤酒不仅具有悠久的历史，而且享誉世界。哪里有村镇哪里就有啤酒厂，而街头啤酒坊成为可观看到啤酒酿制过程的地方，"作坊啤酒"是啤酒酿造的最高境界。

啤酒屋不仅成为人们享受各种美味啤酒的场所,而且成为人们交往的好场合。从政治团体的活动,朋友间的聚会,商业性的谈判,到男女间的谈情说爱,许多都在啤酒屋进行。

啤酒屋的经营特色还需从慕尼黑的啤酒屋说起。慕尼黑街头五颜六色的啤酒屋,给慕尼黑带来生气,给当地居民添了无穷乐趣。由于德国人将喝酒视为每天的"必修课",致使各种啤酒屋多似天上的星星。仅有100万人口的慕尼黑,啤酒屋就有3000多个,每天都座无虚席。几乎每个踏进酒馆的人,至少得喝半升或一升啤酒。当地还盛行一句谚语:一天喝1升,健康赛神仙。可见人们已把喝啤酒与健康联系起来。许多人不只是在进餐时才喝啤酒,而是随时将啤酒当饮料饮用,说他们以啤酒代水毫不夸张,人均年啤酒消费量达430听(350ml/听)。德国各地几乎都有"啤酒公园",只要太阳一露脸,人们就蜂拥到啤酒公园去。手握米黄色的粗瓷制成的啤酒杯,带几分野趣,大块吃肉,大杯喝酒,笑声爽朗,尽情享受一下大自然。啤酒源于德国,风靡于欧美,近年来,在中国及亚洲其他地区也迅速发展。

以下是啤酒屋经营的基本要领。

音乐:播放德国、意大利音乐。

门脸:落地玻璃门,门楣上方五盏小灯照亮的招牌,简洁、显眼。

环境:色调明快、舒适、自然而清新。

装修:采用原木色为主调,以原木为主要材料,极具德国风格。

(四)茶艺馆

茶艺馆是中国人品茶及款待友人的场所,最突出的代表是大小城镇的茶楼、茶馆、茶亭、茶室等。品茶早已成为人们一种休闲方式,人们到茶馆里,清茶一杯,品茗闲聊,寻找一种别样的感觉。

现代人的夜间生活向来多种多样,特别在中青年消费群体中,追求个性化的休闲方式已成为潮流。各色风格的茶馆纷纷涌现,并且形成了一批相对固定的茶馆消费群体。他们对"高山茶"、"龙井"、"银针"、"猴奎"等如数家珍,甚至在茶艺上也颇有造诣。

"乐声扬,茶艺小姐步出堂,调、沏、端、泡皆文章,水纯茶且香",茶艺表演顺应人们求知、求美、求乐的要求,将茶礼茶俗形象化、艺术化地再现出来,给人以身临其境之美感。"茶艺"一词的由来是在20世纪70年代的中国台湾。狭义的茶艺是如何"泡好一壶茶的技艺和如何享受一杯茶的艺术"。茶艺包含了七个方面的内容,即各种茶叶本身的香味及外形欣赏、冲泡过程、茶具、修身养性的课程、人际关系的触媒、品茶的环境、建立宁静及反省的心灵。训练有素的茶艺小姐以准确规范的程序,净具、勺茶、斟茶、敬茶。手势轻柔利落,举止优雅端庄。茶技师傅当堂表演制茶工艺，揉、搓、翻飞，令人眼光缭乱。茶业专家坐堂咨询，介绍茶业史话，传授茶叶知识，吸引更多的人识茶、爱茶、弘扬茶文化。

当今茶艺主要可区分为三种类型。

一是讲究清雅怡和的饮茶习俗。

茶叶冲以煮沸的水（或沸水稍凉后），顺乎自然，清饮雅尝，寻求茶的原味，重在意境，与我国古老的"清净"传统思想相吻合，这是茶的清饮之特点。我国江南的绿茶、北方花茶、西南普洱茶、闽粤一带的乌龙茶均属此列。

二是讲求兼有佐料风味的饮茶习俗。

其特点是烹茶时添加各种佐料，如奶茶、柠檬红茶、多味茶、香料茶等等，均兼有佐料的特殊风味。

三是讲求多种享受的饮茶风俗。

即指饮茶者除品茶外，还备以点心，伴以歌舞、音乐、书画、戏曲等。如北京的"老舍茶馆"。

茶艺之美，美在一种浓浓的艺术氛围，听茶歌，观茶画，吟茶味，使人对茶的享受由生理延伸到心里。从而提高人的精神生活质量，以美启真，乐趣无穷。

品茗意境与美育：品茶之美，美在意境。闲来独坐，沏上一杯茶，观杯中汤色之美，亦浓亦淡，如酽如醇；看盏中叶牙之美，若眉若花，栩栩如生；赏手中茶具别致，或古朴大方，或精巧玲珑，香雾缭缭，云气袅袅。细啜慢饮，悠悠回味，只觉齿颊留香，清幽扑鼻。此等意境令人心旷神怡，矜持不燥，物我两忘。在品茶的意境中，能使人跨越时空，摆脱人生烦恼，不为名利所累，在超凡脱俗中享受人生的美丽。

（五）茶道馆

在中国茶文化的影响下，日本茶道汇集了日本式建筑、庭园、工艺、礼法、服饰和烹饪等，使之成为日本独特的文化现象并享誉世界。现代日本茶道馆一般由清雅别致的茶室和庭园等构成。茶室内有珍贵古玩、名家书画。茶室中间放着供烧水用的陶炭（风）炉、茶锅（釜）。炉前排列着专供茶道用的各种沏茶、品茶用具。茶庭，指与茶室相配的庭园。

茶道可简单地解释为茶之道，是指沏茶、品茶的一定程序。更深入一层，茶道是一种以饮茶为手段的礼仪规范，涉及哲学、宗教、历史、文化、艺术、礼仪等多个领域。完善人格，是茶道追求的主要目的。它强调宾主间要具有一种高尚的精神和典雅的仪态，要求茶室、茶房的气氛清新自然。茶道的精神内涵可归纳为"和、敬、清、寂"。"和"不仅强调主人对客人要和气，客人与茶事活动也要和谐。"敬"表示相互承认，相互尊重，并做到上下有别，有礼有节。"清"是要求人、茶具、环境都必须清洁、清爽、清楚，不能丝毫马虎。"寂"指整个的茶事活动要安静、神情要庄重、主人与客人都是怀着严肃的态度，不苟言笑地完成整个茶事活动。日本的"和、敬、清、寂"的四谛始创于村田珠光，四百多年来一直是日本茶人的行为准则。

日本茶道礼法的礼仪和规则包括：主与客之间的礼仪，客与客之间的礼仪，人与器物之间的礼仪，并非常重视礼法的适度与规范。茶道尊崇自然，尊崇自我之外的一切事物。对物，日本茶道赋予其生命力，在位置、顺序、动作上注意有序、有节、有礼的原则，形成了一整套礼法模式。待宾客坐定，先奉上点心，供客人品尝。然后在炭炉上烧水，将茶放入青瓷碗中。水沸后，由主持人按规程沏水泡茶，依次递给宾客品饮。品茶时要吸气，并发出吱吱声音，表示对主人茶品的赞赏。当喝尽茶汤后，可用大拇指和洁净的纸擦干茶碗，仔细欣赏茶具，且边看边赞"好茶!"以表敬意。仪式结束，客人鞠躬告辞，主人跪坐门侧相送。

泡茶本是一件很简单的事情，只要两个动作就可以了：放茶叶、倒水。而日本的茶道有繁琐的规程，如茶叶要碾得精细，茶具要擦得干净，插花要根据季节和来宾的名望、地位、辈份、年龄和文化教养来选择。主持人的动作要规范敏捷，既要有舞蹈般的节奏感和飘逸感，又要准确到位。凡此种种都表示对来宾的尊重，体现"和"、"敬"的精神。真正的茶人境界不完全在于佳茗一杯，还在乎山水之间，在乎君子之交淡如水的氛围，在乎天人合一、超然物外的心境。这里，清茶一杯，不仅仅是一种感官享受，更是一份幽雅、闲适的心境。现代人生活节奏加快，为事业、为生活终日奔忙，身心俱疲，应接不暇的各种信息也不断搅扰人们的神经。幽雅、闲适似乎已成为人们的一种奢求。择一身手闲适的时日，不妨沏上一杯清茶，浅呷细啜，或独享一份清幽，或邀三五知己，共品茶之真趣，涤降尘烦，以慰劳顿的肌体、紧张的神经。

四、酒吧的中国故事

酒吧文化在我国香港已流传很久。殖民地时由英国人带入，加上外国回来的本地人，渐渐形成一股潮流，慢慢的本地人也开始涉足酒吧。酒吧在中国的出现是在 20 世纪二三十年代，到了 80 年代末，在中国人经历了漫长的物质与精神的匮乏之后，开放的国度又一次与国际接轨，随着社会与经济的转型，酒吧作为一种舶来品，它是前卫、时尚、活力和开放的象征。由于酒吧独特的文化内涵和其存在的巨大的利润，使其如雨后春笋般在全国各地迅速发展起来，越来越受到中国人的欢迎。

20 世纪 90 年代，酒吧这一特殊的消费场所进入国内并迅速被人们尤其是对于新鲜事物具有开放理念和一定消费实力的年轻人所接受，于是酒吧开始出现在中国大都市的一个个角落里。随着我国经济的迅猛发展，如今国内大都市不仅到处都有酒吧，而且形成了具有标志性的酒吧片区，如北京的后海酒吧区、工体酒吧区，上海的新天地与衡山路酒吧区，广州的沿江酒吧街等等。近年来，随着酒吧业的逐渐成熟，一个非常重要的变化是，酒吧的单体规模在扩大，连锁酒吧在增长，群体规模也在扩大，酒吧也渐渐与迪厅、夜总会、歌厅的风格有整合趋势。在一些城市，酒吧与酒吧区也已经被认可为城市文化的重要象征。

在中国人眼里，已成为一个适合于娱乐、消遣、聊天、休闲、宣泄、能调剂生活的场所和人们认识外面世界的窗口。根据《国民经济行业分类》国家标准（GB/T4754－2002），我国将酒吧划分在娱乐业类。从酒水销售与娱乐相结合的角度讲，歌舞厅、迪斯科、PUB、咖啡馆、啤酒屋、茶艺馆等都属于广义所指的酒吧。

五、城市中的酒吧

酒吧的兴起与红火与整个中国的经济、社会、文化之变化都有着密不可分的关系，酒吧的步伐始终跟随着时代的发展。如今，酒吧越来越多地出现在中国大都市的每一个角落。酒吧逐渐呈现出地域化的发展，日益的多姿多彩。

北京是全国城市中酒吧最多的一个地方。北京的酒吧一般装饰讲究，服务周到，而酒吧的经营方式灵活多样。从音乐风格、装饰风格的区别也决定了消费对象的情趣选择。北京的酒吧是国内最多种多样的，如能在里面看电影的"电影酒吧"，充满艺术情调的"艺术家酒吧"，还有挂满汽车牌照的"博物馆酒吧"等等。北京泡吧的人主要有四类：一是在华的外籍人士、留学生；二是白领单身阶层及有经济能力的学生；三是艺术家、娱乐圈人士等；四是公司企业的商业应酬活动等。

上海的酒吧特色鲜明，各具情调。第一类酒吧是校园酒吧，集中在上海东北角，以复旦、同济大学为依托，江湾五角场为中心，如"Hard Rock"、"亲密伴侣（Sweet heart）"等。这批酒吧最大的特色就是前卫，前卫的布置、前卫的音乐、前卫的话题。奇异夸张的墙面画，别出心裁的题记，大多出于顾客随心所欲的涂鸦，不放流行音乐，也没有轻柔的音乐，从头到尾播放的都是摇滚音乐，每逢周末有表演，也常有外国留学生夹杂其中。第二类是音乐酒吧，这类酒吧主要讲究气氛情调和音乐效果，都配有专业级音响设备和新潮的音乐 CD，时常还有乐队表演。柔和的灯光、柔软的墙饰，加上柔美的音乐，吸引着不少注重品位的音乐爱好者。第三类是商业酒吧，这类酒吧无论大小，追求的是西方酒吧的温馨、随意和尽情的气氛，主要集中在大宾馆和商业街市。

深圳的酒吧最具激情。娱乐概念的酒吧越来越成为深圳生活的主流。DISCO在深圳也很流行，深圳的酒吧最主要的特点是大型的音乐 Party（DISCO）及疯狂的电子音乐。

成都的酒吧成为都市里的闲情部落。成都的酒吧大概始于20世纪80年代末90年代初，自从酒吧亮相成都便掀起了一股热潮，成都人似乎突然间发现了一个可以彻底放松自我和张扬个性的乐园。有的酒吧设计如原始洞穴；有的宛若英国皇室客厅；有的如美国西部牛仔宿营地；有的像一艘巨大的航船；有的像一个收藏馆，数不清的陶器和老照片在各处陈列，营造出独具的特色。成都的酒吧形式多样，几乎人人都能在不同的酒吧找到自己的梦想，于是酒吧成了成都人的休闲天堂。

城市里大大小小的酒吧为人们提供了夜晚休闲的好去处，就像上海的新天地、衡山路酒吧街，北京三里屯酒吧街，深圳海上世界酒吧街，反映出了城市的文明和精神文化。酒吧越来越成为一个城市不可或缺的时尚文化标志，折射出城市的个性和生命力。

第二节　酒吧的类型

一、传统酒吧类型

世界各地的酒吧不计其数，但根据服务方式大体上可分为四种类型：站立酒吧、服务型酒吧、鸡尾酒廊和宴会酒吧。每一类型的酒吧都有自己的特点和功能，但不管何种酒吧，其经营目的都是相似的：为客人提供饮料和服务，并赢得利润。

（一）站立酒吧

站立酒吧是最常见的一种酒吧，这类酒吧服务员的操作应具有艺术性和表演性。此外，由于这类酒吧的吧台后面的工作空间很小，因此酒吧服务员必须在任何时间都保持整洁、利索、训练有素的形象。在站立酒吧中，酒吧服务员是与客人直接接触的，所以还必须具有友好与温和的态度，能够与每一位客人保持良好的关系。

在站立酒吧中，酒吧服务员应非常熟悉顾客需要的常规牌子的饮料，而且了解它们在时尚饮料配制中所起的作用。酒吧服务员的职责之一是向管理者提出常规牌子饮料需求变化情况，这样可以及时地补充调整，使酒类有一个合适的储备量。酒吧的地理位置、顾客的类型，将影响所供应的饮料品种和类型，如宾馆中的酒吧与普通社会酒吧相比，所供应的啤酒和葡萄酒要少些，而更多是提供混合型饮料。

在通常情况下，站立酒吧的服务员是独立工作的。他必须认真负责地出售饮料、收款和完成例行工作，而且还必须对酒吧实行控制和积极地促销。

（二）服务型酒吧

服务型酒吧一般设在饭店的厨房中，它实行"视野外经营"方法进行服务。也就是说，酒吧服务员与顾客之间没有直接接触，而是像餐厅服务那样，由服务员接受客人的点酒，送至酒吧后取出饮料再送到就餐客人的桌上。

服务型酒吧比其他类型的酒吧所提供的饮料品种要多得多，因此酒吧服务员在服务时必须熟悉各种酒类和自己的任务。与站立酒吧相比，服务型酒吧提供的混合饮料要少些，葡萄酒及啤酒则要多些，存货储量也要大些。在服务型酒吧中，调酒员必须与餐厅服务员默契配合，提高服务速度。服务型吧台通常是直线形的，结实耐用，结构与站立酒吧相似，但不需要酒类陈列柜，工作区面积要大些。在通常情况下被安置在不显眼的地方。由于工作环境和不直接与客人接触，故一般安排新酒吧服务员担任此项工作。

在饭店餐厅中，一般都有专职的收款员，所以服务型酒吧的服务员不与现金接触。在服务时，由餐厅服务员接受客人点饮料，并将所点的饮料记录在客人的账单上，而后将此账单的一联送至吧台，当吧台人员调制好饮料后，再由服务员将其服务给客人享用。在某些快速服务的酒吧内，也有服务员直接为客人调制饮料的，一般来说，配较高级的鸡尾酒应当着客人的面，按标准配制。

（三）鸡尾酒廊

对酒吧服务员来说，在鸡尾酒廊工作是一种享受，那儿的工作节奏相对慢一些，顾客停留的时间也长一些。在许多情况下，鸡尾酒廊有音乐伴奏或其他形式的娱乐。这种酒吧较为特殊，需要有多名酒吧服务员，因为有时会有几个吧台，每个吧台有一位酒吧服务员为顾客服务。

鸡尾酒廊还有一个服务区域，在那里服务人员接受客人的点酒，其他服务程序与服务型酒吧相似。在通常情况下，服务人员还兼任收款员，但在一些十分正规的鸡尾酒廊中，由专职的收款员收款，服务人员的职责主要是清洁、洗涤玻璃杯和送上各种饮品。

鸡尾酒廊的吧台设计与站立吧台设计基本相同，只是酒廊没有桌子和椅子，环境更为舒适、高雅。过道应使客人与服务人员能方便地到达所有的区域。在大多数酒廊中，还提供一块空间供客人跳舞。

（四）宴会酒吧

宴会酒吧一般仅在饭店中使用，既可以是流动的，也可以是固定的。宴会酒吧一般只为宴会、冷餐会、酒会提供饮料服务。其服务方式既可以是统一付款，也可以是客人为自己所喝的每一杯饮料付款。宴会酒吧的服务员应熟练而有经验，因为他们必须在短时间内为客人提供大量的饮料。

在宴会酒吧服务的员工除了有经验外还必须反应灵敏、手脚勤快、组织性强。这些酒吧服务人员须在营业前将酒吧准备妥当，存放好足够的饮料、用具、玻璃杯、冰块和营业时间所必须的各种供应品。在营业结束后，酒吧服务员必须收拾、送回存货、点清款项。对统一结账式的服务，还必须开出账单或收款通知单。此外，清扫场地、清点存货并将它们锁入存储室，均是酒吧服务员在营业结束时所需要做的工作。

（五）商业酒吧

在我国现阶段，酒吧与都市的习性和生活有着近乎天然的联系，它是现代生活的产物。酒吧曾被一些人认为只是年轻人喧哗、发泄的场所，其实，从国内外现状来看，酒吧在西方人心目中有着特殊的地位，是聚会、交友、聊天的首选之地。酒吧既有狂歌劲舞的迪斯科吧，又有轻歌曼舞的慢摇吧，以及仅有音乐演奏的清吧等。不同类型的酒吧可以让每一个人找到属于自己的空间。

娱乐型酒吧主要以满足寻求刺激、兴奋、发泄的客人需要。这种酒吧以娱乐为主，无论是迪吧、卡拉 OK、乐队演奏等，酒吧气氛热烈、活泼，而强烈的灯光设计使人觉得冲动、兴奋、亮色和刺激。在这样的氛围中，心情会彻底地放松，大多数青年人较喜欢刺激豪放类酒吧。

休闲型酒吧是以休闲项目为主，主要为满足寻求放松、陶冶情操的客人需要，如音乐吧、爵士吧、书吧等。这类酒吧座位舒适、灯光柔和、音响量小、环境温馨优雅。

俱乐部、沙龙型酒吧为具有相同兴趣、爱好、职业背景、社会背景等的人群定期聚会，谈论共同感兴趣的话题、交换意见及看法的场所，如"足球吧"、"艺术家俱乐部"等。在英国及其他欧洲国家，每逢欧洲杯、英超、西超足球联赛的时候，人们都会聚集在酒吧里兴高采烈地观看比赛，对场上球员的每个好球都给予喝彩，对自己钟爱的俱乐部和球星进行评头论足。酒吧里时常充满紧张气氛，时而为精彩进球爆发出雷鸣般的欢呼声。

主题酒吧是具有独立风格和个性化活动内容的酒吧。酒吧或在装饰上具有浓厚的欧洲或美洲风格，或在活动主题和内容上具有各自风格。以此来满足求新、求异客人的需要。

多功能酒吧具有综合娱乐场所的特征，一个酒吧可以分隔成不同区域，可以为客人提供午、晚餐的餐吧区、迪斯科（Disco）吧区、练歌（卡拉 OK）吧区等。这类酒吧能满足不同需求的客人风格迥异的服务要求。

二、酒吧的功能

（一）酒吧的社交功能

无论是西方人的咖啡馆、酒吧，还是中国人的茶馆，尽管在结构上和经营内容上有差异，但其基本功能是一致的。这些场所是人们闲暇时间的公共场所，用于公众聚会，人们在其间交友、娱乐、沟通思想和交流信息。工作的繁忙使得人们更加注重社会交往，酒吧能让人们聚在一起进行交流，自然就成为现代社会人们生活中不可或缺的地方。酒吧充满了放松的气息，是城市"夜人"的栖居地。人们忙碌一天后，在晚上，就需要到自己熟悉的酒吧，把白天的严肃、刻板、一本正经全部抛开，一边喝酒，一边相互聊天，倾诉自己的委屈，吐露心声，增进了解，加深友谊。在酒吧里，人们对精神方面的需求远大于物质方面的需求，按马斯洛的需求层次论来说，它是超越生理和安全需求之上的社交和归属需求。人们去酒吧消费的目的在于交谈、聚会、沟通情感、放松自己。酒吧作为一个专门提供酒水服务的场所，为人们的社交活动提供了契机。酒水与社交有着内在的联系，可以结识许多新朋友。以酒为例，常言道"酒逢知己千杯少，话不投机半句多"。要交友，常喝酒。喝酒是表达友好的一种方式。家庭成员、同窗同事、亲朋好友聚集在酒吧，在融洽环境里放松自己、交流生活感受。来自不同的地区和国家的人，在酒吧随和气氛中结识、交往。酒还是化解个人之间恩怨的有效手段，"度尽劫波兄弟在，酒杯一端泯恩仇"。双方之间不管有多深的积怨，只要一端酒杯差不多矛盾就化解了。这就是为什么许多人明知酒吧中酒水价格奇高，而仍去消费的魅力所在。所以，就其本质而言，我们可以说酒吧是一个"使人愉快和兴奋的场所"，是一个提供精神服务和享受的气氛，酒吧经营者必须了解和牢记这一点，并应以此为经营思维的基点，开展和拓展其服务和经营的项目。

（二）酒吧的休闲功能

当今世界，闲暇时间成为人们财富的一种标志。生活节奏快和生活压力大使得都市人注重休闲。酒吧自然就成为人们闲暇时间主要休闲娱乐的场所之一，人们在这里接触大量的人员和资讯，加强心理保健。随着我国融入世界经济体系中及人们生活水平的日渐提升，人们在不断地调整对生活的理解和认识，休闲生活的质量与功能已经逐渐受到国人的重视。虽然有的人也开始懂得利用周末假日到郊外踏青、旅游等，但平时下班之后呢？除了看电影、看书、逛街或上健身房之外，人们就会走入环境舒适、气氛温馨的酒吧，休闲是以个人生活为中心，使个人体力得以恢复，兴趣得以满足，智力得以提升。在"吧"中，色彩艳丽的鸡尾酒，精致考究的酒具，晶莹剔透的酒瓶，异国风情的乐队及淡淡的烛光，这一切都给在快节奏生活中的都市人带来舒适的感觉。

对现代人来说，休闲是生活的一部分。休闲正逐渐成为快乐生活的标志。今天，越来越多的人选择到酒吧，让自己藏匿在狂暴的音乐、滚动的人流以及五彩斑斓的灯光中，或品茗或酌酒，一天的劳累仿佛随着那音乐节奏远去。酒吧作为休闲的场所可充当转化剂的角色，它可以把烦恼转化为欢畅，让痛苦变成愉快，将尴尬变为融洽，使心情舒畅。酒吧的环境有利于调节情绪，有利于消除生理、心理疲劳。酒吧中的欢声笑语，让人少有忧愁，多有愉快。酒吧丰富而生动的游戏，不仅能活跃气氛，而且可以密切相互之间的关系。酒吧中舒缓的音乐有益于陶冶情操，快节奏音乐会让人在狂欢中忘掉许多烦恼。总之，酒吧是一个可以彻底放松自我和张扬个性的乐园。

（三）酒吧的娱乐功能

快乐是一种心理现象，快乐产生的原因和获得快乐的途径是多样的。娱乐是人类在基本的生存和生产活动之外获取快乐的非功利性活动，它包括生理上获得快感，更主要是指心理上得到愉悦。酒吧中健康、高雅、完善人性的娱乐方式，可以使人们通过娱乐活动的过程，获得一定的自由享受的乐趣，并且也有可能获得对现实的某种超越性的体验。酒吧的娱乐性的活动也包含审美的因素，各种娱乐活动在获得快感的性质、产生的作用等方面各不相同，台球、扑克等纯娱乐活动带给人们生理上的刺激和心理上的补偿、愉悦和振奋。酒吧，一个在夜间喝酒、饮茶的地方，它营造出各种虚拟的气氛，让身居城市的人们在夜晚与酒、灯光、音乐的氛围中一同沉醉。丰富多彩的夜生活是所有国际化大都市的一个共同特征。健康有益、富有文化品味的娱乐活动，能够使劳累紧张了一天的人们放松身心、解除焦虑。

第三节　酒吧设施与用具

酒吧设施包括酒吧设施、装饰风格、布置材质特点以及服务员的服饰等，是酒吧文化的表层现象和典型特征的有形反映。装饰风格衬托着气氛，感染人的心情。布置设施及材质要注意其独特的个性，突出民族性、时代性。服务员的服饰是酒吧物质文化意境中的主要内容，它直接表现出其酒吧独特的情感形式，并成为体现酒吧文化层次的重要一景。

一间酒吧必须要有一个文化特色，而展示酒吧的文化通常是大部分酒吧的核心。其实酒吧的文化也就是酒吧的特色所在，是酒吧和酒吧之间的区别，更是决定你的酒吧的主要顾客群体的关键因素。

一、酒吧设施设备的陈列功能

　　吧台设施设备都在客人的视线内，无论是酒吧吧台，还是吧台设备，除了自身的功能外都具有展示陈列的功能。设备齐全与否，代表一个酒吧的档次、卫生状况和经营能力。吧台操作区域的每件设备的表层应是不锈钢的，表层美观、光泽，且容易清洗，同时又能保证设备经久耐用。

　　吧台设备的位置一般都是按酒水服务操作要求来确定的。吧台酒水服务一般分为吧台饮料消费区，即客人坐或站在吧台前边点饮料边消费，吧台调酒师边调制边服务；饮料取走服务区，即客人点饮料的订单通过服务人员送交调酒师，调好的饮料由服务人员取走呈递给客人，调酒师只负责按单调制不直接服务客人。在大型的酒吧这两个服务区是严格分开的，而且设备布置主要集中在便于调酒师操作的位置。

　　葡萄酒陈放槽既有陈放冰镇的白葡萄酒、香槟等功能，又有展示功能。

　　酒架基本功能用来陈放常用酒瓶，如威士忌、白兰地、琴酒、伏特加等，要注意陈列的美观。

　　碳酸饮料喷头。碳酸饮料在酒吧都有配出装置，即喷头。不同的是喷头链接不同的饮料管，当按不同数字就能打开其开关喷出不同的饮料。

　　搅拌器。在电动机轴上，装上带一定形状的搅拌叶。当打开电源开关时，由于电动机的轴旋转，从而使搅拌器随之旋转。酒吧用搅拌器来混合如奶、鸡蛋等食物。

　　果汁机。果汁机一般由盛水果的玻璃缸和装有电动机的底座两部分构成。当使用果汁机时，应使底座和玻璃缸切实套好，然后将水果等材料切成小块放入玻璃缸中，盖严。开动电开关时，应先以低速旋转，过 2~3 秒后再改用高速。

　　冰杯柜。酒吧里的鸡尾酒、冷冻饮料、冰淇淋饮品等都需要用冰杯服务。冰杯柜的温度应控制在 4℃~6℃左右，当杯离开冰杯柜时即有一层雾霜。冰杯柜里有很多层杯架。冰杯柜原理同于冰箱。

　　生啤酒服务设备是由啤酒瓶、柜内的啤酒罐、二氧化碳罐和柜上的啤酒喷头以及连接喷头和罐的输酒管组成。输酒管越短越好。根据酒吧条件生啤酒设备可放在吧台（前吧）下面也可放在后吧。如果吧台区域小，生啤酒柜可放在相邻的储藏室内，用管把喷头引到吧台内。生啤酒操作较简单只需按压开关就会流出啤酒，最初几杯啤酒泡沫较多是正常现象。一要注意位置方便操作，二要注意卫生。

　　杯刷。杯刷一般放置在有洗涤剂的清洗槽中（第一格槽）。调酒师将杯口放在杯刷上，向下压杯的底部，并旋转杯身。如用电动刷杯器，只需将杯倒口后按住杯底，按一下电钮即可，这样能洗净杯的里外和杯身。经刷洗过的杯子，放到冲洗槽中冲洗，然后放到消毒槽中消毒，最后放到沥水槽上空干。

垃圾箱。用来盛放各种废物。垃圾箱内放有垃圾袋，要经常清扫，至少每天一次。

空瓶贮放架。用来装用完的空啤酒和苏打水瓶，然后放到垃圾箱中。其他空的酒瓶必须收集后到贮藏室换领新酒。有时空瓶架可直接将空瓶运到贮藏室存放。

制冰机。每个酒吧都少不了制冰机。大型酒吧制冰机是吧台的一部分。在选购制冰机前应事先确定所需要冰块的种类。因为每个制冰机只能制成某一形状和型号的冰块。如方冰块从 1.25×1.5 英寸到 0.25×0.5 英寸不等，另外，还有圆冰块和菱形冰块。确定选择制冰机需要考虑四个条件：所用杯的大小；杯中所需放冰块的数量；预计每天饮料卖出的最多杯数；冰块的大小。

贮藏设备是酒吧不可缺少的设施。按要求一般设在后吧区域，包含有酒瓶陈列柜台，主要是陈放一些烈性名贵酒，既能陈放又能展示，以此来增加酒吧的气氛吸引客人的消费欲望。另外，还有冷藏柜用于需冷藏的酒品和饮料，如碳酸水、葡萄酒、香槟酒、水果，需要冷藏的食品，如鸡蛋、奶及其他易变质食品等。另外，还需要有干贮藏柜，大多数用品如火柴、毛巾、餐巾、装饰签、吸管等需要在干贮藏柜中存放。

二、规范的吧台用具

（一）酒吧服务用具

1. 量杯（Jigger）

量杯是用来量取各种液体的标准容量杯。它有两种式样。

第一种是两头呈漏斗形的不锈钢量杯，一头大而另一头小。最常用的量杯组合的型号有：1/2 盎司和 3/4 盎司，3/4 盎司和 1 盎司，1.5 盎司和 3/4 盎司等。量杯的选用与服务饮料的用杯容量有关。使用不锈钢量杯时，应把酒倒满至量杯的边沿。

第二种是体高且底平而厚的玻璃量杯，上有标准刻度，型号从 7/8 盎司到 3 盎司不等。如 1.5 盎司的量杯上有 1/2 盎司、5/8 盎司、7/8 盎司、1 盎司的刻度。

用玻璃量杯量酒时，应将酒倒至刻度线处。每次须把量杯内的酒倒尽，然后把量杯倒扣在滴漏板上，使量杯中剩下的酒沥干，这样不会使不同种类酒的味道混到一起。如果量杯盛过粘性饮料，如牛奶、果汁等，应冲洗干净后再用来量取其他饮料。

2. 酒嘴（Pourer）

酒嘴安装在酒瓶口上，用来控制倒出的酒量。在酒吧中，每个打开的烈性酒都要安装酒嘴，酒嘴由不锈钢或塑胶制成。分为慢速、中速、快速三种型号。塑胶酒嘴不宜带颜色，因为它常用来调配各种不同颜色和种类的酒。使用不锈钢酒嘴时要把软木塞塞进瓶颈中。

3. 调酒杯（Mixing glass）

调酒杯是一种厚玻璃器皿，用来盛冰块及各种饮料成分。典型的调酒杯容量为 16～17 盎司。调酒杯每用一次就必须冲洗，并要保持干净卫生，并防止破损。

4. 摇酒杯（Hand shaker）

摇酒杯通常是不锈钢制的。将饮料和冰块放入摇酒杯后，便可摇混。不锈钢摇酒杯形状要符合标准，目前常见的有 250ml、350ml 和 500ml 三种型号。分成盖子、过滤网、壶身三个部分。

5. 过滤器（Strainer）

圆形的过滤网，不锈钢丝缠绕在一个柄上，并附有两个耳型的边。这是用来盖住调酒杯的上部，两个耳型边用来固定其位置。过滤器能使冰块和水果等酱状物不至于倒进饮用杯中。

6. 调酒棒（Stirrer）

调酒棒柄长，颈部有一个很小的圆珠；调酒棒长约 10～11 英寸，用来搅拌饮用杯、调酒杯或摇酒杯里的饮料，亦可用来弄碎杯内的砂糖、果肉等。有不锈钢制品、塑料制品等。

7. 冰勺（Ice scoop）

不锈钢的冰勺容量约为 6～8 盎司，用来从冰桶中舀出各种标准大小的冰块。有些酒吧常用玻璃杯来代替冰勺，这是不允许的。

8. 冰夹（Ice tongs）

冰夹是用来夹取方冰的不锈钢工具。

9. 碾棒（Maddle）

一种木制工具。一头是平的，用来碾碎固状物或捣成糊状，另一头是圆的，用来碾碎冰块。

10. 水果挤压器（Fruit squzzer）

水果挤压器是用来挤榨柠檬或柳丁等果汁的手动挤压器。

11. 漏斗（Funnel）

漏斗是用来把酒和饮料从大容器（如酒桶、瓶）倒入方便适用的小容器（如酒瓶）中一种常用的转移工具。

12. 冰桶（Ice Bucket）

冰桶是用来盛放冰块的，有不锈钢和玻璃制成的两种，型号大小也不同。

13. 宾治盆（Punch）

宾治盆是用玻璃制成的，用来调制量大的混合饮料容器，容量大小不等。宾治盆有时还配有宾治杯和勺。

14. 酒吧匙（Bar spoon）

酒吧匙分大、小两种，不锈钢制品，匙浅、柄长，用于调制鸡尾酒或混合饮料。中间制成螺旋状，是为方便手指的旋转。匙的另一端制成叉子状，用途是叉取水果罐内的樱桃、橄榄等水果。

（二）酒吧装饰用具

用水果或其他食物来装饰饮料，可以增进饮酒气氛。装饰使用的工具，主要有砧板、酒吧刀、装饰叉、削皮刀等。

1. 砧板（Cutting board）

酒吧常用砧板为方形塑胶和木制两种。

2. 酒吧刀（Bar Knife）

酒吧刀一般是不锈钢刀。易生锈的刀不仅会破坏水果颜色，还会把锈迹留在水果上。酒吧常使用小型或中型的不锈钢刀，刀口必须锋利，这不仅是为了装饰的整洁和工作的迅速，而且也是安全的需要。

3. 装饰叉（Bar Forks）

装饰叉是长约 10 英寸、有两个叉齿的不锈钢制品。用它来把洋葱和橄榄放进瓶口比较窄的瓶中。

4. 削皮刀（Zester）

削皮刀是专门为饮料装饰而用来削柠檬皮等的特殊用刀。削柠檬时取皮，而不取皮下的白色部分。

5. 榨汁器（Squeezel）

榨汁器是专门用来压榨汁液丰富的柠檬、桔、橙等水果。

（三）饮料服务工具

服务工具主要包括启瓶罐器、开塞钻、服务托盘、账单盘。

1. 开瓶器（Bottle opener）

启瓶罐器一般为不锈钢制品，不易生锈，又容易擦干净。

2. 开瓶钻（Corkscrew）

开瓶钻用来开启葡萄酒酒瓶上的软木塞，一般为不锈钢制成。开葡萄酒瓶所用的是一种特殊设计的开塞钻，包括螺旋、切掉密封瓶口锡箔的刀和使木塞容易旋出的杆。

3. 服务托盘（Service trays）

服务托盘是圆形的，一般有 10 英寸和 14 英寸两个型号。酒吧服务托盘应是软木面，以防酒杯滑动。

4. 账单托盘（Tip trays）

账单托盘是用来呈递账单、找还零钱和验收信用卡的。服务人员也可用它收取客人留下的小费。

5. 鸡尾酒纸巾（Cocktail Napkin）

鸡尾酒纸巾是垫在饮料杯下面供客人使用。

6. 吸管（Straw）

吸管是用于高杯饮料的服务中。

7. 装饰签（Tooth picks）

装饰签是用以串上樱桃等点缀酒品。

三、酒吧设备、用具使用管理

酒吧设备有以下使用的要求。

1. 遵守安全操作规程。即严格执行设备的操作规程和使用规程，合理使用，精心维护。以制造厂提供的设备说明书的内容要求为依据。

2. 经常保持设备清洁。即设备内外无杂物、清扫干净。

3. 保持设备、用具整齐。即保持安全防护装置、线路及管道整齐、安全。

4. 遵守设备交接班制度。

5. 发现异常，自己不能处理的问题应及时通知有关人员检查处理。

6. 建立分类标准。对设备管理实行合理分类，确立设备管理的规范化、标准化和制度化机制。

7. 建立设备的使用、保管、日常维护工作。日常维护由操作员工按规定标准，对设备使用前或后进行的管理。设备的维护是为了提高设备效能。

8. 做好安全、防火、防盗工作。

四、酒具与器皿文化

（一）杯型与酒

不同种类的酒，用不同形状的酒杯。好的酒器，不只是好看而已，既彰显艳美酒色，还使酒香隽永，尽情发挥，是令人赞叹的感性艺术。讲究的西式餐桌上往往摆满了各式水晶杯，有直身的，有带颈的，大小各异，让人一时间无从下手。其实酒杯是礼仪的一部分，是有规可循的。

葡萄酒，通常用高脚水晶杯。讲究的饮酒者不仅根据葡萄酒的种类选用不同酒杯，甚至同类的酒，由于产区、年份不同，酒杯也要有所区别。用拇指、食指和中指并持杯颈，这样既可以充分欣赏酒的颜色，手掌散发的热量也不会影响酒的最佳饮用温度。

郁金香型杯，杯颈长、杯碗圆、杯身向上收窄，用来盛香槟酒。纤长的郁金香型，会令美好的气泡有更长的旅程，集结成束，翩然飘向杯顶。

白兰地，用的则是短颈的杯子，杯口的收弧较大、杯子较宽的白兰地杯。要掌心轻托杯碗，让体温加速酒的挥发。

（二）酒杯种类

酒杯根据形状可分三种：平底无脚杯、矮脚杯和高脚杯。

1. 平底无脚杯

酒杯底平而厚，没有杯脚，其形状有直筒形或由下至上呈喇叭展开形或曲线展开形，杯子大小、形状根据饮料的种类而定。常用的有老式杯、海波杯、柯林杯、冷饮杯、森比杯、皮尔森杯。

2. 矮脚杯

酒杯杯体和杯脚同有矮短的柄，其柄有一定的形状，传统的矮脚杯有白兰地杯和各种样式的啤酒杯。现在，一般矮脚杯可以用来服务于各种酒类。

3. 高脚酒杯

高脚杯由杯体、脚和柄组成，有多种形状。不同形状大小的酒杯分别用于不同的特殊饮料的服务。

Riedel 是奥地利的一个著名的生产酒杯的厂家，现在，Riedel 牌的酒杯已经成为品酒业内一致推荐的产品。Riedel 是一个地道的家族产业，从 1756 年建立到今天已经经历 10 代。从第九代 Mr. Claus Riedel 开始，致力于对酒杯形状进行深入研究，现在的第 10 代传人，Mr. Georg Riedel 对酒杯形状的研究达到了登峰造极的地步。好的酒杯应该有如下特点：无色透明、没有装饰花纹、杯壁薄、有脚、郁金香或蛋形、杯口要磨光。对于红酒用的酒杯，尽量使用比较大的尺寸；白酒杯使用中等尺寸，烈酒用的酒杯使用较小的尺寸。对于酒杯的形状来说，要尽量加强酒的平衡性，不能突出酒的弱点。

传统的酒杯只有大小之分，对于形状来说，很多并没有进行过专门化的严格设计。但是 Mr. Claus Riedel 开始设计形状大小各不相同的酒杯用于不同类型的酒，这就是第一代的 Sommeliers 酒杯，当时只有 10 种。Claus 的儿子 Georg 则更深入地研究了酒杯设计，对杯体形状有了深入的认识，认为对于不同的葡萄种类和酒的种类杯体形状是很重要的。Riedel 设计酒杯并不是在制图板上闭门造车，而是不断试制新的形状的杯子，然后请著名的品酒家来提出建议。由于不同种类的酒有着不同的花香、果香、酸位、单宁和酒精，因此是确定酒杯形状的关键因素。

（三）酒杯的型号

每一种酒杯都有专门的用途。不同的酒因其香、味的不同其用杯的形状和容量也不一样。

1. 香槟杯（Champagne Glass）

目前最常见的是郁金香型的香槟杯，只有用这种高贵浪漫香槟杯，才能充分欣赏酒在杯中起泡的乐趣，容量约5～6盎司。

2. 葡萄酒杯（Wine Glass）

葡萄酒杯那高挑的身材是为了不让手中的温度破坏酒的品质，杯的容量大小约5～12盎司。红葡萄酒杯容量比白葡萄酒杯大。

3. 水杯（Water Glass）

其形状类似葡萄酒杯，容量为10～16盎司。

4. 鸡尾酒杯（Cocktail）

鸡尾酒杯有三角形和梯形两种。杯口宽、杯身浅，华丽的造型，强调酒的口感，而大开的杯口是让强烈酒精的鸡尾酒能够得以挥发。容量为3～4盎司左右。

5. 酸酒杯（Sour Glass）

杯口窄小，体深，杯壁为圆筒形，容量5盎司左右。其专用来盛酸酒类饮料。

6. 雪利酒杯（Sherry）

杯口宽、杯壁似"U"字形，容量为2～3盎司。其专用来饮用雪利和波特酒。

7. 白兰地杯（Brandy Snifter）

形如灯泡，杯口小，天生就有一种贵族的气息，圆润的身材可以让白兰地酒的芳香保留在杯中。容量为5～8盎司。

8. 利口酒杯（Liqueur）

杯脚短、杯口窄，容量为1～2盎司。其专用于餐后饮用利口甜酒。

9. 海波杯（Highball）

圆筒形的直身玻璃杯，平实而厚重，容量为6盎司左右。其专用来盛海波类的混合饮料。

10. 柯林杯（Collins）

形状同海波杯，比海波杯高，容量为8～10盎司。它是我们平常所说直身的水杯或饮料杯。

11. 库勒杯（Cooler Glass）

形状同海波杯，容量为14～16盎司。也是常说的冷饮杯。

12. 老式杯（Old Fashioned）

底平而厚、圆筒形，稳重大方。有些杯口略宽于杯底，容量为6～8盎司。

13. 带柄啤酒杯（Mug）

带柄啤酒杯容量从16～32盎司不等，也称为生啤酒杯。

（四）酒杯的护理

好的酒器，需细心呵护才能保持最佳状态，有助于提升欣赏佳酿的乐趣，反之，则影响美酒的真正酒质。

所谓最佳状态，即无味、无尘垢、无水印。

"薄如纸，声如磬"的水晶酒杯极易破损，因此在清洗时要格外小心。要单独清洗，不要和陶瓷器具放在一起洗，要严禁与金属类器具（如刀叉）放在一处。

杯子在杯口及杯颈部分最薄，杯碗及杯底较厚，所以洗杯时应用掌心托着杯碗，以有柄的海绵伸入杯中轻拭。

酒杯不会太油腻，用少量中性洗洁精即可，以温水冲洗干净，如果洗洁精残留在杯上，不仅影响味觉，更严重的是会妨碍汽酒及香槟的气泡形成。

热水冲净后，将酒杯倒转滴干。最好不要用布擦干，以免杯中留下旧抹布的异味或纤维。收藏玻璃酒杯时，应避免日光的直射，否则会影响玻璃的张力。长期存放在餐柜中的酒杯，容易沾上柜子或木材的味道，使用前最好用清水冲洗。第一次使用的酒杯，使用前应用醋或柠檬汁清洗一遍，这样才对得起杯中的玉液琼浆。

（五）酒杯与情调

在我国古代饮酒器的种类主要有：觚、觯、角、爵、杯、舟等。材料有陶器、青铜酒器、瓷器，以及金、银、象牙、玉石、景泰蓝等材料制成的酒器。"葡萄美酒夜光杯"中的夜光杯为玉石所制的酒杯。在今天的酒吧，用杯仍然非常讲究，不仅要求型号即容量大小与饮料标准一致，材质和形状也有很高的要求。

酒吧常用的酒杯大多是由玻璃和水晶玻璃制作的。在家庭酒吧中还有用水晶制成的。不管材质如何首先要求无杂色，无刻花、印花，杯体厚重，无色透明，酒杯相碰能发出金属般清脆的铿锵声。好杯薄如纸、声如磬、晶莹剔透。任何材质的用杯都要求光泽晶莹透亮。高品质酒杯不仅要造型美观，光亮度好，显出豪华和高贵，而且能增加客人饮酒的欲望。另外，酒杯在形状上有非常严格的要求，不同的酒用不同形状的杯来展示酒品的风格和情调。不同饮品用杯大小容量不同，还是由酒品的份量、特征及装饰要求来决定的。合理选择酒杯的质地、容量及形状，不仅能展现出典雅和美观，而且能增加饮酒的氛围。

酒香对酒的温度是很敏感的，酒的温度越高，酒精的气味就越明显。酒在被倒入杯子里之后，就开始挥发，越靠上面的地方酒的香气就越轻，由于比重的不同，靠杯子外面的部分较轻的香气一般是：花香、果香；中等的香气一般是：绿色植物的香气和泥土香；较重的香气就是：酒精的气味和橡木味。

开口较大的杯子让人低头就能喝到，开口较小的杯子，饮酒时，就必须抬头让酒依靠重力流到嘴里。饮酒时头部不同的位置决定了酒流到口中不同的部位。

大口喝酒时，酒的味道很快消失，我们感觉香气主要是靠回味，但是小口地啜饮上颚对味道的感觉就更加重要了。

波尔多杯具有相当大的容积，因为波尔多的葡萄酒果香比较集中收敛，对于年轻时的波尔多更是如此，如果使用较小的杯子，在杯中只能保存单宁、酒精和橡木味。选用加大容积的杯身，可以给酒更多的呼吸空间，也可以尽量不让其中的果香跑掉，让酒充分散发出复合的香气，对年轻的和陈年的波尔多酒都是很好的。

酒杯的形状上，酒杯杯缘经过切边和打磨，没有像普通酒杯边缘处那样较厚和有凸起，保证让酒直接流入舌头尖端部位（对甜味敏感），让酒的口感更为柔软，有丝质感觉，另外使得酸味和单宁味醇和。

正确的端杯方法是：高脚杯用拇指、食指、中指握杯柄；矮脚大肚杯用手掌托住杯身；直筒杯用拇指、食指、中指捏住杯身靠近杯底处。喝酒时将酒杯端起，从欣赏酒的颜色开始，再闻一闻香气，然后倾斜杯身，将酒送入口中，轻吸一口，慢慢品味。喝鸡尾酒时不应让他人听到自己的吞咽声，更不应为了显示自己的酒量，举起酒杯看也不看便一饮而尽。

第四节　酒吧文化

一、酒吧文化的概念

酒吧是西方文明的产物，它是西方大众进行交流的重要场所，承担起精神会馆和精神广场的作用。英国学者塞缪·约翰逊说："至今人类所创造的万物，没有一样比得上酒吧更能给人们带来无限的温馨与幸福。"酒吧不单单是一个消遣的场所，它更多经营的是情调与氛围。毋庸置疑，酒吧里那神秘梦幻的灯光，个性化的装饰，前卫流行或抒情怀旧的音乐，对生活节奏紧张，工作压力大的都市人而言，有一种莫名的诱惑。在某种程度上说，酒吧更像是都市人对自我价值的追求和肯定及在空间上的一种个性延展。我们常常讲酒吧要有自己的文化，那么究竟什么是酒吧文化呢？简单地讲，酒吧的文化即酒吧的特色，是一个酒吧区别于另一个酒吧的标志。酒吧的文化主要表现在两个方面：酒吧的物质文化和酒吧的精神文化。

酒吧的物质文化包括酒吧的装饰风格、布置设施、材质特点以及服务员的服饰等。酒吧精神文化是整个酒吧文化的核心也是其本质的东西。酒吧精神代表着酒吧独特的主题思想,现代的人们泡吧就是为了感受不同酒吧所带来的精神感受,或动感激情或温馨舒适或闲情荡漾……总之,酒吧是以精神文化为核心,以物质层次的文化作配合,结合酒吧自身基础、特点,去指导全面的实际经营管理活动,就形成了酒吧互不相同、各具特色的酒吧文化了。

二、酒吧的意义及文化内涵

作为一种新生的娱乐文化形式,酒吧具有前卫和亚文化的双重符号色彩,它集中了年轻的人群,职业白领的数量比较大,娱乐与参与活动的形式也比较丰富,尤其是高度丰富了夜生活的内容。酒吧作为一种文化形式在社交、才艺展示、娱乐欣赏、跨文化体验、新型前卫文化表现方面都起了很重要的作用。一些酒吧也是当代艺术的展示场所,酒吧也提供了朋友交往的平台。因此酒吧文化在很大程度上是推动新型的另类文化的小发动机。可以这样说,今天我们不能想象一个没有酒吧的大都市。实际上,现在许多中小城市也发展出来了形形色色、正规与非正规的酒吧。

酒吧,正在以一种很"文化"的方式存在着,是我们的城市对深夜不归的一种默许,它悄悄地却是越来越多地成为青年人的天下。我们可以这样认为:酒吧文化是一个城市文化的具象代表,是一个城市文化的缩影。城市文化特征的表现是看透一个城市的窗口,走进不同城市的酒吧,我们会真实的感受到不同城市的独特文化氛围。

以北京、上海和深圳这三个具有一定代表性的城市为例。北京作为我国的首都无处不在地表达着她的包容性;上海作为一座接受西方文化比较早也比较多的城市,总是透出风格迥异的异国情调还有那么一点小资。深圳,这座新兴的城市,以她的激情向人们述说着这里的速度与梦想。而酒吧,在夜色的掩盖下,用自己独特的方式诠释这里的城市和城市里的人。黑色的夜里,人们从四面八方涌进酒吧,去释放压抑了一天的心情,体味那陶醉其中的梦的味道。人们在这里,用陌生去熟悉陌生,用热情去接近热情,尽管他们以前不认识。在这里,人们忘记自己在生活中和工作中扮演的那些角色,尽情地体味那种陌生的熟悉和那种看似理所当然的热情。而这一切,都是因为所在的是酒吧而不是其他地方。

文化就是这个样子,在不同的地方转换自己不同的角色,注解着不同的人和不同的事物。红绸美酒送佳人,委婉音乐总相伴。这是一种独有的时尚的精致的文化。

三、酒吧的消费文化

酒吧文化是一种新型的娱乐文化,同时,现代的酒吧文化还代表着由消费群体所形成的消费文化。因为，酒吧始终是一个营业场所，它的目的是吸引顾客，拉拢客人。所以，酒吧文化的形成有时也是由消费群体来决定的。不同的酒吧里有不同的消费人群，形成了不同的消费文化。

酒吧自从进入中国以后，渐渐地被中国传统文化所影响，形成了一种具有中国特色的酒吧文化。

首先，在消费文化方面，酒吧消费在中国被"精英化"和"高档化"，去酒吧消费，同样一瓶啤酒，在超市最多 5 元，在酒吧里，最低是 20 元，而且很多酒吧还设最低消费，有的酒吧包间最低消费竟要上千元。另外，酒吧一瓶洋酒更是要花去上千元甚至上万元。且中国人去酒吧往往是成群结队，一般消费都是很高的。特别是高档酒吧成了"暴利"的代名词。这一点，与西方大多数人去酒吧仅花 1～2 美元，甚至更低，买一杯酒，与熟悉的或陌生的人交流，形成完全不同的消费文化理念。

其次，中国的酒吧营业时间与国外也大不相同，欧美的酒吧一般是下午开始营业，许多顾客是一下班就来到酒吧，整个晚上喝上一瓶啤酒或一杯高度酒，结识许多各行各业的朋友。一般平日在晚上 11 点左右结束，周末最晚到凌晨 2 点。而中国人往往是吃完晚饭才会来，所以中国的酒吧一般入夜才开始进入营业高峰期。很多酒吧营业至凌晨 2 点，但大多数都不能按时打烊。

不同的酒吧主题，有着不同消费群体，形成不同的消费文化。

四、酒吧与都市夜生活

（一）酒吧是一个城市夜生活的缩影

酒吧是都市夜生活热闹的舞台。当夜晚来临了，都市白领伪装得再好的灵魂不得不面对繁华背后的孤寂。轻松、丰富的都市夜生活已成为都市白领休闲、放松的主要方式。都市白领引领了一个新的时尚生活概念，将夜生活演绎得越夜越美丽。酒吧，是放飞孤独的宫殿，是安慰心灵的客巢，是心与心交流的空间。泡酒吧，其实就是一种文化。当你与很多朋友在一起喝酒泡吧的时候，那就是一种激情的、快乐的、无须掩饰心灵的休闲；当一个人去泡酒吧，远离工作室，喝着鸡尾酒、欣赏音乐，想着心事，看别人喝酒，观酒吧趣事。酒吧就是让人喝酒放纵的地方，自由得肆无忌惮。它的迷离、它的酒味、烟香，热乎乎的人的气息，不是让你眩晕就是让你疯狂，让你真情流露也让你沉溺幻觉，身在夜晚的人，会忘却了白天的世界。在欧美，人们泡酒吧结识朋友是讲究结识的过程，享受与自己漠不相干的人结识并高谈阔论的这样一个过程。一旦出了酒吧之后，也许就重归陌路了。而中国人含蓄的性格决定了他们不喜欢像欧美人那样去结识陌生的朋友。中国人去酒吧一般是几个朋友一同前往，一同享受酒吧氛围，在"感情深，一口闷"的环境中，让胸中的委屈、郁闷得到释放，杯来杯往加深情感。

被酒精与夜色浸泡着的城市里的人们，把夜晚变成了自己心目中的风景，夜生活的丰富多彩，无疑给人们的休闲、文化消费提供了更多的选择。酒吧已经是都市夜生活必不可少的部分。上海的夜生活，这几年越来越与"酒吧"紧密联系起来了。"新天地"成为"上海最时尚的地方"，很多上海人把自己的夜生活与酒吧画等号的新去处。

有些人为"丰富"夜生活，寻求刺激、通宵娱乐过度，导致睡眠不足，长此以往影响身体健康，只会走向快乐和健康的反面；还有一些夜生活场所受利益驱动，用质量低劣、品位不高的文化消费迎合取悦一些人低级趣味的需求和欲望，使人消极、堕落，甚至走向犯罪，更失去了享受夜生活的意义。因此，积极倡导健康文明的生活方式，倡导健康良好的消费习惯，才能使丰富多彩的夜生活，既有滋有味，轻松愉快，又健康文明，充满乐趣。

（二）酒吧被看成逃离白日俗世的异度空间

不去光顾酒吧的人一般都会否定酒吧，光顾酒吧的人都会肯定酒吧，原因是它的自我、它的随意、它的无定义性。只有融入酒吧的氛围里和情调中，才能感受到酒吧的魔力，特别是年轻人，酒吧是他们寻求刺激、梦幻、宣泄、交往的场所。酒吧大多以前卫、另类、怀旧或是酷的元素为主导，充满着冲动的激情魅力。年轻追求时尚，体验释放原始生命的力量与冲动；中老年人找个地方坐一坐，喝喝酒、回味青春。都市人们经过一天打拼后，欲望在夜里暴露无遗。真正美妙的一天从入夜开始，每当夜色来临，商场、酒吧、迪厅不乏消费的人群。

五、酒吧与都市文化地标

酒吧文化成为城市新的文化，日益彰显一个城市全新的活力和文化魅力。酒吧区成为城市标志性的景点。暮色降临，华灯初上。在繁华的闹市之旁，酒吧街透出几分宁静与素雅。

（一）酒吧是中国各大城市中认可度与识别度最高的休闲场所

酒吧是一座城市不同群体心照不宣聚集的场所。北京三里屯、上海东方新天地、广州芳村沙面、深圳蛇口海上世界、南京1912、杭州南山路、福州温泉公园路、西安德福巷、长沙解放西路等，现代的酒吧时尚越来越能反映或很大程度上可以直接代表着一座城市时尚的当前信息，以及呈现与传递了来自这座城市时尚的重要面貌与时尚精神。酒吧时尚也不再带有当年的神秘、含蓄或者来自社会道德层面的质疑，已成为城市时尚元素中最为活跃的分子。一方面，酒吧见证了一座城市时尚的到来，以及不同阶段城市时尚深入的状况；另一方面，它还是这些城市时尚发展程度最为直观的区别方式之一。北京的酒吧找到了艺术与文化的高调；上海的酒吧分清了各个时尚阶层的格调；广州的酒吧买来了自由发挥的情绪；深圳的酒吧创新到了奢华与放松相结合的方式；南京的酒吧摸到了模仿他人的快感；杭州的酒吧找到了自我休闲的雏形；成都的酒吧自制了夜生活的秘方；长沙的酒吧发明了娱乐的通用公式；西安的酒吧找到了旧瓶装新酒的方法等等。

（二）酒吧彰显城市活力和文化魅力

酒吧是一座城市开放和文明的重要标志。例如上海，国际性大都会，"十里洋场"旧梦依稀，上海的夜生活洋溢着浓郁的国际化气息。这个城市的夜晚优雅而令人沉醉。

（三）酒吧是一座城市最直截了当的定位仪器

上海的酒吧显然与这座城市的定位已经达到了国际化品位的程度。酒吧对于一座城市的时尚向来有一种先知先觉的功能。它从一开始就依附于一座城市时尚的发生、成长过程。它可以很明确地捕捉到一座城市时尚的热度与潮流。从酒吧在国内城市"马不停蹄"的发展，也再次印证了中国城市时尚处于一个关键性的历史时期。

（四）酒吧是一座城市活力的象征

年轻时尚的力量与冲动，同时又配合了中年时尚群体必要的格调气氛与优雅姿态。它让一座城市时尚群体，在一定的区域找到了自己所属也是自己认知的位置。白天，城市的生气体现在各类商场、美食城等场所的消费，而夜幕下的一座城市，酒吧借着酒和音乐，成了这座城市最为活跃的地方。酒吧便成了各种时尚元素整装待发与激情演绎的最直接的通道。

酒吧以最快的速度与最直接的方式，见证了一座城市时尚生活的各种变化。通过酒吧传递出来的时尚信息，已经成为了一座城市时尚的耀眼部位。每个城市很大程度上，通过酒吧展示了各自城市时尚生活的动态状况，与各自丰富时尚内容的方式。一个城市的繁荣程度，很容易从其酒吧文化反映出来，酒吧何时开始，何时达到消费的高峰，何时结束，酒吧的装饰、主题、人们的消费内容和方式等，能折射出这个城市的繁荣程度。

（五）酒吧是一个城市的国际化程度的标志

酒吧是城市中时尚娱乐的重要集散地，酒吧文化的繁荣程度，也从一个侧面反映出一个城市的经济与文化的热度。一位法国的城市状态研究者曾说过，一个城市的"夜生活"质量，是考察这个城市的国际化程度、大众消费取向和投资发展空间的一个重要因素。看似星星点点的酒吧，却是中国城市时尚发展过程中具有里程碑式的重大事件。它极大地改变了中国城市长期以来一成不变、带有普遍模式化的生活思维与生活习惯。它标志着国内城市开始走上了寻找中国式夜生活的方式。北京、上海、广州、深圳等大都市，先后形成了较有规模的酒吧集聚地带。比较有名的有北京的三里屯和北海后街酒吧一条街、上海的衡山路和茂名南路酒吧一条街、广州的沿江路和白鹅潭酒吧一条街。这些酒吧集聚地带的形成都与外国人旅居之地有着紧密的关联。如北京的三里屯在外国使馆区，广州的白鹅潭酒吧一条街在外国领事区，上海的衡山路酒吧街是外国游客较多的豪华宾馆附近地区，深圳海上世界酒吧街在外国人居住集中的蛇口工业区。这种空间的临近与接近，表明酒吧的空间生产与西方化有着十分紧密的联系。北京是全国酒吧最多的城市之一。

（六）酒吧是一座城市多元文化的综合载体和演示平台

酒吧的氛围，囊括了音乐、酒类、娱乐等时尚情感元素。从音乐风格、装饰风格的区别也决定了消费对象的情趣选择。酒吧从结构、内容以及形式上，基本微缩了一座城市的繁荣程度。酒吧是一座城市各种最新时尚元素汇合、交流、影响、交换、生成的最为重要与直观的载体之一。

【思考题】

1. 酒吧与现代城市经济文化发展的关系。
2. 酒吧的文化内容与酒吧风格的形成之间的关系。
3. 酒吧的物质文化和精神文化体现在哪些方面？
4. 从不同国家和地区酒水消费习惯，分析酒吧文化的差异性。
5. 为什么说酒吧区是现代都市夜生活的文化地标？

第十章　酒吧活动管理

【学习导引】

　　酒吧作为社会新型文化的代表逐渐融入人们的生活。酒吧不仅仅是饮酒的地方，更成为人们娱乐、休闲、体验生活和结交朋友的重要场所。因此，每个酒吧为吸引更多的客人，培养属于自己的高忠诚度客人，都会策划相应的活动，包括活动主题的确定、酒吧主题活动形式的选择、主题氛围的营造。这些都与营销相关，特别是促销活动、促销形式等。酒吧活动管理与酒吧经营和酒吧文化的发展息息相关。

【教学目标】

　　1. 了解适宜的酒吧主题具有哪些特征。

　　2. 掌握酒吧主题差异化的体现。

　　3. 掌握主题布置的因素以及具体要求，能够举例论证。

　　4. 掌握酒吧氛围营造的决定性因素。

　　5. 掌握酒吧主题活动确立的市场考量因素。

　　6. 掌握酒吧主题活动促销形式与其相应作用。

【学习重点】

　　酒吧主题文化的发展趋势；酒吧主题选择的多样化以及不同文化领域的实际效应；酒吧公共关系的促销策略以及发展趋势。

第一节　酒吧主题活动管理

一、酒吧主题

　　酒吧不仅是喝酒的地方，更是顾客娱乐、休闲、体验生活和结交朋友的重要场所。因此，每个酒吧都有自己特定的主题活动来展示其独特性。酒吧的主题活动向顾客传递了酒吧风格、特色和顾客感兴趣的重要信息，吸引着不同的人群。

酒水只是酒吧经营载体，而真正吸引顾客光顾酒吧的是酒吧的活动主题。酒吧主题是酒吧主要活动凝练的概括与表达，并统领着酒吧活动内容的安排和经营形式的选择。酒吧主题反映酒吧的本质。

（一）主题要具有时代韵律

酒吧主题越具有鲜明的时代特征，越能受到顾客关注。在当今社会节奏快，工作压力大、情绪没有宣泄口的背景下，人们渴望与人交往、交流，而适应这种时代特征的交友主题酒吧就受到市场青睐。如深圳的夜色吧（Yes bar）以交友为主题，夜色酒吧以其特有的纸鹤飞鸿、电话传情、交友引荐卡、留言板等方式为光顾酒吧的都市男女创造了一个安全、时尚、快乐的交流平台。如果你想与在酒吧的某一位吧友聊天，可以拿起吧台上的卡位电话，向目标的吧友打电话。当然，如果你不知道如何与陌生朋友开始谈话，酒吧台上有"教你如何打电话"的指引。另外，你还可以求助于服务生，以"纸鹤飞鸿"来传情达意。"夜色酒吧"以其品味独特、格调高雅的交友方式，能让两个陌生的人在几分钟之后就可能成为举杯畅饮的朋友，甚至以后成为无话不谈的知己。传递纸条与拨打内线电话的时尚交友方式，是"夜色"从欧美移植而来的独家经营秘籍——中国人的性情与这种交友方式非常契合，比起冒昧搭讪，纸鹤飞鸿与电话传情更浪漫别致。现在，夜色酒吧已在上海、北京等地成功开设分店。

（二）主题应具有可行性

酒吧的主题要避免不符合实际情况的情形，应从科学角度考察并适应市场需要，同时，避免出现违反国家法律法规的黄赌毒活动主题。酒吧主题无论是从政策法规上，还是市场上都应该是可行的。

（三）主题要注重情感表达

情感是人所特有的一种心理过程或心理状态。情感对人的行为有选择性和指向性的作用。人对于那些能满足自身需要的客观事物，总是产生一种积极的、肯定的、喜爱和接近的态度或情绪体验，而对那些与自身需要无关或相抵触的客观事物则持消极、否定、厌恶和疏远的情感倾向。酒吧主题的对象是人，人作为情感体验的主体，只有当酒吧活动直接或间接地、现实或潜在地符合了主体的某种价值需要，才能诱发主体产生积极、肯定、喜爱和接近的情感体验。"慢摇吧"作为一种全新理念的酒吧，它有效地将潮流音乐与酒吧文化融为一体。以节奏相对缓和、朦胧的情调和优雅的交流方式，让人们在热闹的气氛中放松心情，抒发感情、快乐消遣、愉悦身心。"慢摇"从字面理解就是指慢慢地摇摆，或理解成随着音乐起舞。通常到高档慢摇吧消费的客人主要是具有浪漫主义情怀的白领阶层。三五好友，听着美妙的音乐，踩着舞步，述说昨日情怀，用音乐感受人生的喜怒哀乐。

　　慢摇吧为了给客人提供人性化的安排，通常舞池可大致分为三个区域，一是以音乐与整个酒吧融为一体，客人可以在座位附近跳舞；二是设置小舞台（池）并带有表演、领舞类，客人可以边喝酒边欣赏，也可以随时参与各种活动；三是将座位区与舞池区设立为相互独立的模式，客人可随时到舞池跳舞，跳完一曲后可以回到座位静静地喝酒聊天。

（四）强化主题的文化特色

　　酒吧的主题要体现出文化特色，所以，酒吧在策划主题时要注重文化、地域元素的融合。运动主题酒吧，以现代时尚的健身概念或体育项目为主题，传播健康理念，协助会员建立健康生活方式。运动主题酒吧（sports bar）在欧美国家比较多见，欧美国家的人大多数爱好体育，各种球都有赛季。一群人坐在一起看电视转播的足球或篮球比赛，一边聊天。比如各个球队的啦啦队（cheer leaders）都穿得少少的，在比赛间隙蹦蹦跳跳。美国男孩想当橄榄球员，女孩想当 cheer leader。一个比较有名的连锁运动酒吧叫做 hooters，那里面的女服务生模仿自己喜欢的啦啦队员。酒吧文化很早就融入一些小型的竞技比赛，历史最悠久的大概要算发源于苏格兰的酒吧，内设有飞镖比赛，计算输赢的方式有许多种，酒吧往往以免费啤酒作为胜利者的酬赏。飞镖运动后来也成立了专业性组织，并被其推广到全世界的酒吧里，甚至开展了世界范围内的锦标赛。另外酒吧中还诞生了现在风靡世界的台球等。

二、酒吧主题的内容策划

（一）酒吧主题内容的差异化

　　只有酒吧主题有效地在市场上定位后，才能突出自己的特色，使酒吧富有生命力。主题内容就是确定本酒吧与其他酒吧的差异性。酒吧的主题活动应当是最能反映酒吧的文化和特征的。北京是全国城市中酒吧最多的城市。为了迎合和满足自己的目标群体需要，市场上出了形形色色不同主题的酒吧。与足球相关的"足球酒吧"；能在里面看电影的"电影酒吧"；充满艺术情调的"艺术家酒吧"；还有挂满汽车牌照的"博物馆酒吧"、能利用 Internet 聊天的"聊吧"等。

　　1. 主题服务的差异化

　　酒吧主题是通过一个个具体的服务过程传递给客人的。所以，酒吧的主题内容需要通过周到、细致、方便、快捷的服务来体现，并在服务方式上、形式上创造差别，来突出主题。

　　2. 主题环境的差异化

　　酒吧氛围是由顾客和酒吧员工共同营造出来的。环境气氛可以起烘托主题的作用。深圳那些以摇滚为主题的酒吧通过大型音乐场面的疯狂领舞者及强劲节拍的音乐引领每个身处酒吧的人参与其中。

3．主题形象的差异化

酒吧主题应传递出独特的市场定位，从而树立起一种强有力的独特的形象。如长沙的酒吧展示了长沙人的性格与喜好。它以歌厅为依托，以表演为招牌，大走演艺路线。去酒吧喝酒、聊天、看表演，已成为长沙年轻人乃至中年人打发长夜的一种方式。

（二）主题内容创新

主题内容要避免俗套和简单模仿，必须具有明显的个性特征。主题内容的创新关键在于能否打破固有的思维模式，使其具有奇特、新颖特征，令人难忘、回味无穷。

（三）主题内容要突出特色

主题内容需要特色的支持。特色是吸引客人的最大卖点。无论酒吧在文化活动中具有何种特色，都将是一枝独秀，并在激烈的竞争中显出不同，取得成功。

（四）主题内容的整体性

酒吧主题必须树立整体概念，使经营活动内容具有系统性和完整性。如在特定节日，酒吧应从整体上突出主题的文化价值，注重活动内容上的连贯性、一致性，使主题活动形成一个统一的整体，在同一主题下集合各种产品与服务。

三、主题活动形式

（一）酒吧的空间布置

酒吧文化从某种意义上来讲是整个城市的文化聚集场所，它最先感知时尚的流向，它本身自由的特性又吻合了人们渴望舒缓的精神需求。空间布置是酒吧营造氛围的最基本内容。酒吧的氛围就是指酒吧的顾客所面对的环境，如异国情调、乡土气息等不同风情的酒吧氛围。空间布置得合理与否不仅直接关系到酒吧的接待能力的高低，而且不同的空间形式也会形成不同的酒吧主题和气氛。

1．合理分割空间

一个理想的酒吧环境需要在空间设计中创造出特定氛围，最大限度地满足人们的心理需求。一流的空间设计是精神与技术的完美结合，它在布局、用色上大胆而个性，推敲每一处细节，做到尽善尽美。酒吧在设计空间时应根据酒吧主题功能的需要，合理安排空间的比例尺度，并能突出主题特色。

酒吧在空间设计上采取不同的形式，就能使酒吧具有不同的特色。迪斯科吧采用不规则的空间形式给人随意、自然、流畅、无拘束的气氛，营造格调健康、气氛活跃的娱乐场所；KTV 房、火车式座位形成的封闭式空间给人以内向、肯定、隔世、宁静的气氛，提供了交流的环境；咖啡屋采用敞开式空间给人自由、流通、爽朗的气氛；而主题酒吧可使用高耸的空间，使人感到大气，给人以被接纳、热情好客之感；还可以利用低矮的空间，营造温馨浪漫、轻松优雅、温暖、亲切、富于人情味的酒吧氛围。

2. 突出主题特色

一个完美的空间设计往往会使人在心理上形成幻觉空间，创造特有的经营氛围。

坐落于泰国 Chao Phraya 河畔 65 层楼高的莲花大酒店（Lebua At State Tower）是世界上唯一的空中酒吧，不但可以把泰国的美景一览无余，而且空气清新丝毫没有封闭空间里的怪异气味，连楼梯都富丽堂皇。除了周一外，每晚 7:30～10:30 都有现场爵士乐演奏。空间设计服从于创立特色主题需要，特色主题基于经营的需要，酒吧是以主题特色来吸引目标顾客的。

酒吧空间设计必须针对本酒吧经营的特点、目标客人来进行设计。面向高档次、高消费的顾客群体而设计的高雅型酒吧，其空间设计就应以方形为主要结构，采用宽敞及高耸的空间。在座位设计时，也应尽量以宽敞为原则，以服务面积除以座位数衡量人均占有空间，高雅、豪华型酒吧的人均占有面积比较大。娱乐型酒吧是针对以寻求刺激、发泄、兴奋为目的的目标客人而设计，其空间设计和布置就应给人随意、突兀的感觉，同时应特别注重其娱乐活动区和舞池的大小，并将其列为空间布置的重点因素。针对寻求谈话、聚会、欣赏高雅音乐的目标客人，应设计成为温情型的清酒吧，其空间设计要以体现随意性为原则，天棚低矮、人均占有空间可较小一些，但要使每个座台相对隔离，椅背设计可高一些。结构和材料构成空间，采光和照明展示空间，装饰为空间增色。

酒吧的空间设计中敞开型（通透型）则风格豪迈痛快，隔断型则柳暗花明。无论哪一种布局都必须考虑到大众的审美感受，细腻地吻合大众的口味又不失宣扬个人主张。时代的节奏步履匆匆，人们对优美的设计总会产生迷恋情绪，则酒吧可利用此来最大限度地实现其商业目的。

开敞空间是外向的，强调与周围环境交流，心理效果表现为开朗、活泼、接纳。开敞空间经常作为过渡空间，有一定的流动性和趣味性，是开放心理在环境中的反映。

封闭空间是内向的，具有很强的领域感、私密性，在不影响特写的封闭机能下，为了打破封闭的沉闷感，经常采用灯窗，来扩大空间感和增加空间的层次。

动态空间引导大众从动的角度看周围事物，把人带到一个由时空相结合的第四空间，比如光怪陆离的光影、生动的背景音乐。

在设计酒吧空间时，设计者要分析和解决复杂的空间矛盾，从而有条理地组织空间。酒吧空间应生动、丰富，给人以轻松雅致的感觉。

（二）凸显主题的活动形式

酒吧主题需要寻找到一种完美的表达方式或活动形式，来使主题、内容得到充分的表现。人们光顾酒吧，通过参与其活动来体验酒吧的个性化和时尚性的特点。所以，酒吧要从分析顾客消费需求入手，及时把握市场脉搏，开展与主题相关的活动。酒吧主题赋予活动时尚感和文化内涵。各阶段主题活动的形式要求新颖别致、各具特色，让顾客有机会参与并乐于参与。

酒吧主题的每个活动，力求从一开始就调动顾客参与。通过新颖、别致等特别的形式，强烈的感染力，张扬酒吧个性，凸显酒吧的价值。任何一个酒吧其资源总是有限的，要使有限的资源发挥出最大的效益，就必须集中使用。酒吧应集中力量，把有限的资源集中使用到目标上，重点策划，使每一个主题活动形成相对优势，展现自己的特色，从而在市场上形成自己的风格和创造品牌优势。

四、酒吧氛围营造

酒吧氛围的主要目的和作用在于影响消费者的心境。好的酒吧氛围能够给顾客留下深刻的美好印象，从而激励消费者的再次光顾而刺激消费。酒吧氛围是占有目标市场的良好手段。酒吧氛围设计既要考虑到酒吧主题特征，又要考虑目标客人消费的个性。围绕酒吧主题进行氛围设计，是占有目标市场的重要条件。酒吧的氛围能影响顾客的逗留时间，调整客流量及酒吧的消费环境。氛围主题越突出，越能使顾客增加体验时间，从而达到增加消费额的目的。

（一）运用色彩创造酒吧室内气氛

在人体的各种感觉中，视觉是最主要的感觉，而色彩往往起到唤起人第一视觉的作用，色彩能产生引起人的联想和情感的效果。富有性格、层次和美感的色彩的功能具体体现在两个方面：一是生理功能；二是心理功能。色彩可以使人生理、心理趋于平衡。

首先，应知道各种色彩使人们产生的感觉和联想。一般来讲，红、橙、黄色使人联想到太阳和火，感到暖；蓝、白、绿、紫色使人联想到冰、雪、水和森林，感到冷；高明度色和暖色犹如灯光一般，使人感到近；低明度色和冷色犹如远山一般，使人感到远；高彩度色像花朵一样使人感到轻；低彩度色和暗色像泥土一样使人感到重；另外，暖色还具有扩张感和动感，冷色具有收缩感和静感。色彩的这种温度感、距离感、重量感和性格感，直接关系到室内气氛的营造。

其次，在酒吧色彩的设计中，应该有鲜明、丰富、和谐统一的特点。鲜明的色彩可以给人强烈的刺激，引人注目；给人以充实、持久感，而单调的色彩则使人厌倦；和谐统一是对色彩美最高的要求。在设计时，应设置一种基调，处理好相似色和互补色的调配。相似色如紫与红、黄与蓝、绿与黄，有秩序地排列，可以收到和谐的效果；互补色如红与绿、蓝与橙、紫与黄，可以互补，增加对方的强度。

第三，应注意所经营产品及其装饰和容器的色彩，因为色彩也能对味觉产生影响，柠檬黄能使人产生酸酸的感觉，粉红色能使人产生甜甜的感觉，深绿色或蓝色使人产生清凉感，益于冷饮的销售。

（二）光线决定酒吧的气氛、格调

不同性质的环境需要不同的光线，以适应人在不同环境中的行为特点及心理需求。酒吧环境中的光经过设计者的精心构思，技术性结合艺术性，并融合光的实用功能、美学功能及精神功能为一体，可使酒吧环境更好地适应人们的行为和心理需求。

灯光在酒吧室内与空间环境结合起来，可以创造出各种不同风格的酒吧情调，取得良好的装饰效果。在设计时可灵活运用灯光的光色并将其与室内装饰材料的色彩等配合起来。例如，低色温的光源给人以温暖的感觉，能增加室内快乐、温馨的气氛；高色温的光源给人以宁静的感觉，室内空间会显得恬静淡雅。酒吧灯光装饰手法丰富多彩，是一门融合技术和艺术的工程。

一般来说，酒吧的灯光较柔和，设计独特，而酒吧台内操作区应比其他地方明亮一些，以便于调酒师工作，也便于吸引客人，酒吧的门口或吧台可用霓虹灯作标志。

如果说采光是美人的秋波，那么酒吧的室内色彩就是她的衣裳。人们对色彩是非常敏感的，冷或暖，悲或喜，色彩本身就是种无声的语言。最忌讳看不明白设计中的色彩倾向，表达太多反而概念模糊。室内色彩与采光方式相协调，这才有可能成为理想的室内环境。构成室内的要素必须同时具有形体、质感、色彩等。色彩是极为重要的一方面，它会使人产生各种情感联想，比如说红色是热情奔放，蓝色是忧郁安静，黑色是神秘凝重。

（三）壁饰是酒吧氛围的构成因素

如果酒吧氛围是暖调的可以用壁饰局部的冷调来协调整个空间的格局，同时也增加了表达内容。采用多幅或大幅装饰壁画装饰墙面，既反映了特定的环境，还满足了人们不同的欣赏需求，从而刺激消费。利用室内绿化可以形成或调整空间。而且能使各部分既保持各自功能作用又不失整体空间的开敞性和完整性。现代建筑大多是由直线和板块形所组合成的几何体，感觉生硬冷漠，利用室内绿化中植物特有的曲线，多姿的形态，柔软的质感，悦目的色彩，生动的影子，可以使人们产生柔和情绪，从而改善大空间的空旷。

墙角是一个让人不太经意的细节环节。然而细节往往是最动人的，也是最细腻的。大多数设计者都会采用绿化来消融墙角的生硬感，显得生机盎然。室内绿化是利用植物并结合园林的常见手法，组织完善美化它在室内所占有的空间，协调人与环境的关系。

（四）音乐是酒吧的灵魂

歌德曾说过"建筑是凝固的音乐，音乐是流动的建筑"，反映了人类感觉的一种联想现象。奥特曼的试验中也表明人能够从音乐中感觉到各种色彩。而现代酒吧音乐则具有突出的色、音结合的艺术特色。

由于酒吧是个封闭的空间，如果将这种音色俱佳的作品在这里展示，就可以在感觉上打破其封闭性，让人感到精神上的解放，使人浮想联翩，并享受其中。不同类型的酒吧，对音乐的选择不一样，营造的气氛即不同。迪斯科酒吧一般选择节奏强而快的摇滚音乐，营造热烈欢快的气氛。歌舞厅酒吧伴以轻音乐，让人们有节奏地起舞。钢琴酒吧、小提琴酒吧则以抒情的音乐来创造浪漫情调。

某地音乐酒吧白天呈现出太空般的银白色调，晚间红色或蓝色的主灯光和斑斓的激光图案交相辉映，桌子上酒杯里的摇曳的烛光。DJ 精心制作热门酒吧唱片，演绎各种不同风格的音乐及歌曲，为顾客营造温馨惬意、无拘无束的酒吧氛围，让顾客可以宣泄一天工作的压力、放松紧张焦虑的心情。现代感十足的空间吸引了越来越多顾客的青睐。

酒吧氛围的营造还要靠装饰。总之，酒吧的色彩、音响、灯光、布置及活动等营造了一个特殊的世界，需要巧妙地暗示其消费群体。

上海的酒吧从音乐风格、装饰风格来区别各自不同的特色。一类是布置、音乐都很前卫的摇滚酒吧。酒吧不放流行音乐，没有轻柔的音乐，从头到尾播的都是摇滚音乐，周末有表演，如"HardRock"、"单身贵族"、"黑匣子"、"亲密伴侣（Sweet heart）"等，顾客以年轻人为主，他们专心跳舞，忘情享受；二类是音乐酒吧，这类酒吧主要讲究气氛情调和音乐效果，都配有专业级音响设备和最新潮的音乐 CD，时常还有乐队表演。柔和的灯光、柔软的墙饰，加上柔美的音乐，吸引着不少有品位的消费者。

第二节　酒吧促销活动管理

一、酒吧营销活动主题

（一）酒吧营销活动主题目标

酒吧营销活动主题要有明确的目标。目标就是营销活动要达到的具体效果，一般包括完成的时间和数量要求。

（二）酒吧主题活动的市场分析

主题营销活动要以市场需求为基础，全面了解顾客的消费行为、偏好、市场特点以及市场环境方面的信息。

首先，酒吧要准确地掌握现实需求及需求量的详细动态，客观和准确地对市场第一手材料进行分析，从现实需求中认识到未来的前景及需求变化。其次，根据主题经营活动的周期特征，制订酒吧主题经营的计划和策略。

1. 顾客的收入水平

收入决定顾客对酒吧活动参与的程度。顾客的消费往往是由顾客对未来收入的预期来决定的。主题活动提供了人们对酒吧产品选择的机会，将增加产品的消费量。

2. 酒吧产品的生命周期

酒吧产品总是存在一定的生命周期，对于酒吧的顾客来说，他们总是需要具有一定新颖性的产品。

3. 顾客嗜好的变化

顾客嗜好的变化往往与社会流行趋势和文化背景变化有关。顾客嗜好的变化是社会消费习惯对酒吧产品消费增减变化的影响。尽管一些流行的消费趋势是短暂的，但对酒吧这样的产品来说影响也是很大的。

4. 顾客的休闲时间

顾客的休闲时间对酒吧产品需求的影响是较大的。酒吧在策划主题活动时，应该考虑到顾客的时间是否相适。这就是节假日成为主题活动日的原因。

（三）借节日或大型活动造势

酒吧主要是服务于人们的休闲需求，主题营销活动只有在适当的时间、地点，以适当的手段方式才能获得成功。酒吧主题营销活动要借势于节假日、时事、体育、经济活动等大事，针对细分市场进行策划，满足顾客对特定节日、假日的消费的需求。酒吧主题营销活动要竭尽全力地围绕节日开展促销活动。主题营销最根本的一点就是要有促销卖点，而促销卖点的设计往往与节日文化等密切地联系在一起。

如我国的青年男女越来越多地过每年 2 月 14 日的情人节。在这浪漫的节日，恋人们相互赠送鲜花、巧克力及其他象征爱情的礼品来表达生活的甜蜜、幸福。酒吧就应围绕情人节这些特点组织专场舞会或化装舞会、制作情人节鸡尾酒等来吸引顾客。如在中秋节家人团聚的日子，酒吧利用中秋节日开展促销应突出"家"的概念，为顾客提供一个温馨的家或是团聚的场所。中秋节设计一些既实用又充满亲情的活动，如举办赏月、民乐演奏，推出思亲酒等，抓住中秋节的机会提升销量和产品的知名度。随着我国的对外开放，来华工作学习的西方人越来越多，酒吧可以利用系列节日开展营销活动。如英国酒吧的招贴画，制作精良，大街小巷随处可见，各类酒吧文体活动安排有序，各类明星按广告时间依次登场，各种节日，如愚人节、情人节、复活节、万圣节、圣诞节、感恩节、军人节、老人节等等，层层推进。他们还把酒吧广告制成好看的彩色说明书，派专人发放到各个办公室、公司，效果非常好。此类活动可以年复一年持续开展。

二、主题促销形式

（一）广告促销

广告活动是酒吧将有关活动信息，依据法律、法规的规定通过一定的载体，如报纸、杂志、广播、电视等向广大消费者进行传播，以刺激消费。酒吧广告就是要告诉顾客有关酒吧特殊活动、服务等内容，所以，酒吧的广告活动必须要有明确的主题。酒吧的广告主题，一是可以沿着顾客的消费心理去开发。这就要求清楚了解顾客对去酒吧消费的期望，对酒吧的态度及对产品的追求，从而使顾客从广告主题中认识到酒吧消费带来的好处。二是可以沿着酒吧产品的特征去开发，将酒吧产品的特征提炼成广告主题进而将信息传播给顾客。

1. 传递信息

通过各种媒介，把酒吧活动及商品的信息资料向社会广为传播，使消费者或潜在消费者了解酒吧。通过酒吧及其产品特性向市场传播的过程，公众可以了解和认识酒吧及产品的特点。

2. 吸引购买

广告是一种最典型的促销方式，在信息沟通的过程中，能够持续不断地对顾客或潜在顾客产生吸引作用。一则好的广告可以唤起注意，引起兴趣，产生欲望，导致购买。

3. 指导消费

现代经济社会人们很难及时地、顺利地找到自己需要的休闲消费场所。通过广告把酒吧和消费者联系起来，可以起到指导消费、服务消费、传播酒吧消费方式的作用。酒吧通过各种广告将其特色介绍给公众，使自己及产品在市场上争取到更多的顾客，尽快地实现产品价值，从而推动酒吧有效经营。

【案例 1】

沈阳首次酒吧主题活动

2008 年夏，世纪佳缘交友网站 MSN 交友频道、新浪交友频道在沈阳午夜阳光俱乐部举办夏日激情 HAPPY DAY 主题活动。午夜阳光俱乐部，是集慢摇酒吧、演绎和 HIP HOP 音乐为一体的大型娱乐场所，另设有能同时容纳 150 人的餐吧。

主题活动的口号：有一种遇见叫做幸福，有一种感觉叫做心动。缓解你的压力，释放你的激情，让彼此的默契和心有灵犀在游戏中慢慢滋长。当爱情来临时，不要犹豫，大胆地做出选择。如果你选择了他，他也选择了你，那么就让缘分在此刻牵手！

活动主要内容：破冰游戏、幸福拍手歌、同组交流、游戏（爱要说出口、爱情装备、爱情棒棒棒等）、换组交流、爱情大转盘、自由交流等。

活动提示：

（1）请务必携带身份证原件和学历证明，提交身份证明资料，保证活动品质。

（2）务必牢记自己的报名编号，这样能让对您有好感却没有互换联系方式的会员在佳缘网当次活动报名页面迅速地找到您。

（3）注意合理着装，良好的第一印象会大大增加交友成功的可能性。

（4）可积极邀请心仪的同学或单身朋友一同参加活动，若您在佳缘有心仪网友，建议相邀在活动中见面，这也是我们推荐的一种安全见面方式。

（5）大胆联系朋友的同时注意自己的隐私安全，谨慎择友。

免责声明：

（1）嘉宾必须对自己的一切行为负责，请确信您有足够的智慧和自我保护能力，免受不法侵害。

（2）嘉宾间在征友、应征、聚会或婚恋过程中所发生的任何纠纷（以及法律诉求），"世纪佳缘"概不承担任何责任。

讨论：分析沈阳的酒吧主题派对活动的特点、功能。

（二）酒吧人员推销

1. 人员促销作用

酒吧服务人员直接与顾客进行人际接触来推动产品销售的促销方法。

人员促销关键是员工的素质。一是要遵守国家的法令，不能向未成年人销售酒精饮料。二是要有耐心，服务周到，要有良好推销技巧、交涉能力和说明能力，要善于说服顾客，绝不能强买强卖。三是要有一定的知识。如关于鸡尾酒的知识、饮酒的礼仪等。服务人员在对顾客面对面的服务中，可根据各类顾客的愿望、需求、动机等，有针对性地采取相应的策略，并可根据对方的反应，及时调整自己的态度。人员推销可通过与顾客的直接接触，对顾客进行反复、及时地说服，促成顾客即时消费。

在酒水营销中，服务员与调酒师的形象和服务技巧起着关键作用。服务员和调酒师应当表情自然、面带微笑、亲切和蔼，并应有整齐和端庄的仪表仪容，身着合体、有特色的工作服，注意行为举止，使用规范的欢迎语、问候语、称谓、道歉语和婉转的推托语，讲究服务技巧。

酒水推销中，视线有着非常重要的功能。当顾客进入酒吧或餐厅的时候，不论是服务员或是调酒师都应主动问候客人，同时，用柔和的眼神望着顾客，使顾客感到亲切，有宾至如归的感觉，并乐于在该酒吧或餐厅饮用酒水。此外，当服务员与调酒师帮助客人点酒时，应不时地用柔和亲切的视线看看客人的鼻眼三角区，表示对客人的尊重、关心及对服务的专心。经过统计和分析，服务员和调酒师运用视线推销技巧，远比没有运用这一技巧推销酒水产品效果要好得多。服务员应根据顾客杯中酒水数量的变化、顾客的视线、顾客用餐的阶段，适时地为客人推销酒水。在酒吧中调酒师用优美的姿势和熟练的技巧，为客人调制鸡尾酒和其他混合饮料的表演，能吸引许多顾客，从而激发顾客的购买欲望。

2. 人员推销技巧

服务人员在服务中及时发现和培养新客户，与顾客保持密切的联系，及时将酒吧和饮品的信息提供给顾客。通过与顾客的直接接触，向顾客推荐产品，引导消费，解答问题，可以促成及时的购买行为。

服务人员可以促使买卖双方从单纯的买卖关系发展到建立深厚的个人友谊，互相信任，发展长期合作。

3. 建立酒吧促销队伍

建立促销队伍，制定出适当的销售活动组合。

根据酒吧资源和销售预测等条件确定服务队伍的规模和结构。

根据酒吧场地条件和营业时间分配资源和时间。如时间安排方面：在潜在顾客身上要花多少时间？在现有顾客身上要花多少时间？如何在现有顾客和潜在顾客之间合理地分配时间？等等。

4. 对销售活动的激励和控制

（1）销售定额

酒吧规定销售人员在一定时间内应销售多少数额，然后把报酬与定额完成情况挂起钩来。

（2）佣金制度

　　酒吧为了使预期的销售定额得以实现，采取相应的鼓励措施，如送礼、奖金、旅游、佣金等。

三、酒吧营业推广活动管理

（一）营业推广的目标

　　营业推广是指酒吧在经营活动中，为了刺激顾客做出更迅速、更强烈的购买行为而采取的一系列促销活动。在促销组合中，除广告、人员推销和公共关系之外，任何鼓励消费者购买的促销活动都被列为营业推广的范畴。许多营业推广方式是特定时期的特别活动，具有强烈的吸引力，可以促使顾客对产品积极购买。

　　营业推广目标来自于基本的促销沟通目标，而后者来自于更基本的产品营销目标。因此，营业推广的具体目标会因目标市场类型的不同而不同；针对消费者的营业促销目标主要是刺激购买，包括鼓励老顾客继续光顾、促进新顾客消费、鼓励在淡季光顾酒吧。营业推广目标主要是开拓新客源市场，具体包括鼓励酒吧推销新产品或新式样、寻找更多的潜在顾客、刺激淡季商品的推销等。

（二）营业推广方式

　　酒吧应根据市场类型、推广目标、竞争环境以及每种经营手段的成本等来选择推广方式。营业推广不仅要展示形象、扩大影响，还要能为企业带来经济效益。主要有以下营业推广方式。

　　1. 免费赠送

　　顾客在酒吧消费时，免费赠送新的饮品或小食品，以刺激顾客消费。对酒水销量大的客人，免费赠送一杯酒水，以刺激其他客人消费。免费赠送是一种象征性促销手段，一般赠送的酒水价格都不高。但赠送既能让顾客觉得经济实惠，又可使顾客体会到殷勤、周到的服务。

　　2. 赠品

　　顾客购买特定产品时，同时获得免费或以象征性低价获得其他的商品。此形式因容易转移注意力，而不适宜于新产品推广。赠品的目的是争取竞争性产品的潜在消费者，所以赠品能否有吸引力非常重要。一般要考虑其价值及实用性、与众不同、有纪念意义，且较难获得。另外赠品要注意与推广产品的个性吻合，最好是互补而相得益彰。

　　3. 优惠券

　　优惠券是运用最普遍的促销工具。优惠券的使用一般都有指定的时间、地点或指定产品的限制，主要是用于诱导消费者试用新产品、调节销售、鼓励重复购买等。对光顾酒吧的常客，赠送一些优惠券或贵宾卡，只要客人光顾酒吧出示此卡就可享受卡中所给予的折扣优惠，以吸引客人多光顾。优惠券或贵宾卡一般都是发给经常光顾酒吧的常客。优惠券的制作分发形式主要是通过大众媒体和邮递，如随报纸印制分发、宣传品分发或单独、交叉互为发放，同时也可随产品销售在现场分发。

优惠券优惠额度无定式，但一般优惠幅度以不超过零售价的 10%为宜。

优惠券的形式很多，如为鼓励批量购买，可采取"买一送一"。

优惠券回收有效期的时间确定也很重要，一般是特定节假日或三至六个月。通常情况下，有效期要醒目地印在优惠券上。

4. 折扣

折扣是指在特定时间，按原价进行折扣销售，包括累计折扣和非累计折扣。折扣优惠主要用于鼓励客人在营业的淡季时间里来消费或者鼓励达到一定消费额度或消费次数的客人。这种方式会使消费者在购买时得到直接利益，因而具有很大吸引力。

5. 抽奖销售

抽奖销售是最富有吸引力的促销手段之一。因为顾客一旦中奖，奖品的价值都很诱人，许多顾客都愿意去尝试这种无风险的有奖购买活动，消费者关注兴趣大，参与积极高。但消费者易注重竞赛抽奖的具体形式，而忽视促销的产品，所以竞赛抽奖中的细节策划非常重要，要把企业产品形象巧妙地融入竞赛抽奖活动中，反复强化信息。竞赛抽奖通常都是与其他促销活动配合举办，并争取经销商的积极支持。

6. 现场表演

现场演示的促销方法是为了使顾客迅速了解产品的特点和性能，以便激励顾客产生购买的意念。酒吧的现场调酒表演，展示饮品的某种性能和特色能立即吸引顾客，增加消费。现场表演给顾客一种动态的真实感，效果比较显著。

7. 产品展销

产品展销是集产品展示与销售活动于一体。酒吧在固定的产品推销柜台上展销，主要用于一些创新饮品，首次进入市场的新品牌酒水，通过展销刺激，吸引购买者。

8. 回扣

给消费者的回扣并不在消费者购买商品后立即实现，而是需要一定步骤才能完成。回扣实际是等同于对产品的一种折扣形式，主要用来鼓励多购买产品，适用于有限度地进行促销活动的产品。

9. 特价促销

价格因素是消费者购买产品的最重要影响因素之一。特价促销是酒吧针对产品的一般零售价格，而给予消费者特价优惠的促销形式。为刺激酒水的销售，酒吧经常推出特饮，鼓励顾客消费。特价产品会促使消费者增加计划外的额外购买。在现场操作中要将特价产品陈列于显要位置，做明显的特价宣传说明，增强冲击力。

10. 门票中含酒水

很多酒吧为鼓励吸引客人光顾酒吧，往往在门票的价格中包含一份免费酒水。

11. 最低消费中含酒水

一些高档的酒吧和酒吧包厢往往设有最低消费，最低消费主要是指在酒吧中酒水的消费量必须达到最低的标准量。

12. 配套销售

酒吧为增加酒水消费，往往在饮、娱、玩等酒吧系列活动中采取一条龙的配套服务。如有些酒吧的饮品价格中包含卡拉 OK 或在某些娱乐项目中含有酒水。配套销售有利于促销酒吧经营设施使用率，增加酒吧整体效益。

13. 时段促销

绝大多数酒吧在营业上受到时间限制。酒吧为增加非营业时间的设备利用率和收入，往往在酒水价格、场地费用及包厢最低消费额等方面采取折扣价。

14. 其他

另外，营业推广的方式和技巧还很多。比如竞赛、节假日促销、游戏等，可视具体情况灵活运用，达到促进销售的目的。

（三）营业推广注意事项

1. 刺激对象的条件

刺激的对象是全部，还是部分。

2. 推广的途径

酒吧通过什么途径贯彻促销方案。

3. 促销的期限

如果促销的时间过短，很多潜在顾客可能在期限内不需要重复购买；如果促销的时间过长，可能会给消费者造成一种变相减价的印象。

4. 促销的时间安排

通常是根据销售部门的要求确定营业促销的日程安排。这个安排要能使生产部门、销售部门相互协调。在特定情况下，可能需要进行非计划内的营业推广活动，要进行特别安排。

5. 确定营业推广的总预算

一般方法是由营销人员确定各项营业推广活动并估计总费用，即管理费用（印刷费、邮寄费及活动费等）加上刺激费用（奖励、减价成本折扣等），再乘以预期发生交易的单位数量。

四、酒水促销活动的方式

（一）活动促销

酒吧的活动促销是酒吧营销的重要组成部分，很多节日、活动能吸引大批不同类型的客源。

1. 活动促销原则

活动促销应遵循以下原则。

（1）新奇性

酒吧活动一般能引起大众的兴趣，吸引客人。最好能引起传播媒体的兴趣。

（2）新潮性

酒吧的活动要以最时新、最具现代感的活动来吸引客人。

（3）参与性

酒吧举办的活动应尽量吸引客人参与，提高客人的兴趣。

2. 活动促销形式

（1）节日活动

节日是酒吧营销的好机会，节日活动要以节日为背景，突出节日的气氛。有人说酒吧的节日是最多的，既举办中国传统节日活动，也举办外国节日活动以吸引众多求新、求奇等时尚客人的需求。

（2）演出活动

酒吧可以经常邀请著名的歌星、影星、体育明星来酒吧演出，以吸引这些明星和个人的崇拜者。

（3）参与活动

酒吧周末和其他时间举办特殊的歌舞比赛、表演、娱乐活动，吸引参与活动的客人。亦可请乐队驻唱，进行抽奖等娱乐活动，吸引参与活动的客人。

（二）优惠促销

许多酒吧通过价格折扣和优惠价来进行促销，提高营业收入。

在进行优惠促销之前，经营者需考虑优惠促销的对象、时机和目的，并确定优惠促销的可行性，计算好促销活动的直销成本和让利成本，以免亏本。

在优惠促销时要选择恰当的促销形式，不同的季节，不同的经营时段，可选择不同的促销形式，以达到良好的促销效果。例如，在酒吧的淡季可以对饮品进行"买一赠一"的销售促销形式，使得"淡季不淡"。

（三）饮品展示促销

饮品展示促销主要利用吧台内的展示柜，利用视觉效应，诱导顾客进行消费。展示柜内的酒水和饮料的种类要丰富，方便顾客观赏和选择。

（四）广告促销陈列时，要讲求最佳的视觉效果

广告促销是通过各种媒体广告向顾客传播产品信息的促销手段，可以引起目标顾客的注意。通过不同角度的介绍，激起顾客的消费欲望，达到促销的目的。但广告促销的费用比较昂贵，利用此种方式进行促销时，要讲究实效，运用的方式要得当，以达到招徕顾客、增加酒吧营业收入的目的。

（五）酒水单促销

酒水单也是一种促销方式。小酒吧的酒水单要设计得诱人，价格合适，以促进顾客消费。

总之，促销是酒吧促进产品销售、增加经营收入的有效方法，要选用适合本店特色的促销手段进行促销，以达到最佳效果。

五、公共关系

促进产品销售，并不是公共关系的主要功能。用塑造良好的组织形象来促进组织经济效益的发展，是公共关系促销的显著特点。所谓公共关系的促销，是指综合运用酒吧影响范围内的空间和时间因素，向顾客传递理念性和情感性的企业形象和产品信息，从而激发起消费者的需求欲望，使其尽早采取购买行为。

（一）公共关系在促销中的作用

1. 开展公共关系有助于减少社会摩擦，协调各种社会关系，争取良好的经济伙伴和协作伙伴，以及建立和发展各种横向联系。

2. 开展公共关系，能够为酒吧树立良好的信誉和形象，保证酒吧在激烈的竞争中得到生存和发展。

3. 开展公共关系，能够及时地让酒吧与消费者沟通，相互了解，赢得消费者信任，争取消费者的支持，准确地把握消费者需求的变化，有利于企业改进生产和发展生产，取得最佳的经济效益。

（二）公共关系的促销策略

1. 促销的空间利用策略

促销的空间利用策略是一种诉诸消费者视觉和听觉的促销方法。它的基本做法是：在有限的空间中，创造出一个又一个足以引起顾客视觉兴奋的空间形象，放射出一阵又一阵足以唤起顾客听觉激情的声音波动，进而在消费者内心增加购买商品的心理提示。酒吧的主题设计，就是为了创造出特色环境，吸引更多的消费者。酒吧对吧台和空间的精心设计使其突显一种独特的空间形象，赢得目标顾客的欢心。酒吧环境不仅包括影响服务过程的各种设施，而且还包括许多无形的要素。因此，凡是会影响服务表现水准和沟通的任何设施都包括在内。所有这一切的背后寄寓着一连串的促销意念：当顾客一跨进酒吧就会被特有的气氛所吸引，

沉浸在音乐、灯光和人海中，自然会产生一种放松、休闲的心境。

2. 促销的时间利用策略

促销时间利用策略是一种诉诸消费心理感受的促销方法。广义地讲，是指在消费者对时间的感知过程中，施加种种心理的影响和压力，以此来促使他们迅速地购买本企业的产品。同时，也是为了增强经营者对时间的敏感度和判断捕捉时机的能力。这种策略包括对时间的利用和对时机的利用。

3. 理念性促销策略

理念促销是一种诉诸人的理性判断的促销方法。它的基本涵义是，帮助消费者运用逻辑推理、比较分析、事实罗列、寻找数据等思维方式，摆事实、讲道理，使顾客心悦诚服地信任某种产品，并乐于购买它。如推销干红葡萄酒，就可以讲明葡萄酒对身体的好处，并从价格上与其他酒进行比较分析。

顾客在权衡某种商品买与不买的利害得失时，心中充满了疑问，一位训练有素的推销员，应想方设法消除顾客的种种疑虑，只有这样，才能促使顾客做出购买的决定，而要使顾客对酒吧、对产品产生信任感，决不能采取欺骗的办法，更不能采取压服的办法。因为，欺骗不能长久，当被人识破就将名誉扫地。心理学家告诉我们，压服获得的是"情绪之我"，而不是"理智之我"。要获得"理智之我"，就必须诉诸理念，以理服人。只有晓之以理，才能导之以行。顾客经过理念性促销而对产品的理解是科学的、发自内心的，这样对商品的偏爱才会是持久的。

4. 情感性促销策略

情感性促销是一种诉诸人的情感的促销方法。它是以与人为善、真诚待人为出发点的，因而能扣人心弦。情感性促销是一种最具有公关意味的促销方法。因此也就是能够发挥经营者的智慧。

当一个人最迫切的需求难以得到解决时，突然有人慷慨相助，使其得到满足，他必定要寻求一种回报，以平衡内心受惠后的感激之情。这也是公共关系中互动原理的体现。你给人真诚，他人也回之以真诚；你给人以尊敬，他人也回之以尊敬。这就是"将欲取之，必先予之"的道理。

这里所要提醒注意的是：情感性促销一定要真正发自内心，诚挚、善良的动机才能打动人心，而不能滥用感情；情感性促销是一种即兴智慧的体现，因而有强烈的个性，对经营者或公关人员的素质要求和道德要求也特别高。总之，动之以情，定能启之以行，情感性促销的效益是显而易见的。

【案例2】

广州酒吧派对

在北京和上海的酒吧派对里，常能碰到很多有名的模特儿、明星，而广州本地娱乐业很难培育出受到年轻一代所认同的娱乐明星，酒吧派对里更难觅明星，也难以营造令人眼前一亮的惊艳效果。

广州的有些酒吧投资人过于重眼前利益，例如在某酒吧里策划一个派对，原计划嘉宾的表演时间是 30 分钟，但酒吧老板却说："客人都顾着看表演了，还哪有人买酒消费啊。"这其实代表了广州一些酒吧投资人的心态，他们并不了解品牌文化的价值所在。而举行一场成功的派对，并不是为了营造一夜爆炸性消费的现象，而是要为这家酒吧的品牌贴上一个独特的标签。酒吧如果只是为了制造一夜暴涨的营业额来策划派对，水平只会停滞不前。

主题派对的本意是设立一个既定的主题，通过音乐、服饰、文化等各方面营造出主题气氛，从而让参加者有一种身处陌生环境的感觉。空姐、护士等制服主题派对开始为各家酒吧所青睐。

比如北京的某个酒吧做了一个很普通的怀旧派对，在着装方面要求非常严格，如要求穿 20 世纪六七十年代的学生装，来参加这个派对的人会按照着装规定去打扮自己，抱着非常严谨的态度穿上白衬衫、红领巾、蓝西裤。甚至参加派对的外国人，也会查资料，并按规定穿着出席派对。而随性的广州人则在穿着上更"自由"，如要求参加者穿白色衣物，大概只会有半数人能遵照要求穿着，不大可能全部都穿成派对要求的穿着出席。去年在广州曾举行过一个以医院为主题的派对，派对场内的女艺人和女服务生都打扮成护士模样，并要求客人最好以医疗人员装扮示人。但前来派对的参与者大多只是抱着看客的心态，多数并没有按照要求着装。广州人的行为习惯相对比较独立，我行我素的精神很难适应古怪的要求和限制。而另一方面，有表演的活动在广州却很受欢迎，如果主题派对中加入了相关演出，无论是打异国风情牌还是文化小资牌，都能吸引到爱看秀的广州人的目光。当酒吧里面有了一个聚焦点，我行我素的酒吧客便有了留下来消费的念头。

广州的主题派对主要以服饰装扮为主，属于典型的"视觉系"产物，随着时间的推移，就走入了一个误区：主题派对＝制服诱惑。这些制服主题派对已不能满足贪新鲜的广州人了，广州夜店派对遇到发展的瓶颈，不少业界人士和派对策划人也开始重新思考，夜店派对策划到底路在何方。

2008 年，广州的一些酒吧派对策划人开始提出新的发展概念：文化派对。文化派对其实是保留了 DJ 和主题派对的优点并加以开发利用，再通过融入不同的文化元素，使之进行碰撞，产生出崭新的派对感受，也就是时尚界里常说的"跨界（crossover）"。这些融入了夜店派对的新元素包括了商业、艺术、地域等不同方面。这类酒吧与品牌商家合作的派对是双赢的结合，由于酒吧和品牌商家拥有各自的消费群体，利用主题派对将两个群体互相融合，让酒吧消费者也更了解时装品牌商家的产品，进而成为了服装品牌商家的消费者。除了加入一些商业元素，业内人士还大胆尝试加入一些文化元素，比如和一家酒水商合作策划的某个派对，曾邀请了一些外国人穿着京剧戏服，配合着电子音乐唱京剧、跳舞，还邀请了外国乐队的 DJ 和艺人前来表演。中国、西欧和拉丁三大文化元素融合在派对里，产生了奇妙的效果。

讨论：从酒吧派对主题活动的演变分析酒吧主题活动应如何适应不断发展变化的环境。

【思考题】

1. 为什么酒吧强调主题活动策划？
2. 酒吧氛围营造包括哪些方面？
3. 酒吧主题活动的市场分析包括哪些方面？
4. 为什么酒吧主题促销活动多是与西方的节假日相关？
5. 酒吧营业推广方式有哪些？
6. 酒吧公共关系的促销策略有哪些？

第十一章　酒吧服务管理

【学习导引】

　　酒吧的经营成功，不仅与酒吧的风格、酒水质量、主题活动有关，而且更为关键的因素是贯穿在整个酒吧运营活动中的服务特色与服务文化。良好的服务管理将会给酒吧的经营带来决定性的加分。因此，酒吧只有将服务文化融入酒吧经营中才能形成特色，提升酒吧整体品质，并成功推广酒吧品牌。

【教学目标】

　　1. 服务文化的作用。

　　2. 酒吧服务的特征。

　　3. 掌握酒水服务的一般流程。

　　4. 了解酒吧在营业前、营业中和营业结束后的各项工作。

　　5. 了解怎样建立酒吧特有的形象，并能举出实例。

　　6. 了解酒水促销的各类方式及其利弊。

【学习重点】

　　酒吧服务文化对酒吧经营的作用；酒水服务活动的多样性及其发展趋势；酒吧促销活动的创新及趋势。

第一节　酒吧服务文化

一、酒吧服务文化的作用

　　酒吧的经营成功，无一不是靠自身的服务质量所创造出来的。酒吧有形产品如酒水食品等，在种类、品牌上基本上没有太大差异，而酒吧服务突出了酒吧特色与个性化的特征。因此，酒吧只有把服务提升到文化层面才能持续保证服务的品质。

（一）服务文化是酒吧规范服务的基础

酒吧服务是酒吧文化重要组成部分。一般来说，规范、热情、富有特色的服务能创造酒吧特定的服务氛围，成为吸引顾客的差异化酒吧形象。

1. 酒吧服务不能仅凭员工个人的热情来完成，必须具备基本的规范来保证服务质量。所以，酒吧员工需要依据不同酒水的标准、业务操作程序和服务规范进行服务。

2. 酒吧的服务是一个整体，但整体服务是由每个服务人员按各自的岗位要求来完成自己应尽的工作组成的。

（二）服务文化是酒吧成功经营的保证

酒吧服务文化展示了服务的内涵和外延，有利于提升服务的品位。优雅的服务方式使人心情舒畅，展现酒吧服务的魅力。服务文化是酒吧取得优势地位的条件、生存和发展的基础。离开了文化的支持，酒吧对内将缺乏凝聚力，也难以形成市场竞争力，由于文化缺失急功近利的酒吧会被市场抛弃。谁能够为宾客提供全面的最佳服务，谁就能招徕更多的宾客。

（三）服务文化是增强酒吧凝聚力的粘合剂

服务文化能形成一种积极向上的健康氛围，激励员工的责任感、自豪感、认同感和公平感，形成良好的精神风貌，提高员工和顾客的忠诚度。通过共有的文化价值观把员工和目标客户凝聚在一起，形成良好的经营服务发展循环链。员工有自豪感，客户有优越感，形成良性互动。

二、酒吧服务的特征

（一）无形但可感知

首先，酒吧服务与有形的产品比较，服务的特质及组成服务的元素往往是无形无质的，但让人可感知。随着酒吧服务水平的日益提高，很多产品是与附加的顾客服务一块出售的，对顾客而言，更重要的是感受到这些载体所承载的服务及带来的效用。

（二）顾客参与其中

酒吧服务的生产过程与消费过程同时进行。也就是说，服务人员提供服务与顾客消费，二者在时间上不可分离。服务的这种特性表明，顾客只有而且必须加入到服务的生产过程中才能最终消费到服务。

（三）差异与特色

酒吧服务是以"活动"为中心，吸引"人"参与的服务。由于人类个性的存在，酒吧服务一方面受服务人员自身因素（如心理状态）的影响；另一方面，受直接参与生产和消费过程的顾客因素（如知识水平、兴趣和爱好等）的影响。酒吧服务的构成成分产生了酒吧服务的差异性。

（四）服务于有形

为使酒吧服务得到顾客的认可，需做到以下两点。

一是要把服务同易于让顾客接受的有形物体联系起来，如与酒品销售结合等。一方面要求使用有形物体必须是顾客认可度较高的，并且也是他们在该项服务中所寻求的一部分；另一方面，必须确保这些有形实物所暗示的承诺，在服务被使用的时候一定要兑现。

二是把重点放在发展和维护酒吧同顾客的关系上。使用有形展示的最终目的是建立酒吧同顾客之间的长久关系。顾客通常去酒吧寻找自己在酒吧中认同的某一个人或某一特色酒品，而不只是认同于服务本身。

三、酒吧服务文化

（一）酒品质量

酒品及其质量是酒吧服务的基础，客人主要是通过对此的享用来感受服务。酒水产品的制作要精细，品质要保证，品种应多样化，并适应各种顾客的风俗习惯和口味。

为了确保各种酒品质量的可靠和稳定，必须采取有效的方法来控制酒品质量。

1. 过程控制

通过对酒水从原料购进到产品售出的生产流程加以控制，对酒水原料购进、生产和消费每一阶段的检查，以保证酒水生产全过程的质量可靠。

2. 岗位监督

利用岗位分工，强化岗位职能，并施以检查督导，对酒品质量也有较好的控制效果。

3. 重点控制

针对酒吧服务中的重点客情、重要任务，以及重大活动进行的更加详细、全面、专注的督导管理以及时提高和保证活动的酒水出品质量和服务水平。

（二）环境气氛

酒吧的整体印象就是酒吧的"氛围"和"气氛"，即是指所见、所听、所感、所闻等感觉印象的总和加上顾客的心理反应因素。氛围是顾客体验中最有影响的部分，酒吧的氛围就是指酒吧的环境带给顾客的某种强烈感觉的精神表现和景象。酒吧的氛围应包括四个部分：一是酒吧结构设计与装饰；二是酒吧的色彩和灯光；三是酒吧的音乐；四是酒吧的服务活动。营造酒吧气氛的主要目的和作用在于影响消费者的心境。优良的酒吧氛围能给顾客留下深刻而美好的印象，从而鼓励消费者的惠顾动机和消费行为。酒吧的环境突出了酒吧的风格和特色，客人在酒吧享受的是环境。当人们在高雅、温度适当、美观有序、设备设施齐全的环境中，会产生愉悦舒适之感，认为服务质量好。

酒吧氛围的营造是酒吧吸引目标市场的有效手段。酒吧氛围设计既要考虑消费者的共性，又要考虑目标客人的个性，并针对目标市场特点来进行氛围设计。酒吧很可能在顾客踏进门的第一步、抬起头的第一瞥时就给客人留下了深刻的印象。客人当时的反应可能是愉快也可能是失望，但如果酒吧的整体面貌良好，那么，客人对于酒吧的印象就由光顾酒吧的客人类型的好恶而定。

酒吧的常客所需要的是熟悉、放松、舒服的环境和朋友之间的友好气氛。因此，酒吧不必操心客人的娱乐活动。

在策划店内氛围时，应从目标顾客的角度来审视酒吧。每个人看待事物的方式都不一样，每个人都有不同的兴趣，有的事情对某个人来说是好事，而对其他人来讲却并不一定如此。酒吧经营者与顾客之间可能存在很大差别，顾客对于酒吧的感知与他们的态度、过去的经验和价值体系融合在一起。所以说，酒吧的经营者了解顾客的世界观是非常重要的。只有这样，酒吧才能设计出与顾客产生共鸣的装饰物，提供客人期望的服务，并培训出合格的员工。好的员工知道如何对待客人，而且对客人感知事物的方式比较敏感。例如，客人也许并不认同服务人员的制服或是酒吧的背景音乐，他们也有可能感觉被冒犯，尽管这些问题对酒吧来讲不是大问题。所以，如果酒吧的经营者能够了解客人对生活的理解并在酒吧氛围中体现出来，就会使客人感觉到这真的是他喜欢的地方。

利用酒吧氛围来吸引顾客并不是专门针对新酒吧而言的，这一策略也可用来挽救效益下降的老酒吧。一定量的顾客流失率是正常的，比如由于工作调动、结婚、生子、通货膨胀等原因改变了顾客的购买习惯，甚至生病、死亡等种种原因都可能导致酒吧顾客的减少。当然，也会有许多潜在新顾客补充进来，如年轻人达到合法饮酒年龄、新的家庭搬进社区、新的办公室及店铺迁来、老顾客介绍的新朋友等。但即使是这样，酒吧也要采取一些措施来留住老顾客，吸引新顾客。所以，酒吧经营者应用批评的眼光重新审视自己的企业，并尝试着改变一下企业的旧面貌。

总之，酒吧的氛围对酒吧经营的影响是直接的。酒吧的色彩、音响、灯光、布置及活动等方面的最佳组合是影响酒吧经营氛围的关键因素。

（三）设备设施

酒吧的设施设备主要包括各类调酒工具、家具、陈设和营造室内环境气氛、辅助酒水服务的设备。设备的配置是酒吧经营及管理的一个重要问题。选择设备时不仅要考虑技术上先进、经济上合理，而且要考虑布局上最优组合原则。下面是酒吧设备配置应考虑的几个原则。

1. 适用性

酒吧所购置的设备，其各项性能指标都应达到酒吧经营的要求，这一点是最基本的。同时要看这些性能有效维持的时间。对设备性能的考察，一是要看品牌，信誉好且是世界知名的品牌，在功能上、质量上是有保证的；二是争取先试用后购买，看一看机械设备实际工作的情况。

2. 美观性

酒吧自身的环境决定了设备是一种展示品。所以，设备设施的外观应与酒吧的风格、档次、气氛、布置相协调，并要以高雅、做工精细、美观为标准。

3. 方便性

由于酒吧不可能配备较多的专业技术人员，同时，酒吧行业也有人员流动性较大的特点，所以，酒吧的设备设施应尽可能地体现操作及使用方便的原则。同时，对于同性能的设备，应尽可能地购买使用面广、维修方便的知名品牌产品。

4. 节能性

酒吧在购置设备时应考虑能耗的问题，节能性好的设备能降低酒吧成本，提高经济效益。

5. 低噪音

噪音问题直接关系到酒吧经营环境及经营气氛，因而也直接影响顾客的消费情绪。所以，设备噪音的大小应是酒吧经营者关注的问题。

总之，酒吧的一切设备是酒吧经营环境的重要组成部分。不仅要注重设施的完备程度和良好的运行状况，而且要给人舒适的感受。

（四）清洁卫生

酒吧是人们饮酒消遣、举行酒会、款待亲朋、商务活动以及社会交往的场所。卫生与否直接关系到客人的身体健康，应从思想上给予足够的重视。

1. 酒吧的空间卫生

（1）酒吧要有一定空间。要考虑到酒吧间酒厨、调酒台、酒具柜、洗涤槽和消毒池等用具的摆放位置和所占面积，以及客人的饮酒活动场所，做到布局合理，实用方便。

（2）酒吧要预留一定面积的储藏室、制冰间，以及酒吧间工作人员更衣、盥洗室及其他卫生设施间等。

（3）酒吧间的采光要好。按规定，白天光照不少于 100 米烛光，夜间应达到75 米烛光，以便饮酒者观赏调酒师的技艺。

（4）酒吧应有通风取暖设备，保持室内空气流通和适度的室温。按行业规定标准，室内气流在 0.1 米／秒～0.5 米／秒，温度保持在 18℃～22℃最为适宜。

（5）酒吧间应有防蝇、防蟑螂的卫生设备，不可忽视纱窗、纱门，以防有害昆虫污染饮料、糕点等，影响卫生。

2. 酒吧的用具卫生

（1）酒吧用具。酒吧间所用器具主要用来调酒，它包括摇酒器（摇捅）、调酒大杯、电动搅拌器、柠檬挤汁器、果汁挤压器、水果刀、不锈钢滤酒器、螺丝开瓶器、开瓶开罐器、打蛋器、冰夹、冰勺、削冰器、长短调酒匙、磨（捣）碎器、漏斗、组板、鸡尾酒签、调酒棒、玻璃水昭、杯垫、抹布、糖缸等。

（2）调酒用具在使用完毕后可先用洗洁精洗涤，而后再用消毒剂消毒，最后用干净软布擦干，放入厨柜中备用。客人所用酒杯，用完后必须洗净和消毒。一人一杯，不允许连续多人使用，也不允许只洗涤不消毒。洗涤消毒完毕后，要用干净无菌软布擦，杯上不能留有水渍和手指印，以免妨碍卫生和美观。

（3）对酒柜、酒具柜及其他用品柜要定期擦拭干净，每周用 0.2%漂白粉澄清液预防消毒一次。

（4）酒吧间储藏室要保持干净，存放的酒料用具以及调酒用的配料要定位存放，调酒用的配料必须挂牌写清名称，不要乱放，并有专人保管。

（5）调酒台要经常保持干净，上面不能遗留糖渍、酒渍，以免诱入苍蝇或蟑螂等害虫，影响卫生。

顾客对酒吧内的污渍很敏感，如酒吧内剥落的油漆、褪色的地毯、灌木丛中的杂草以及停车场地面上坑洼不平都很容易使顾客怀疑酒吧的卫生状况。相反，干净而整洁的酒吧环境、井然有序的经营秩序、优质的产品及温馨的服务是能够吸引顾客的。

3. 酒吧的人员卫生

（1）酒吧工作人员应注意个人卫生，做到不留长发、长指甲，不戴首饰制品。要注意头发的梳理和个人身体的清洗，身上不能有异味。

（2）上班前不能吃有味的食物，如大蒜、生葱、羊肉等，以免呼出带有异味气体，给客人带来不快，影响饮酒情绪。

（3）工作服必须干净平整，上班时要衣帽整齐，不能穿自己的花色衣服上班。

（4）工作人员工作前和大小便后要认真清洗双手，保持手的干净。在工作时间不吸烟、不饮酒、不吃零食。

（5）交接班应该完成酒吧的一切清洁工作，包括调台、酒具、桌、凳、地面及其环境卫生，给下一班留下一个清洁的场所。

总之，酒吧服务要保证卫生，包括服务人员个人卫生，酒水和食品卫生，环境卫生等。服务操作过程中的清洁卫生是顾客健康的保证。

（五）安全服务

为顾客提供安全的服务，这是酒吧服务的基本需要，无安全即无质量。

1. 认真执行食品卫生法规，防止宾客食物中毒。

2. 遇有重要贵宾参加的宴会、酒会，要指定专人服务并根据公安警卫部门的要求，对食品饮料留样备查。

3. 下班后要将名烟、酒、贵重饮料放入仓库或柜子里锁好，防止丢失被盗。

4. 对贵重的客用物品注意保管，定时检查核对，防止损坏或丢失、被盗。

5. 注意掌握客人情况，如发现酗酒闹事苗头，要及时报告并进行劝阻，同时要向安保人员通报情况，同到场保卫人员一道妥善处理。

6. 注意保管客人的物品，防止丢失和被盗。如发现客人物品遗留在餐厅要及时报告并上交。

7. 服务人员与客人发生矛盾，未形成案件时，按照管理规定的原则处理。已构成治安、刑事案件时要立即报告保安部，以决定事情是否交公安机关处理。

8. 电器、饮食用具、加热炉等要由专人负责，并严格遵守操作规程。

9. 严格遵守防火制度。

简言之，就要注意防火、防盗、防毒。尊重客人隐私权，让客人在酒吧消费具有安全感。

（六）技能技巧

娴熟的技能是衡量服务档次和规格的标准。服务人员应掌握所需的多种服务技能，并运用自如。

1. 准备工作

（1）准备原料

酒吧正式开始服务之前，酒吧服务员应当清点酒吧中的酒水饮料储备是否达到了标准库存量，原料用酒、啤酒、白葡萄酒及纸巾、毛巾等辅助用品是不是充足，不足时应开具领料单到贮藏室或仓库及时领取补足。还要准备好各种果汁、调料等，将柠檬皮削好，摘去薄荷叶子，打开橄榄、樱桃罐头。情况许可时，还可将曼哈顿、马丁尼、酸味威士忌等鸡尾酒提前调制好，以便客人需要时能及时提供。

（2）收款准备

酒吧开张之前，应当将零钞准备充分以免为找零而浪费顾客大量的时间。一些酒吧为防止收款中的作弊现象，对每张发票的价值作了规定，丢失时便要求照价赔偿。这类酒吧的员工还应当在准备工作中检查上一班次所使用的发票是否连号无误。使用收银机的酒吧还应当事先清点一下收银机中的钱款，使收银机记录纸卷上的打印记录与实际金额保持一致。

（3）设备检查

设备的齐全、正常，关系到酒吧是否能顺利营运，能否为顾客提供圆满的服务。因此酒吧员工在开张之前，应当仔细地检查一下，酒吧操作台上的酒瓶、酒杯、各种工具、用品是否齐全，酒吧间的照明、空调工作系统是否正常运行，室内温度是否适宜，空气是否清新，饮料配出器是否符合工作标准。

（4）卫生准备

包括酒吧的整体环境卫生和酒吧员工的个人卫生、仪表仪容的整洁。酒吧员工在进入酒吧之后应当检查酒吧的地面、墙壁、桌椅、玻璃、镜子，将其擦拭干净，使其保持光洁，接着除去吧台、操作台上的灰尘，将酒瓶、酒杯用湿毛巾擦拭一遍。而后在贮冰槽中放足新鲜冰块，在水池中放满净水，在洗涤槽中准备好洗涤剂和消毒液。

2. 酒吧服务知识与技能

（1）准备各项物品

①酒水品种齐全，数量充足；

②调酒用具齐全、卫生；

③调酒辅料新鲜；

④服务用品，如搅棒、餐巾纸。

（2）清洁酒吧

①吧台表面干净无污迹，无灰尘；

②酒瓶外表无酒迹，无灰尘；

③酒品陈列清洁无灰尘；

④杯垫等齐全。

（3）陈列酒品

①酒品陈列整齐，美观大方；

②同类酒品陈列在一起；

③所有酒标朝外。

（4）摆放调酒用具

①在工作台上将调酒用具摆放整齐；

②高的、不常用的放里边，矮的、常用的放外边；

③用具的摆放要便于调酒操作。

（5）准备服务用品

服务用品按类整齐摆放在吧台服务区。

（6）陈列杯具

①杯具品种齐全；

②杯具完整无缺，无损坏；

③所有杯具清洁光亮无斑点，无水渍。

（七）服务细节

酒吧服务越来越多地体现在细节上。必须把服务贯穿于服务的全过程，从客人进入酒吧到客人离开都要时刻给予关注，如客人是否需要加饮料，是否喝过量等，实现全流程、全方位服务，杜绝一切服务疏漏。酒吧酒的种类多，服务要求高，如果不重视细节，就会出现差错，服务质量就难以保证。

1. 判断客人是否醉酒

首先，有礼貌地劝阻。

对客人是否醉酒，判断要准确，如果认为客人已达到极限，就要主动劝说："先生，请你饮用一杯咖啡好吗？"建议客人喝些不含酒精的软饮料，如咖啡、果汁、矿泉水等。

其次，告诉主管。

我国餐厅和酒吧大都是女服务员，如果客人不听劝阻继续狂饮，甚至有越轨的苗头，在这种情况下，你可以试着去劝阻。如果上述做法都无济于事，而且你也没有把握平静地处理好这事，应将事情的经过及客人的态度和行为告诉主管，由主管来处理解决。

2. 与客聊天

服务的本质是人与人之间文化的沟通、价值的确认、情感的互动、信任的确立。良好的沟通和协调能力融于服务之中，投入真情，赢得顾客，才更容易让顾客接受和满意。

来酒吧的客人，尤其是单身客人，总希望在饮酒之余与服务员聊天。在一些场合，这种情况对酒吧服务员来说是饶有兴趣的，但也有些场合，特别是接待一些平庸的客人时，那就会令服务员感到厌烦和无聊。这时，如果客人说："小姐，您真美，能陪我一下吗？"这时服务员要镇静，有礼貌地对他说："先生，您看，这么多人需要我的服务，实在对不起！"尽量不要在柜台旁边聊。

3. 离开取酒

应向客人道歉，请示客人稍候片刻。

4. 不可太随便

酒吧员工应当是友好的，但不可太随便，不能在工作时喝酒或喝饮料，不能在客人中厚此薄彼。在任何时候都应该牢记，开酒吧有两个目的：一是经营者可取得利润；二是为了方便客人。

5. 考虑客人爱好

如酒吧为客人设有电视或音响设备时，在选择电视频道和音乐的类型时应考虑客人爱好，而不是只考虑酒吧员工的爱好。

6. 接受点酒

不要在点菜时拒绝客人同时点酒，在客人点完酒后，要征询一下上酒的时间。

第二节　酒水服务活动

人们饮酒更多的是对酒文化的体味和欣赏，是一种精神的享受。好友聚会，酒似乎成为调剂的亮点，客人们在享受佳酿的同时，不仅可以加深友谊，促进交流，而且也让大家陶醉于"酒逢知己千杯少"的酒文化之中。酒水的服务是向顾客展示酒文化不可缺少的环节。

一、酒水服务技能

按西方人的习惯酒只有三种喝法。第一是"净饮"（Straight），也就是直接饮酒，能品尝酒的原味和本身独特的芬芳。其次是"加冰块饮用"（On the Rocks），主要是根据酒的特征加冰块，如高度酒、含碳酸气的酒及甜味酒等，是西方人最常使用的饮酒方式。第三是"混合饮用"（Mix），把多种酒类及其他配料调合在一起混着喝，这也就是所谓"鸡尾酒"（Cocktail）。人们从饮酒中吸收其营养，感受酒的风格。酒水服务时要充分考虑顾客的饮用习惯。

（一）示瓶

服务员站着服务酒水时，左手托住瓶底，右手扶瓶颈，酒标朝向宾客，让宾客确认所点的酒水。这也是对顾客的尊重。示瓶是斟酒的第一道程序，它标志着服务操作的开始。

（二）冰镇

许多酒的最佳饮用温度要求大大低于室温。白葡萄酒饮用温度为8℃～12℃，香槟酒和有汽葡萄酒饮用温度为4℃～8℃，因此酒在饮用前应进行冰镇、降温处理。冰镇的方法有三种。

1. 冰桶降温

在冰桶中放入冰块，冰块不宜过大或过碎，将酒瓶插入冰块中。一般10余分钟，冰镇即可显示效果。

2. 溜杯

用冰块对杯具进行降温处理。服务员手持酒杯的下部，杯中放入一块冰块，摇转杯子，以降低杯子的温度。

3. 冰箱降温

将酒瓶放入冷藏箱中降温，一般以半小时左右为宜。

（三）温烫（升温）

中国的一些酒品如黄酒或部分白酒，在饮用前，习惯上将酒进行升温处理。有些外国酒品也需经升温处理后饮用。温烫的几种方法如下。

（1）水烫。将酒倒入酒壶，然后放置到热水中升温。

（2）火烤。将酒装入耐热器皿，置于火上升温（小火）。

（3）燃烧。将酒倒入杯中，点燃酒液升温。

（4）将滚烫的饮料（水、茶、咖啡）冲入酒液或将酒液注入热饮料（如爱尔兰咖啡）中升温。

水烫和燃烧一般是当着宾客的面操作的。

（四）开瓶

以下是指开启酒瓶塞的方法与注意事项。

（1）主要是对有软木塞的葡萄酒的开瓶要求。开瓶器是专用开起葡萄酒瓶塞用的酒钻，酒钻的螺旋部分要长（有的软木塞长达 8～9cm），头部要尖。酒钻上有起拔杠杆，以有利于拔起瓶塞。

（2）开瓶时，要尽量减少瓶体的晃动。一般将瓶放在桌上开启，动作要准确、果断。对软木塞，万一有断裂危险，可用内部酒液的压力顶住木塞，然后再旋转酒钻，切忌用腿夹住酒瓶来拔塞，因为这种动作不雅观。

（3）开拔瓶塞越轻越好。要防止突爆声产生，特别是在高雅幽静的场合下，嘈杂声与环境是不协调的。

（4）拔出瓶塞后要检查瓶中酒是否有质量问题。检查的方法主要是嗅辨（以嗅木塞插入瓶内的那部分为主）。

（5）开启瓶塞以后，要用干净的布巾仔细擦拭瓶口，擦拭时，注意不要将瓶口积垢落入酒中。

（6）开启的酒瓶要留在宾客的餐桌上。使用冰桶的冰镇酒水要放在冰桶里，冰桶架放在餐桌一侧。用酒篮盛放的酒连同篮子一起放在餐桌上。空瓶应随时从餐桌上撤下、回收。

（7）开瓶后的封皮、木塞、盖子等杂物，可以放在小盘子里，操作完毕一起带走，不要留在宾客的餐桌上。

（8）开香槟酒瓶时，在瓶上盖一餐巾，左手斜拿酒瓶，大拇指紧压塞顶，用右手扭开铁丝，然后以右手换左手拇指握住塞子的帽形物，轻轻转动上拔，靠瓶内的压力和手拔的力量把瓶塞顶出来。操作时，应尽量避免瓶塞拔出时发生声音，尽量避免晃动，以防酒液溢出。饮用香槟酒一般都是事先冰镇的，因此开瓶后一定要擦净瓶身瓶口。

（五）滗酒

滗酒是滤除贮存时间较长的陈酒中的沉淀物质的一种服务方法。存放 5 年以上出厂的红葡萄酒或少数白葡萄酒会在瓶中产生一些沉淀物。为了服务方便，保持酒液的纯净，需要把原瓶中的酒过滤到另一个较宽口的玻璃瓶即换酒器中，而沉淀物仍留在原瓶中。分滤这类酒时要非常小心，平稳地拿住酒瓶或使用特殊的酒篮，把换酒器放在餐桌，将点燃的蜡烛放在原酒瓶下略后于瓶颈处，或将酒瓶对着光亮，这样当酒倒入换酒器时就能清楚地看到酒通过瓶颈。把酒慢慢地持续不断地倒入换酒器，直到烛光中看到沉淀物接近瓶颈。然后，直接服务分滤过的红葡萄酒。

（六）斟酒

斟酒的基本方法有两种：一种叫桌斟，一种叫捧斟。

（1）桌斟。服务员站在宾客的右边，侧身用右手握酒瓶向杯中斟倒酒水。瓶口与杯沿需保持一定的距离。一般以 1 厘米为宜，切忌将瓶口搁在杯口边沿上或采取高溅注酒的错误方法。服务员每次斟酒，都要站到被服务宾客的右侧。正对宾客或手臂横越宾客的视线等都是不礼貌的行为。采用桌斟时，还要注意掌握好斟酒的标准量。每斟一杯酒后，持瓶的手要顺时针旋转一个角度，同时收回酒瓶，使酒滴留在瓶口上，防止落在桌上、餐具上或宾客身上，然后左手持巾布擦拭一下瓶口，再给下一位宾客斟酒。

（2）捧斟。捧斟多适用于酒会和酒吧服务。其方法是一手握瓶，一手将酒杯捧在手中，站在宾客的右侧，然后再向杯内斟酒。捧斟适用于非冰镇处理的酒。捧斟时服务员要做到准确、优雅、大方。

（3）手握酒瓶的姿势。首先要求手握酒瓶中部，商标朝向宾客，便于宾客看到酒水商标，同时向宾客说明酒水特点。

（4）凡使用酒篮的酒，瓶颈下应衬垫一块布巾。

（5）凡使用冰桶的酒，从冰桶取出时，应以一块布巾包住瓶身，以免瓶外水滴弄脏台布或宾客衣服。

（6）斟倒香槟酒时，应将酒瓶用餐巾包好，先向杯中注入 1/4 的酒液，待泡沫退去后，再往杯中续斟，以八成满为宜。

总之，不论采用哪种斟酒方法，都要动作细腻，优雅大方；同时要注意服务卫生，不可出现酒水飞溅的情况，更不能将脚踏在椅子上，将手搭在椅背或宾客身上。

二、酒吧服务范围

酒吧服务按工作顺序可分为营业前的准备工作、营业中的服务工作和营业结束后的清理工作。

（一）营业前的准备工作

1. 检查用具和设备

营业前要仔细检查酒吧用具还包括玻璃杯、茶杯等杯具并进行必要的清洗。其他服务用具如其他容器和酒吧用刀具等，也要在营业前再清洗。桌椅、吧台表面和后吧柜等要清理检查。检查各类电器设备如咖啡机、制冰机、冰箱、空调、音响、灯光以及煤气设备并接通电源。通风系统要调到适宜位置。

2. 清洁吧台及其他

首先是清扫墙壁、窗帘、灯饰、酒水单和室内用具，擦亮玻璃和玻璃杯架，清扫地板和吸尘等。其次，清洁吧台，除去吧台表面的污迹，使吧台表面干净卫生。第三，用湿毛巾将酒瓶表面擦干净。第四，清洁酒杯及用具，必要时重新洗刷和消毒。

3. 领取酒水和用品

按照酒吧的规定程序和标准，补充酒水，达到酒吧所需的标准数量。如有对某种酒水的提前预订等特殊需要，要做好充分的准备。根据需要领取酒吧服务用具，如点酒单、杯垫、装饰品、吸管等酒吧必备用品。

4. 酒水的登记和存放

酒吧营业前，应对现有酒品数量及新领酒水进行登记，便于每日的存货盘点。根据酒水的存放要求和标准，将新领的酒水遵循先进先出原则分类存放。

5. 布置吧台

营业前应将常用的酒摆设到操作台上，便于伸手可及，以减少从吧柜取酒的麻烦，提高服务效率。另外，还需要将酒杯、杯垫、吸管、调酒棒、餐巾等按指定的位置摆放吧台下的工作台上，便于工作人员随时取用。吧台的摆设尽管是为了方便工作，但是，要整洁、美观富有吸引力，因为吧台始终是吸引顾客、创造酒吧气氛的中心区域，不得有任何疏忽大意。

6. 准备原料

提前调制酒吧必用的酸甜混合物；准备水果装饰物，如柠檬片及其他装饰组合，并按保鲜要求储存；准备新鲜冰块，从制冰机中将新制的冰块放到冰桶或冰池中；准备调酒常用的辅料，如辣椒油、豆蔻粉等；将常用的碳酸饮料如汤力水、苏打水等放入冰箱冷藏。总之，装饰品、调味品、伴随物、冰水、果汁、咖啡、茶以及奶品等要准备充足。

（二）营业中的服务工作

服务期间要按程序和要求服务食品和饮料，为顾客提供优质的酒品，以展示服务的技巧和人情味，并保持吧台上任何时候都必须保持干净、整洁。

1. 迎接顾客和引座

顾客来到酒吧时，要主动地招呼顾客，并向顾客问好。如"您好""晚上好""欢迎光临"等。并根据顾客人数和要求，将客人引领到座位或包房，单个顾客常会到吧台前的吧椅上就座。

2. 请顾客点酒水与结单

顾客入座后，递上酒水单，酒水单要直接递到顾客手中，请顾客阅读。如果顾客在谈话，递酒单时，应向顾客说"打扰您了，这是给您的酒水单"。

在顾客点酒水时，服务员要先了解顾客的喜好和选择意向。对大多数中国顾客来说，对洋酒和鸡尾酒是较陌生的，应向顾客介绍酒水的品种和特点及酒吧的特色酒品，并作适当的解释或推荐。当顾客确定酒品后，服务员应认真准确记录顾客所点的各种酒水，填写点酒单时各项目要清楚，如座位号或台号、服务员的姓名、酒水品种、数量、价格及特别要求。顾客所点的酒水应马上到吧台收银处核算价格，酒水单应随时输入电脑并打印小票给顾客，并请顾客付款。酒吧消费的特点是即买即清、一单一结。这是因为酒吧顾客的消费随机性很强，顾客在酒吧的流动性很大，消费后酒水的清点很难统计。当然，在我国高档酒吧设有 KTV 包房，专为特定的顾客服务，这类消费可以最后结账。

3. 酒水服务

酒吧间，酒水的调制一般在吧台完成，座位上的酒水服务主要是为顾客开起整支装的酒瓶和提供相应的小食品、餐纸、冰块等。高档一些的酒吧有专门的服务员为顾客提供斟酒服务。这样能够随时了解顾客酒水的消费情况，便于及时向顾客推销，建议顾客再点酒。当然，对于饮酒已过量的顾客，也要适当地劝阻，这是酒吧服务中必备的技巧之一。

4. 送客服务

当顾客离开时，要面带微笑，目送顾客出门，要向顾客说："谢谢您的光临""晚安"等。

（三）营业结束后的清理工作

（1）清点酒水，并统计当日的销售情况，将未用完的酒放入酒柜中。

（2）清理用品。剩余的火柴、牙签和一次性消费的装饰物、餐巾应贮藏好。

（3）填写报表。填写当日营业额、当日顾客人数、平均消费额、特别事件和顾客投诉等。

（4）打扫酒吧和清理用具。将客人用过的酒杯全部清洗干净，并按固定的位置摆放好。将吧台内使用的盘子、刀、叉和其他用品要清理干净。清洗后的用具按要求贮放。所有的容器要洗净并擦亮，容易腐烂的食品要妥善贮藏。水壶和冰桶洗净后口朝下放好。烟灰缸、咖啡壶、咖啡炉和牛奶容器等应洗干净。能用的鲜花应贮藏在冰箱中。

（5）安全检查。电和煤气的开关应关好，为了安全，冷柜、冰箱等都应上锁。

（6）将垃圾包好后送至垃圾间。

第三节　酒吧服务与顾客关系

一、员工服务素质

酒吧经营是以一定的娱乐活动和娱乐形式为依托来吸引客源，但酒吧的主要收入来源是通过酒水的销售来获得。因此，采取各种推销手段来增加酒水的销售量，提高酒水的销售额，是酒吧经营追求的目标。而员工的服务行为在酒吧经营过程中与业绩挂钩。服务的过程是顾客同服务提供者广泛接触的过程，服务绩效的好坏不仅取决于服务提供者素质的高低，也与顾客的行为密切相关。

首先，酒水推销能提高现有酒吧客人消费水平。酒水推销能使酒吧客人增加消费量，使酒吧能从客人的消费中得到更多收入。其次，酒水推销能向客人展示酒吧的特色和风貌。酒水推销是酒吧服务人员通过有礼貌而规范的服务，向客人展示饮品的质量来完成的。这种推销方式向客人展示了酒吧的特色，给客人留下美好的印象，有利于提高回头客率，增加新客源。最后，酒水推销能提高酒吧的综合利润率。酒水推销是首先节省了广告宣传费用，其次，客人在进行娱乐的同时，增加了酒水的消费。

酒水是通过服务人员来向客人提供的。酒吧的服务人员是酒吧的推销员，酒吧生意的好坏直接与服务人员的推销技巧有关。酒吧的服务人员通过向客人展示自己礼貌、热情、友好的态度，给客人以良好的印象。机智灵活的服务人员会不失时机地向客人进行推销。

（一）了解酒水特征

酒水推销是一门艺术，要求服务人员具有必备的酒水知识，掌握酒水的特征，通过提供规范标准的服务，使客人享受到最佳的服务。在服务过程中，服务人员针对不同身份、不同习俗的宾客推销适合其口味的饮品，宾客对服务人员合理的建议是难以拒绝的。

（二）人员服务素质

酒水推销效果是以服务人员的素质为前提的。每个员工都是酒吧服务文化的创造者、展示者和传播者。服务人员面对面地为顾客提供服务，酒吧的生产和消费是同时完成的，酒水销售很大程度上取决于服务人员的素质。酒吧服务人员的文化底蕴和素养直接影响酒吧的服务质量。服务质量关系到酒吧的声誉、关系到客源。服务质量会影响顾客对服务需求的总量，关系到酒吧经济效益和经营的成功。只有员工主动用心快乐地提供服务，通过展示自己礼貌、热情、友好的态度，使客人有良好的印象。这样服务人员所推销的酒水才容易被客人接受。

酒吧服务中，不管哪位客人点酒，酒吧服务员都必须动作优雅，笑脸相迎，态度温和，以此显示自信及对客人的尊重。服务人员整齐端庄的仪表，落落大方的言行举止，热情友善的态度，能使顾客处处感到方便、满意。服务人员应主动、热情、周到、细致、耐心、诚恳地为客人服务，永远树立以顾客为中心的思想。

（三）酒吧设备及氛围

酒吧是集物质享受和精神享受于一体的场所。顾客在购买饮品时不仅是消费酒水等有形产品，更主要的是享受酒吧的服务、环境、氛围、格调等无形产品，以求获得身心上的轻松和愉快。如通过提高硬件档次，就会使顾客在消费过程中产生"超值享受"的观念，并乐意接受高价。如当一杯鸡尾酒用水晶杯盛装后，以高出用玻璃杯盛装时的价格几倍出售时，因水晶杯的档次高，客人对这个高价容易接受。

酒水促销不仅是推销饮品，而是向顾客推销酒吧的环境、饮品和服务。服务人员熟练的服务技巧、微笑礼貌的服务态度以及良好的卫生环境、优雅的氛围是酒水促销成功的保证。

二、酒吧服务形象

酒吧应采取措施建立良好的口碑。酒吧所能利用的最有效的间接营销技巧就是口碑，即消费过酒吧产品的顾客告知其他顾客酒吧的情况。酒吧也希望顾客给予正面积极的评价。有很多方法可以使酒吧建立正面的口碑，关键是要保持自己的差异性、优质性、特殊性。

酒吧能够为顾客提供难以忘怀的东西，例如酒吧内的景色、非常奇妙的餐前小吃以及自动点唱机中播放的老歌等。这些细节能够给顾客留下很深的印象，能够扩大顾客谈资的范围，使得顾客在谈起酒吧时不仅仅只是说"我很喜欢那里"。当然，也正是这种顾客对酒吧感知的喜爱才为酒吧建立了口碑。如果酒吧满足了顾客先前建立的期望，就能招揽回头客和新的朋友。

利用带有酒吧标志的附赠物品做宣传，如杯垫、有趣的菜单、特殊酒品的配方等。凡是能被顾客带回家的任何赠品都能引出关于酒吧的信息和故事，并免费为酒吧做广告。

酒吧内的玻璃器皿也可印上酒吧标志，并请顾客带回家。当然，杯子的成本要算入酒品价格之内。通过这种方法，酒吧既可以促销酒品，又可以达到传播口碑的目的。

特殊酒品也能够帮助酒吧建立口碑。如果酒吧调制出了一种新的酒品，然后用特殊的玻璃杯盛装，酒吧就可以抓住人们的心并成为人们谈论的焦点。

酒吧满足了顾客的需要，然后由顾客为酒吧介绍新的客人，由此，酒吧便建立了自己的口碑。

三、服务与顾客关系

口碑通常是变幻莫测的，而且很难控制。而关系营销，即酒吧通过扩大自己的关系网，发动认识的人介绍自己的朋友前来消费则是很有效的营销方法。

通过个人关系吸引顾客的另一个方式是举办晚会，邀请目标顾客及他们的朋友参加。酒吧可以印制一些请柬，请目标顾客分发给他们的朋友。在晚会上，很可能会产生兴趣相投的顾客。

酒吧甚至可以组织顾客成立一个俱乐部，举办客人感兴趣的游戏或比赛，它们既具有娱乐性又具有观赏性。如酒吧组织相关比赛，就可以帮助顾客度过漫漫长夜，达到吸引顾客的目的。在活动的过程中，参与者也许会介绍一些朋友前来观看并为其助威。酒吧内人声鼎沸的气氛又会吸引过路人的驻足，为酒吧带来新的业务。其中有些顾客很可能会成为酒吧的回头客。这种方式非常适合为娱乐休闲客人提供服务的酒吧。另外，酒吧还可以赞助一支运动队，与其他赞助人建立的联队进行联赛。保龄球联队是最常见的例子，还有棒球、垒球、橄榄球、足球联队等。酒吧拥有自己的队伍可以招徕生意（赛后人们会蜂拥而至），体育联赛又可以为酒吧建立良好的口碑。

酒水销售是通过一定的服务过程来提供给客人的，酒水推销在一定的酒吧文化的环境中，使客人在服务过程中得到满足，从而增加酒水的消费数量。服务是酒吧产品实体价值的延伸，产品等同于实体和服务的综合。现代酒吧的竞争往往是在服务上体现差别。也就是说，服务质量已成为顾客选择、决定购买一个商品的重要因素。在这种情况下，服务就成了酒吧进行竞争的一个极其重要的方面，必须通过更好的服务来争取消费者。服务促销能使顾客对企业更信任、更有好感，更能刺激他们重复购买、长期购买，成为企业的忠实客户。酒吧对消费者的服务促销是为核心产品提供一种附加值。服务促销，是指酒吧调酒师和服务员通过向顾客提供各种方便服务，吸引顾客消费酒吧的产品，从而达到赢得市场，获取长期稳定利润的目的。

（一）通过感官刺激，让顾客感受到服务给自己带来的好处

顾客购买行为理论强调，产品的外观是否能满足顾客的感官需要，将直接影响到顾客是否真正采取行动购买该产品。同样，顾客在购买酒吧的服务时，也希望能从感官刺激中寻求到某种东西。

（二）引导顾客对服务产生合理的期望

顾客对服务是否满意，取决于服务产品所带来的利益是否符合顾客的期望。运用有形展示则可让顾客在使用服务前能够具体地把握服务的特征和功能，较容易地对服务产品产生合理的期望，以避免因顾客期望过高而难以满足所造成的负面影响。

（三）影响顾客对服务的第一印象

既然服务是抽象的、不可感知的，有形展示作为部分服务内涵的载体无疑是顾客获得第一印象的基础，有形展示的好坏直接影响顾客对企业服务的第一印象。

（四）促使顾客对服务质量产生"优质的感觉"

有形展示像服务产品的包装一样，包装质量较高，就能使顾客对服务质量产生"优质"的感觉。

（五）帮助顾客改变对酒吧及其产品的形象

有形展示是服务产品的组成部分，但也是最能有形地、具体地传达企业形象的工具，企业形象或服务产品的形象也属于服务产品的构成部分。

酒吧服务促销，一是要使顾客进一步了解酒吧产品的优点、功能和使用方法；二是要通过礼貌、周到、热情的服务，使顾客在精神上感到满意从而迅速购买。调酒师的现场表演、服务人员的现场推销，将使顾客立刻了解产品的优点，从而打动顾客，从而刺激顾客购买的欲望。

（六）服务促销中应注意的事项

（1）酒吧经营的一切服务活动和服务项目都必须从消费者的角度出发。因此，酒吧服务必须坚持以顾客为中心的原则，尊重顾客的人格、身份、喜好和习俗，避免同顾客发生争吵，把错误留给自己，把正确留给客人，坚持"顾客永远是对的"原则。在满足客人自尊的同时提供满足顾客消费动力的服务，可增强顾客消费欲望。

（2）酒吧的商品一般是即时生产，即时出售，客人即时消费。客人所点各种饮料是通过服务人员面对面地直接服务。同时，由于饮料本身的特征要求必须提供快速服务。设计服务内容时，除必须规定具体的服务项目，还应具体规定服务人员的语言规范、行为规范、服务技术规范等。这样就会大大提高服务的效力，提高服务的到位率。

（3）建立服务质量监控体系，对服务人员的服务质量进行跟踪检查监督，奖惩分明，使服务内容真正落到实处。

（4）服务活动的持续开展，能起到广告所达不到的宣传效果，招徕新的主顾或促成酒吧市场渗透的顺利实现。

（5）对已实行的服务内容通过各种方式广为宣传，使目标消费者家喻户晓才能迅速收到促销实效。

（6）承诺的服务内容一定要兑现，否则信誉会毁于一旦，接踵而来的是市场占有率急剧下降。

（7）酒吧作为客人精神需求满足和情感宣泄的理想场所，要在服务上体现出人情味。当客人感到空虚、寂寞、孤单或因繁忙的工作而感到疲倦、紧张时，他们总能在酒吧中找到适合于自己的服务氛围。我们应尽量满足客人的这种情感上的需求，以增加顾客的回头率和消费能力。服务活动产生效果往往不是一次性和短期的，它能把顾客长期地吸引到酒吧来，建立稳定的客户联系。

服务活动必然引发卖方与买方的双向沟通，使酒吧准确、迅速地收集顾客的意见、反馈信息，并以此为基础不断改进产品及服务内容。同时，顾客好的口碑比酒吧自身的宣传、促销力要大得多。酒吧要想吸引潜在顾客，必须向顾客提供满意的服务。

【思考题】

1. 简述酒吧服务文化的作用。
2. 分析酒吧服务文化与服务人员素质之间的关系。
3. 评述"服务是酒水促销的基础"。
4. 了解怎样建立酒吧特有的形象，并能举出实例。
5. 酒水销售当中的服务促销有哪些效用？
6. 掌握各类酒水促销方式的异同。

第十二章 酒吧员工行为管理

【学习导引】

　　酒吧对员工的有效管理有利于酒吧的稳定经营，不仅能实现经营目标，而且能保证员工与顾客的有效沟通，并防止员工不良行为发生，减少不必要的运营问题出现，以实现酒吧的有效管理。

【教学目标】

　　1. 了解酒吧员工基本素质要求和通用的行为规范范围。

　　2. 了解酒吧经理应具备的素质。

　　3. 了解各级调酒师的知识和技能要求。

　　4. 掌握防范员工不良行为的发生和措施。

　　5. 举例说明顾客行为管理的具体措施。

【学习重点】

　　调酒师知识和技能要求；员工行为科学化和人性化管理措施；顾客行为管理与顾客服务之间关系。

第一节　员工素质管理

　　员工行为管理需要从岗位的需要出发，使其行为符合岗位职责和工作流程。针对员工的行为表现，进行及时的记录和反馈。当员工的行为没有达到要求时，管理者要及时和员工进行面谈，帮助员工纠正不正确的行为。

一、员工形象规范

　　酒吧员工形象是指酒吧员工的仪表、专业素质、职业道德、精神风貌给人的整体印象。如果员工仪表不端正，举止不文明，会严重影响酒吧的形象。规范而又极富内涵的员工外表不仅有利于营造和谐的工作氛围，而且能影响顾客的第一印象。

（一）着装

（1）着装基本要求：工作时，按酒吧统一配发的服装着装，按季着装不得混装，工装应清洁。

（2）正装穿着。

男士：正装包括马夹、衬衫、西裤等，戴领结。着黑色或深棕色皮鞋，鞋子无尘；着深色西装应配深色袜子。

女士：正装包括职业套装、套裙、衬衫配西裤或短裙、连衣裙。套装衣扣要系好，裙摆长要及膝；服装颜色搭配要协调。

（3）着装保持整洁、完好。扣子齐全，不漏扣、错扣。鞋、袜保持干净、卫生，不穿拖鞋。

（4）佩戴好统一编号的"工卡（胸牌）"。

（5）工作日不可穿着的服装。如：透视装、吊带衫（裙）、超短裙（裤）及其他奇装异服，避免给顾客造成不良印象。

（二）仪容

（1）头发梳理整齐，不戴夸张的饰物，颜面和手臂保持清洁。

（2）男员工修饰得当，头发长不覆额、侧不掩耳、后不触领，胡子不能太长，应经常修剪。

（3）女员工淡妆上岗，修饰文雅，且与年龄、身份相符，不宜用香味浓烈的香水。

（4）正常工作时间，口腔应保持清洁，上班前不能喝酒或吃有异味的食品。

（5）员工在岗时间，除结婚戒指、订婚戒指之外，不得佩戴其他饰物。

（三）举止

（1）保持精神饱满，注意力集中。

（2）与人交谈神情微笑，眼光平视，不左顾右盼。

（3）坐姿良好，上身自然挺直，不抖动腿；椅子过低时，女员工双膝并拢侧向一边。

（4）避免在他人面前打哈欠、伸懒腰、打喷嚏、挖耳朵等不雅动作。实在难以控制时，应侧面回避。

（5）接待顾客时，不要双手抱胸，尽量减少不必要的手势动作。

（6）在正规场合要站姿端正；走路步伐有力，步幅适当，节奏适宜。

（四）谈吐

（1）交谈中善于倾听，不随便打断他人谈话，不鲁莽提问，不问及他人隐私，不要言语纠缠不休或语带讽刺，更勿出言不逊，恶语伤人。

（2）与顾客交谈诚恳、热情、不卑不亢，语言流利、准确。

二、员工素质

酒吧生存发展的根本在于员工，每一项工作的执行和活动的开展都需要员工来完成。而员工的关键因素是素质。酒吧员工良好的修养和较高的素质，反映了酒吧的形象和员工在顾客心中的位置，反映酒吧高标准的工作要求。员工的修养与素质和工作效率有着直接联系，从而影响酒吧的服务质量和知名度。

（一）品质

品质是员工的内在素质，包括了道德修养、思想觉悟、敬业精神等，以及对酒吧的关心和热爱程度等。

（1）要求员工具有职业责任心和事业感，树立全局和整体意识，对工作兢兢业业的敬业精神。

（2）奉行"自律、友善、快捷、准确"的服务理念，为客户提供诚实、高效的服务，做到让客户满意。

（3）强化市场观念和竞争意识，树立高效、优质的服务思想，维护酒吧的根本利益。

（4）讲究文明礼貌、仪表仪容，做到尊重他人、礼貌待人，使用文明用语。

（5）发扬团队精神。员工之间相互尊重，密切配合，团结协作。

（6）严格遵守酒吧各项规章制度，做到令行禁止，执行力强。

（7）培养正直的品格，做一个遵纪守法的好公民。员工行为正才能引导顾客的行为。

（8）员工是酒吧的形象代表，因此必须具备强烈的形象意识。从基本做起，时刻维护酒吧的声誉和形象。

（二）技能

加强员工的业务知识学习，努力提高员工的技术能力，才能满足酒吧增强发展活力和参与市场竞争的需要。酒吧需要有效地、持续地促进员工职业技能的提高。

（1）勤奋学习酒水专业知识，积极参加酒吧服务等专业技术培训，不断提高自身的专业素养。

（2）刻苦钻研业务，熟练掌握与本职工作相关的业务知识和业务技能，不断提高自身专业技术水平。

（3）不断充实更新酒水知识、现代酒吧管理理念和工作技能。

（三）纪律

（1）遵纪守法，掌握与本职工作相关的法律知识，严格执行国家的各项法律、法规。市场经济就是法治经济，所以酒吧员工必须不断学习掌握法律知识，提高法律意识。在酒吧各项经济活动中，识破陷井，防止上当受骗。通过法律来保证自身的基本权利、利益、人格等不受侵害，依法维护本酒吧的合法利益。

（2）严格遵守酒吧的各项规章制度，自觉执行劳动纪律、工作标准、作业规程和岗位规范。

（3）严格遵守作息时间，准时上、下班，不迟到、不早退，不擅自离岗、串岗，不做与工作无关的事情。

（4）廉洁自律，秉公办事，不以权谋私，不损害客户利益和酒吧利益。

（5）不搞特权，不酒后上岗，维护办公、工作秩序。

（6）遵守考勤制度。病假、事假需及时申请或通知部门主管，填报请假单。

（四）服务员岗位职责

（1）在酒吧经理的领导下，全面负责酒吧的服务和卫生工作。

（2）树立以顾客为中心的服务思想，关注顾客的消费需求、特殊要求及服务效果，以保证客人消费的满意程度及经营活动的顺利开展，努力提高服务质量和服务效益。

（3）服务工作是人际交往的一种特殊形态，要微笑回答顾客的询问，对待顾客热忱周到。

（4）保持营业环境的清洁并回收空杯。营业环境的清洁工作应由服务人员负责，保持酒吧设施的干净、整洁，为顾客营造良好的就餐氛围。

（5）协助调酒师的工作；在调酒师繁忙或暂时不在时，可帮助做简单的饮品及加装饰、加冰块。

（6）服务人员对本酒吧所提供的饮品应有一定程度的了解，以随时回答客人的可能提问，并对客人进行有效的推销。

（7）记录客人所点的饮品并传递给调酒师。这是目前我国酒吧中通常的作法，即由服务员记录客人所点的饮品，并填写一式数联的消费单，将其中一联交给调酒师，调酒师将据此调配及供应饮品。

三、经理素质

（一）经理素质要求

酒吧工作具有非常规性的特点。首先，在工作时间上，酒吧的服务和经营常常要延续到凌晨以后；其次，酒吧活动具有时代特征，成为追求新、奇等目标客人光顾的场所；第三，酒吧是人际交往的场合，酒吧服务本身也是人际交往的一种形式。这就决定了其负责经营和管理工作的经理必须具备处理各种突发事故的应变能力和专业素质。

1. 道德意识

任何企业的经营者都有追求利润最大化的目标，酒吧也是如此。但酒吧经理追求利润最大化的行为，必须建立在对社会负责，对他人负责的基础上。

首先，对消费者提供酒品必须讲求限度。否则，顾客过量饮酒会对身体造成伤害，同时可能对社会造成危害。

其次，由于酒吧是以精神享受为主的场所，客人在消费时对其花费计较得较少，但经营者不能利用这种消费心理牟取暴利。

再次，酒吧是娱乐场合，经营者不能为达到谋利的目的，利用违反社会道德的消费和娱乐活动引诱客人。

2. 服务意识

经营者要保持"有朋自远方来，不亦乐乎"的心境，使客人处处感到方便。只有酒吧经理时刻致力于使客人愉快和满意，才能带动全体工作人员增强服务意识和好客意识，保证酒吧的服务工作。

3. 精通业务

经理不仅要不断改进与完善自身业务技能，也要对整个酒吧人员的业务水平负责。根据需要对员工开展灵活多样的培训，有利于服务质量的提高。

4. 创新精神

具有创新精神的酒吧经理，能够以新奇的方法开创经营工作新局面，率先走在行业的前头；对酒吧的经营管理提出别出心裁的想法；同时也要具备实现这种新的经营管理的能力。酒吧经理的创新活动包括对酒吧环境设计的新设想，对服务工作的改进和创新，对经营活动的策划等。

5. 形象良好

经理应具有诚实、温厚的良好形象，长期地取得客人的信任。任何狡诈的形象会令客人感到不安全，进而厌恶，减少回头率。同样，经理的精神面貌也会对员工产生一定的影响。例如经理自信积极，往往能够增强他们对工作及对酒吧的信心，进而增强企业的凝聚力。同时，消费者也会得到情感上的感染，乐于在一个充满活力、积极向上、员工爱岗敬业的场所消费。

（二）经理管理要求

经营好的酒吧各有特色，但是经营不善的酒吧往往出现一些共性问题，即管理混乱、制度不严、分工不明，内部管理程序杂乱无章，找不到自己的位置。

1. 日常注意事项

（1）多鼓励员工，发现其优点和潜力。

（2）让程序管理一切、让制度约束一切。

（3）凡事做到有章可循、有据可查、有人执行、有人监督、有所总结。酒吧内每天营业过程中发生的情况，都要有记录。每次开会要迅速把新出现的和存在的各种问题解决掉。

（4）大问题按步骤筹备，从问题的确定、计划方案设定、进行评估、审批及沟通实施；小问题立刻解决。归根结底就是强化执行力度。

2. 管理原则

（1）针对性开展工作。

①把部门形成一个拳头，拧成一股绳。

②把不同性格、不同特长的人组织好，使他们每个人能够发挥出自己的长处。

（2）创造性工作。

凡是散客或熟客，记录电话。告知对方有大型活动会发短信给他们。

（3）艺术性运用领导艺术。

在营业中没事做的时候，请你去为你的员工服务。凡是工余时间能和员工玩在一起的，大家基本都会很配合你的工作。

（4）对任何项目的实施要有预测性，避免意外事情发生。

（5）随时和下属沟通，听取他们的意见。向上级汇报沟通或大胆提出异议。

四、调酒师规范

（一）调酒师的水平标准

劳动和社会保障部于 2000 年 3 月颁布实施的《招用技术工种从业人员规定》，对调酒师国家实行职业资格证书制度。

国家职业资格分为初级（五级）、中级（四级）、高级（三级）、技师（二级）、高级技师（一级）。初、中、高三级的调酒师要求见表 12-1。

表 12-1　调酒师等级知识和技能要求

级别	知识要求	技能要求
初级调酒师	（1）熟悉娱乐业和餐饮业有关部门法规和政策； （2）具备良好的职业道德素质，诚实、可靠、能吃苦耐劳； （3）调酒师的心理压力大，要求有较好的心理素质，既要保持头脑清醒，又要保持快速工作，最大限度地提供高质量的快速服务； （4）掌握酒单的基本结构，和所供应酒水的名称、产地、特征和售价；	（1）掌握鸡尾酒调制的基本方法； （2）独立配制辅料（酸甜混合物等）、制作饮品装饰物（樱桃、橄榄、橙子等）技术； （3）掌握茶、咖啡的沏泡方法； （4）掌握葡萄酒、啤酒等的服务技巧； （5）掌握各类酒水的储存要求； （6）掌握必备的安全（防火、急救等）知识。

级别	知识要求	技能要求
初级调酒师	（5）掌握名酒、软饮料等的产地、基本特征和名品代表； （6）了解酒吧用具、器皿的性能、用途及使用、保养方法； （7）具有基本的饮品成本核算知识； （8）掌握酒水的服务原理和要求； （9）掌握酒吧卫生和个人卫生知识； （10）了解鸡尾酒的典故和相关知识； （11）了解主要客源国的风俗、礼节，能按不同民族的生活习俗及宗教信仰配备不同的酒具； （12）具有设计和组织小型鸡尾酒会的能力。	
中级调酒师	（1）了解世界主要名酒的生产工艺和各种酒类（葡萄酒、蒸馏酒、配制酒、混合酒、啤酒）的特点； （2）掌握各类酒水的储藏、保管知识和有效时间； （3）掌握水果的特征及营养成分； （4）掌握茶、咖啡、碳酸饮料和乳品饮料的生产工艺和营养知识； （5）熟悉鸡尾酒制作技术的流派及各自的技术特点； （6）掌握一定的水果拼盘知识； （7）懂得酒吧日常经营管理知识和酒会活动的组织； （8）掌握酒吧服务和酒水的英文术语和词汇； （9）有培养初级酒吧调酒员的能力。	（1）熟练地调制各种不同类型的鸡尾酒（150种以上）； （2）能独立自创具有色、香、味、形的鸡尾酒，所调酒品味纯、色正； （3）能独立制定酒单并能准确地进行成本核算； （4）具有设计、组织鸡尾酒会和一般酒会的能力； （5）处理酒吧异常事故的能力。
高级调酒师	（1）懂得相关学科的知识（如营养学及食品卫生学、心理学、美学、营销学等）； （2）具有组织，管理酒吧的能力； （3）具有设计酒吧活动和进行营销策划的能力； （4）通晓宴会服务知识和饮品服务管理。	（1）精通调酒的全部制作技术，并有创新技能； （2）独立设计酒单、组织酒会、管理酒吧的日常经营活动； （3）独立进行经营核算； （4）预测酒吧经营的发展变化趋势并使酒吧经营适合外部环境的变化； （5）处理酒吧的异常事故； （6）培训和指导中级调酒师。

（二）调酒师的职责与工序

1. 职责

（1）直接向酒吧领班或经理负责。

（2）调酒师负责吧台布置和酒水供应。

（3）严格地控制酒水的成本，防止跑漏；负责营业前后的酒水核对和清点，空瓶退还和酒水领取工作。

（4）直接接受顾客所点饮料并服务。

（5）调酒师在调酒的同时，还要时常应付一些客人的提问，和顾客进行一些简短的谈话。

（6）调酒并通过服务员供应给客人。

（7）记录饮品的销售情况。对饮品的销售情况心中有数，了解每种饮品销售状况、客人喜欢程度，并及时地对酒吧的饮品销售提出修改建议。

（8）懂得基本服务常识，善于向客人推销酒水，努力做好服务接待工作。

（9）做好酒吧的清理卫生工作，随时清洁杯子及器皿，保持吧台整洁。

（10）必要时参与酒吧的总体营运工作的设计与安排，参与服务人员的招聘工作及服务员的培训工作。这样在调酒师繁忙时，服务人员应会帮助装饰饮品、加冰及给客人介绍某饮品的特点及风味。

（11）正确使用各种设备，检查设备的运转情况。

（12）负责收款和核对账目。

2. 工作流程

调酒师每天必须要按一定的程序去完成工作，这样有利于保证工作的顺利流畅性。包括以下内容。

（1）要根据上一班的报表仔细核查货物数目，然后根据吧台的存货平衡数量补充所有货物，包括日常用酒、饮料、配料、用具、装饰物，并按习惯放好。

（2）酒吧在营业前，要清洁工作台、地面、吧台，准备足够的手布，所有的调酒用具也要清洗干净，所有的酒瓶和瓶口都要抹干净。此外还要准备充足的酒杯并且要经过消毒清洁处理，使杯身通透、光亮，不带水渍。

（3）准备调酒用的装饰物和果汁。准备好的果汁放入果盆覆盖或用保鲜纸包好，并要检查所有果汁的质量是否合乎标准，要保证成品质量，避免果汁变质而造成浪费。

（4）检查小食品的质量和已开瓶的各种酒品是否有变质的情况；检查设备是否正常运行（灯光、空调、雪柜、搅拌机、咖啡机等）；检查生啤机是否有足够的气体和啤酒、检查当天是否有特殊的接待任务、特别要求的饮品。例如，团体客人、重要客人、鸡尾酒会等，以做好相应的准备。

（5）调酒服务。按规定的用料、分量、装饰物准确无误地调酒。同时应注意：记住所调制和供应饮品的台号、使用量杯，配齐附属品，吧台随时清洁。

（6）收尾工作。营业时间结束后，调酒师就要进行酒吧的收尾工作。"虎头蛇尾"往往会出现很多问题。收尾工作主要是统计当天酒水的销售情况，做好日报表，对酒吧的存货进行盘点，清洁所有的酒吧用具、酒杯、烟灰盅等，将所有剩余酒水和其他物品放回酒柜锁好，保持地面干净，最后就是要认真仔细地检查酒吧所有的地方，是否有留下火种和客人的遗留物品，确保安全，然后才能关灯离开。

第二节 员工行为管理

一、员工行为控制

员工的行为从企业经营管理的角度讲，它是酒吧价值观念、基本信念、管理制度、行为准则、工作作风、人文环境等的体现。

（一）员工行为引导

酒吧员工行为的管理仅仅要求具有正直诚实的品质是不够的，还要从分析行为动机入手强化岗位责任制和员工激励方法，使员工形成自我管理的氛围。这就要求从以下几个方面入手。

1. 强化企业的价值观

每一个员工在进入酒吧之前，大都形成了自己的价值观念，个人的价值观直接影响到企业的价值观能否为每一个成员所接受。所以，要督促员工参与培训、学习，让员工知道什么是酒吧基本信念、管理制度、行为准则等，从而有利于促进企业价值观为全体员工所接受。

2. 管理者身体力行，信守价值观念

酒吧管理者对下属成员起着重要的示范作用，是企业价值观的化身。他们必须通过自己的行动向全体成员灌输酒吧的价值观念。不仅要求在每一项工作中体现这种价值观，而且要注意与员工的情感沟通，以平等而真诚友好的态度对待下属成员，增强凝聚力量。

3. 强化员工行为管理

员工行为管理要具有针对性，合理行为被肯定，给予激励；不合理的行为要及时纠正，给予惩罚。要及时强化，这样才能给人以深刻的印象，使被强化者能从中体会到更深更广的意义。行为得到不断强化而稳定下来，人们就会自然地接受指导这种行为的价值观念。

4. 制定员工违规违纪管理办法，建立起酒吧经营过程中的科学有效的制约机制。

（二）不良行为的表现

1. 抵制行为

事事采取消极对抗的态度，不遵守有关制度，不服从管理，不能按时按质按量完成工作任务和履行其他职责，各个方面都表现出消极和不负责任。

2. 偷窃行为

一些平时品行不够端正的员工，趁机盗窃单位的贵重物品，有的偷拿同事的钱物。

3. 破坏行为

有的员工为了发泄对企业的不满情绪，故意违章或采取其他手段，损坏机器设备或其他财物。

4. 制造事端

有的员工可能利用工作上的便利，与管理人员、同事、顾客闹矛盾，有意制造纠纷，造成秩序混乱。有的甚至制造流言蜚语，中伤他人，挑逗、侮辱他人，借机惹起事端。散布流言蜚语，背地里说同事坏话，长期的消极性，毫无建设性的评论，恃强凌弱，不互助以及不共享信息资源。

5. 不卫生行为

抠鼻、挖耳、随地吐痰等不良习惯绝对不容忽视。作为餐饮行业，顾客最关心的是食品的卫生，如果食品的卫生不能保证，酒吧的经营状况就堪忧了。

此外，不良行为还有在服务时喝饮料；在服务中对顾客厚此薄彼，不一视同仁；对客人的优惠或在价格折扣上越权操作等等。

（三）不良行为的防范和处理

1. 要明确组织的行为规范

作为管理者，在对员工的违规行为进行告诫之前，应当让员工对组织的行为准则有充分的了解。为组织制定一个行为规范并公之于众是至关重要的，如员工不知道何种行为会招致惩罚，他们会认为不公平，引发更多矛盾。

2. 处理要适当

（1）及时告诫。如果违规行为与告诫之间的时间间隔很长，告诫对员工产生的效果就会削弱。在员工违规之后迅速地进行告诫，员工会更倾向于承认自己的错误，而不是替自己狡辩。注意及时性的同时也不应该过于匆忙，一定要查清事实，公平处理。

（2）缓解矛盾。管理人员应主动与员工进行沟通，且应多作自我批评。通过沟通，达到相互理解、相互谅解、缓解矛盾、消除怨气。

（3）严格要求，严格管理。员工的一些不良行为，既有其自身思想上的问题，也有用人单位管理上的问题。遵守单位的劳动纪律和各项规章制度，接受单位的管理。用人单位不能因为其将要离职而迁就和放纵，要和在职员工一样，严格要求，严格管理。

（4）一致性。对员工进行告诫要公平，以平静、客观、严肃的方式对待员工。如果以不一致的方式来处理违规行为，规章制度就会丧失竞争力，打击员工的士气。同时，员工也会对管理者执行规章的能力表示怀疑。并不是说对待每个人都完全相同，应该在坚持原则的前提下，具体问题具体分析。

3. 加强监督

组织应当采取一定的措施对员工进行监督。特别是关键岗位上的员工，应有专人负责，不为其不良行为发生留下任何可乘之机。如果发现其有不良行为的苗头，应果断将其撤离关键岗位。对已发生的不良行为，要及时进行处理。若给单位造成经济损失，则应按损失程度要求予以赔偿，并应视情节给予必要的处罚。

二、经营环节员工行为管理

酒水销售过程中的控制很大程度上取决于员工之间的合理分工和有效的协调管理。

（一）销售流程控制

酒吧销售控制关键是制定并严格执行酒吧的工作程序。销售控制程序一方面应保证酒吧的服务效率，另一方面要对员工行为有一定的约束力。因此，酒吧管理人员必须结合工作程序确定酒水销售控制程序，提高酒吧的经济效益。

（1）酒吧服务员或调酒师每供应一杯饮料，就立即收款，并立即在收银机上记录每笔销售额，再将收据和找头一起交给顾客。

（2）在采用赊销的酒吧（一般在星级酒店），要求调酒员将点酒单放在顾客面前。顾客加点饮料时，调酒员可在同一份账单上累计记录销售额，顾客结账时，调酒员将顾客账单上的全部赊销金额打入收银机。记账顾客的账单应立即送总服务台过账。并由财会人员查对两次加盖计时章的顾客账单。

（3）调酒员在销售饮料时，应在账单上盖计时章。目前收银机上将自动记录销售时间。

（4）按照服务程序，每天要对酒水逐项进行销售统计记录。

记录示例见表 12-2。

表 12-2 销售统计记录表

日期	星期一				星期二				...				星期日			
项目	余	领	出	售	余	领	出	售	余	领	出	售	余	领	出	售

（二）现金控制

酒吧的现金控制主要是结账方式的控制。

1. 账单的用途及所含信息

（1）用途

客人账单是酒吧中营业收入及饮料和食品控制最重要的凭证，主要有三个方面的用途：作为产品销售凭据从酒吧内领取饮料和食品；向客人收取应支付的款项；成本核算部门根据账单入账。

（2）客人账单应含有的信息

所有的顾客与酒吧之间的买卖交易都必须记录在客人账单上，为如实地反映这些交易情况并为经营管理提供有效的信息，客人账单应包括如下内容：日期、桌号、服务员号码、每桌客人数、账单流水号码、客人点要时间、客人所点要饮品、食品的名称、价格、特殊要求、所有项目的总价、服务费等。

管理人员可据上述内容所提供的信息进行一些统计分析。例如，在每个营业日中接待多少客人；每位服务员服务的人数；哪种饮品及食品比较受客人欢迎，哪种不受欢迎以及原因；分析客人点要的时间，便于管理人员掌握营业高峰期，合理地调整服务人员和吧台及厨房人员的工作；而客人账单的流水号码为管理人员提供了可靠线索，有利于保证售出的饮品及食品都得到付款和入账。

2. 账单的使用控制

（1）账单的使用

客人所点的任何饮料、食品都必须十分明了地记录在客人账单上，这样可以使客人、吧台人员、服务员、查账人员都能明白，便于工作人员向顾客解释，避免引起误解和争执。为了工作的方便和提高效率，管理人员应建立标准的代号，供所有服务人员使用。这些代号一经确定，就不应随意改动，若需改动，应由管理人员通知全体人员，统一更改。

账单一般是采用一式数联的方式，账单联数可多可少，但一般最少需二联，一联送吧台，一联留在服务员手中。吧台根据账单提供饮品，服务员根据账单掌握客人点了什么，以便正确提供品种，收银台根据服务员手中的账单结账。

（2）账单开错的处理

为了不使账单的使用出现混乱，当账单的记录出现错误时，应采用下列步骤进行更正：①在账单的错项上打一圈，画一条线到账单空白处，不要将错项涂去；②在空白处写上为何要废止的简短说明；③在账单的空白行上，写上新的项目。另外，经理或收款员应设计一份记录作废数目的原始表单，用它来核对所有账单上作废数目的内容。

假如客人对账单提出问题，应准确做出回答，使客人弄清楚有关项目和付了多少钱。假如客人仍有疑问，应重新核查账单，如有错应立即修正。如果服务人员觉得客人的问题难于解答，应请示管理人员后再作处理。

3. 特殊情况的处理

（1）结账收款的纠纷

在现实生活中，结账时发生纠纷是常见的，服务员最好的措施是细心。在结账收款时，必须仔细地履行以下手续：

①点清从客人处收到的款额，当面唱收；

②在客人账单上记下所收的款额；

③在交给客人前，点清找头，唱付；

④当检查时，要将找钱和所付的钱相加，核对总数；

⑤为了避免混淆，在同一时间内只接受一处付款，这样就可以避免出现将找钱错付给客人的情况。

这些收款的基本规则将帮助服务人员应付结账过程中的纠纷。

（2）跑账

客人消费后不付账而溜出酒吧叫"跑账"。假如你发现一位顾客已消费完毕，未付账而离开酒吧，先只能假定他们并非故意而是忘了。这时，应采用机智而灵活的办法提醒他们，不要惊动其他客人。假如客人看上去不想付款，应立即通知管理人员，由管理人员决定是否需要帮助，而不要轻易去逮住客人，这样做是危险的。

假如客人身上没有钱、支票和信用卡，或根本不像要付款的样子，最好立即通知经理或主管。他们应有一套办法，来处理此类问题，而不应把它留给服务员处理。在一般的情况下，保安部门会协助酒吧处理此类事件，因此，一旦出现这种情况，可立刻通知他们。

（3）小费

给服务员小费在国外十分流行，并成为某些服务员收入中的最重要的组成部分。小费据说是在中世纪出现的，它是客人给小客栈老板的一些赏钱，目的是要他保守秘密。也有的是客人多付一点钱，以求获得舒适而及时的服务。事实上，在英文中，小费（Tip）这个词被认为是"To Insure Promptness（为保证迅速）"这三个英文词的缩写。而英文小费这个词的复数形态"Tips"又被解释为"To Insure Proper Service（为保证适当的服务）"的缩写。

小费有时会成为客人的一个棘手问题，对服务员同样也是个棘手问题。客人常常因不知道该付多少小费，而在结账时感到为难和不知所措，而服务员也常担心客人不付小费而焦虑。为了减少这种尴尬，许多经营者直接在客人的账单上加上服务费。一般为食品和饮料消费的 10%～20%，用于对服务人员的奖励，这也容易使客人接受。这种做法目前已十分普遍。

在中国，征收一定比例的服务费的方法在相当一部分饭店、酒吧中已采用。但为了不发生纠纷，酒吧应在事前告诉顾客。一般在饮料单上印上服务费的比例，这样顾客在点饮料时就可以看到，不至于在收到账单时感到惊讶。服务费并不是优良服务的前提，不管是否收取服务费，服务人员都应提供优良服务，这是基本的职业道德，也是酒吧赢得顾客的保证。

三、员工违规行为管理

（一）调酒师的违规行为管理

由于在酒吧中，调酒师既负责调酒，又负责收款，具有较大职责范围，这就需要对调酒师的违规行为采取一定的控制。以下几方面要引起足够的重视。

（1）卖酒而不做收款记录，将款额藏匿拿走。

（2）多收钱，将余额藏匿拿走。

（3）少找钱，余款归己。

（4）出售自己所带饮品，使酒吧损失经营收入。

（5）带入空酒瓶换瓶酒，谎称酒已出售。

（6）少倒酒，溢出部分卖出后款额归己。

（7）卖酒不做记录，空瓶兑水。

（8）以次充好，将其差额拿走。

（9）整瓶偷酒。

（10）将零卖的酒作为整瓶出售，将其差额款拿走。

（11）将饮品免费赠送亲友。

（12）将售出的酒谎报为不小心碰洒掉了，贪污款额。

（13）与服务员合伙贪污。

（二）服务员的违规行为管理

一般来说，酒吧服务员在提供酒品服务及负责为客人结账中，以下几个方面应给予足够注意。

（1）只在收银机上打入总金额，而不打印出详细项目，忘记或故意"忘记"一笔或几笔款项。

（2）服务员收银时，未将销售额记录在收银机销售日记账上或打印在记录纸带上，下班时从收银箱中取走未记录的收入。

（3）服务员收银时，不打入零杯酒售价，而按整瓶酒售价记录销售额，贪污差额。

（4）在使用账单的酒吧，服务员在顾客账单上多记金额，再按少记的金额打入收银机，贪污差额。

（5）偷盗账单或自购同样的账单带来使用。

（6）服务员直接从收银箱中贪污现金。

（7）收银机操作人员偷盗支票或压印顾客信用卡的记账凭单，用于替换收银箱中的现金。

（8）在使用顾客账单的酒吧，服务员重复使用已用过的顾客账单。

（9）将账单丢掉，收款后归己。

（10）多收款，少找钱。

（11）故意将总账算错，对客人收实款，对收银台少报款。

（12）顾客付款后改变项目和价格，对收银台少报款。

（13）以微小的差错保持账目平衡。

讨论：

1. 酒吧工作人员应该如何规范自己的行为？

2. 职业道德应该从哪些方面着手进行提升？

3. 想一想违反规则的动机包括哪些？应该从哪些方面进行防范？

第三节　顾客行为管理

一、杜绝违法行为

1. 宣传国家法律法规

在酒吧服务中必须了解国家的有关政策和法规，以便更安全、有效地为顾客提供服务。表 12-3 是一些有关部门针对酒吧经营下发的法规。

表 12-3　酒吧经营相关法规

法规	与酒吧经营相关内容	作用
《娱乐场所管理条例》1999 年 3 月 17 日国务院通过，自 1999 年 7 月 1 日起施行	1. 对娱乐场所的经营内容作出了限制性规定，禁止在娱乐场所从事不健康的活动 2. 对娱乐场所经营单位的设立条件作出了规定 3. 对娱乐场所的经营活动管理的规定，如收费必须明码标价、聘请文艺表演团体或者个人从事营业性演出的，应当符合国家有关营业性演出的管理规定、不得接纳未成年人等 4. 娱乐场所的治安管理的规定 5. 对违反管理条例的处罚规定	推动娱乐市场有序繁荣和健康发展
《营业性演出管理条例》国务院令 229 号，自 1997 年 10 月 1 日起施行 《营业性演出管理条例实施细则》2002 年 10 月 1 日实施	1. 对演出单位、演员个人的管理包括申领"营业性演出许可证"（简称"演出证"）、管理人员资格等规定 2. 对演出合同规则的内容作出了规定 3. 规定了具体的演出管理内容，如：演出申请书、演出合同意向书、演出节目内容材料、文艺表演团体、演员个人的演出证等	规范运作演出市场，促进演出市场繁荣发展
《公共娱乐场所消防安全管理规定》1999 年 5 月中华人民共和国公安部（第 39 号）	1. 新建、改建、扩建公共娱乐场所，其消防设计应当符合国家有关建筑消防技术标准的规定，并必须经公安消防机构进行消防验收，合格后才能投入使用 2. 对火警装置、安全出口、疏散通道、急照明灯、电气防火等做出了明确规定 3. 要求各经营单位必须建立防火安全管理制度	保证娱乐场所经营的安全性
《食品卫生法》1995 年 10 月 30 日第八届全国人民代表大会常务委员会第十六次会议通过	1. 要求食品生产经营企业应当健全本单位的食品卫生管理制度，配备专职或者兼职食品卫生管理人员，加强对所生产经营食品的检验工作 2. 食品生产经营人员每年必须进行健康检查；新参加工作和临时参加工作的食品工作经营人员必须进行健康检查，取得健康证明后方可参加工作	保证饮食卫生安全
《公共场所卫生管理条件》国务院 1987 年 4 月 1 日发布 《公共场所卫生管理条例》实施细则 1991 年 6 月 1 日卫生部发布	1. 经营单位须取得"卫生许可证"后（由县以上卫生行政部门签发），向工商行政管理部门申请登记，办理营业执照 2. 公共场所直接为顾客服务的人员，持有"健康合格证"方能从事本职工作 3. 各级卫生防疫机构，负责管辖范围内的公共场所卫生监督工作	保证经营场所的卫生

续表

法规	与酒吧经营相关内容	作用
《中华人民共和国环境噪声污染防治法》1997年3月1日起施行	1. 环境噪声污染，是指产生的环境噪声超过国家规定的环境噪声标准，并干扰他人正常生活、工作和学习的现象 2. 新建营业性文化娱乐场所的边界噪声必须符合国家规定的环境噪声排放标准；不符合国家规定的环境噪声排放标准的，文化行政主管部门不得核发"文化经营许可证"，工商行政管理部门不得核发营业执照。经营中的文化娱乐场所，其经营管理者必须采取有效措施，使其边界噪声不超过国家规定的环境噪声排放标准	为防治环境噪声污染，保护和改善生活环境
各地社会治安综合治理条例	制止危害社会治安秩序的行为，打击利用娱乐场所进行违法犯罪或不健康的文娱活动	维护社会治安秩序

2. 监控非法行为

在酒吧这类娱乐场所容易发生的非法活动主要有偷窃、赌博（打麻将）、斗殴、酗酒、涉嫌"黄、毒、黑"等违法违纪行为。有些娱乐场所混乱复杂，管理不够严格，个别场所单纯追求经济效益，对违法犯罪活动视而不见，有的甚至提供方便，内外勾结，扰乱场所治安秩序。这些不法分子接触到青少年，对青少年产生了诱发性的消极影响，使青少年犯罪不断地增加。酒吧、KTV 等成为消防事故以及酒后滋事、涉毒等情况的高发区。

酒吧管理人员需要认清职责，履行社会责任和义务，在经营中加强预防和宣传，做到场所中无毒品和毒品替代品，经营人员不贩毒不涉毒，杜绝毒品在娱乐场所蔓延。特别是对于青少年这一敏感人群的饮酒状况，对于青少年的自身发展和社会发展都是极其重要的。

我国规定，娱乐休闲场所除应具备基本的安全通道、消防设施等，娱乐场所还应安装电视闭路监控系统，覆盖场所所有的出入口和主要通道，监控录像资料要能较清楚反映人像特征，并保证监控设备在营业期间正常运行不得中断，监控录像资料应留存 30 日备查，不得删改或挪作他用；设置的包厢、包间，应安装能够展现室内整体环境的透视门窗。

3. 制止暴力行为

过量饮酒可以很轻易地引发暴力事件，对于酒吧而言，这是需要高度重视的方面。特别是年轻人群，美国最近一项研究发现，大学年龄的人群酗酒狂欢日益增长，越来越多的青年人将其生命和健康置于危险状态中。每年发生的 60 万起攻击事件，每日发生的强奸和财产损失案件，很多与酗酒有关。酒后驾车引发的悲剧也时时处处发生，需要全社会的共同抵制和自我监督。酗酒闹事对于酒吧的经营管理也是一大隐患。

酒吧需要设立应对程序，保证酒吧的良好环境和顾客利益。

二、引导适度消费

酗酒与饮酒过量都是可能引发社会不安定的因素。英国《卫报》援引一些内阁成员的话说，有确凿证据表明，少数年轻人饮酒越来越多，对社会和个人健康造成危害性后果。自由民主党公布的一份分析报告显示，尽管 14 岁以下少年儿童因酒精中毒住院的人数每年呈下降趋势，但这一人群中，因酗酒患心理疾病和行为障碍的人数从 1998～1999 年度的 1657 人上升至 2006～2007 年度的 2120 人。政府部门对于饮酒的限制由来已久。各个国家也是招数不断，与时俱进。但是对于现在自由贸易极度发达的社会来说，控制酒类的流通和销售已经非常困难，控制饮酒的好方法还在不断探索中。

很多国家有饮酒的年龄限制，例如美国的 21 岁，新西兰的 18 岁。美国的禁酒令在 25 年前就已经颁发，对于执行也十分严格。酒吧入口需要出示证件审查年龄，酒吧内部设有专门人员进行监督。我国目前还没有对于饮酒年龄限制的法令出台，但是近年来对于酒后驾车的惩治力度正在不断加强，相关法规也在进行完善。

美国新州政府为了预防和减少因为饮酒问题引发的暴力以及影响社会治安行为，特地颁发新的法令来限制饮酒。从凌晨 2 点到凌晨 5 点，48 家政府注册下的 Pub 必须要停止营业，并且在关门前的半小时，禁止再售卖任何含酒精饮料。其他在午夜 12 点之后的限制还有：饮料不能供应在玻璃或是塑料的容器内；烈性酒不允许再被供应；每个人在关门前，最多只能再饮用 4 瓶含酒精的饮料；每一小时，就要抽出 10 分钟的"Time outs"时间，在这 10 分钟里，禁止售卖任何含酒精的饮料。

英国政府也公布了禁止未成年人饮酒、限制年轻人酗酒的一系列建议措施，旨在禁止未成年人饮酒，同时限制年轻人酗酒狂欢。根据建议措施，不仅酒吧、夜总会等卖酒场所将成为执法部门的主要监控对象，家庭也将成为抵制酗酒文化的阵地。这块阵地上的"碉堡"正是未成年者的家长或监护人，英国政府将向父母们提供指导，告知他们孩子几岁能饮酒、喝多少算适量等。

此外，多国政府还制定了多种方法对饮酒作出限制。法国禁止酒吧和夜总会推出"欢乐时光"服务。即在某一时段内，酒吧和夜总会为酒类打折，以吸引消费者。其他可能推行的措施还包括限制酒吧、夜总会和零售商对于伏特加、威士忌和其他高度酒的销售，只允许夜总会出售这些酒的杯装版，禁售瓶装版，并将合法买酒的年龄提高到 25 岁等等。英国在 2008 年 10 月提出的一项草案甚至表示：

在任何出售酒类的地方必须设置健康警示，限制葡萄酒、威士忌和啤酒的免费试饮，以及禁止饮酒助兴的游戏。旨在倡导人们理性饮酒，减少在公共场合出现醉酒的情况，以及随之而来的健康和社会问题。

三、顾客权益保障

顾客在酒吧的消费过程中，酒吧还需要对顾客的人身安全担负部分责任。不仅要避免周围可能发生的暴力事件，还需要避免酒吧的食物中毒和假酒对顾客的危害。

有些酒吧人员向顾客出售假冒伪劣产品。知名品牌的洋酒，如芝华士、轩尼诗的假冒产品与真品十分相似，酒瓶外观几乎一模一样，英文标志也只是稍微改动其中的一两个字母，不仔细辨认很难发现其中奥秘。部分酒吧和歌厅柜台上摆放的是真品，但消费者购买时，经营者就会从柜台里拿出假酒给消费者。

这样的欺骗行为侵犯了顾客的合法权益，是我们需要坚决抵制的。酒吧经营管理人员对于酒吧员工的违法行为也要密切关注，严格审查，以杜绝这种损害酒吧利益的事件发生。

【思考题】

1. 怎样理解酒吧员工行为的规范管理是酒吧规范化经营的基础？
2. 酒吧作为娱乐服务场所，如何防止酒吧工作人员的非法行为发生？
3. 酒吧如何既监控客人的行为，又不妨碍酒吧的正常经营？
4. 引导客人合理消费的建议还可以有哪些？
5. 酒吧客人的权益保障需要注意哪些方面？

第十三章　酒吧经营环节管理

【学习导引】

　　酒吧经营管理包含了酒水原料采购计划、原料验收与储存和发放、酒吧操作管理、酒吧销售管理等环节。在保证质量的前提下以最低价格采购，是酒吧成功运营的根本保障。原料的验收、储存及发放是酒吧经营的关键，有效的酒水管理能减少原料的损耗。酒水操作标准化、规范员工行为是酒吧科学管理的基础，有利于统一酒品和服务质量。

【教学目标】

　　1. 了解原料采购质量对消费者群体的影响。
　　2. 掌握酒吧原料采购控制方法。
　　3. 了解酒水原料采购的一般程序。
　　4. 掌握不同种类原料储藏的要求。
　　5. 掌握酒吧操作标准化的主要内容及其实践意义。
　　6. 掌握酒吧经营的指标内容。
　　7. 掌握酒水销售环节管理与成本控制的关系。

【学习重点】

　　酒水原料各环节的管理方法、流程及内容。酒吧销售环节管理内容及与酒吧成功经营的关系。

第一节　酒吧原料采购计划

　　饮料采购的主要目的是保持饮料产品生产所需的各种配料的适当存货，保证各种配料的质量符合使用要求，以及保证按合理的价格进货。饮料采购的关键是确定质量标准和标准程序。采购作业程序是从收到"请购单"开始，由采购经办人员先核对请购内容，查阅有关规定、"采购记录"及其他有关资料后，开始办理询价，通过整理报价资料后，拟定议价方式及各种有利条件，进行议价，最后，按拟定程序完成订购。

一、酒吧原料采购品种

（一）酒吧采购范围

酒吧采购各项原材料，要按采购标准分为开请购单项目和免开请购单部分。酒吧的绝大部分原材料在采购时都应按程序填写"请购单"。请购的范围应包括以下内容。

（1）各类设备

（2）酒吧日常用品、服务用具

（3）各类进口、国产酒类

（4）酒吧调酒所需配料

（5）各类进口、国产饮料

（6）各类水果

（7）酒吧供应的小食品及食品半成品原料

（8）各种调味品

（9）杂项类

（二）饮品采购的基本要求

（1）保持酒吧经营所需的各种酒水及配件的适当存货。

（2）保证各种饮品的质量符合要求。

（3）保证质量前提下按最低的价格进货。

（三）酒单与原料采购

1. 根据酒单采购酒水的种类

不同类型的酒吧有着不同的酒单。酒单的内容直接与饮料的采购和供应有关。酒单所列项目是酒吧采购内容。酒单一般包括以下几大内容：餐前开胃酒类、鸡尾酒类、白兰地、威士忌、金酒、兰姆酒、伏特加酒、啤酒类、葡萄酒、软饮料、咖啡、茶等热饮、小食品类、水果拼盘类。酒吧采购应按上述内容进行。

因酒吧类型及规模的不同，酒单项目有时差异很大，如咖啡屋只供应咖啡、茶等，娱乐型酒吧一般只供应软饮料类、低酒精饮料如啤酒等。酒水原料采购就应根据具体酒单的项目来进行。

2. 根据销售状况确定饮品采购的数量及频率

根据酒单上饮品销售的情况来确定饮品采购的数量及采购频率。酒单上饮品销售快、酒水存货流转快，则进货数量大，如果饮品销售慢，就会限制进货或不进货。酒吧在正式营业初期，一般只采购最低数量的酒水，再根据营业状况、顾客需要来确定酒水的进货数量。

3. 其他因素对酒水采购的影响

（1）酒吧档次与顾客类型。

（2）价格与消费者偏好。

（3）顾客消费群体特征。

二、原料采购数量计划

（一）影响采购数量的因素

为了避免出现采购数量过多或过少而影响酒吧正常经营，确定一个合理的采购数量，是酒吧的经营者的一项基本职责。

1. 根据酒水销售淡旺来确定数量

酒吧经营有明显的周期，高峰期在周末、节日，这时，酒水的消费量大，就需要对酒水原料进行批量购买；在平时，酒水、食品销售数量减少，就可压缩采购数量。另外，不同酒水在不同的季节，其需求是变化的。咖啡等热饮在冬季销售量较大，啤酒、碳酸饮料在夏季需求量大。因此，酒吧在原料采购时，不仅要考虑酒吧市场整体的变化，也要考虑酒水需求结构的变化。

2. 根据现有贮存能力确定采购的数量

尽管酒水对冷冻、冷藏的条件并不是很高，大多数酒水可在室温下储存，但酒水所占空间较大。如果酒吧贮存空间大，可适量多进货。

3. 根据企业财政状况确定采购数量

酒吧以现金交易为主，企业使用资金较方便。经营较好的酒吧，一般不存在资金短缺问题，可以适当增大采购数量。当酒吧因装修或扩大业务占用较多资金而造成资金短缺时，可适当减少采购数量，加速资金周转。

4. 采购地点的远近影响采购数量

如果采购地点较远，可以增加批量，减少批次，这样可以节省采购费用，防止意外的原料断档。如果采购地点较近，采购方便，则可以减少批量。

5. 食品原料的内在特点决定了采购数量

酒吧小食品、水果等不易长时期储藏的原料应少量采购，勤进货，否则容易导致变质、浪费。易储藏的原料，如烈性酒等，保存期较长，在采购批量上可适当增加。

6. 市场供求状况影响采购数量

有些进口酒水原料，在市场供应不稳定，经常断档，而酒吧又不能缺少这些原料，如石榴汁、西柠汁等，在这种情况下，可以一次多买些，防止用完时买不到。在市场供应较稳定的原料，可少采购。

7. 原料保质期影响采购数量

酒水要按其基本特点分别在不同的温度和湿度条件下贮存。但因各种酒水的保质期不同就会直接影响原料的采购数量。瓶装、听装熟啤酒保质期不少于 120 天（优、一级），60 天（二级），瓶装鲜啤酒保质期不少于 7 天。罐装、桶装鲜啤酒保质期不少于 3 天。果酒和葡萄酒贮存时间可长至 2 年，而威士忌酒等烈酒却可无限期贮藏。这样，饮料就需要按贮存期的长短来进货，并保证在保质期到之前销售完毕。

总之，饮料进货数量、次数是由一系列因素决定的。除上述因素外，还需考虑到上个月期末实地盘存数量等因素。

（二）采购数量确定

一般情况下，采购数量的控制应注意以下因素。

1. 最低存货点

最低存货点应为采购周期销售量的 1/3 或 1/2。

如某饮品，采购周期为 15 天，15 天的平均销售量为 30 单位，如果最低存货点为采购周期销售量的 1/3，则在还有 10 个单位时，就应及时进行补充采购了。

2. 最高存货量

原则上最高存货量应为采购周期销售量的 1.5 倍。

在订货方法上，独立的酒吧也可采用定期订货法。定期订货是一种订货期固定不变，即订货间隔时间一定，如一周一次或一月一次。

对经营者来说最高存货量的多少，还需要考虑以下几条因素：

（1）预计订货的频率。

（2）使用期限。

如果一种饮料某段时间内消费量很高，那么最大存货量也应随之增加；反之，最大存货量应减少。

（3）供应最低订货要求。

因为大多数供应商愿意以标准的批量购买单元供应原料，例如件、箱等，所以供应商最低订货要求也应考虑。

3. 时鲜水果、易变质原料的采购数量

这类原料容易变质，购入后，应尽快使用，每次采购的数量可以根据下面公式确定：

应采购数量＝需使用数量－现有数量

需使用量＝日需要量×采购周期

需使用数量是指在进货间隔期内对某种原料的需要量。如果每 3 天进货一次，那么调酒师或领班根据自己的经验预测在此 3 天内能使用多少这种原料。

现有数量是指某种原料的库存数量，包括已经发往吧台而未被使用的原料数量。这个数量可以通过实地盘存加以确定。

需使用量与现有数量之差即为应采购量。这个数量还要根据酒会、节日等特殊情况下的需求量加以适当调整。

4. 瓶酒、罐装食品采购数量的确定

这类品种不易变质，但并不意味着可以大批量的采购，通常是使用"定期订货法"对这类品种的采购数量进行控制。

定期订货法是一种订货周期固定不变，如每周一次或每两周一次，甚至每月一次，但订货数量可以根据库存和需要改变的一种订货方法，以确保下一期原料的供应。每到订货日期，库管员对库房进行盘点，然后决定订货数量。公式如下：

订货数量＝下期需要量－现有数量＋期末需存量

现有数量通过盘点很容易得出。下期需用量可以根据以往记录或预测提出。期末需存量是指从发出订单到货物到达验收这一段时间（订购期）能够保证需要的数量。因此，确定期末需存量，应考虑该种原料的日平均消耗速度和订购期天数。

期末需存量=日需要量×送货天数

例如：某酒吧每月订购某品牌红葡萄酒一次，消耗量平均每天 10 瓶，订购期 4 天，即送货日在订货日后第四天。库管员有订货日盘点，发现库存红葡萄酒 50 瓶，由以上信息，可以决定订购数量：

订货数量＝下期需用量（30×10）－现有数量（50）＋期末需存量（4×10）

订购数量应为：

300-50＋10×4＝290（瓶）

考虑到以箱为采购单位，一般 12 瓶为一箱。故应实际订货 24 箱，即 288 瓶。

在确定了饮料品种后，还需根据经营的需要决定储备量。储备太多，不仅占用了空间，增加了损耗和偷窃的机会，而且，存货在每个月中自然损耗至少 1% 的价值。所以采购人员应注意，没有什么东西会是"买得合算的"，除非经营上确实需要它们。

三、原料采购质量标准

一般情况下，酒水可分为指定牌号（Call Brands）和通用牌号（Pouring Brands）两种类型。在建立品质标准时，通用牌号的选择是一个重要步骤。只有在顾客具体说明需要哪一种牌子的酒水时，才供应指定牌号；顾客未说明需要哪一种牌子，则供应通用牌号。如果一位顾客只讲明要一杯加苏打水的苏格兰威士忌酒，就供应通用牌号。如果顾客讲明要某一种牌子的苏格兰威士忌加苏打水，就应给他斟指定牌子的酒水。企业通常的做法是：先从各类烈酒中选择一种价格较低的或价格适中的牌子，作为通用牌号，其他各种牌子的烈酒则作为指定牌号。各个企业的顾客和价格结构不同，因此，各个酒吧选定的通用牌号也不同。选择通用牌号酒水是管理人员确定质量标准和成本标准的第一步。

要确定酒水的质量，管理人员需考虑价格、顾客的偏爱、年龄、酒水的销路等一系列因素。大多数人会认为25年的苏格兰威士忌陈酒是优质酒，而各种廉价的杜松子酒是质量较低的酒水。但是，除质量最高和最低的酒水之外，人们对其他各种酒水的质量往往有很多不同的看法。因此，确定酒水的质量，就成为各个酒吧管理人员的一项基本工作。

（一）质量标准的形式与内容

要保证酒吧提供的产品在质量上始终如一，就必须把好原料采购时的质量关，即采购原料的质量，是保证成品质量的前提条件。

首先应清楚质量标准的含义。

关于酒和饮料的质量标准，国家都制定了相应的标准，这些标准是酒吧采购的主要依据。

如啤酒的国家标准 GB/T 4927－91 规定，透明度：清亮透明，无明显悬浮物和沉淀物；色度：8°～12°淡色啤酒为 5.0～9.5EBC（优级）；原麦汁浓度规定为（X+/-0.3）度才符合要求；总酸对 8°～12°啤酒规定为<2.6ml/100ml；保质期规定：熟啤≥120 天。

葡萄酒的国家质量标准 GB/T15037－94（1994 年），规定了葡萄酒的术语、分类、技术要求、检验规则和标志、包装、运输、贮存要求。本标准适用于以新鲜葡萄或葡萄汁为原料，经发酵酿制而成的葡萄酒。

发酵酒的国家标准 GB2758－81 规定了发酵酒的感官指标、理化指标、卫生标准。

软饮料、碳酸饮料（汽水）国家标准 GB/T10792－1995，规定了果汁型、果味型、可乐型等不同类型汽水的一般性要求。

食用酒精国家标准 GB10343－2002 规定的感官要求：外观无色透明；气味具有乙醇固有的香味，无异味；口味纯净，微甜。

但是，目前我国酒和饮料类的国家质量标准与国际标准相比还有一定的差距。国外对葡萄酒的品质有严格的检验标准，如法国和德国的食品协会每年都会依照地区分别制作葡萄酒年份表，记载年份、优良等级，以及适合饮用的时间。另外，洋酒标签的质量体系和参数也能反映酒的质量。

酒水质量标准是指根据酒单的需要，依据酒水标签上的产地、等级、色泽、包装等来选择。

（二）采用质量标准的作用

（1）使用质量标准，可以把好采购关，防止采购人员盲目地或不恰当地采购，以保证产品质量的稳定；

（2）采购质量标准能使供货单位掌握酒吧的质量要求，避免可能产生的误解和不必要的损失；

（3）有利于原料的验收；

（4）可以防止采购部门与原料使用部门之间可能产生的矛盾；

（5）可以提高调酒师、领班工作效率，减少工作量。

（三）质量标准与供货方的选择

当前酒水原料市场品种丰富，竞争越来越激烈，各地区都有一定数量的各类酒水供应商，这对酒吧选择供货单位非常有利，但酒吧选择既能保证合适的质量、合理的价格、及时送货，又相对稳定的供货单位是必要的。

1. 供货单位的声誉

供货单位的历史、规模以及在行业中的口牌、是否守合同，都是酒吧在选择供货单位时应考虑的因素。双方应互相信任，遵守职业道德，公平交易。

2. 供货单位的地理位置

如果供货单位离酒吧较近，可以节省采购时间和采购费用，偶然发生的事件与送货延迟的可能性也会减少。

3. 财务的稳定性

与供货单位建立稳定的供货关系，就需要对未来的供货单位的财务可靠程度进行调查，确定有利的结账方式，如货到付款或每月定期付款。

4. 供货单位职工的专业知识

优秀的供货单位的员工应掌握产品的知识、特性、质量，能帮助酒吧解决有关产品的问题。

5. 合理的价格

合理的价格意味着价格与质量的统一。在保证原料质量的基础上，尽可能选择价格较低的供货单位。

6. 供货单位的服务

酒吧还应考虑供货单位在供货及时、服务等方面的情况。

以上问题一旦了解清楚，便可与供货单位签订合同，建立采购供应关系。

四、原料采购程序

（一）酒吧采购人员的确定

1. 了解酒水的相关知识

采购人员应懂得各种原料的用途以及质量标准，顾客对酒水、食品的偏爱和选择。

2. 熟悉原料的采购渠道

采购人员应该知道什么原料在什么地方买，哪里的原料质量好，且价格便宜。采购渠道的保持，是建立在互相信任、互相帮助的基础之上的，也涉及人与人之间的关系。

3. 有一定的采购经验

采购人员应了解原料市场的供应情况并了解采购程序和技巧。

4. 了解进价与售价的关系

采购人员应了解酒单上每一品种的名称、售价和份量，知道酒吧近期的毛利率和理想的毛利率。这样，在采购时就能知道某种原料在价格上是否可以接受，或是否可以选择代用品。

5. 熟悉原料的规格及质量

采购人员应对市场上的各种原料的规格和质量有一定的了解，有鉴别好坏的能力。在采购时，使用复杂的质检设备是不现实的，所以，采购员应对酒品的产地、制作年代、季节等影响产品质量的因素，有一定了解，至少是接受过专业技术培训。

6. 诚实可靠

采购员应具备基本的职业道德，诚实可信，否则调离岗位，进行教育和处理。

（二）酒水请购单

请购单一式两联：第一联送采购员，采购员须在采购之前请管理人员审批，并在请购单上签名；第二联酒水保管员留存。请购单表样见表 13-1。

表 13-1　请购单表样

数量	项　目	单位容积	供应单位	估计单价	需用日期	小计
申请人			审批人			

（三）采购人员填写订货记录的订购单

订购单一式四联：第一联送饮料供应单位；第二联送酒水管理员，证明已经订货；第三联送验收员，以便核对发来的数量和牌号；第四联则由采购员保留。订购单表样见表 13-2。

表 13-2　订购单表样

日期					
送货要求：					
数　量	单　位	项　目		单　价	小　计
12	750ml	黑方威士忌酒		￥210.00	￥2520.00
24	750ml	必富达杜松子酒		￥95.00	￥2280.00
					￥4800.00
			订货人		

当然，并非所有酒吧都采用这样具体的采购手续。然而，每个酒吧都应保存书面进货记录，最好是用订购单保存书面记录，以便与到货核对。书面记录可防止在订货牌号和数量、报价、交货日期等方面的误解和争论。购买酒水需支付大量现金，因此，每个酒吧都应建立订购单制度，防止或减少差错。

（四）采购活动控制

（1）采购部门或个人必须根据请购单所列的各类品种、规格、数量进行购买。通过设置业务流程图，保证每一次业务发生都严格按流程图执行，确保业务流程管理的规范化。

（2）采购人员落实采购计划后，须将供货客户，供货时间、品种、数量、单价等情况，准确及时地通知酒吧经理或保管员，确保数据的准确。

（3）对采购、验收人员进行必要的培训，使综合能力得以提高。

第二节　原料验收与贮存、发放

做好酒水原料的验收工作，能防止在质量、数量或价格等方面出现差错；及时做好贮存工作能防止原料变质、腐败或遭偷盗、被私自挪用，有利于降低经营成本；而做好发料工作能保证酒吧及时得到足够原料，控制用料数量，正确统计成本与库存额。由此可见，原料验收与贮存、发放是保证酒吧经营的重要环节。

一、原料验收

（一）饮料验收

1. 饮料验收事项

（1）到货数量和订购单、发货票上的数量一致

饮料验收员应掌握有关进货的详细信息。使用订购单是最简单、最实用的一种方法。验收员根据订购单核对发货票上的数量、牌号和价格。验收员必须仔细清点瓶数、桶数或箱数，核对到货数量与发货票上的数量是否一致。如果酒水原料是按箱进货，验收员应开箱检查瓶数是否正确。检查瓶子是否密封完好或已经启封。如果有不一致之处，验收员要求做好记录。无论出现什么问题，验收员都应报告经理，请经理解决。

（2）检查价格

核对发货票上的价格与订购单上的价格是否一致。

（3）检查质量

验收员应该检查烈酒的度数、葡萄酒酿成的年份、小桶啤酒的颜色、碳酸饮料的保质期等是否符合要求。

如果在验收之前，瓶子已经破碎，运来的饮料不是企业订购的牌号，或者到货数量不足，验收员要填写货物差误通知单。如果没有发货票，验收员根据实际货数量和订购单上的单价填写无购货发票收货单。

表 13-3　验收意见表

类别		申请号码		供货商	约交日期		收货日期	统一发票号码
项目名称	规　格	申请数量	单价	实收数量	单价	金额	累计数量	合计
说明				检查结果			验收员	

验收之后，验收员在每张发货票上盖上验收章，并签名。然后，立即将饮料送到贮藏室。同时，根据发货票填写验收日报表，然后送财会部，以便在进货日记账中入账。验收意见表见表 13-3。

2. 验收日报表

饮料验收日报表（见表 13-4）是一种会计资料。由于各个酒吧的会计实务繁
简程度不同，因而饮料验收日报的具体内容也有所不同。一般情况下，各个酒吧
最好根据自己的情况和需要，分别编制饮料验收日报表，清楚地列明酒吧收到的
各种饮料。

表 13-4 饮料验收日报表样

日期　　　年　月　　日

供应单位	项 目	每箱瓶数	箱数	每瓶容量	每瓶成本	每箱成本	小计
派尼洋酒公司	GIN	12	2	750ml	￥97.5	￥1170.00	￥2340.00
派尼洋酒公司	伏特加	12	1	750ml	￥95.5	￥1146.00	￥1146.00
合计							

酒水管理员：＿＿＿＿＿＿＿

验收员：＿＿＿＿＿＿＿

在饮料验收日报表上，不仅验收员应该签名，而且酒水管理员也应签名，承
认收到表上列明的各种饮料。

饮料验收日报表上的各类饮料进货总额应填入验收汇总表（见表 13-5）。

表 13-5 饮料验收汇总表样

日期	果酒	烈酒	啤酒	葡萄酒	饮料	合计
15		￥2340.00				
		￥1146.00				
本期进货总额		￥3486.00				

在某些小型酒吧里，每周只进货一次或两次，这类企业的验收员不必每天填
写饮料验收日报表和饮料验收汇总表。所有进货成本信息可直接填入饮料验收汇
总表，然后在某一控制期（一周、十天、一个月等等）期末，再计算总成本。

3. 退货、接货和报损

（1）仓库应根据验收细则严格验收进仓物料，如发现规格、质量、数量等问
题，应拒绝收货。

（2）收货人如发现不属于本订购原料的规格，可直接通知采购员与供货商联

系，办理退货、换货手续。

（3）确属运输过程中造成的损坏，可填制"物品报损单"，获得经理批准后，方可有效。

4. 采购原料的提货

（1）采购原料原则上要求供货单位送货上门。

（2）特殊原料或特殊情况，需要提货的，均由采购员负责办理。

（二）水果及小食品验收

水果和小食品是酒吧营业过程中不可缺少的用品，是顾客用来配饮酒水的辅助食品。

1. 水果的验收

水果在酒品中主要用于水果拼盘和饮料装饰物。无论做何用途对水果的质量都有很高的要求，所以在验收时应严格把关。

（1）新鲜水果大多是时令水果，采购时无论是国产的还是进口的都要掌握成熟的程度，一般以九成熟为最佳。熟透的水果难以成型，太生的水果在颜色、口味上都难以适应顾客口味。

（2）水果应无病虫、无农药等化学污染。

（3）水果采购数量要按酒单需要来完成。

（4）罐装水果应察看厂家地址、出厂日期、保质期等，防止购进过期变质的罐装水果。

2. 小食品的验收

小食品在酒吧经营中品种有限，但几乎每位客人都需要。在验收时应把握好小食品的质量关。

（1）检查购进的小食品的品牌上是否与采购计划一致。

（2）小食品保质期都较短，应仔细检查生产日期和保质期。

（3）检查购进数量与贮存量的要求是否一致。

二、原料仓储

安全措施是饮料储存控制的一个关键性因素。验收员收到原料之后，应立即通知酒水管理员，尽快将所有饮料送到贮藏室保管。在小型酒吧里，饮料贮藏室的钥匙由酒吧经理保管；在大型饭店里，可能会有几个酒吧间、大贮藏室，由酒水管理员保管钥匙。为了加强控制、明确责任，每把锁只能配两把钥匙。另一把钥匙存放在保险箱里，只有高层管理人员可以使用。此外，酒吧应定期换锁，特别是在饮料保管人员变动之后，更应立即换锁。

（一）饮料贮藏室的基本要求

饮料贮藏室的位置应靠近酒吧间，以减少领发饮料的时间。同时，贮藏室应设在容易进出、便于监视的地方，以确保安全。饮料贮藏室应需配备下列用具。

1. 酒架

酒架采用木质结构或金属结构都可以。为了便于拿取，架子不必做得太深太高。每层上都要有格架，把架子纵向隔成若干小格，以便按品种堆放酒品。

2. 梯子

梯子用于存货和取货。

3. 推车

推车用于搬运货物。

酒窖的设计和安排应讲究科学性，这是由于酒品的特殊性质决定的。理想的酒窖应符合下述几个基本条件。

（1）有足够的贮存和活动空间

酒窖的贮存空间应与酒吧的规模相称。空间过小，自然会影响到酒品贮存的品种和数量。活动空间适当宽敞，这既可减轻劳动强度，避免事故发生，又有利于通风换气、货物进出和挪动等等。

（2）通风良好

通风换气的目的在于保持酒窖中有较好的空气，酒精挥发过多而空气不流通，会使易燃气体聚积，造成危险。

（3）保持干燥环境

酒窖相对的干燥环境，可以防止软木塞的霉变和腐烂，防止酒瓶商标的脱落和质变；但是，过分干燥会引起瓶塞干裂，造成酒液过量挥发。

（4）隔绝自然采光照明

自然光线，尤其是直射日光容易使紫外线对酒品品质造成破坏。自然光线还可能使酒氧化过程加剧，造成酒味寡淡、酒液混浊、变色等现象。酒窖最好采用人工照明，照明强度和方式可受到适当的控制。

（5）防震动

震动容易使酒品早熟，造成酒的品质下降变劣。许多名贵的葡萄酒在长期受震后（如运输震动），常需"休息"两个星期，方可恢复原来的风格。凡软木塞瓶子需要横置。酒瓶横放时，酒液浸润瓶塞，起隔绝空气的作用。横置是葡萄酒的主要堆放方式。蒸馏酒品的瓶子大多要竖置，以便于瓶酒中酒液的挥发，达到降低酒精含量改善酒质风格的目的。

（6）贮藏室卫生

饮料贮藏室要求防潮、防霉，尤其是防鼠。储藏室内部应保持清洁卫生，不能有碎玻璃。箱子打开后，每一瓶饮料都应取出，归类存放到货架上。空箱子应立即搬走。

（7）贮藏室的温度

饮料贮藏室应保持适当的温度。如果酒窖设在地下可以提供酒品贮存的较好条件，地下酒窖在恒温、避光、防震等方面具有得天独厚的条件。

（8）饮料分类贮藏

贮藏室的排列方法非常重要，入库的酒品都要登记。同类饮料应存放在一起，并按品牌分类。每一类酒品要标有卡片，对酒的年龄、产地、标价等登记备案。酒品一旦放置好后，不要随意挪动。例如，所有杜松子酒应存放在一个地方，威士忌酒应存放在第二个地方。这样排列，在发放和领取时较方便。为方便有关人员找到所需要的瓶酒，可将存放酒水的平面布置图挂在贮藏室的门上。

（二）存料卡

"存料卡"也称仓库记录表。存料卡上列明各种饮料的代号、类别、牌号、每瓶容量等信息（见表13-6）。存料卡一般贴在搁料架上。

表 13-6　存料卡样

项目（Name of Item）＿＿＿＿＿＿＿＿＿　　包装（Packing）＿＿＿＿＿＿

存货代号（Bin No.）＿＿＿＿　基本存量（Par stock）＿＿＿＿　单位价格（Unit Price）＿＿＿＿

日期	索引（REF）	入（IN）	出（OUT）	余数（Balance）	备注（Remark）
10月1日				4	
10月3日			1	3	
10月8日			1	2	
10月11日			1		
10月12日		4		5	

使用代号，有以下作用。

1. 许多酒名不易正确发音、拼写。使用代号，可便于职工认领酒水。

2. 在酒瓶上打印代号，也是一种控制措施。

3. 使用存料卡，还可便于酒水管理员了解现有存货数量。如果酒水管理员能在收入或发出各种饮料的时候仔细地记录瓶数，不必清点实际库存瓶数，便能从存料卡上了解各种饮料的现有存货数量。此外，酒水管理员还能及时发现缺少的瓶数，尽早报告，以便引起经营人员的重视。

（三）食品及水果的贮存

1. 食品的贮存

食品贮存是与酒水储存严格分开的。食品贮存分为熟食品贮存、食品原料贮存。小食品和干食品原料要包装严密后放在阴凉干燥、通风的货架贮存，要远离水管及化学药剂，防止虫、鼠的接触以免传播细菌、遭受污染。熟食品根据具体情况保温或冷藏。所有小食品和食品原料要注明进货日期，按先进先出原则盘存。

2. 水果的贮存

水果在酒吧中一是做水果拼盘的原料，二是榨取水果汁。酒吧水果贮存要按新鲜水果、罐装水果不同要求贮存。

新鲜水果应保持在冷藏箱内（7℃左右），保持水果的新鲜，使用前要彻底清洗；切分的新鲜水果应用柠檬酸来浸泡，以防止氧化褐变。

罐装水果未开盖时可在常温下贮藏，开罐后容易变质，应将未用完的部分密封后放在冷藏箱或冰箱里贮藏，一般不要超过2～3天。

3. 鸡尾酒辅助用品的贮存

蛋、奶等是调制鸡尾酒最常用的辅助用品。这些用品最容易腐败变质，应小心贮存。

鸡蛋、牛奶应贮存在0℃～7℃的冰箱内，禁止与其他异味食品贮存在一起。

（四）存货控制

保持一定的存货量对一个酒吧的正常运转是至关重要的。而良好的存货控制，能减少月末存货资金占用，有利于资金周转。饮料存货记录一般由会计人员保管，而不能由酒水管理员或酒吧服务员保管。酒吧饮料进货或发料时的记录，可采用永续盘存制反映存货增减情况。永续盘存制（perpetual inventory system）又称账面盘存制，是根据账面记录计算期末存货结存数量和金额的方法。由于这种方法根据账面记录随时计算存货的增减变动及结存情况，所以称为永续盘存制。

酒吧可使用卡片式永续盘存表或装订成册的永续盘存记录簿（见表13-7）。

表 13-7　永续盘存表样

代号：	每瓶容量：750ml			
项目：威士忌	单位成本：￥130.00			标准存货：4瓶
日期	收入	发出	发出	结余
10月1日				4
10月3日		1		3
10月8日		1		2
10月11日		1		1
10月12日	4			5

存货中的每种饮料都应有一张永续盘存表。如果使用代号，永续盘存表应按代号数字顺序排列。收入单位数根据验收日报表或贴在验收日报表上的发货票填写，发出单位数则根据领料单填写。由于每次收入的饮料数量较多，而每次发出的数量较少，因此，永续盘存表上的"发出"栏数应比"收入"栏数多。

使用永续盘存表，可记录各酒水收发料数量，有助于管理员掌握酒水存货数量的安全。这样的记录对查明瓶酒短缺等问题有帮助。

每月月末，会计人员应在酒水管理员的协助之下，实地盘点存货。月末存货数量通常记入存货账簿。记入各类饮料数量之后，再乘以单价，即可确定各类饮料存货金额。对实地盘存结果与永续盘存表中的记录进行比较，有助于发现差异。如果两者存在着差异，应立即调查原因。如果差异不是由盘点错误引起的，瓶数缺少很可能是由偷盗造成的，会计人员应立即报告酒吧经理，以便管理部门及时采取适当的措施。

三、原料领收料控制

（一）酒吧标准存货

为了便于了解每天应领用多少饮料，每个酒吧应备有一份标准存货表。假定某种牌号的苏格兰威士忌酒的标准存放货为 5 瓶，那么，酒吧间在开始营业之前就应有 5 瓶这种威士忌酒。规定酒吧间标准存货数量，可保证酒吧间各种饮料存货数量固定不变，便于控制供应量。此外，管理人员还可根据酒吧间标准存货表抽查酒吧间存货数量，防止饮料丢失。

酒吧间标准存货与贮藏室标准存货有所不同。酒吧间标准存货表应列明各种饮料的精确数量和每瓶饮料的容量。例如，杜松子酒的存货应根据酒牌名称排列，列明各种牌号杜松子酒应始终保存的瓶数及每瓶容量。如果某酒吧间应保存 5 瓶750 毫升的某种牌号的杜松子酒，这并不是说 5 瓶酒都必须是满的，而是说至少应有 5 个酒瓶。经管人员可随时抽查，检查该酒吧间是否保存 5 瓶这种牌号的杜松子酒。酒吧招待员每退回一只空瓶，可领回一瓶新酒，保证酒吧间始终保持标准存货数量。

显然，各种类型酒吧间的标准存货数量相差很大。但无论是哪种酒吧，都应根据使用量来确定标准存货数量，并随着顾客需求量的变化，改变标准存货数量。顾客饮酒习惯的变化、季节变化，或在某一天将有特殊事件，都会引起需求量的变化。酒吧间标准存货数量既要保证满足顾客的要求，又不能存货过多。由于酒吧间的贮藏空间有限，因此，任何一种饮料的存货数量都不应超过两天的使用量。

（二）饮料领（发）料程序

各吧台领用原材料时，由领用经办人员开立"领料单"经主管核签后，向仓库办理领料。饮料领（发）料程序包括以下几个步骤：清查酒吧空瓶→填写领料单→开单→仓库领料→后期服务。

（1）酒吧调酒员下班之前，应清查已用完的酒水空瓶，清楚所需添加饮品。

（2）酒吧调酒员填写饮料领料单，按领料单的栏目填写代码、品种、瓶数、容量等。

（3）饮料经理根据饮料单核对酒吧上瓶数和牌号。如果两者相符，他应在"审批人"一行上签名，表示同意领料。

（4）酒吧调酒员或饮料经理将空瓶和饮料单送到贮藏室。酒水管理员根据空瓶核对领料单上的数据，并逐瓶替换空瓶，然后在"发货人"一行上签名。同时，酒吧调酒员或饮料经理在"领料人"一行上签名。

（5）为了防止职工用退回的空瓶再次领料，酒水管理员应按经理的规定处理空瓶。

（6）酒水管理员在单价栏填入各种饮料的单价，并将小计填入小计栏。然后再在总计栏一行中分别填入各种饮料发出瓶数之和与各种饮料小计数之和。

表 13-8　饮料申领单（表样）

班次　　　　　　　　　　　　　　　　　　　　　日期：　　年　　月　　日

酒吧名称　　　　　　　　　　　　　　　　　　　酒吧管理员：

牌号	品种	瓶数	容量	单价	小计	备注
1						
2						
⋮						
总计						
备注						

申请人：	审批人：	发货人：	领料人：

（三）酒瓶标记

通常，酒瓶标记是一种背面有胶粘剂的标签，是不易擦去的油墨戳记。标记上有不易仿制的标志、代号或符号。管理人员通过检查，可保证酒吧所有瓶酒都是本企业的。这样做可防止酒吧调酒员或服务员把自己的酒带入酒吧出售。

酒瓶标记还有以下三个重要作用。

（1）根据验收日报表或发货票在酒瓶上记录成本，便于做好领（发）料工作；

（2）在酒瓶上记录发料日期，便于随时了解存放在酒吧的瓶酒的流转情况；

（3）用空酒瓶换新酒时，便于检查空瓶上的标记，防止酒吧调酒员自带空瓶到贮藏室换取瓶酒。

酒瓶标记上的成本和发料日期，应当是难以察觉的。有时，根据需要也可不做标记。

（四）以销售整瓶酒为主的吧台存货控制

有些酒吧主要整瓶售酒，这些企业应采用其他控制程序。

（1）在这类酒吧应保持一定数量的瓶装酒，这样，酒吧调酒员就不必在顾客点酒之后现去领酒。

（2）销售记录法。服务员从酒吧取酒，送给顾客之后，酒瓶就不再在酒吧调酒员的控制之下，他（她）可能无法回收空瓶换取瓶酒。因此，许多酒吧对整瓶酒销售采用了一些其他控制措施，例如，要求酒吧调酒员每售出一瓶瓶酒，就在瓶酒销售记录单上做好记录。表 13-9 是瓶酒销售记录单的一种形式。

表 13-9　整瓶酒销售记录单

日期：　　　　　　　　　餐桌编号：　　　　　　　　　客账单编号：

代号	饮料名称	售出数量	每瓶容量	价格	签名	备注
					调酒员：	
					领　班：	

有些酒吧，保持标准存货，整瓶酒销售记录单也用作领料单。使用这种表格时，管理人员必须要求服务人员在瓶酒发出之前填写好整份记录单。这样，管理人员就可根据客人账单编号核对每次销售数量。如果存在差错，管理人员就能了解应由哪位服务员负责。

第三节　酒吧操作管理

一、饮料配制控制目的

酒吧操作管理的目的是在质量上追求最佳的稳定度、安全度，向顾客提供品质始终如一的饮品；同时，通过制度化的管理方法控制制作过程中的原料使用，达到节省原料、增加利润、提高收益的目的。在饮料生产过程中，必须坚持质量标准和成本标准。

（1）通过规则和酒吧标准化操作管理指导、规范员工个体行为，整合服务队伍，统一服务质量。如使用饮料标准配方，可以保证每杯饮料的成分、各种成分的用量、酒杯、冰块数量和大小都是准确的。

（2）酒吧新招聘的调酒师必须能迅速地适应各项工作，了解企业经营是如何进行的、为什么要这样。这要根据管理部门建立的统一操作程序，对调酒师和服务员进行系统培训，使他们在最短的时间内具备日常操作管理的能力，适应酒吧业务发展的需要。

（3）提高操作效率。根据操作要求和质量标准，选择最佳的操作方法和工具，确定标准化的作业过程，标准的动作和标准时间，将有利于提高酒吧的工作效率。按标准操作要求，为酒吧准备好足够数量的装饰品、纸张等物品，保证生产速度和效率。

（4）促进服务质量评估。ISO 质量管理体系认证的核心思想是程序化操作。实行标准化管理将促进服务评估，使所有员工行为都符合程序控制的要求。

（5）防堵日常操作中的可能发生的漏洞。酒吧调酒师上班之后，应清点、检查各类酒水的数量是否符合标准存货的规定。下班之前，应再次清点酒瓶数量，检查酒瓶和空瓶数之和是否与标准存货规定的瓶数一致。使调酒师对现金和酒吧标准存货的责任建立在具体的操作环节中。

（6）安全、卫生的技术保证。安全、卫生、环境方面的标准化对人类的身体健康有显著的作用，美国麦当劳、肯德基快餐在全球的迅速发展，就依赖于食品卫生和饮食环境标准化。酒吧的日常操作管理标准化，将成为安全、卫生的保证。

（7）实行低成本管理。保证必要的操作程序始终得到严格的执行，管理人员严格执行员工守则、操作规范制度，对本企业员工的工作会有极大的影响。

二、酒吧操作标准化

目前酒吧采用的是标准操作法，即：标准的饮料单、标准的价格、标准的配方及用量、标准的牌号、标准的载杯、标准的操作程序。标准化的重要意义是在于改进产品、过程和服务的适用性。这种以标准化为核心的管理方法开拓了科学管理的新天地，泰勒也由此被人称为"科学管理之父"。

（一）标准饮料单

1. 饮料单建立的标准化

为了建立标准饮料单，必须考虑酒吧的类型和目标市场顾客的需要。因此，酒吧的管理人员必须事先了解所希望吸引的顾客类型，分析这些顾客习惯喝什么种类和什么样质量的饮料。酒水的品牌、酒水的类别及酒水的服务标准都已经标准化，酒吧员工要全面了解这些知识并掌握这些饮料服务方法。

2. 饮料单使用的标准化

在酒吧经营中，要始终保持饮品品种、价格等一致性，不得随意改变；饮料单的外观设计也要保持一致，酒吧经理应视酒单的任何改变都是品牌的一种重新定位。这是因为酒单的任何变化，都会引起客人在消费中产生错觉和联想，所以，这种情况在酒吧经营中应尽力避免。

（二）标准的价格

标准价格意味着为了确保一定的利润，必须在事前建立标准的利润率，当成本增加时，根据利润率，价格也需相应地提高。酒吧应按市场经济规律，确定投资的期望回报率，并计算出所需的毛利率，然后根据成本定出饮料的价格。经营者应根据目标客人的需求及市场状况，仔细地决定每一种销售产品的价格并且不能随意改动。

（三）标准牌号

酒吧使用知名品牌的酒，其道理很简单，因为这是向客人提供稳定质量的饮料的最好方法之一。假如客人需要指定某一牌子的威士忌，而酒吧服务员使用了低质量的酒来代替它，这将使客人不满意，所以，标准的酒牌号既是标准配方，又是标准化服务的基础。经营者应明白不可能使市场上每一种牌号的酒都出现在自己的酒吧中，所以要根据顾客的需要做出正确的选择。

（四）标准载杯

在服务时使用标准容量的酒杯可简化容量控制工作，使每杯饮料的容量标准一致。酒杯的形状和大小多种多样，须根据目前的或预期的顾客的爱好，确定需使用哪几种类型的酒杯，酒吧经理应具体规定各种饮料应使用的标准容量酒杯。这样，酒吧经理就能有效地控制每杯饮料的容量。

（五）标准的操作程序

标准操作程序是餐饮业一种系统管理的手段。实施标准操作程序可以保证酒吧服务与产品质量的一致性。这样才能在服务过程中有一个统一的企业标准，使所有的顾客在所有的时间内都能得到统一的服务。

顾客在酒吧的消费就其本质来说主要是精神享受性消费，所以，注意服务的质量及其标准是酒吧产品的一个重要组成部分。具体而言，酒水的质量标准化不但是配方和载杯的标准化，而且包括调酒师姿式、仪态、动作、工作程序及服务程序的标准化。

（六）标准量具

要做好饮料服务，管理人员应确定各种酒水的用量标准。酒水用量控制是从确定标准化的量酒工具开始的。最常见的量酒工具有以下三种。

1. 量酒杯

量酒杯主要是指在玻璃杯上有刻度线的度量标准杯，小量杯以毫升（ml）为基本度量单位，大量杯用毫升、盎司和杯（cup）为单位。

2. 量酒器

量酒器是用不锈钢制成的标准量酒器。量酒器两端的标准容量有三种不同的型号，即 1 盎司和 1.5 盎司；3/4 盎司和 1.5 盎司；以及 3/4 盎司和 1 盎司。量酒器在现在的酒吧中广泛使用。

3. 斟酒器

斟酒器是装在酒瓶瓶口上面，按规定的用量斟酒。一般倒挂在酒吧吧台内。

在任何一个酒吧，都需要采用标准量酒器来提高酒水服务。否则，酒吧服务员随手斟酒很难做到精确地控制，也为酒吧服务员谋取私利敞开了大门。最后，管理人员很可能会出现无法控制酒吧的管理活动。

（七）标准配方

建立标准配方的目的是使每一种饮料都有统一的质量，顾客要求酒吧提供的饮料在口味、酒精含量和调制方法上要有一致性。标准配方应是以多次试验并经顾客与专家品尝评价后以文字方法记录下来的配方表。客人的要求可能不同，但在标准配方建立后，就不应随意更改这些配方，标准配方不仅应包括各主要酒品的用量，而且应包括所有其他的成分（包括装饰品）的用量。在饮料配制过程中，如需使用冰块，标准配方应说明冰块的形状（如薄冰片、方冰片）。为了保证饮料始终如一，企业配备一些照片做相应的说明。对于混合酒，一些大型的联号酒吧，会编印一本配方指南，确保各酒吧饮品质量的统一。

从理论上讲，任何酒吧都可为任何一种饮料确定一种标准配方，但是，在实际工作中，顾客有时候有特殊需要。因此，管理人员要给予酒吧服务员根据顾客的要求改动标准配方的权力，对配方作一些临时性的小的变更，以满足不同客人的要求，这时，饮料的成本发生了变化，饮料的价格也应相应的提高。

标准配方的作用：

1. 决定每杯饮料的成本

由于各种成分的用量不同，每杯饮料的成本就有明显差别。假定管理人员规定用 8 盎司酒杯供应加奎宁水的杜松子酒，这一容量标准并没有告诉酒吧付货员应该使用多少杜松子酒和奎宁水。每盎司杜松子酒的成分为 0.30 元，每盎司奎宁水的成本为 0.40 元。由此可以看出，这两种成分的用量比率不同，这种饮料的每杯成本也就不同。

2. 控制饮料成本的依据

规定各种饮料在配制时的各种成分的用量标准，用各种成分的用量分别乘以它们的单价，就可以得出每杯饮料的成本。根据全天销售品种与各个品种数量，又可以计算出每天使用的各种成分数量。然后盘存酒水剩余量，便可知道每天用量是否符合用量控制标准，以此来监督控制酒吧工作，实现酒吧成本控制。

第四节　酒吧经营计划与成本控制

一、酒吧经营的指标计划

计划指标、指标说明、完成指标的途径构成酒吧计划的主要内容。计划指标就是酒吧在计划期内用数值来表示的经营、接待、供应、效益等方面要达到的目标和水平。酒吧指标要有概念明确的指标名称、指标数量、规范化的计量单位。酒吧指标确定后才能着手制订计划。

酒吧计划指标应根据酒吧计划管理的需要形成系列，每一项计划指标都反映了酒吧某一方面的目标和情况，在管理中有其独特的作用。但每一项指标都有其各自的局限性，都不可能综合反映酒吧的经营业务情况。因此制订酒吧计划指标要根据管理的需要和酒吧的实际情况形成必要的一系列指标。这些指标相互联系、相互补充，组成酒吧计划指标体系。只有一个完整的指标体系，才能正确全面反映酒吧的经营业务情况。

管理人员正是从这一系列指标中了解酒吧经营业务情况，对业务情况作出评估，并对未来作出判断。酒吧指标体系有横向联系的指标，如接待人数、营业额、能耗、费用等；也有纵向联系的指标，这主要是不同层次的各项指标，每一层次的指标又是上一级指标的组成部分。这一系列的指标形成了一个完整的系统。

酒吧计划管理不可能把所有具体指标都统管起来，但必须确定并完成关系到酒吧全局的主要计划指标。酒吧体制、等级、管理风格等不同，对计划指标的要求也不完全一样。

据酒吧经营的一般性情况，酒吧指标计划主要有以下一些方面。

（一）餐位数

餐位数是酒吧接待最基本的指标，它表明了酒吧的接待能力，但同时，酒吧在制订经营计划时，应有基本餐位数及临时可增加餐位数两项分开的指标，临时增加餐位数是酒吧在经营业务高峰时可增加的餐位数。

（二）接待人数

酒吧经营的直接成果是接待人数，对接待人数计划应对高峰期及低谷期分别确定，然后求其平均值。另外，接待人数也可以用餐位数与座位周转率的乘数得出，即：

接待人数＝餐位数×座位周转率

（三）营业收入

酒吧营业收入是反映酒吧经营效果的价值指标。这一指标可用各种饮品及食品销售收入及服务收入的总和来确定，如果是已经在经营的酒吧，可用报告年指标为基础，计划年增长若干百分点的办法确定。

（四）酒吧营业成本

酒吧营业成本是指酒吧在营业过程中所发生的各种支出的总和。这一部分是酒吧在经营中应尽量控制的。由于酒吧经营效益的得出是收益减去支出，所以，扩大收益，减少支出应是经营计划的两大主题内容。

（五）利润和税金

利润是考核酒吧经营活动质量的一个综合性指标，它较集中地反映了酒吧的经济效益。税金是酒吧劳动者创造的提供给社会支配的那部分劳动价值，酒吧核定税金指标，要根据国家规定酒吧应课的税种及税率，并根据酒吧其他与税金有关的各项经济指标进行测算。只有在核定税金指标以后，才能确定酒吧的利润、税后利润指标。

（六）人均消费额

酒吧人均消费额是指宾客在酒吧一个人次的平均消费。对人均消费额的预估应根据酒吧所经营品种的价格及客人通常的消费数量确定。对酒吧人均消费额的核定是用下列公式计算：

人均消费额＝酒吧营业收入总额÷接待人次数

酒吧人均消费额对酒吧增加收益有重要意义，酒吧在经营中应努力提高人均消费额。由于物价指数及消费水平的不断增长，人均消费的增长应是一个长期的趋势，因此，在经营计划中，酒吧要确定计划期比报告期人均消费额的增长率。

（七）劳动生产率

劳动生产率反映了酒吧人员劳动效益的状况，其指标及其计算方式包括：

酒吧人均销售额＝计划期营业收入总额÷酒吧职工人数

酒吧人均利润＝计划期利润总额÷酒吧职工人数

（八）基建改造投资额

基建改造投资额是指酒吧在计划期进行基本建设或对固定资产进行更新改造所需投资的金额。这一指标要根据酒吧决策确定的基建项目或改造项目，确定投资额、资金来源、资金使用计划以及效益分析与预测等。

酒吧经营必须考虑不断地发展及其发展目标，而基建改造投资额便是其发展目标的具体化措施。

（九）酒吧服务质量

酒吧在经营中，必须有一定的服务质量，以保证其良好的声誉，并保有一定量的回头客率，因而应有相应的服务质量管理措施。而对服务质量的最终评定方法应为"投诉率"指标：

顾客投诉率＝投诉人数÷接待总人数×100%

（十）还贷付息

现代企业经营往往为负债经营，所以，在酒吧计划中要提出计划每年酒吧能用于还贷付息的资金来源、资金量、还贷付息投向等指标，目的是按期还清有关债务，减轻债务负担。

二、酒吧经营成本控制

酒水的成本控制，是酒吧管理的主要目标之一。酒水的流程管理和酒吧标准化管理无不包含酒水成本控制的因素和方法，然而，酒水的成本控制关键在酒水的销售过程中。为此，必须清楚两方面问题：第一，酒水的成本核算；第二，酒水销售过程中的管理控制。下面重点讲述酒水销售过程中成本控制的方法。

（一）标准成本控制

标准成本控制方法是将酒吧某个时期内的经营实绩和预定目标进行比较分析的方法。（见表 13-10、13-11）

（1）根据各种酒水的每杯标准成本，确定某一控制期内的标准成本总额和标准营业收入总额，再计算标准成本率，并与实际成本率相比较。

表 13-10 酒水成本率计算

酒水名称	每瓶酒成本	售价	百分比（%）	每杯酒成本	售价	百分比（%）

酒水成本率计算应依据酒水单的顺序逐项计算。便于酒吧服务员和调酒师遵照执行。

表 13-11 标准成本控制表

控制时间　　　　　　　　　至

酒水名称	每瓶酒标准成本	每杯售价	销售量	标准成本总额	标准营业收入总额

注：

标准成本总额=实际销售量×每杯标准成本

标准营业收入总额=实际销售量×每杯售价

标准成本率=标准成本总额/标准营业收入总额×100%

实际成本率=实际成本总额/标准营业收入总额×100%

　　各种酒水的销售量是根据顾客账单统计的,或者是由收银机自动记录的数字。酒吧某个时期的实际成本总额的计算方法是：

　　实际成本总额＝期初存货数额＋本期领料数额－期末存货数额

　　（注：每瓶酒水的实际成本就是该酒水的进价）

　　如果酒吧与饭店其他部门之间存在相互转账问题，还必须考虑转账数额。

　　使用标准成本控制，既可以对标准与实际成本总额进行比较，也可以对标准与实际成本率进行比较。一般来说，标准与实际成本率之差不应超过 0.5%；实际成本率高于标准成本率。

　　使用标准成本控制法，还可对标准与实际营业收入总额进行比较。只要酒吧能正确地记录酒水的销售量和售价，标准与实际营业成本的差值就能马上查明原因。另外，整瓶酒的售价一般低于按杯销售的一瓶酒的售价。如果酒吧也出售整瓶酒，必须单独计算。

　　使用标准成本控制法，酒吧在某个时期（1 天、1 周、1 个月）的标准成本率会随着酒水的具体销售方法不同而有所不同。

（2）测试期标准成本率与实际酒水成本率比较。

确定测试期标准成本率的步骤：

①确定标准配方、标准用量、标准容量和每杯酒水的标准成本；

②确定测试期。测试期至少应有两周，最好是连续3周。应选择不同的班组，测试期既应包括销售量最高的时间，也应包括销售量较低的时间；

③通知所有有关人员，使他们了解测试的目的、意义、测试的方法和要求。强调职工必须严格遵守所有的标准工作程序和测试期的规章制度；

④计算测试期酒水成本和成本率。测试期确定的酒水成本率是企业应当在各个控制期努力实现的目标；

⑤比较分析测试期的标准成本率与控制期的实际成本率之间的差异（见表13-12）。

表13-12　标准和实际成本率差异计算表

月	标准成本率	实际成本	实际营业收入	实际成本率	差异	超标准成本
1						
2						
3						
⋮						
12						

注：

（1）上表中的标准成本率是在测试期确定的。

（2）某月中酒水的实际成本率数据可根据月损益表上的酒水成本和营业收入数据计算得出。

（3）实际成本率=实际成本/实际营业收入×100%

（二）标准营业收入控制

标准营业收入的控制方法是，根据库存烈性酒耗用数计算出来的标准营业收入数与实际营业收入数相比较。这种方法并不关心酒吧在一定时期内各种酒水的销售量，而是在事前为贮藏室发出的每一瓶酒确定一个标准营业收入。例如：如果每杯金酒的标准用量为1盎司，每瓶金酒的容量为1升（1000ml）（可斟33.4杯）每杯标准售价假定为1元，每瓶金酒应获得33.4元的营业收入。假如库存共耗用了3瓶金酒，则酒吧的营业收入就应是100.2（33.4×3）元。因此，管理人员要编制各种烈性酒的销售价值表。但是，绝大多数酒吧不仅销售纯酒，也销售鸡尾酒和其他混合饮料。各种混合饮料中的烈性酒成分和其他成分的用量不同，售价也不同。要确定每瓶烈性酒的标准营业收入是相当复杂的，管理人员可采用如下做法：

（1）根据详细的销售记录，确定混合饮料差额。

各种混合饮料差额与销售量的乘积，即为各种混合饮料的总差额。各种混合饮料总差额之和为本日净差额。按空瓶数确定的销售价值总额与净差额之和是酒吧在今天应获得的营业收入总额。可按表13-13、表13-14进行销售价值分析。

表 13-13　销售价值表

代号	酒名	每瓶容量（毫升）	每杯容量（盎司）	每瓶可斟杯数	每杯售价（元）	每瓶销售价值（元）
301	金酒	1000	1	33.8	1	33.80
107	黑麦威士忌	1000	1	33.8	0.9	30.42
217	苏格兰威士忌	750	1	25.4	1	25.40
352	伏特加	1000	1	33.8	1	33.80
456	白兰地	750	1	25.4	1.1	27.94

表 13-14　销售价值分析表

代号	酒名	耗用瓶数（瓶）	每瓶售价（元）	销售总额（元）
301	金酒	3	33.80	101.40
107	黑麦威士忌	2	30.42	60.84
352	伏特加	2	33.80	67.60
混合饮料差额调整数额				合计：229.84

混合饮料	主要成分	主要成分用量（盎司）	每杯纯酒售价（元）	每杯混合酒售价（元）	混合饮料差额（元）	销售量	总差额（元）
马丁尼	金酒	2	2	2.25	+0.25	22	+5.5
威士忌苏打水	黑麦威士忌	1	0.9	1.5	+0.6	18	+10.8
曼哈顿	黑麦威士忌	2	1.8	1.9	+0.1	8	+0.8
用净差额调整销售价值							合计：17.1
根据酒吧空瓶数确定的销售价值总额							229.84
混合饮料的净差额							17.1
酒吧今天获得的营业收入							246.94

（2）用加权平均数法确定每瓶酒的平均销售价值。

采用这种方法，管理人员不必每天计算混合饮料的差额，只须确定一个测试期，并仔细记录测试期内各种饮料的销量。以计算金酒的平均数为例，先要将含有金酒的各种零杯酒，在某个测试期的销售数量计算出来，取得这些数据的方法是，将销售账单加起来，或从收银机上记录下来，测试期要尽量定得长一些，以便将营业高峰和低谷都包括在内，只有这样才能具有比较良好的代表性。具体步骤如下：管理人员根据表 13-15 分析测试期的实际营业收入。

表 13-15　测试期实际营业收入分析表

主要成分：金酒					
饮料名称	销售量（杯）	每杯用量（盎司）	总用量（盎司）	每杯售价（元）	总销售额（元）
马丁尼	90	2	180	2.25	202.5
纯金酒	150	1	150	1	150.0
合计			330		352.5

　　每盎司金酒的平均售价=营业收入总额/金酒的总用量=352.5÷330=1.07 元

　　每瓶金酒的平均售价=1.07×33.8 盎司=36.17 元

　　按照此方法,可以计算出酒吧测试期所使用的所有烈性酒的每瓶平均销售价。还需说明的一个问题,上例中马丁尼不仅需要金酒成分,还需要干味美思成分,而我们刚才的计算却把每杯马丁尼的 2.25 元销售额都看成金酒成分的销售额了。假定我们将每杯马丁尼中的味美思成分的售价定为 0.5 元,那么,每杯马丁尼中的金酒销售价值应调整为 1.75 元。用每瓶烈酒平均销售价值和各种烈性酒每天耗用瓶数的乘积,就得出每天酒吧耗用的烈性酒的销售价值总额。这个总额可与当天的实际营业收入数额进行比较。

　　采用标准营业收入控制法时,如果整瓶酒的售价低于每瓶酒散卖的销售价值,可用以下两种方法调整标准营业收入数额。第一种方法是从烈性酒耗用量中扣减整瓶酒出售的瓶数,同时从实际营业收入总额中扣减整瓶酒的营业收入数额。第二种方法是调整标准营业收入总额,以便与包括整瓶酒营业收入在内的实际营业收入总额进行比较。例如：每瓶酒散卖的售价为 33.8 元,整瓶出售价为 20 元,那么,每出售一整瓶酒,就应从标准营业收入总额中扣减 13.8 元,以便与实际营业收入总额比较。

　　无论用哪种方法计算,在评估酒吧成本控制业绩时,销售价值的数据都是非常有用的。对每个酒吧,管理人员应确定可以允许的差异程度。并要特别注意销售量发生重大变化时的情况。

　　（三）用量控制法

　　用量控制法既不考虑成本数额,也不考虑销售额。它是这样的一种方法,即酒吧根据存货记录确定各种烈性酒的耗用量,再根据销售记录计算各种烈性酒的销售量,然后再对两者进行比较。采用这种方法,需要每天盘点酒吧中各种烈性酒的存货。例如：第一天,酒吧的威士忌期初存货为 5 瓶（当日工作开始前存货）,

领料 6 瓶，期末存货 3 瓶（当日工作结束存货），且不存在酒吧间相互转账，假定每瓶威士忌有 32 盎司，则这一天该酒吧威士忌的耗用量为：（5+6-3）× 32 = 576 盎司。

假定这一天中，该酒吧销售 8 种含有威士忌的饮料，根据销售记录计算得知：这一天威士忌的耗用总量是 589 盎司。这表明实际耗用量与盘存量之间存在 13 盎司的差异。假定管理人员允许有一定的溢出量（暂设 5 盎司），那么，还有 13-5=8 盎司的威士忌不知去向，管理者就应查明原因。问题是，每天盘点酒吧中各种烈性酒存货，确实很费时间，故实际工作中，可对酒吧中常用的 6 种烈性酒（波本威士忌、黑麦威士忌、兰姆酒、金酒、苏格兰威士忌和伏特加）采用用量控制法。

（四）酒水还原控制法

酒水还原控制法也是从数量上对酒水成本进行控制。它是从酒水的销售方式入手，通过比较精确的计算而得出的酒水成本，再与实际销售成本相比较。在酒吧的日常运营过程中，酒水的控制通常采用三种销售方式进行，即零杯销售、整瓶销售和混合销售。

1. 零杯销售

酒吧中各种烈性酒多采用零杯销售。一般要根据不同类别每杯酒的销售标准量，统计出每瓶可分为多少杯销售（或销售多少杯才能折合成一瓶），来倒算出整瓶耗用量。如一瓶容量为 750 毫升的白兰地，每杯酒的标准服务量规定为 1 盎司（或 30 毫升），所以一瓶可分为 25 杯（750÷30＝25）销售。

这就是将零杯销售的酒水，按其实际销售量，按每瓶规定拆零数，还原成整瓶销售量。可用下式计算各种酒的实际销售份数：

销售份数=（每瓶容量－允许溢出量）÷ 每份份量（每杯标准量）

表 13-16 为常用酒品的标准份额表，仅供参考。

表 13-16　瓶装酒标准份额表

酒品名称	每瓶容量（毫升）	标准份量（盎司）	实际可售份数
苏格兰威士忌	750	1	24
皇家礼炮	700	1	22
波旁威士忌	750	1	24
加拿大威士忌	750	1	24
金酒	750	1	24
兰姆酒	750	1	24
伏特加	750	1	24
干邑	700	1	22
阿玛涅克	700	1	22

续表

酒品名称	每瓶容量（毫升）	标准份量（盎司）	实际可售份数
金巴利	1000	1.5	22
味美思	1000	1.5	22
雪利酒、波特酒	750	1.5	16

每瓶酒的标准份数必须事先确定，并让酒吧员工非常清楚地了解。假如某一时期销售44份金巴利酒，就可按还原成2瓶金巴利计价。

另外一项工作是填写酒水每日盘存表（见表13-17）。必须要求每个班次当班调酒员逐项认真填写，管理人员必须经常检查盘存表的填写情况。

表 13-17　酒吧酒水盘存表

班次　　　　　　　　　　　　　　日期

编号	酒品名称	基数（开班前存数）	调进数	调出数	售出数	实际盘存数

2. 整瓶销售

整瓶销售一般是指各种葡萄酒、啤酒及软饮料等以瓶为单位对外销售。一般酒水整瓶销售价要低于零杯销售价。为了防止调酒员和收款员联合作弊，对整瓶售出的酒可以用整瓶酒水销售日报表进行控制。该表（见表 13-18）一式两份或三份，每日由调酒员填写，交主管签字后送财务部一份，酒吧留存 1 份或送交经理一份。

表 13-18　整瓶酒水销售日报表

酒吧　　　　　　　　班次　　　　　　　　　　　　日期

编号	酒品名称	规格	数量	售价		成本		备注
				单价	金额	单价	金额	

另外，对绝大多数国产酒，由于销售量大，用每日盘点表控制就可以了。

3. 混合销售

混合酒水销售就是用两种或两种以上的酒水和配料掺合在一起进行销售，它的还原主要是靠标准配方。其计算公式为：

某种酒水实际消耗量＝标准配方规定原料的用量×实际销售量

以鸡尾酒"曼哈顿"为例，假设本周共销售"曼哈顿"250 杯，那么根据标准配方就可倒算出"波本威士忌"及"甜味美思"的实际耗用量。

波本威士忌的实际耗用量为：250 杯×1.5 盎司＝375 盎司

每瓶波本威士忌为 25 盎司，所以实际耗用的整瓶数为：

375 盎司÷25 盎司 / 瓶=15 瓶

甜味美思的实际耗用量为：

250 杯×5 毫升 / 杯=1250 毫升

因甜味美思每瓶为 750 毫升，所以实际耗用的整瓶数为：

1250÷750 毫升 / 瓶＝1.67 瓶

通过上述计算，就可以将零杯销售的混合饮料分解还原成酒水的整瓶耗用量。

因此，采用这种方法有三项工作要做好：第一，建立标准配方；第二，督促员工严格按配方工作；第三，每日销售的混合饮料的鸡尾酒要填写鸡尾酒销售日报表（见表 13-19）。

表 13-19　鸡尾酒销售日报表

酒吧		班次		日期	
酒水品名	数量	单价		金额	备注
调酒员：　　　　　　　　　　　部门主管：					

该表由当班调酒员填写，一式二份，部门主管签字后，一份送财务部，一份酒吧存留。

总之，不论是整瓶销售，还是零杯销售，或是混合酒水的销售，都可以依照一定的方法还原成整瓶耗用数。酒水应定期进行盘点，算出各种酒水实际耗用数。并与还原后的各种酒水耗用数进行比较，这样就可以从数量上对各种酒吧酒水的销售进行控制。

由于酒水销售是手工操作，在调配过程中，应允许有一定的误差，误差的大小，由酒吧根据具体情况作规定。酒水的成本控制工作比较复杂，有一定的难度，管理者必须制定和建立一整套完整的管理和操作标准，并通过各种表格的正确使用，达到控制酒水成本的目的。

【思考题】

 1. 影响酒吧原料采购数量的因素有哪些？

 2. 饮料贮藏室有哪些基本要求？理想的酒窖应符合哪些基本条件？

 3. 酒吧操作标准化应包括哪些内容？

 4. 酒吧经营成本控制有哪些方法？

参考文献

1. 向春阶、张耀南、陈金芳．酒文化．北京：中国经济出版社，1995
2. 杜景华．中国酒文化．北京：新华出版社，1993
3. 杜金鹏、岳洪彬．酒具．上海：上海文艺出版社，2002
4. 吴克祥、范建强．吧台酒水操作实务．沈阳：辽宁科学技术出版社，2002
5. 孙方勋．调酒师教程．北京：中国轻工业出版社，1999
6. 伍福生．让酒为餐馆赚钱．广州：广州出版社，2002
7. 王晶．酒吧从业指南．北京：中国轻工业出版社，2005
8. 王文君．酒水知识与酒吧经营管理．北京：中国旅游出版社，2005
9. 吴宝宏、齐红辉．餐饮服务与管理．长春：东北师范大学出版社，2006
10. 何丽芳、牛小斐．酒店酒水服务与管理．广州：广东经济出版社，2005
11. 李晓东等．酒店与酒吧管理．重庆：重庆大学出版社，2003
12. 冯颖茹．酒水销售与管理．沈阳：辽宁科技出版社，2003
13. 吴克祥．酒水管理与酒吧经营．北京：高等教育出版社，2003
14. 尉文树．世界名酒知识．北京：中国展望出版社，1985
15. 陈非编译．国际酒水指南．北京：中国旅游出版社，1991
16. 李松凌、张永泰．神州美酒谱．贵阳：贵州人民出版社，1988
17. 康明官．中外名优酒产品大全．北京：化学工业出版社，1998
18. Jon Thorn．咖啡鉴赏手册．上海：上海科学技术出版社，2000
19. 国际葡萄·葡萄酒组织（O.I.V. Organisation Internationale de la Vigne et du vin）http://www.oiv.org/
20. 林莹，毛永年著．爱恋葡萄酒．中央编译出版社．2006，15—17
21. 中国红酒网，http://www.redwinelife.com
22. 白葡萄酒．[美]埃德·麦卡锡（Ed McCarthy）、玛丽·埃文—莫利根（Mary Ewing-Mulligan）．机械工业出版社，2004
23. 法国葡萄酒．[美]埃德·麦卡锡（Ed McCarthy）玛丽·埃文—莫利根（Mary Ewing-Mulligan）．机械工业出版社，2004
24. http://zhidao.baidu.com/question/3290380.html

25. 中华酒韵. http://www.zh-jiuyun.com

26. 啤酒文化. http://www.enorth.com.cn *OPEN* 2008.7

27. 德国啤酒知识. 德国啤酒网，http://www.dgpjw.cn, 2007.4

28. http://blog.Chinaunix.net/u/2284/showart_37621.html

29. 曹满华. 啤酒的类型特点. 山西食品工业，1995，（2）：7—9。

30. 啤酒有多少种类. 质量报告. 监督与选择。2004，（08）：B—23.

31. 啤酒好处. http://food.39.net/ylj/084/9/324768.html

32. 王尚殿. 中国食品工业发展简史. 太原：山西科学教育出版社，1987

33. 筱田统. 中国食物史研究. 北京：中国商业出版社，1987

34. 张晓东、沈爱光. 粟米黄酒与稻米黄酒、黍米黄酒营养成分之比较. 南京农业大学学报，1995，18（3）：124—127

35. 蒋建平. 优质蛋白质与膳食营养. 北京：中国农业科技出版社，1993

36. 黄酒. http://baike.baidu.com/view/27587.htm？fr=ala0

37. 李艳华. 日本清酒及其饮法. 保健医苑，2007，（10）：48—49

38. 杨荣华. 日本清酒的历史. 酿酒，2005，35（1）：98—100

39. 陆健. 日本清酒及其研究. 酿酒，2001，25（5）：32—33.

40. 秋山裕一等著，周立平译，嘉晓勤校. 日本清酒入门. 酿酒科技. 2002（1）：111—115

41. 邢世嘉. 品味洋酒. 食品与生活，2003，（1），50

42. 王恭堂. 白兰地及其发展概论[J]. 中外葡萄与葡萄酒，2000，（3）：54—57

43. 奚惠萍. 中国果酒. 轻工业出版社，1999

44. 游义琳、战吉宬、黄卫东. 不同等级白兰地（V.S.O.P、X.O、EXTRA）香气成分的分析与评价. 酿酒科技，2009，（1）：114—119

45. 赵永福、曹爱琴. 怎样品尝白兰地. 监督与选择，2006，（3），40

46. 吴克祥. 酒水管理与酒吧经营. 高等教育出版社，2003

47. 孙东方. 谈威士忌酒. 酿酒，2005，（3），82—83

48. 刘雨沧. 威士忌的调饮方法. 消费指南，1999，（9），72

49. 范天鹏. 荷兰金酒工艺分析. 酿酒. 2004，（5），61—62

50. 徐兴林、朱敏. 从伏特加酒看俄罗斯的名族性格. 当代世界，2007，（3）：50—5

51. 刘砚. 兰姆酒及传说. 酿酒科技，1984，（2）：35

52. 孙方勋. 世界葡萄酒和蒸馏酒知识. 中国轻工业出版社，1993，（2）：256

53. 吴咏梅. 三得利的电视广告和洋酒文化. 日语学习与研究，2007，（6）：60—67

54. 余瑞清、郑继萌. 真假洋酒的鹬蚌相争——业内人士：普及洋酒文化可防假洋酒"篡权". 福建质量管理，2007，（10）：4—11

55. 南国嘉木编著. 茶艺品赏. 中国茶叶大辞典. 中国市场出版社，2006

56. 茶叶 ABC 网 http://www.chayeabc.com/chaju/6607.html

57. 刘祖生. 茶学研究新进展：纪念茶圣诞辰 1260 周年. 茶叶，1993，19（2）：5—7

58. 赵和涛. 电子技术在茶叶加工业中的应用. 今日科技，1995，（5）：9

59. 黄建琴. 台湾几种茶叶加工新技术、新工艺. 台湾农业情况，1992，（3）：30—31

60. 潘根生. 机制名优茶的发展前景及对策. 茶叶，1995，21（1）：12—14

61. 赵和涛. 特种茶类开发与加工技术. 农牧产品开发，1994，（3）：15—17

62. 隋朝银. 新型茶叶饮料的加工和开发. 食品工业科技，1989，（6）：8—10

63. 周秀琴. 新型保健茶制造方法. 广州食品工业科技，1989，（2）：38—40

64. 茶的起源及传播. 中华美食网. 2004—03—27

65. 茶马古道的积淀——茶文化. gb.chinabroadcast.cn 2004—06—04

66. 论茶文化的定义、内涵与功能. www.cqfood.net 2004—07—21

67. 游览世界的"绿叶". 中国茶叶在线. 2004—09—06

68. 世界各国饮茶之道. 中国茶叶在线. 2002—06—16

69. 茶叶浴盛行巴黎. 中国茶叶在线. 2002—08—14

70. 韩国茶礼之道. 中国茶叶在线. 2002—07—03

71. 阿根廷人端着茶壶走天下. 亚洲茶网 2004—10—27

72. 别有特色的俄罗斯茶文化. 亚洲茶网 2004—07—07

73. 李祥睿. 鸡尾酒的调配艺术. 饮品世界，48—49

74. 陈浩. 新编调酒师手册. 中国轻工业出版社，1998

75. 奥罗拉·奎托勒詹多·巴哈蒙. 酒吧与餐馆[M]. 大连理工大学出版社，2002

76. 酒吧在线 http://www.cc98.com.

77. 吕红. 都市里的酒吧文化. 科学之友，2007，（4），64

78. 龙凡. 中西酒吧管理的差异. 商场现代化，2006，（8）：76—77

79. 冯颖茹. 酒水销售与管理. 辽宁科学技术出版社，2003

80. 顾洪金. 旅游行业职业技能等级培训考核教材：调酒. 旅游教育出版社

81. 国家旅游局人事劳动教育司. 营养与食品卫生. 旅游教育出版社，1994

82. 樊丽丽. 酒吧与咖啡馆经营全攻略. 中国经济出版社，2007

83. 浅谈酒吧设计，http://tieba.baidu.com/f?kz=159390936
84. 员工行为规范，http://www.lywz.net/lywzw/company/yggf.jsp
85. 招用技术工种从业人员规定．劳动和社会保障部．2000

南开大学出版社网址：http://www.nkup.com.cn

投稿电话及邮箱：　022-23504636　　QQ：1760493289
　　　　　　　　　　　　　　　　　　QQ：2046170045(对外合作)
邮购部：　　　　　022-23507092
发行部：　　　　　022-23508339　　Fax：022-23508542

南开教育云：http://www.nkcloud.org

App：南开书店 app

　　南开教育云由南开大学出版社、国家数字出版基地、天津市多媒体教育技术研究会共同开发，主要包括数字出版、数字书店、数字图书馆、数字课堂及数字虚拟校园等内容平台。数字书店提供图书、电子音像产品的在线销售；虚拟校园提供 360 校园实景；数字课堂提供网络多媒体课程及课件、远程双向互动教室和网络会议系统。在线购书可免费使用学习平台，视频教室等扩展功能。